U0301614

“十三五”
国家重点出版物
出版规划项目

地下水污染风险识别与修复治理关键技术丛书

垃圾填埋场
地下水污染识别与修复技术

姜永海　席北斗　郇环　等编著

化学工业出版社
·北京·

内容简介

本书为“地下水污染风险识别与修复治理关键技术丛书”的一个分册。基于我国垃圾填埋场地下水污染防控的紧迫需求，本书针对我国正规、非正规垃圾填埋场地下水污染识别和修复面临的科学问题和技术难点，以垃圾填埋场地下水污染识别和修复为主线，梳理总结了我国填埋场概况和对地下水环境的影响以及填埋场地下水污染现状，重点介绍了垃圾填埋场地下水污染识别、地下水污染修复材料与修复技术方法等系列研发成果及应用情况，为垃圾填埋场地下水污染防控提供系统科学的技术支撑和案例借鉴。

本书具有较强的前瞻性、技术应用性和针对性，可供从事地下水污染防治、土壤污染防治与修复等工作的工程技术人员、科研人员和管理人员参考，也可供高等学校环境科学与工程、生态工程、地下水科学与工程、土壤学及相关专业师生参阅。

图书在版编目（CIP）数据

垃圾填埋场地下水污染识别与修复技术/姜永海等编著．—北京：化学工业出版社，2020.12
（地下水污染风险识别与修复治理关键技术丛书）
ISBN 978-7-122-38308-2

Ⅰ.①垃… Ⅱ.①姜… Ⅲ.①卫生填埋场-地下水污染-污染防治 Ⅳ.①X523

中国版本图书馆CIP数据核字（2021）第004050号

责任编辑：刘　婧　刘兴春　卢萌萌　　文字编辑：汲永臻
责任校对：王　静　　装帧设计：王晓宇

出版发行：化学工业出版社（北京市东城区青年湖南街13号　邮政编码100011）
印　　装：北京瑞禾彩色印刷有限公司
787mm×1092mm　1/16　印张$18^3/_4$　字数413千字　2021年9月北京第1版第1次印刷

购书咨询：010-64518888　　售后服务：010-64518899
网　　址：http://www.cip.com.cn
凡购买本书，如有缺损质量问题，本社销售中心负责调换。

定　　价：148.00元

《垃圾填埋场地下水污染识别与修复技术》

编 著 人 员 名 单

姜永海　席北斗　郇　环　马雄飞　贾永锋　王会霞　冯　帆　廉新颖
马志飞　彭　星　孙晓玲　王玉焕　梁冠男　杨　昱　徐祥健　郜普闯
万硕阳

前言

地下水作为我国重要的供水水源，其污染问题日益突出。《中华人民共和国国民经济和社会发展第十三个五年规划纲要》《水污染防治行动计划》《土壤污染防治行动计划》《全国地下水污染防治规划（2011—2020年）》和《华北平原地下水污染防治工作方案》等国家战略均在着力布局全国及重点区域的地下水安全保障工作。垃圾填埋场是地下水污染防控的重点污染源之一，我国80%的填埋场存在不同程度渗漏，污染组分复杂、毒性大，对地下水造成极大胁迫和风险。垃圾填埋场地下水污染的隐蔽性、长期性和复杂性给污染识别与诊断、阻控与修复提出了巨大挑战，很多相关科学问题与技术难点亟待突破。

本书从填埋场地下水污染防治系统性、整体性出发，重点介绍了垃圾填埋场地下水污染识别、地下水污染修复材料与修复技术方法等系列研发成果。全书共分为4章：第1章系统梳理了我国垃圾填埋场概况及对地下水环境的影响、垃圾填埋场地下水污染现状；第2章从地下水污染物溯源、地下水污染范围识别、地下水污染过程识别等方面介绍了垃圾填埋场地下水污染识别方法与应用；第3章重点介绍了编著者自主研发的地下水污染修复材料，以重金属、硝酸盐、有机物等垃圾填埋场主要污染物为修复对象，具体阐述了地下水污染修复材料制备方法、地下水污染修复机制与修复效果；第4章介绍了目前垃圾填埋场常用的地下水污染修复技术方法、关键技术环节及应用案例，重点展示了自主研发的集物理、化学、生物及水力调控于一体的创新性多级强化地下水污染修复技术及应用示范，以期为垃圾填埋场地下水污染防治领域学者及工程实施技术人员提供技术借鉴与参考。本书内容大部分为原创性研究成果，具有较强的前瞻性，同时研究成果在全国18项地下水污染修复治理项目中得到推广应用，特别是在中央挂牌督办的腾格里沙漠地下水污染事件中，具有自主知识产权的多级强化地下水污染修复技术得到很好的应用，实现了产学研深度融合与示范作用。

本书由姜永海、席北斗、郇环等编著，具体编著分工为：第1章由郇环和马雄飞编著；第2章由贾永锋、王会霞、冯帆编著；第3章由廉新颖、马志飞、彭星、孙晓玲、王玉焕、梁冠男编著；第4章由姜永海、杨昱、徐祥健、郜普闯、马志飞、彭星、万硕阳、贾永锋、王会霞编著。席北斗研究员负责本书编著的思路框架设计与质量把关。化学工业出版社相关编辑为本书规范化提出了宝贵意见和建议，在此表示诚挚的谢意。

限于编著者水平及编著时间，书中难免有疏漏和不妥之处，恳请读者提出修改建议并给予批评指正。

编著者

2020年8月

目录

第1章 概述 / 001

第 2 章 垃圾填埋场地下水污染识别方法 / 037

第 3 章 垃圾填埋场地下水污染修复材料 / 069

第 4 章 垃圾填埋场地下水污染修复技术 / 163

附录 / 263

索引 / 287

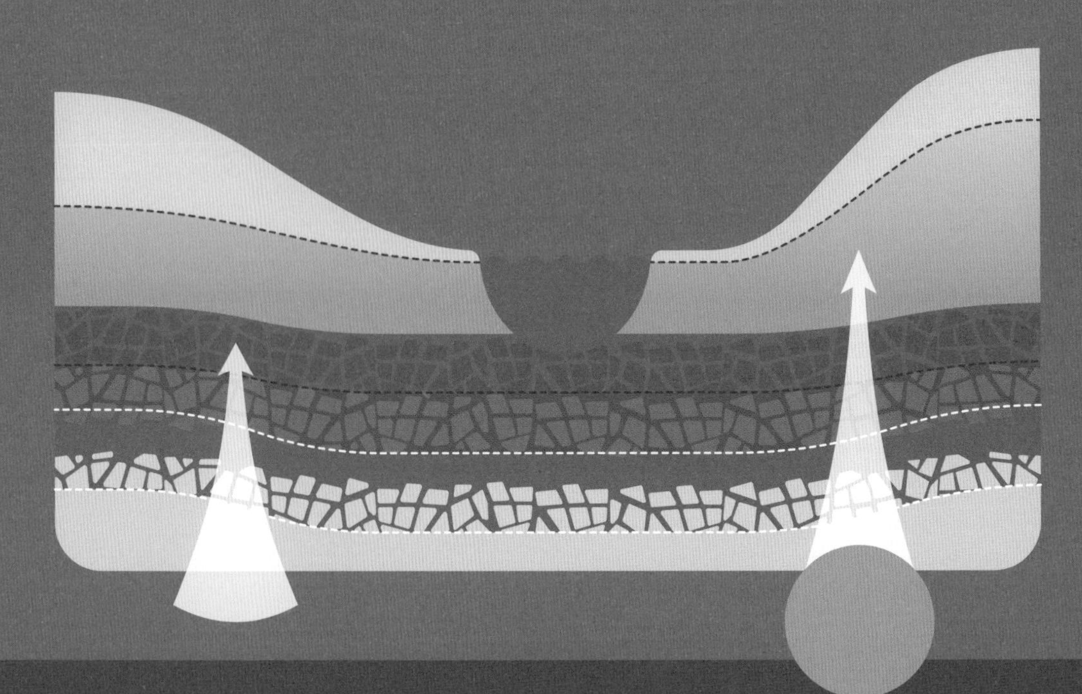

第1章 概述

本章介绍了我国垃圾填埋场分布、类型与特征，系统梳理了垃圾填埋场对地下水环境影响，总结了垃圾填埋场地下水污染现状，重点综述了适用于垃圾填埋场地下水污染识别和污染修复的研究方法。

1.1 我国垃圾填埋场概况

随着城市的发展、人口的增加和人民生活水平的提高，我国的城市生活垃圾量日益增长，垃圾的安全处置成为一项日益紧迫的任务。2016年统计年鉴数据表明，我国生活垃圾年清运量达到19141.9万吨；建成生活垃圾无害化处理厂890座，其中，卫生填埋场640座、焚烧厂220座、其他无害化处理设施30座；无害化处理能力达到18013.0万吨，其中卫生填埋11483.1万吨、焚烧6175.5万吨、其他354.4万吨；生活垃圾无害化处理率为94.1%。可以看出，填埋是我国生活垃圾最主要的处理处置方式，占生活垃圾总处理量的63.7%。除此之外，“全国地下水基础环境状况调查评估信息系统”数据统计显示，我国还存在数量更为庞大的非正规生活垃圾填埋场。总的来说，垃圾填埋场在全国分布广泛，数量巨大，其分布密集区域与人口密度直接相关[1]。

1.1.1 垃圾填埋场分布

我国垃圾填埋场主要分布在人口密集、工业发达的东北地区、中东部地区及西南地区，生活垃圾填埋场的分布相对较为密集，而在西部欠发达地区，生活垃圾填埋场的分布较为分散。各个省市（地区）垃圾填埋场数量分布如图1-1所示，可以看出填埋场主要集中在广东省、四川省、河北省和河南省，南方省市居多，并呈现出东多西少的分布特征，这也和我国地区的经济发展水平是相对应的，经济发展越好，居民人口越多，产生的生活垃圾量越大，建设垃圾填埋场的需求越迫切。

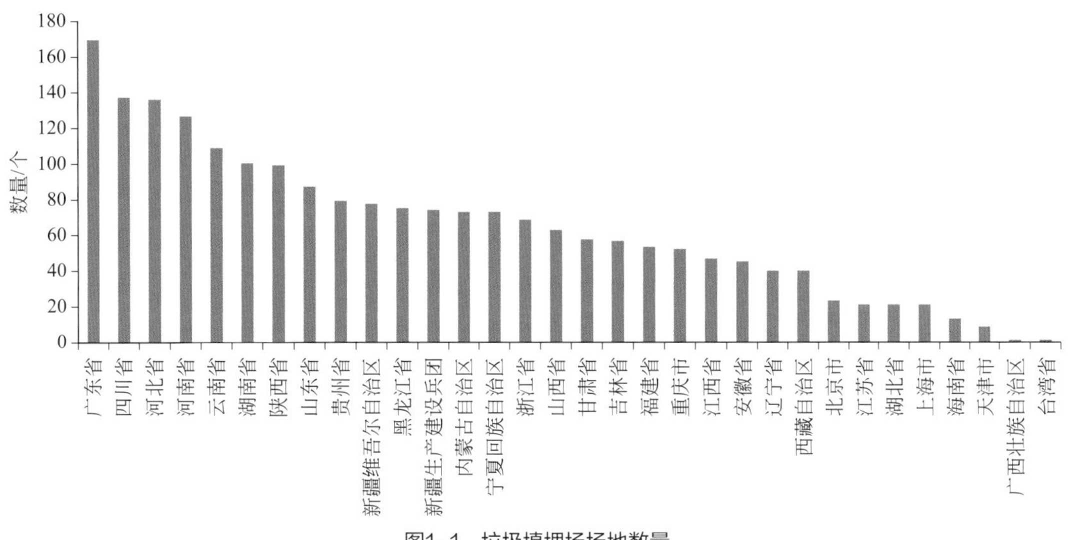

图1-1　垃圾填埋场场地数量

1.1.2　垃圾填埋场类型

我国生活垃圾填埋场分为三类，分别为简易填埋场（Ⅳ级填埋场）、受控填埋场（Ⅲ级填埋场）和卫生填埋场（Ⅰ、Ⅱ级填埋场）。

（1）简易填埋场（Ⅳ级填埋场）

简易填埋场（Ⅳ级填埋场）是我国传统沿用的生活垃圾填埋方式，其特征是：基本上无污染防控措施，不可避免地会对周围的环境造成严重污染。目前我国约有30%的城市生活垃圾填埋场属于Ⅳ级填埋场。

（2）受控填埋场（Ⅲ级填埋场）

受控填埋场（Ⅲ级填埋场）在我国约占15%，其特征是：虽有部分工程措施，但不够完善，或者不能满足环保标准或建设规范，主要问题是场底防渗、渗滤液处理、日常覆盖等不达标。Ⅲ级填埋场为半封闭型填埋场，会对周围的环境造成一定程度的污染。对现有的Ⅲ、Ⅳ级填埋场，各地应尽快列入隔离、封场、搬迁或改造计划。

（3）卫生填埋场（Ⅰ、Ⅱ级填埋场）

卫生填埋场（Ⅰ、Ⅱ级填埋场）是我国大多城市采用的生活垃圾填埋场，其特征是有比较完善的环保措施，可以满足或大部分满足环保标准，Ⅰ、Ⅱ级填埋场为封闭型或生态型填埋场，其中Ⅱ级填埋场（基本无害化）在我国约占40%，Ⅰ级填埋场（无害化）在我国约占15%（图1-2），深圳下坪、广州兴丰、上海老港四期生活垃圾卫生填埋场是其代表。

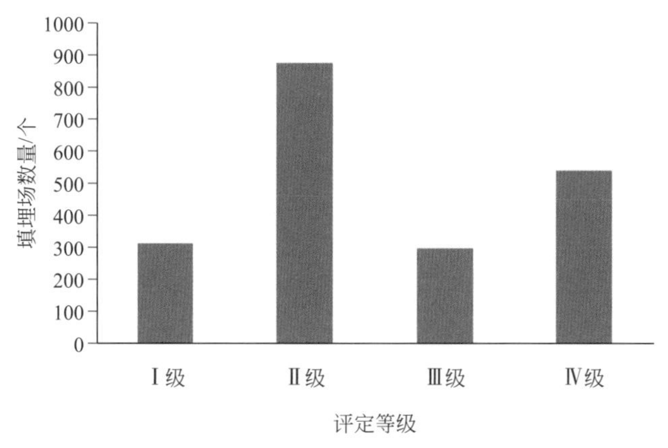

图1-2　我国生活垃圾填埋场评定等级

1.1.3　垃圾填埋场特征

我国垃圾填埋时间大多在15年以内。60%以上的填埋场建在平原地区，其余大部分填埋场建在丘陵与山地。88.3%的填埋场填埋深度小于30m，但山区的填埋场一般位于山沟，其埋深较深，如山西、贵州、重庆等的填埋场，埋深达到60～80m左右。47%的填埋场底层和边坡均采用双层人工合成材料，17.3%的填埋场采用单层人工合成材料，其余大部分采用天然黏土作为防渗层。填埋场周边地下水类型主要为孔隙水，78.3%的填埋场地下水埋深大于5m，其中44.4%的填埋场地下水埋深大于20m。包气带岩性以细砂、砂卵砾石和砂质黏土为主，包气带厚度为5～20m，含水层岩性以松散沉积物为主，厚度大多分布在5～25m之间，地下水埋深浅易受到填埋场渗漏污染（图1-3）。

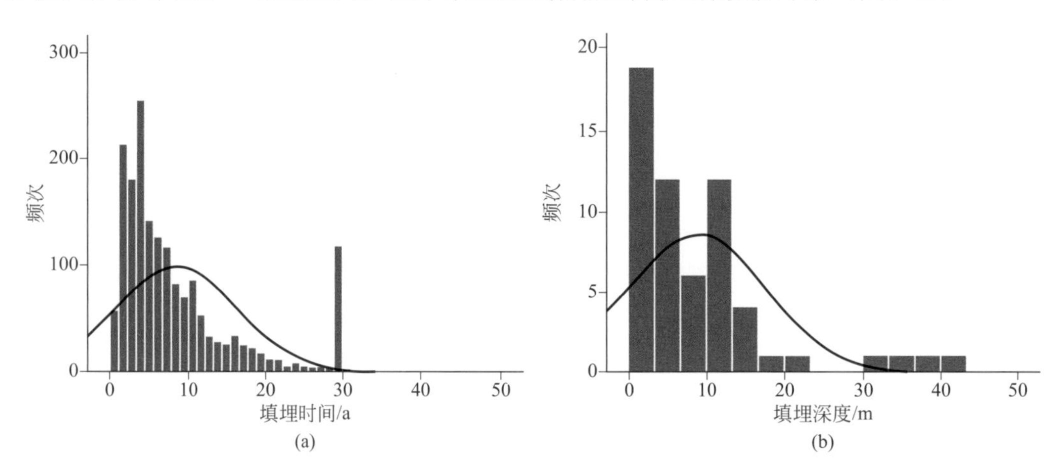

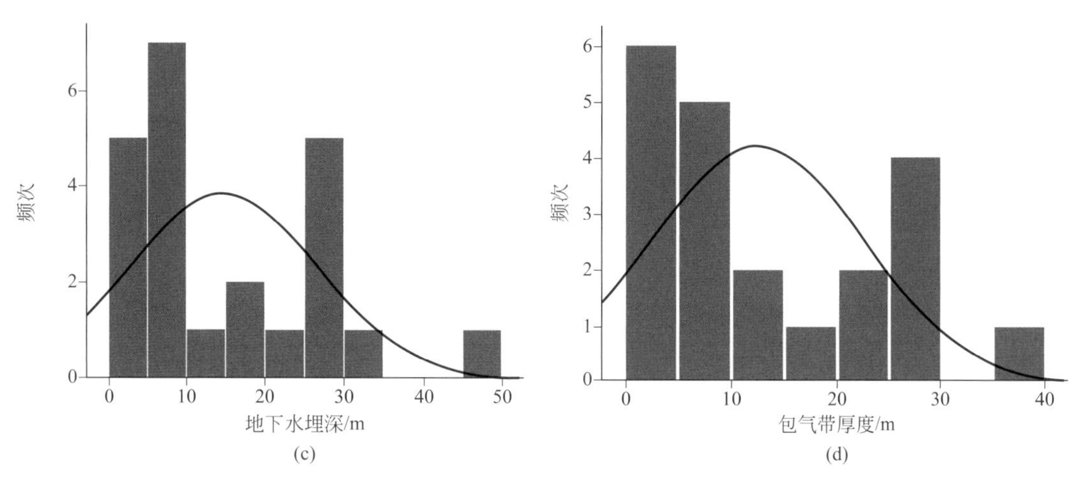

图1-3 我国主要生活垃圾填埋场基本情况

1.2 填埋场对地下水环境影响

《中华人民共和国国民经济和社会发展第十三个五年规划纲要》《水污染防治行动计划》《土壤污染防治行动计划》《全国地下水污染防治规划（2011—2020年）》和《华北平原地下水污染防治工作方案》等国家战略均在着力布局全国及重点区域的地下水安全保障工作，并明确指出填埋场是地下水污染防控的重点污染源之一[2,3]。垃圾填埋场地下水污染问题突出，据"全国地下水基础环境状况调查"显示，京津冀地区重点调查的170座填埋场中，80%填埋场存在不同程度渗漏，渗漏到地下水中的渗滤液是多种污染物的集合体，造成了地下水同时存在无机盐、重金属、有机污染物、抗生素和病原菌的复合污染问题[4]，对地下水环境和人体健康造成极大胁迫和风险，造成了极其严重的社会不良影响。

1.2.1 垃圾渗滤液特点

生活垃圾填埋场对地下水的污染主要是通过垃圾渗滤液的渗漏引起的。垃圾渗滤液指在垃圾堆放和填埋的过程中会产生发酵、雨水冲刷和地表水、地下水浸泡的作用，导致垃圾分解过程中产生的红黑色的高酸性污水。垃圾渗滤液主要有4个来源：a. 垃圾本身含有的水经过反应之后流出形成渗滤液；b.垃圾在进行生化反应的过程中产生的垃圾渗滤液；c.地下潜水会通过反渗到垃圾填埋场形成垃圾渗滤液；d.大气降水如雨水降落到垃圾填埋场形成的垃圾渗滤液，这种方式集中、短暂和反复，占渗滤液总量较大的比重。

垃圾渗滤液的性质取决于垃圾成分、垃圾的粒径、压实程度、现场的气候、水文条件和填埋时间等因素。一般来说，垃圾渗滤液有以下特点。

① 成分复杂，危害性大。有研究表明，运用GC-MS联用技术对垃圾渗滤液中有机污染物成分进行分析，共检测出垃圾渗滤液中主要有机污染物63种，可信度在60%以上的有34种。其中，烷烯烃6种，羧酸类19种，酯类5种，醇、酚类10种，醛、酮类10种，酰胺类7种，芳烃类1种，其他5种。其中已被确认为致癌物1种，促癌物、辅致癌物4种，致突变物1种，被列入我国环境优先污染物“黑名单”的有6种。

② 在垃圾渗滤液中COD_{Cr}和BOD_5浓度普遍较高。渗滤液中COD_{Cr}和BOD_5最高浓度分别可达90000mg/L、38000mg/L，甚至更高。

③ NH_4^+-N含量高，并会随填埋时间的延长而升高，最高可达1700mg/L。渗滤液中的氮多以NH_4^+-N形式存在，约占TN的40%～50%。

④ 水质波动变化大。根据填埋场的年龄，垃圾渗滤液分为两类：一类是填埋时间在5年以下的渗滤液，其特点是COD_{Cr}、BOD_5浓度高，可生化性强；另一类是填埋时间在5年以上的渗滤液，由于新鲜垃圾逐渐变为陈腐垃圾，其pH接近中性，COD_{Cr}和BOD_5浓度有所降低，BOD_5/COD_{Cr}值减小，NH_4^+-N浓度增加。

⑤ 金属含量较高。垃圾渗滤液中含有十多种金属离子，其中铁和锌在酸性发酵阶段较高，铁的浓度可达2000mg/L左右，锌的浓度可达130mg/L左右，铅的浓度可达12.3mg/L，钙的浓度甚至达到4300mg/L。

⑥ 渗滤液中的微生物营养元素比例失调。主要是C、N、P的比例失调。一般的垃圾渗滤液中的BOD_5∶P大都大于300。

影响渗滤液产出量的因素主要包括降水量、地表水的侵入、遮蔽条件、填埋场水文地质条件、顶盖设计等。国内外计算渗滤液产量的方法较多[5]，一般有下列3种方法：a.日本填埋场设计指南所推荐的主因素相关法；b.以产量平衡为基础的多因素法；c.综合考虑产量平衡和水分在填埋场内运动的方法，如HELP模型[6]、FILL模型[7]。

从国内外垃圾填埋场运行的一般情况来看，在某一特定气候条件下垃圾渗滤液的产量由填埋期—封顶期—封闭后期逐渐下降，如国外某垃圾填埋场在填埋期淋滤液产生速率平均接近3400L/（hm^2·d），封闭后的头几年渗滤液平均产生速率仅为60L/（hm^2·d），以后逐渐减小，最后接近于零。在垃圾渗滤液产出的过程中外来水——大气降水、地表水的加入和微生物起了至关重要的作用。干燥气候条件下渗滤液的产生速率很低，甚至为零，但湿润气候下产生速率相当高[8]。

1.2.2 垃圾渗滤液危害

垃圾渗滤液中含有大量的有机物、氨氮、病毒、细菌、寄生虫等有害有毒成分。垃圾渗滤液中一些有毒有害物质在自然条件下很难降解，难以降解的渗滤液则会对水和土壤环境造成极大危害。垃圾渗滤液中有大量有毒有害物质会通过地下水或地表水进入食物链，当人类饮用或食用了被污染的食物和水后，可能使人体罹患癌症或其他疾病。饮用受填埋场污染的地下水对人体健康的危害包括感官不适，引起消化系统、呼吸系统、神经系统疾病及心脑血管系统疾病，甚至诱发恶性肿瘤等。

垃圾渗滤液的危害主要分为慢性危害和远期危害。

（1）慢性危害

垃圾渗滤液中的重金属易在体内蓄积，导致慢性中毒，如慢性甲基汞中毒、慢性铅中毒、骨痛病（慢性镉中毒）等。汞、铅、铬、镉等重金属物质在血液内以磷酸铅盐、甘油磷酸化合物、蛋白质复合物或游离的形态存在，蓄积于心脏、肾、肝脏以及骨髓等器官。无机汞对消化道黏膜有强烈的腐蚀作用；高浓度的汞蒸气可引起急性中毒和神经功能障碍。有机汞在人体内长期滞留会引起水俣病。铅可在细胞内通过蛋白质分子的巯基（—SH）与细胞质或蛋白质结合，抑制6-氨基乙酸脱水酶和铁络合酶的活性，使血红蛋白的合成受到抑制。通过抑制红细胞三磷酸腺苷酶的活性，使细胞渗透压平衡破坏，导致溶血，干扰脑的代谢活动，使中枢神经系统组织结构发生改变。此外，铅中毒还可引起肾炎、肾萎缩、血压增高、流产或早产、肝脏病变及关节疾患等。铬对人体消化道和皮肤具有强烈的刺激和腐蚀作用，对呼吸道造成损害。垃圾填埋场对地下水的污染会随着时间的延长扩大范围。在美国大约有30000个含有毒化学物质的垃圾堆放场所。研究人员对一大型垃圾填埋场进行调查监测，发现其附近的地表水及地下水均被垃圾渗滤液污染，其中含多种有毒重金属及有机毒物。同时对附近居民进行流行病学调查，居民出现肝功能紊乱表现，提示该填埋场渗滤液中含有的肝毒物已对居民健康产生慢性危害。

（2）远期危害

现代工业城市垃圾渗滤液中含有的重金属及有机毒物除可导致人体慢性中毒外，还具有不同程度的致癌、致畸及致突变作用。用垃圾渗滤液做小鼠骨髓细胞微核诱变试验，发现饮用了COD_{Cr}较高的垃圾渗滤液的小鼠，其骨髓细胞微核的裂变频率明显增加，这一变化在雌性及雄性小鼠中有所不同，这说明垃圾渗滤液中重金属对哺乳动物细胞具有遗传毒性。英国某小区域健康统计小组曾对英国1982～1997年间运行的9565个垃圾填埋场周围2km范围内820万个出生的儿童进行了调查评估。结果表明，患有先天畸形的风险高出预计的1%，如果填埋有危险废弃物，儿童患这些先天性疾病的概率高达7%。调查还发现，如果怀孕妇女生活在垃圾填埋场2km

的范围内，出生婴儿体重过轻的概率大于5%。该调查结果已引起英国公众的广泛注意。

有关垃圾渗滤液对地下水以及取水水源地造成污染的事故[9]在国内外是屡有发生的，例如发生在1951年的美国科罗拉多州的落基山兵工厂的废液储存池渗漏污染事故，该工厂常年生产各种有毒害的化工产品，弃置了大量有毒的废物，不仅污染了四周水体，还渗透进入地下水源，使得那里的植被受到破坏，对各种野生动物以及周边居民的生命健康构成了极大威胁。再例如加拿大蒙克顿，依据近些年的调查研究发现，经由降水入渗到四周地下水和河流中的城市河畔所建的垃圾填埋场渗滤液中含大量有机和无机污染物，导致河水遭受到严重污染，并且其中多种污染物的含量更是远高于饮用水标准设定值。Calvert[10]曾报道，由于几百米处建有垃圾处理厂，检测到某一口井中水的总硬度，Ca、Mg浓度，总固体含量以及CO_2均有一定程度的增长。此外，据1977年的资料显示，美国当时有近万个垃圾填埋场都对水体造成了污染[11]。而类似事件在我国也是频有发生，如垃圾渗滤液的污染导致兰州市的东盆地雁滩水源地无法再得以利用，甚至西盆地马滩水源地也有个别几口水井因此而报废[12]；在20世纪50年代，发现在锦州铁合金厂周围70多平方公里范围内的水质均遭到六价铬的污染，在最中心区域内的地下水中六价铬含量更是远远超出了饮用水允许量，最终导致7个自然区的上千眼水井无法饮用，给民众生活及生产造成了极大的影响，最终发现造成这些严重后果的源头是数年前该厂堆放的铬渣；在20世纪80年代对上海某江段的水质进行分析检测时，发现水中的氮含量有显著的升高，在对现场考察后发现，致使江水被污染的原因便是距江堤几百米处的上海三林塘垃圾填埋场垃圾渗滤液的泄漏[13]；在澳门与珠海交界处的茂盛围当地出现河流鱼虾数量锐减直至绝迹、农田失收等现象也同样源自垃圾渗滤液的污染[14]。

垃圾填埋场产生的垃圾渗滤液对地下水的污染将会持续很长一段时间，即使是封闭很多年后的垃圾填埋场仍然会对地下水造成影响，如封场几年后的广州老虎窿填埋场仍旧会有呈褐色的垃圾渗滤液渗入附近的水体，并且监测数据显示地下水中生化需氧量、氮和磷等污染物含量仍旧超标[15]。

1.3 填埋场地下水污染现状

由于我国部分垃圾填埋场场地的自身特点，以及填埋时间久和运行维护不规范等问题的存在，使其已污染了地下水。特别是城市发展快速带来的垃圾处置认识不足、填埋方式不规范等原因，造成简易垃圾填埋场数量庞大，渗滤液存在下渗进入地下水系统，污染地下水的风险。

垃圾填埋场产生的渗滤液组分复杂，属于高浓度有机废水，其具有有机物类型复杂、三氮（氨氮、硝酸盐、亚硝酸盐）和重金属含量高等特点，地下水一旦受到渗滤液污染，修复难度大，对下游地下水存在高风险。由于填埋场的不同，渗滤液成分存在较大差异，一般分为有机类、无机盐类及重金属，见表1-1。

表1-1 填埋场渗滤液中污染物

序号	物质名称	特征污染物	参考文献
1	脂肪烃分类	二氯甲烷、二氯乙烯、三氯甲烷、三氯乙烯、四氯化碳、四氯乙烯、二氯丙烷、二氯乙烷、三氯乙烷、三溴甲烷、四氯乙烷、溴二氯甲烷、氯乙烯、六氯丁二烯、二甲基戊烷、三甲基戊烷、3,8-二甲基十一烷、2,2,4,6-四甲基庚烯、3,7-二甲基壬烷、5-甲基-5-丙基壬烷	Slack et al.，2005; Oman et al.，2008; Matejczyk et al.，2011; Swat et al.，2008; 郑曼英 等，1996；张兰英 等，1998；周志洪 等，2006
2	苯系物类	甲苯、二甲苯、对二甲苯、间二甲苯、正（异）丙基苯、叔丁苯、1,2,4-三甲苯、苯乙烯、正丙基苯、叔丁基苯、1,2,3-三甲基苯、1,2,4-三甲基苯、氯苯、多氯联苯、苯磺酸盐、对甲苯磺酸盐、苯甲酸、苯乙酸、苯丙酸、2,4-二氯苯甲酸、2,6-二硝基甲苯、硝基苯、2,4-二硝基甲苯	Reinhart Behnisch，1998; Peng et al.，2014
3	酚类	苯酚、甲酚、氯苯酚、乙基苯酚、二甲基苯酚、壬基苯酚、壬基苯酚羟乙基物、2-甲氧基苯酚、4-甲氧基苯酚	Behnisch et al.，2001; Coors et al.，2003
4	多环芳烃类	萘、蒽、菲、芘、苊、芴、苯并［*a*］芘、苊、苊烯及其衍生物	张岩，2011；杨贵芳，2013
5	邻苯二甲酸酯类	邻苯二甲酸二乙酯、邻苯二甲酸二异丁基酯、邻苯二甲酸二正丁基酯、邻苯二甲酸二（2-乙基己基）酯、邻苯二甲酸二异壬酯、邻苯二甲酸二甲酯、邻苯二甲酸（2-乙基己基）单酯、邻苯二甲酸丁基单酯等	Slack et al., 2005
6	无机类污染物	氨氮、硝酸盐、Cl^-、硫酸盐、亚硝酸盐、总磷等	凌辉等，2012；杨贵芳，2013
7	重金属	Cd、As、Cr、Pb、Hg、Ni、Zn、Cu、Mn等	丁湛，2009；顾华，2017

无机类污染物主要有氨氮、硝酸盐、Cl^-、硫酸盐、总磷等，各指标浓度差异显著，NH_4^+浓度范围在20～7400mg/L，Cl^-浓度范围为180～3250mg/L[16]。填埋场渗滤液中含有砷、铜、锌、铅、铬、镉、锰、铁、铝等金属离子，浓度也存在较显著差异[17]。目前，国内外研究人员发现渗滤液中含有200多种有机污染物，包括烷烃类、芳烃类、酯类、醛类、酸类、醇类、酚类、酰胺类以及酮类等。张胜利等[18]采用超声波辅助萃取GC/MS分析成都市长安垃圾填埋渗滤液有机组分，发现有机物种类达到41种，占比最大的是酸类物质。广州大田山生活垃圾填埋场产生的渗滤液检测出有机污染物87种，其中以芳烃类为主，达到28种，其次为烷烃、烯烃类17种[19]。填埋场渗滤液已对周边地下水产生污染，且不同程度地检出多种类型的污染物。Park等[20]研究发现填埋场地下水已受到硝基苯类物质污染的风险。Preiss等[21]对废弃排土场的渗滤液及周边地下水检测出大量的硝基苯类物质。我国垃圾填埋场周边地下水检出了无机和有机污染物，甚至出现了布洛芬、萘普生等有机污染物。杨贵芳研究发现南京东郊轿子山垃圾填埋场地下

水中存在严重的污染物超标现象，其中以三氮超标严重，超标率达到70%，同时检出了卤代烃、多环芳烃及苯系物等有机物[22]。韩智勇等[23]基于现场调研和1991～2014年的相关报道，通过累计污染负荷比法对我国生活垃圾填埋场地下水的主要污染指标进行了识别（表1-2），通过内梅罗指数法和地下水质量评分法对其地下水质量进行了评价。结果显示：普遍性污染指标主要包括氨氮、硝酸盐、亚硝酸盐、COD、氯化物、铁、锰、总大肠菌群、挥发酚等；局部性污染指标主要包括总磷、溶解性总固体、氟化物、硫酸盐、细菌总数、铬（六价）等；点源性污染指标主要包括三氯苯、镉、铅、汞、碘化物等；我国生活垃圾填埋场附近地下水质量综合评分F值为7.85，属于极差级别，已受到填埋场的严重污染。

表1-2　生活垃圾填埋场地下的水主要污染指标

类别		主要污染指标
有机物		化学需氧量、高锰酸盐指数
无机盐	一般性	总溶解性固体、总硬度、硫酸盐、氯化物、氟化物、碘化物
	营养性	氨氮、亚硝酸盐、硝酸盐、总磷
重金属		铁、锰、汞、铬（六价）、镉、铅
细菌学		总大肠菌群、细菌总数
异型生物质有机化合物		挥发酚、三氯苯

1.4　填埋场地下水污染识别方法

只有精准、动态、科学地识别地下水污染，才能准确和有针对性地指导污染场地地下水污染控制、修复等后续工作。地下水污染识别是各类污染场地环境调查阶段首先需要弄清的前提，主要包括识别地下水污染来源、特征污染物组分与类型、污染程度、污染范围及污染过程。填埋场污染源分布广泛和场地内水文地质非均质性造成地下水污染具有隐蔽性、复杂性和不确定性，使得填埋场地下水污染特征准确识别难度较大。

国外早在几十年前已经开展相关调查并进行分析研究。他们的研究重点主要集中在垃圾渗滤液污染物降解的生物地球化学作用、渗滤液污染物进入地下环境后的运移转化规律以及氧化还原标志性物质在不同氧化还原环境中的分布规律等几个方面[24]。垃圾渗滤液这种高浓度的有机废水渗入地下环境中时，渗滤液中的强还原性物质与含水层本身具有氧化性的化合物相互反应而形成一系列不同的氧化还原环境，这些不同的氧化还原环境可能决定了污染物在地下环境中的衰减作用（图1-4）。

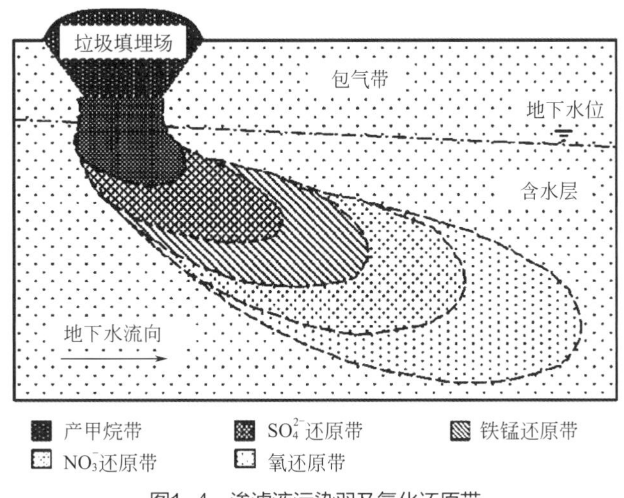

图1-4 渗滤液污染羽及氧化还原带

目前主要采用地下水监测井和采样分析耦合、环境地球物理勘探、地下水水质模型模拟、生物地球化学及同位素测定等技术识别垃圾填埋场地下水污染来源、特征污染物组分与类型、污染程度、污染范围及污染过程。每种技术都有各自的研究对象、优缺点和适用条件，因此需要根据识别目的和调查阶段，综合采用多种相关识别技术共同确定。

1.4.1 地下水监测井

在垃圾填埋场及周边设置地下水监测井是最常见和最直接的地下水污染识别方法[25]。目前我国根据《生活垃圾卫生填埋场环境监测技术要求》（GB／T 18772—2017）、《污染场地环境调查技术导则》（HJ 25.1—2014）、《污染场地环境监测技术导则》（HJ 25.2—2014）和《生活垃圾填埋场地下水基础环境状况调查技术指南》等文件指导地下水监测井布设，通过采样和测试分析，确定地下水污染种类、程度和污染羽范围。

设置地下水监测井采样方法存在几个缺点：一是调查采样数量有限，单一混合层采样井难以全面准确捕获污染羽分布范围；二是地质钻孔会破坏污染物在地下水系统中的分布特征[26]。同时，目前的垃圾填埋场地下水污染监测存在布井不尽合理、监测指标不尽科学等问题，制约了地下水污染识别的精度。针对以上缺点，国内外学者开展了进一步的深入研究：一是开发分层多级监测井建造及取样技术刻画地下水污染羽组分及浓度空间分布特征[27]；二是采用统计方法[28]、数值模拟方法和模拟-优化模型方法[29]等开展场地地下水监测井网优化布设，识别地下水污染羽分布特征。统计方法多应用于优化设计已存在监测网的地区，尤其适用于确定监测井的取样频率；数值模拟方法和模拟-优化模型方法主要应用于布设监测井在空间上的位置分布[30]。目前，用于地下水污染羽分布识别的地下水污染监测网优化设计多采用模拟-优化模型方法，即在满足一定约束条件下，最终实现目标函数的最大化（如不同模型的吻合程度、污染物检出概率、污染羽刻画精度和多目标函数加权和）或最小化（如观测井数目、各种目标总货币价值等）求取最优管理措施[31]。传统地下水污染监测网优化设计大多建立在单一目标函数优化基础上的罚函数方法上，但优化算法很可能陷入局部最优解或找不到适合的罚函数，将单一目标优化问题多目标化可以克服以上问题，因此，近年各种多目标进化算法已经逐渐应用到模拟优化领域[32,33]，有助于提高地下水污染识别结果的准确性。

1.4.2 环境地球物理勘探技术

环境地球物理勘探方法作为新兴的非侵入性检测方法，具有经济、快速、准确及检测范围广等优点，对污染场地的污染识别具有很强的可行性和推广价值[34]。受污染场地化学性质和物理特征发生物性差异变化是环境地球物理探测环境污染的前提[35]。该技术可以推断地下污染物的空间分布，了解浅部地层和地质构造资料[36]，确定垃圾的掩埋深度及厚度，明确垃圾填埋场渗漏污染源[37]，推测污染物的扩散趋势[38]。

常用的方法包括直流电阻率法、甚低频电磁法、瞬变电磁法、激发极化法、探地雷达、井中跨孔电阻率成像法等。国内外利用这些物探技术在识别垃圾填埋场地下水污染范围方面具有很多成功范例。刘海生等[39]、Park等[40]、Maurya等[41]指出高密度电阻率法对于某垃圾填埋场地下水污染识别效果显著[42]。激发极化法在检测污染范围及程度方面效果也很显著，但是相比电阻率法需要更详细的野外实施过程和获取激发极化法得到的更加准确可靠的监测数据和反演数据[43]。此外，Buselli等[44]、Al-Tarazi等[45]证明了音频大地电磁法、瞬变电磁法和甚低频电磁法等电磁物探技术识别垃圾填埋场地下水污染范围的有效性。Atekwana等[46]、Porsani等[47]和姜月华等[48]利用地质雷达探测技术识别了垃圾渗漏液的扩散范围、扩散深度，从而成功确定了污染物泄漏通道和污染范围。

目前现有的物探技术主要用于快速、定性识别垃圾填埋场地下水污染分布范围，对于定量探测地下水中微克级（10^{-6}g）的有机或无机污染物，无论是方法技术还是机理研究都还有待进一步提高[49]。物探最关键的科学问题是如何提高勘探的分辨率。提高勘探分辨率的途径有：一是提高弱信息的提取技术；二是结合区域地质、水文地质、土壤化学、气候变化、生物特征等多学科的综合研究提升地球物理探测的综合解释[50]。

1.4.3 地下水水质模型模拟

地下水水质模型模拟技术主要通过建立地下水溶质迁移转化数学模型，采用解析法或数值模拟法，定量分析和预测垃圾渗滤液污染物在地下水系统中的运移过程和污染范围等，其中模型中参数的确定一般通过室内外试验计算得到[51]。随着计算机性能的提高，数值模拟技术应用更为广泛，目前已有比较完善和成熟的数值模拟软件（MT3DMS、RT3D、SEEP2D、FEFLOW等），成功应用于垃圾填埋场地下水污染范围和程度识别[52,53]。

很多研究表明垃圾填埋场下地下水污染组分主要包括Cl^-、Na^+、三氮、总硬度、溶解性总固体、有机物、重金属（如铁、锰、汞、镉、铬和铅等）、细菌污染物（大肠杆菌、细菌总数等）和磷酸盐[54]。目前垃圾填埋场地下水水质模拟技术最常采用Cl^-、NH_4^+-N和硝酸盐[55]作为特征污染物来预测地下水污染范围和污染程度。由于有机污染物在包气带和含水层中的迁移转化过程十分复杂，且反应参数的准确获取存在困难，因此，COD常被作为垃圾填埋场地下水中溶解性有机物（DOC）的综合表征组分来预测地下水有机污染物的污染范围和程度[56]。识别垃圾填埋场渗滤液污染羽的挑战性除了来自填埋场场地特征复杂性、渗滤液组分多样性外，还有污染羽的生物地球化学作用[57]。一些研究发现，垃圾渗滤液进入地下环境后，其污染物在受到络合作用、吸附-解吸作用、溶解-沉淀作用、氧化-还原作用、酸碱作用、离子交换和生物降解过程等生物地球化学作用影响下发生自然衰减，削弱了垃圾渗滤液对地下环境的危害[58]。Cl^-、NH_4^+-N、硝酸盐和COD等常用的地下水污染组分主要考虑了在地下水系统中的对流弥散作用，忽略或简化了污染羽的生物地球化学作用，因此会导致识别出的地下水污染范围和污染程度偏大。有研究通过对我国32个垃圾填埋场地下水污染羽分布范围进行综合分析，表明地下水污染主要发生在垃圾填埋场周边1000m内，相对严重的污染发生在其周边200m内。垃圾填埋场的地下水污染程度与场龄关系密切，新鲜垃圾渗滤液较老龄垃圾渗滤液更易污染地下水[59]，地下水污染程度随场龄时间增加而越加严重，一般在5～20年场龄时出现最严重的地下水污染。但在25年场龄后，地下水污染程度降低至较小值[60]，因此，一般在使用地下水水质模型模拟识别地下水污染程度和范围时，模拟期一般设置在20～30年。

地下水水质模型模拟多用于识别地下水中单一特征组分的污染过程、范围和程度，但垃圾填埋场地下水污染属于多组分复合污染，因此随着人们对垃圾填埋场地下水污染机理认识的增强和反应溶质运移模拟技术的发展，国内外学者开始将能同时处理溶质运移和生物地球化学耦合问题的多组分反应溶质运移模拟方法用于识别模拟垃圾填埋场地下水多组分系统的迁移转化过程[61]，常用软件包括PHREEQC、The geochemist's workbench™和TOUGHREACT等[62]。但由于缺乏有机物与金属离子络合物的热力学数据，地球化学模拟在填埋场环境问题上受到了限制[62]。

地下水水质模型模拟技术非常适用于场地尺度的地下水污染的精准和动态识别，但是目前精度不高，尤其是针对重金属、有机物以及多组分系统的污染识别处于研究初期[63]，原因一是现有模型过分理想化，在应用中没有全面深入考虑垃圾渗滤液特征污染物在土壤和含水层中各种物理、化学和生物作用的影响；二是现有模型缺少对垃圾渗滤液污染物在地下环境中迁移转化的整体研究，以及缺少非饱和带和饱和带地下水溶质联合迁移模拟；三是一般忽略了非饱和带气相污染物的迁移转化规律对地下水污染分布特征的影响。

1.4.4 生物地球化学技术

垃圾填埋场地下水污染物在地下水迁移转化过程中除受到物理化学作用外，还受到生物降解作用的影响。生物降解作用与氧化还原作用是分不开的，二者相互影响，相互制约。因此，科学划分地下水污染羽所处氧化-还原特征区对于地下水污染过程识别具有重要意义。

垃圾渗滤液进入地下水系统后在生物地球化学作用下，不同特征组分会产生不同的污染分布特征。1979年，Baedecker等[64]首次提出氧化还原带概念，他们发现渗滤液污染羽距离垃圾填埋场最近位置产生甲烷带，沿地下水流向会依次出现硫酸还原带、铁锰还原带和氧还原带。之后Lyngkilde等[65]、Christensen等[66]针对丹麦Vejen和Grindsted垃圾填埋场，确定了氧化还原分带标准值（表1-3和表1-4）。杨周白露等[24]建立了基于敏感因子指数法的定量识别垃圾填埋场地下水污染过程中氧化还原特征区划分的技术。

表1-3 Vejen垃圾填埋场渗滤液污染羽中不同氧化还原带的划分标准值设定 单位：mg/L

参数	产CH_4反应	SO_4^{2-}还原	Fe还原	Mn还原	NO_3^-还原	氧还原
CH_4	>1	<1	<1	<1	<1	<1
S^{2-}	—	>0.2	<0.1	<0.1	<0.1	<0.1
SO_4^{2-}	<120	—	—	—	—	—
溶解铁	—	—	>1.5	<1.5	<1.5	<1.5
溶解锰	—	—	—	>0.2	<0.2	<0.2
NH_4^+	—	—	—	—	—	<1.29
N_2O	NI	NI	NI	NI	NI	NI
NO_2^-	<0.33	<0.33	<0.33	<0.33	>0.33	<0.33
NO_3^-	<0.91	<0.91	<0.91	<0.91	—	—
O_2	<1	<1	<1	<1	<1	<1

注：1. N_2O的单位为μg/L。
2.“—”表示没有确定标准值。
3. NI表示在该垃圾填埋场中属于标准设定外。

表1-4 Grindsted垃圾填埋场渗滤液污染羽中不同氧化还原带的划分标准值设定 单位：mg/L

参数	产CH_4反应	SO_4^{2-}还原	Fe还原	Mn还原	NO_3^-还原	氧还原
CH_4	>25	—	—	—	—	<1
S^{2-}	—	>0.1	—	—	<0.1	<0.1
SO_4^{2-}	—	—	—	—	—	—
溶解铁	<150	<150	>150	<10	<10	<1.5
溶解锰	<5	<5	<5	>5	<0.2	<0.2
NH_4^+	—	—	—	—	—	<1.29
N_2O	<1	<1	<1	<1	>1	—
NO_2^-	<0.33	<0.33	<0.33	<0.33	>0.33	<0.33
NO_3^-	<0.91	<0.91	<0.91	<0.91	—	—
O_2	<1	<1	<1	<1	<1	>1

不同氧化还原环境对于地下水中某些污染物降解影响存在显著差异。董军等[67,68]通过室内柱模拟实验（图1-5）发现，铁还原带对有机污染物的降解影响重大，垃圾填埋场污染源附近的厌氧环境有利于苯并噻唑等物质的降解，挥发酚和氰化物在硫酸盐还原带中的含量相对较高，而产甲烷带对于多种重金属的降解作用的影响甚小。Cozzarelli等[69]研究了美国Norman垃圾填埋场下游氧化还原带20年的动态变化特征。结果发现，NH_4^+-N和CH_4在不同作用下发生了衰减，NH_4^+-N主要受到含水层固体介质的水岩作用影响，CH_4受到氧化作用。两个氧化还原带之间变化根本原因是功能优势菌群的变化，且不存在明确的分割线。周睿等[70]利用土柱模拟实验发现渗滤液污染羽存在4个顺序氧化还原带（图1-6），未发现产甲烷带以及锰还原带，并且不同氧化还原带中各种功能性微生物群落分布存在显著差异，各带除了其优势菌群外还可能存在其他作用的细菌。

异型生物质只是垃圾渗滤液溶解性有机污染物中的一小部分，且浓度很低（一般小于1mg/L），但是这类污染物的毒性很大，对人类和环境具有很大威胁[58]。何小松等[71]通过研发基于吉布斯自由能、平行因子和三维荧光光谱耦合技术，识别了地下水中异型生物

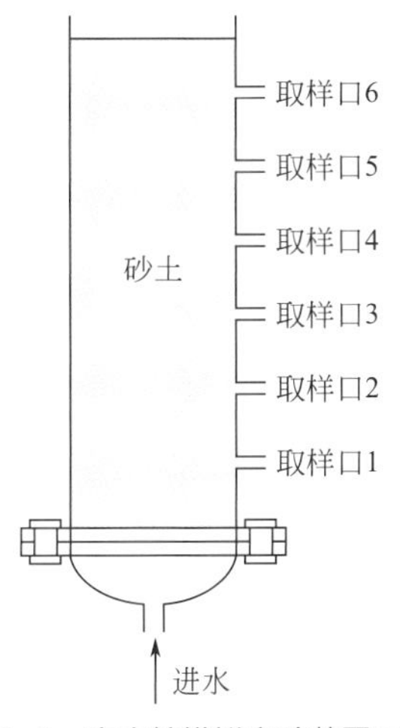

图1-5 室内柱模拟实验装置示意

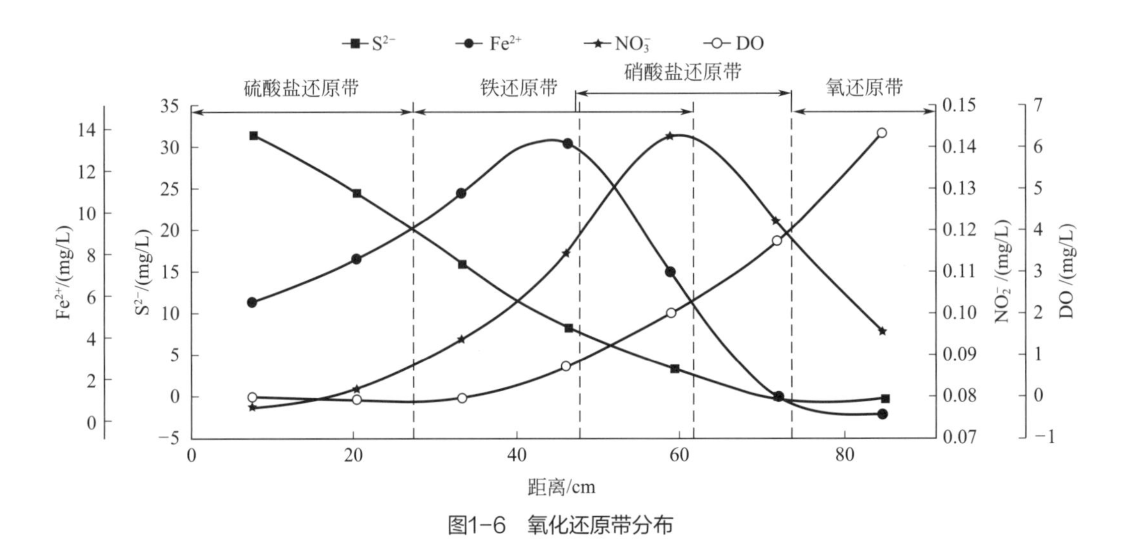

图1-6 氧化还原带分布

质的污染范围与程度。垃圾渗滤液中异型生物质化合物主要有芳香烃（如苯、甲苯、二甲苯和乙苯）、酚类和氯代烃（如三氯乙烯、四氯乙烯等），其在含水层污染羽中的转化过程与氧化还原带关系密切。一些研究学者在氧化还原分带研究基础上识别了垃圾填埋场污染羽溶解性有机物和异型生物质组分生物降解速率常数。Tazioli[72]针对丹麦Vejen垃圾填埋场，采用生物地球化学模拟和野外观测结合的方法，计算了从产甲烷区到氧化区的每个氧化还原分区的一阶速率常数。Van Breukenlen等[73]在丹麦Grindsted垃圾填埋场产甲烷/硫酸盐和铁还原区计算了六种有机物（苯、甲苯、乙苯、邻二甲苯、间/对二甲苯和萘）的一级降解速率。数值模拟表明这6种有机物的厌氧降解速率差别很大。除苯外的有机物在铁还原区有高降解速率。只有邻二甲苯和甲苯在产甲烷区和硫酸盐还原区发生明显降解。

总的来看，目前国内外尚处于氧化还原带大致划分区别阶段，对垃圾填埋场地下水污染羽氧化还原区识别划分技术以及各氧化还原带中生物地球化学过程识别技术仍需进一步开展研究。

1.4.5 同位素技术

近年，国内外开始应用同位素示踪技术进行垃圾填埋场地下水污染识别，目前研究处于起步阶段。垃圾填埋场因渗滤液组分多样，可选用多种同位素测定技术开展地下水污染来源及过程研究[74]，包括碳、氮、氘、硼、硫和氧等稳定同位素以及氚等放射性同位素。如Mariotti等[75]认为垃圾填埋场内$\delta^{15}N\text{-}NH_4^+=\delta^{15}N$-有机物$=-0.5\%\sim+0.2\%$，垃圾填埋场在极端还原条件下会导致渗滤液中$\delta^{15}N\text{-}NH_4^+$值较高，$\delta^{15}N\text{-}NO_3^-$值较低。Hackley等[76]认为地下水溶解无机碳的^{13}C为示踪垃圾渗滤液对周围地下水环境污染的有效示踪剂，渗滤液污染羽和下游地下水富^{13}C，$\delta^{13}C$平均值为2%；而上游水贫^{13}C，其

$\delta^{13}C$ 值在 −0.5% ～ −2.5%，从而确定了地下水污染受到了垃圾渗滤液影响范围。

目前研究采用多种同位素作为示踪剂，共同识别地下水污染来源。Nigro等[77]在意大利某垃圾填埋场基于硼同位素和氚同位素测试分析识别垃圾填埋场污染的源头，结果表明 $\delta^{11}B$ 值为1.931%代表未污染地下水、$\delta^{11}B$ 值在0.437% ～ 0.941%之间代表污染地下水、$\delta^{3}H$ 值在2.7 ～ 3.6TU之间代表未污染地下水、$\delta^{3}H$ 值为34.5TU代表地下水受到渗滤液污染。

一些学者研究发现，将同位素技术、水化学分析、生物地球化学过程模拟等方法综合使用可以提高垃圾填埋场地下水污染识别的准确度。Castañeda等[78]在菲律宾马尼拉某垃圾填埋场，基于氘、氚和氧同位素以及主要离子的水化学特征测定，识别了渗滤液造成的地下水污染现状，同时发现地下水污染羽中富集了氘和氚同位素。Van Breukelen等[79]用氧化还原标志物质的分布、溶解气体（N_2、Ar和 CH_4）浓度、稳定同位素（$\delta^{15}N$-NO_3、$\delta^{34}S$-SO_4、$\delta^{13}C$-CH_4、$\delta^{2}H$-CH_4 和 $\delta^{13}C$-DIC、DOC）测定结果共同识别了垃圾填埋场地下水污染的氧化还原过程，多种方法的综合应用提高了识别精度。他们还在荷兰Banisveld垃圾填埋场下游18m、39m和58m处多层级采样点捕获识别了水化学垂向剖面，采用一维垂向反应溶质模型PHREEQC-2模拟了含水层氧化-还原环境的演变过程，并采用 $\delta^{13}C$-CH_4 证明在污染羽下部瞬时发生厌氧甲烷氧化过程，同时伴随着硫酸根的还原和氧化铁的解析[79]。Porowska等[80]采用水化学、同位素检测和双组分混合模型，识别了波兰某垃圾填埋场地下水中溶解性无机碳和 $\delta^{13}C_{DIC}$ 主要来自含水层沉积物中有机物的降解和渗滤液中有机物的生物降解，20% ～ 53% DIC来自有机物的生物降解，47% ～ 80%来自含水层介质碳酸盐溶解。

总的来说，环境地球物理勘探技术适用于初步快速识别垃圾填埋场污染途径和污染范围，地下水监测井布设、采样分析水化学和同位素数据可用于判断地下水污染程度和污染来源，同时验证污染羽空间分布准确度。建立合理的污染场地概念模型是精准识别地下水污染的关键，准确识别影响垃圾渗滤液污染物在地下水污染过程需要很好地理解含水层地质、水动力条件以及污染物的生物地球化学作用，因此在污染概念模型的基础上，划分地下水污染羽所处氧化-还原特征区，建立多组分、多维度和多相反应溶质运移模型实现精准识别地下水污染过程，为污染场地地下水污染控制、修复提供理论精准全面的科学依据。

1.4.6 展望

国内外学者对垃圾填埋场地下水污染识别开展了大量相关研究，但仍处于起步阶段，污染识别的理论与方法都有待进一步完善。为此，对垃圾填埋场地下水污染识别技术研究有几点展望。

① 加强地下水污染全过程研究，综合考虑“包气带”和“含水层”双介质以及液相、气相和固相间发生的复杂的热力学-水力学-化学反应过程，建立多维地下水多组分反应溶质迁移模型，加强非饱和带和饱和带的联合数值模拟技术以及多相流数值模拟技术，使得计算模型向高效、准确、实用的方向发展，进一步提升垃圾填埋场地下水污染识别精度。

② 加强优化现有垃圾填埋场地下水监测网和监测技术，构建污染场地地下水污染监控预警数字化平台，提升科学决策和信息化水平，为精确识别和刻画场地地下水污染特征提供动态丰富的基础数据。

③ 加强研究不同类型填埋场地下水中敏感微生物群落结构及其生物学效应、特征污染物环境效应及与环境主控因子的响应关系，将多种同位素和分子生物学方法结合，开发高通量、快速灵敏和准确特异的微生物及其代谢物快速检测技术，研究识别垃圾渗滤液污染地下水过程和来源。

④ 集合环境地球物理勘探、钻探、地球化学、同位素、水岩相互作用、水文地质调查以及数值模拟等方法，形成综合的快速精准识别地下水污染的关键技术。

1.5 填埋场地下水污染修复方法

在地下水环境调查、监测、风险评估的基础上，依据地下水用途和风险控制目标，制定地下水污染修复目标和方案。修复方案的制定的关键是要进行地下水污染修复技术的选择。地下水污染修复技术筛选过程，必须考虑目前科学技术水平，修复技术的成熟度，当地气候条件、地质状况（地层、岩性和地质构造等）、水文地质条件（含水层类型、孔隙度、渗透系数、含水层结构和构造、地下水埋深、地下水水力梯度、地下水补给、径流和排泄条件）、土壤类型、土壤结构、土壤物理性质（含水率、渗透系数、孔隙度等）以及地表植被分布状况等，污染物类型（重金属、放射性元素、无机污染物、LNAPLs、DNAPLs）、污染源类型（点源、线源和面源）、污染物在地下环境中的迁移与转化，污染场地类型［城市污染场地（或棕地）、农田、矿区土地］，土地用途（工业、民用、农业用地等），同时也要考虑修复成本、能耗、修复工程与地下环境的兼容性，做到绿色修复[81]。

地下水污染修复技术按照修复工程位置、技术原理以及污染物类型的不同，有多种分类方法。按照地下水中污染物处理位置的不同分为原位修复技术、异位修复技术和监测自然衰减技术。原位修复技术包括原位化学还原技术、原位化学氧化技术、原位渗透反应墙技术、原位生物修复技术、原位物理阻隔技术、原位玻璃化技术、监测自然衰减技术等。异位修复技术包括物理分离技术、抽出-处理技术。按照地下水污染修复技术原理的不同分为物理修复技术、化学修复技术、生物修复技术以及联合修复技术。物理修复技术包括物理阻隔技术、物理分离技术、抽出-处理技术、热力学技术、电动力学技术、冰冻技术等。化学修复技术包括化学稳定化技术、化学氧化技术、化学还原与还原脱氯技术等。生物修复技术包括生物氧化技术，如地下水曝气（氧气）技术、释氧化合物注入技术等；生物还原技术，如地下水曝气（氢气）技术、释氢（硫、氮）化合物注入技术等、微生物降解与植物修复技术、监测自然衰减技术等。联合修复技术包括生态工程修复技术、渗透反应墙技术、物理化学技术等。按照地下水中污染物类型不同，可将污染修复技术分为重金属污染与放射性污染修复技术、有机污染修复技术和无机污染修复技术。不同地下水污染修复技术有各自的优缺点、适用性、技术成熟度、修复效率、修复成本、修复时间和环境风险，统计结果见表1-5[82]。

针对垃圾填埋场造成地下水污染的特征污染物，分别综述了地下水中难降解有机污染物、硝酸盐和复合污染物的修复技术。

1.5.1 地下水中难降解有机污染物原位修复方法

1.5.1.1 零价金属还原法

目前，铁、铝及锌等零价金属具有高还原能力，被广泛应用于环境中污染物的去除，见图1-7。在去除有机污染物的过程中，零价金属均是作为一个有效的电子供体，从表面将电子传递至有机物，将有机污染物降解。按照还原性强弱划分：零价铝>零价锌>零价铁。零价铝的电极电位$E_0(Al^{3+}/Al)=-1.667\ V$，零价锌的电极电位$E_0(Zn^{2+}/Zn)=-0.763V$，零价铁的电极电位$E_0(Fe^{2+}/Fe)=-0.44\ V$，二价铁的电极电位$E_0(Fe^{3+}/Fe^{2+})=0.771\ V$[83]。相比零价铁、零价铝而言，零价锌在还原去除八氯代二苯并二噁英、CCl_4、硫丹、氯酚等有机污染物方面具有更高的效率。Cong等[84]发现零价锌随着pH值和DO的降低，去除污染物的效率得到提高，且在Cl^-存在的环境中，其失电子速率加快，增加金属表面的活性点位。Salter通过柱实验研究零价锌在地下水环境下对有机污染物的去除效果，整体上能够有效地降解有机污染物。实际应用中零价锌存在着一定不足，主要是还原降解有机物过程中的产物是Zn^{2+}，引起二次污染。零价铝降解水相中有机物，不仅是通过还原作用，也可将水相中的溶解氧转化成活性氧（ROS），包括羟基自由基、超氧自由基，甚至生成H_2O_2，实现有机污染物的氧化降解，在酸性条件下具有更显著的活性，较短时间内能将99%的乙酰氨基酚降解[83]。Wang等[85]采用超声波强化零价铝降解染料类的物质AO7，发现超声波起到强化零价铝还原能力，污染物的去除率达到96%。袁超等[86]采用零价铝还原处理实际染料废水，发现pH值从7.00增至12.00，脱色率从62.6%升至98.4%，处理后的废水可生化性显著提高。

表1-5　地下水污染修复技术适用性

技术分类	技术名称	优点	缺点	适用的目标污染物	场地适用性	技术成熟度	效率	成本	时间	环境风险
异位修复	抽出-处理技术	对于地下水污染物浓度较高、地下水埋深较大的污染场地具有优势；对污染地下水的早期处理见效快。设备简单，施工方便	不适用于渗透性较差或存在非水相液体的含水层；对修复区域干扰大；能耗大	适用于多种污染物	适用于渗透性较好的含水层、污染范围大、地下水埋深较大的污染场地	国外已广泛应用，国内已有工程应用	初期高，后期低	初期中等，中后期高	处理周期较长，数年到数十年	低
原位修复	微生物修复技术	对环境影响较小	部分地下水环境不适宜微生物生长	适用于易生物降解的有机物	适用于大面积污染区域的治理	国外已广泛应用，国内已有工程应用	中	低	处理周期较长，数年到数十年	中
	植物修复技术	施工方便，对环境影响较小	效果受地下水埋深、污染物性质和浓度影响较大；需考虑植物的后续处理	适用于重金属、特定的有机污染物	适用于地下水埋深较浅的污染场地	实际应用较少	低	中	处理周期较长，数年到数十年	低
	地下水曝气技术	对修复场地干扰小；设备简单，施工方便	不适用于低渗透性的多孔介质区域、承压含水层的污染物治理，不适用于非挥发性的污染物；可能导致地下水中污染羽扩散；气体可能会迁移和释放到地表，造成二次污染	适用于苯系物和氯代烃等	适用于具有较大饱和厚度和埋深的含水层	国外已广泛应用，国内已有工程应用	中	中	处理周期较短，数月到数年	中
	化学氧化技术	反应速率快，修复时间短	场地水文地质条件可能会限制化学物质的传输；受腐殖酸含量、还原性金属含量、土壤渗透性、pH值变化影响较大	适用于石油烃、苯系物、酚类、甲基叔丁基醚、氯代烃、多环芳烃、农药等	适用于渗透性较好的多孔介质区域	国外已广泛应用，国内已有工程应用	高	高	处理周期较短，数月到数年	中

续表

技术分类	技术名称	优点	缺点	适用的目标污染物	场地适用性	技术成熟度	效率	成本	时间	环境风险
原位修复	化学还原技术	反应速率快，修复时间短	场地水文地质条件可能会限制化学物质的传输；一些含氯有机污染物的降解产物有一定的毒性；部分污染物的还原效果不稳定	适用于重金属类和氯代烃等	适用于渗透性较好的多孔介质区域	国外已广泛应用，国内已有工程应用	高	高	处理周期较短，数月到数年	高
	渗透反应墙技术	反应介质消耗较慢，具备几年甚至几十年的处理能力	渗透反应墙填料需要适时更换；需要对地下水的pH值等进行控制；可能存在二次污染	适用于苯系物、石油烃、氯代烃、重金属等	适用于潜水含水层，对反应墙中沉淀和反应介质的更换、维护、监测要求较高	国外已广泛应用，国内已有工程应用	中	中	处理周期较长，数年到数十年	高
	双/多相抽提技术	可处理易挥发、易流动的非水相液体	效果受场地水文地质条件和污染物分布影响较大；需要对抽提出的气体和液体进行后续处理	适用于苯系物、石油烃、氯代烃等	不适用于渗透性差或者地下水水位变动较大的场地	国外已广泛应用，国内已有工程应用	高	高	处理周期较短，数月到数年	中
	热处理技术	修复时间短、修复效率高	设备及运行成本较高，施工及运行专业化程度要求高	适用于石油烃和氯代烃等	适用于低渗透性的多孔介质区域	国外已广泛应用，国内已有工程应用	高	高	处理周期较短，数月到数年	中
	电动修复技术	适用于低渗透性的多孔介质区域	易出现活化极化、电阻极化和浓差极化等情况，降低修复效率	适用于重金属、石油烃和重质非水相液体等	适用于低渗透性的多孔介质区域	工程应用较少	高	高	处理周期较短，数月到数年	低
	监测自然衰减技术	费用低，对环境影响较小	需要较长监测时间	适用于易降解的有机污染物	适用于污染程度较低、污染物自然衰减能力较强的区域	国外已广泛应用	低	低	处理周期较长，需要数年或更长时间	低

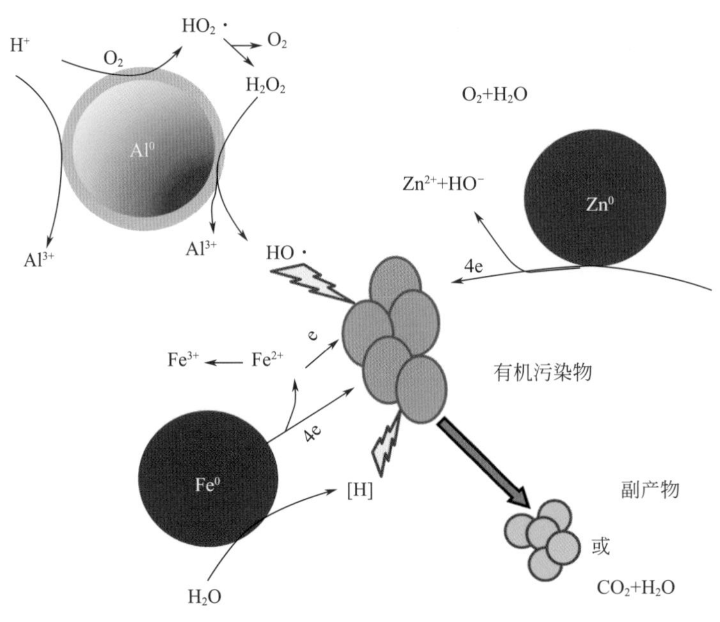

图1-7　零价金属还原去除有机污染物示意

零价铁具有良好的还原能力、优越的吸附性能以及去除污染物后形成的无毒的氧化产物，近二十年在污染修复方面一直是研究的热点，被广泛地应用于地下水污染修复。零价铁去除污染物的机制主要是通过氧化、还原、混凝、吸附、共沉淀等交互作用[87]，实现消减水相中污染物。不同反应条件下，铁屑内电解的主要机理有所不同，如不充氧条件下主要依靠电化学还原机理转化毒害有机污染物，充氧条件下铁易于形成胶体态的强氧化铁，实现污染物的混凝去除。零价金属还原降解有机污染物受pH值的影响显著。pH值越低，零价铁还原降解污染物效率越高，吕国晓等[88]研究发现pH＝3时，反应时间由1h提高到6h，其硝基苯去除效率由87.93%升至100%，生成的产物为苯胺类物质，其矿化效率较低。pH值升高会阻碍零价铁的还原活性，当pH值升高至10～12，会促使生成氢氧化铁等物质的沉淀物，抑制污染物与单质铁进行反应，长期运行可能会减缓反应速率。目前，零价金属主要是通过自身的还原能力将难降解有机污染物转化为其他有机物，提高可生化性，其矿化效率低下。

1.5.1.2　过硫酸盐氧化修复方法

高级氧化技术修复地下水中难降解有机污染物具有一定前景，属于环境友好型技术，很多研究工作都致力于有效修复地下水污染技术创新和改进，以控制污染物达到安全水平为目的。高级氧化可将有机污染物矿化成CO_2、H_2O和无机物质，或者转化为无害的可降解的物质。目前，高级氧化技术主要包括芬顿试剂、光催化、等离子氧化及过硫酸盐氧化等，芬顿试剂、光催化等技术更加适用于废水处理，而过硫酸盐稳定、选择性好，往往用于地下水原位污染修复。

（1）过硫酸盐反应机制

过硫酸盐在得到能量后，过氧化物键分裂，形成2个硫酸根自由基（$SO_4^-\cdot$），同样过硫酸盐可通过多种方式得到电子，生成一个$SO_4^-\cdot$，如图1-8所示。过硫酸盐氧化反应主要是通过$SO_4^-\cdot$和次级自由基氧化降解污染物。在不同pH值下，$SO_4^-\cdot$可将水转化成$HO\cdot$。酸性条件下，$SO_4^-\cdot$是主要的活性自由基，但中性pH值时，$HO\cdot$和$SO_4^-\cdot$均参与反应，其中$HO\cdot$能够降解大部分污染物，同时通过链式反应合成更多的反应中间产物。$SO_4^-\cdot$和$HO\cdot$可与无机化合物生成其他自由基，其也可参与后续进一步反应。环境中有机污染物主要以分子形式存在，通常与$SO_4^-\cdot$反应，主要是发生脱氢、加氢（双键）、电子传递等，因$SO_4^-\cdot$具有亲电子和供电子基团，反应速率快于受电子基团，也会和有机污染物直接反应，生成$SO_4^-\cdot$和一些有机自由基，逐渐分解有机污染物。

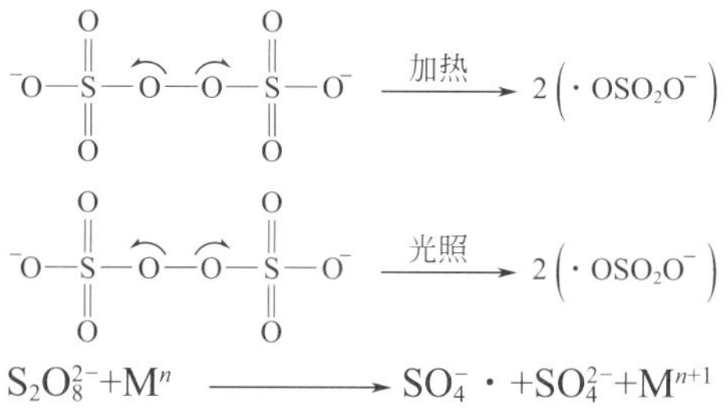

$$^-O-S(=O)_2-O-O-S(=O)_2-O^- \xrightarrow{\text{加热}} 2\left(\cdot OSO_2O^-\right)$$

$$^-O-S(=O)_2-O-O-S(=O)_2-O^- \xrightarrow{\text{光照}} 2\left(\cdot OSO_2O^-\right)$$

$$S_2O_8^{2-}+M^n \longrightarrow SO_4^-\cdot+SO_4^{2-}+M^{n+1}$$

图1-8 过硫酸盐分解为$SO_4^-\cdot$[89]

（2）过硫酸盐活化方式

在地下水环境中，过硫酸盐产生的高氧化电位$SO_4^-\cdot$（$E_h=2.01V$）具有强氧化性（$E_h=2.6V$）。相较于Fenton试剂具有更高的溶解性和宽泛的pH值反应范围。活化过硫酸盐生成$SO_4^-\cdot$的方法包括紫外光、加热、超声、碱、颗粒活性炭、醌类、酚类、过渡金属。其中低价态的金属（Fe^0、Fe^{2+}、Ag^+）可提供电子活化$S_2O_8^{2-}$生成$SO_4^-\cdot$，但这些活化方法均需要较多的能量或物质[90]；部分金属氧化物或是矿物质（Fe_2O_3、α-FeOOH、MnO_2）在不需要消耗额外能量时也能活化过硫酸盐，但其反应速率慢，因此需要投入大量的过硫酸盐才能降解一定量有机污染物。

目前，常用的过渡金属离子活化过硫酸盐（PS）生成硫酸根自由基包括Co^{2+}、Cu^{2+}、Ni^{2+}、Fe^{2+}、Ag^+、Ru^{3+}。由于Fe^{2+}具有价格便宜、无毒及易于获得等优点，已成为活化PS的重要手段之一。Fe^{2+}有效活化PS的反应式见式（1-1），但过量的Fe^{2+}会与硫酸根自由基反应，降低自由基有效利用效率。另外，自然pH值下，Fe的氢氧化物的生成会降低氧化效率，但Fe^{2+}活化过硫酸盐不像Fenton体系中的Fe^{2+}可通过调节pH值范围3～4来循环转换Fe^{2+}和Fe^{3+}。因此，仅有Fe^{2+}活化过硫酸盐降解有机污染物不能循环利用Fe^{2+}。

$$S_2O_8^{2-}+Fe^{2+} \longrightarrow SO_4^-\cdot+SO_4^{2-}+Fe^{3+} \quad (1\text{-}1)$$

$$SO_4^- \cdot +Fe^{2+} \longrightarrow SO_4^{2-}+Fe^{3+} \tag{1-2}$$

如何提供适当的Fe^{2+}作为活化过硫酸盐是有效降解污染物的关键。在厌氧或好氧环境下，Fe^0可以通过腐蚀产生Fe^{2+}，特别是在酸性条件下效果更甚。零价铁能克服过多Fe^{2+}消耗硫酸根自由基，而且也能避免Cl^-和SO_4^{2-}的影响。零价铁在作为Fe^{2+}的来源的同时可以从零价铁传递电子至PS形成硫酸根自由基［式（1-3)］。同时在零价铁表面通过电子传递使Fe^{3+}生成Fe^{2+}［式（1-4)］，因此反应过程中氢氧化铁沉淀会减少。因此，零价铁作为Fe^{2+}的缓释来源，可增强Fe^{2+}活化效果，提高活化效率。

$$2S_2O_8^{2-} \cdot +Fe^0 \longrightarrow 2SO_4^- \cdot +2SO_4^{2-}+Fe^{2+} \tag{1-3}$$

$$2Fe^{3+}+Fe^0 \longrightarrow 3Fe^{2+} \tag{1-4}$$

活性炭（AC）具有特殊的官能团，能够作为催化过程中电子传递中间体，催化生成羟基自由基，同样过硫酸盐具有与H_2O_2相似的结构，AC在过硫酸盐体系中也是作为电子传递的催化剂，催化活化过硫酸盐产生硫酸根自由基，其形成自由基的作用机制是：

$$\text{GACsurface-OOH}+S_2O_8^{2-} \longrightarrow SO_4^- \cdot +\text{GACsurface-OO} \cdot +HSO_4^- \tag{1-5}$$

$$\text{GACsurface-OOH}+S_2O_8^{2-} \longrightarrow SO_4^- \cdot +\text{GACsurface-O} \cdot +HSO_4^- \tag{1-6}$$

（3）影响因素

铁系物活化过硫酸盐去除污染物的性能与不同环境因素相关，环境因素包括溶液pH值、离子强度、溶解氧等外在因素，以及铁系物自身特性的内在因素。大多数情况下，过硫酸盐体系中pH值均是低于碱活化所需要的要求范围，但在碱性条件下，将羟基转化为自由基降解有机污染物，首先能够中和过硫酸根所形成的酸性环境，再由碱性活化PS产生自由基。Fe^0作为活化剂时，其在表面容易生成铁氧化沉淀物阻碍Fe^{2+}的释放，低pH值可避免颗粒Fe^0表面沉淀物的生成。研究人员发现Fe^0（ZVI）活化PS体系下不同pH值均能有效降解有机污染物，pH值的变化不会显著影响污染物去除效率，但酸性环境更有利于污染物的降解。初始条件为酸性（pH=2.58）情况下，Fe^{2+}活化PS降解敌草隆效率高于弱碱性（pH=7.96）。酸性条件下，Fe^0更容易分解和持续生成Fe^{2+}；碱性条件下，Fe^0活化PS生成的$SO_4^- \cdot$趋向转化生成·OH，如下式：

$$SO_4^- \cdot +OH^- \longrightarrow SO_4^{2-}+ \cdot OH \tag{1-7}$$

在过硫酸盐活化体系中，氧作为一个电子受体，水相中DO的含量会直接对PS活化降解有机物产生影响。Fang等[91]研究发现一定量的O_2接受Fe（Ⅱ）提供的电子可产生活性氧（$O_2^- \cdot$、H_2O_2、·OH），可应用于污染物的降解，主要是由于$O_2^- \cdot$与过硫酸根离子反应生成$SO_4^- \cdot$。同时pH值的升高和DO的增加会促进$O_2^- \cdot$的含量提高，从而加快$SO_4^- \cdot$的生成。Zhu等[92]研究发现空气曝入Nano-Fe^0活化PS降解DDT时效率最高，次之是

N_2，再者是O_2，结果表明O_2的存在有助于Fe活化PS，但过量的溶解氧（DO）会抑制DDT的降解。低含量的DO影响Fe^0表面结构形态和反应活性，从而有助于PS活化生成硫酸根自由基。过量的DO会促使Fe^0表面铁氧化物的生成，减少铁表面的活性位点，从而抑制PS的分解。

实际上，PS活化不仅受活化剂的影响，地下水环境中也会受到无机离子的影响。有研究表明零价铁活化PS体系中，地下水中常见的阳离子（Mg^{2+}、NH_4^+、Ca^{2+}）对污染物降解效果有促进作用，Mn^{2+}、Cu^{2+}、CO_3^{2-}、HCO_3^-、PO_4^{3-}、HPO_4^{2-}、$H_2PO_4^-$等离子会抑制污染物去除，而Cl^-和NO_3^-能够促进污染物去除。Xu等[93]研究发现在Fe^{2+}/PS体系中，Cl^-、NO_3^-、HCO_3^-、$H_2PO_4^-$能抑制偶氮染料橙色G降解，特别是Cl^-会与目标污染物竞争硫酸根自由基，此时的Cl^-易被氧化为自由基（Cl_2^-·），同时也会有一些含氯的污染物生成。事实上，Cl^-和NO_3^-能够与SO_4^-·反应，但生成的Cl_2^-·和NO_3^-·同样具有氧化活性，针对部分污染物其氧化性能高于SO_4^-·。Liu等[94]研究发现市场上采购的铁线不做任何前处理直接用于活化PS降解三氯乙烯（TCE），其体系中^{13}C发生显著变化。Fe的投加剂量、硫酸盐浓度和碳酸氢根浓度均对碳同位素浓缩因子（ε值）影响不显著。但当Cl^-存在时，ε受到显著影响。

理论上，离子形式Fe^{2+}、Fe^{3+}活化PS降解橙色G效果显著高于粒径为0.74mm的ZVI，Fe^{2+}的浓度在Fe活化PS体系中至关重要。一般异相活化PS体系中，SO_4^-·的生成受活化材料的比表面积影响，比表面积越大，其活化性能越好，主要是由于粒径小表面积大，活性位点多，有助于与其他物质反应。研究人员发现Nano-Fe^0活化PS效率明显高于Micro-Fe^0和Mill-Fe^0，主要是由于Nano-Fe^0的比表面积大，促进了Fe^{2+}释放速率不断提高，其反应速率加快。当ZVI比表面积达到9.387m^2/（m^3H_2O），其化学反应速率显著下降，可能是由于体系中过量的Fe^{2+}与污染物竞争硫酸根自由基，减少自由基的量。Xiong等[95]采用微磁场强化Fe^0/PS技术去除有机橙色G，研究发现体系中Fe^{2+}浓度得到较为显著的提升。Matzek等[96]采用铁棒作为阳极，石墨炭作为阴极，并通上电流，促进Fe^{2+}释放，提高污染物的去除，并研究了铁棒的不同表面积对PS分解的影响，对其一级动力学不产生改变，且表面积的增大会加快腐蚀速率，PS分解效果越好。采用Nano-Fe活化PS具有显著效果，但其粒径小、迁移性好，反应剧烈，不利于地下环境，但基于地下水渗透反应墙技术的Micro-Fe^0可解决以上问题，要达到Nano-Fe性能需要克服尺寸效应的抑制问题。

（4）过硫酸盐活化体系中铁形态的转变

在水环境中，单质铁在水和溶解氧的作用下，生成Fe^{2+}或Fe^{3+}。本质上，铁氧化物的形成包括2种机制：

① 含Fe^{2+}或Fe^{3+}溶液的直接沉淀；

② 前驱体在水相中通过溶解-再沉淀过程或固态转化途径。

$$有氧条件下：2Fe^0+2H_2O+O_2 \longrightarrow 2Fe^{2+}+4OH^- \quad (1\text{-}8)$$

$$厌氧条件下：Fe^0+2H_2O \longrightarrow Fe^{2+}+H_2+2OH^- \quad (1\text{-}9)$$

铁氧化物在环境中生成的主要途径见图1-9，溶解态的Fe^{3+}直接沉淀转化为针铁矿，生成Fe（Ⅲ）形态途径主要有Fe^{3+}水解、固态前驱物质的溶解、氧化-水解Fe^{2+}盐溶液。酸性溶液中铁的卤化物和$Fe_2(SO_4)_3$溶液水解转化为四方纤铁矿和施氏矿物。其中四方纤铁矿生成水相中需含有一定浓度的氯离子和氟离子。纤铁矿是氢氧化物矿物，其主要通过环境水溶液中Fe^{2+}的氧化生成，另外也可由低分子量的Fe（Ⅲ）形态直接沉淀生成，水铁矿可通过生物氧化Fe^{2+}获得，另外也可由Fe^{3+}盐溶液快速水解沉淀生成。通过改变Fe^{3+}水解速率和Fe^{2+}氧化过程中抑制剂的含量，可以生成中间结晶度的水铁矿。赤铁矿需要在中性和100℃环境条件下，通过Fe^{3+}盐溶液强制水解形成，或通过热解Fe盐和螯合物生成，或氧化磁铁矿生成。

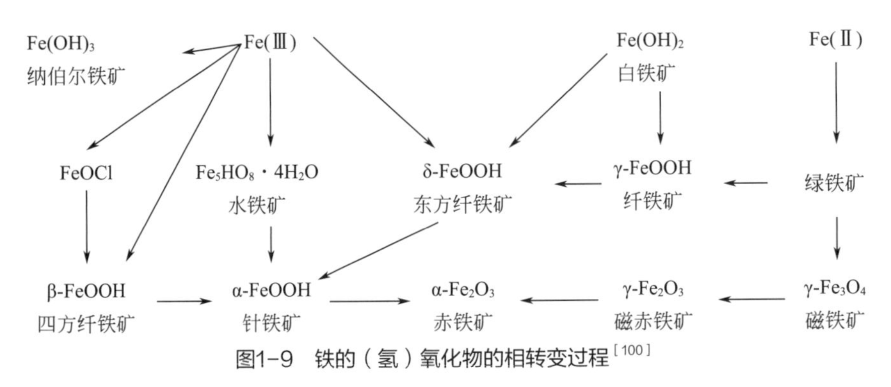

图1-9 铁的（氢）氧化物的相转变过程[100]

在碱性环境中Fe^{2+}/Fe^{3+}混合溶液直接沉淀生成磁铁矿。另外，也可通过氧化绿锈或者$Fe(OH)_2$的Fe^{2+}获得。基于以上分析，可知铁氧化物形成主要途径如下：Fe^{3+}盐溶液在各种温度和pH条件下水解；Fe^{2+}盐溶液的氧化，紧接着水解；金属螯合物的热解；固相在干燥或溶液状态下热转化；溶解-再沉淀反应，见图1-9。在活化过硫酸盐氧化体系下，厌氧环境下零价铁表面发生氢腐蚀等作用，将Fe^0转化成Fe^{2+}，与$S_2O_8^{2-}$进一步氧化后转化成Fe^{3+}。Li等[97]采用拉曼光谱分析显示，PS氧化体系中，Fe反应前后结构不同，反应后生成了Fe_3O_4、α-FeOOH、α-Fe_2O_3、施式矿物［$Fe_8O_8(OH)_6SO_4$］，并对出现的1595cm^{-1}处的C═C说明其可能是由于污染物的吸附。α-Fe_2O_3是立方尖晶石晶体结构，与Fe_3O_4的XRD具有相似性。Diao等[98]发现负载在膨润土上的Nano-Fe^0在PS氧化体系中，铁的产物有Fe_2O_3（XRD）、FeOOH（XPS）、α-Fe_2O_3。相较添加PS，不添加PS的体系中Fe反应的产物种类和数量明显较低[98]。

目前，部分铁氧化物可活化过硫酸盐，但与粒径及结晶形态有关。如Teel等[99]研究发现自然环境中的辉钴矿、黄铁矿、菱铁矿及钛铁矿对PS的分解具有显著的促进作用，而其他类型的常见矿物无法有效地促进PS分解。单独Fe_3O_4颗粒无法有效地分解PS生成SO_4^-·降解污染物，但可借助外界因素促进Fe_3O_4晶型中Fe（Ⅱ）和Fe（Ⅲ）的转化。

1.5.2 地下水中硝酸盐原位修复方法

地下水中硝酸盐污染已成为严重的环境问题，其主要来源有化学肥料、畜禽养殖、垃圾填埋场等。硝酸盐污染会带来高铁血红蛋白、畸形及突变等健康问题。硝酸盐治理技术种类繁多，主要有电化学方法、物理吸附、化学还原以及生物降解。相比而言，原位硝酸盐去除适用于地下水环境，现阶段原位修复硝酸盐主要是注入零价铁和生物降解，其中地下水中硝酸盐原位去除示意见图1-10。

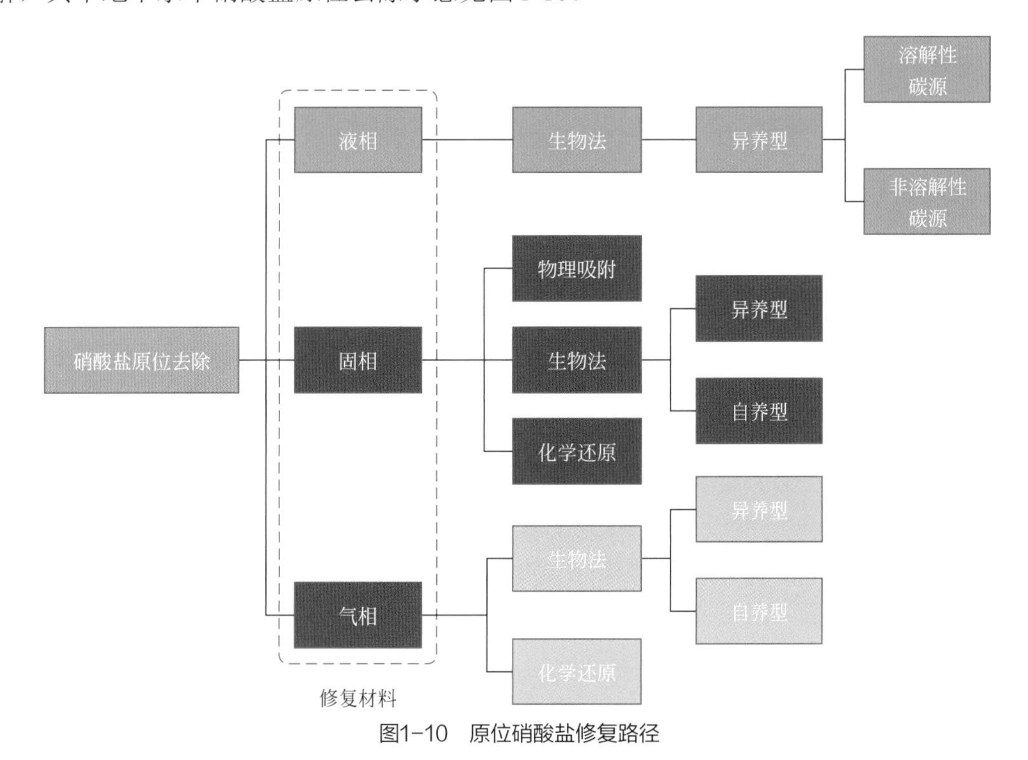

图1-10 原位硝酸盐修复路径

1.5.2.1 零价铁原位还原修复方法

20世纪60年代，零价铁被用于还原硝酸盐，但直到近二十年零价铁去除硝酸盐才成为研究热点之一。事实上，研究人员重点揭示了Fe^0还原降解硝酸盐的作用机制，并提出了一系列的作用机理。零价铁主要通过Fe^0提供电子给受体NO_3^-，将硝酸盐转化为NH_3、N_2及NH_4^+，Fe^0自身则根据反应条件的不同被氧化为Fe^{2+}、Fe^{3+}、Fe_2O_3、Fe_3O_4。pH值可通过影响体系中质子浓度来影响厌氧水相中零价铁还原硝酸盐动力学的强弱。在酸性条件下，Fe还原硝酸盐反应效率高，特别是在pH值在2～3的条件下，硝酸盐的还原降解速率达到95%，而pH > 5时效率降低1/2。采用缓冲体系控制pH值直接影响到硝酸盐的还原，同时溶液中pH值发生变化。

近些年，大量的研究主要集中在纳米ZVI还原硝酸盐，因为纳米ZVI具有更强的还原能力，反应速率更快、效率更高。事实上，微米ZVI和纳米ZVI去除硝酸盐的机制和路径存在不同，对于纳米ZVI还原硝酸盐的最终产物存在很大的争论。部分研究人员发现纳米ZVI还原硝酸盐的产物可能是亚硝酸盐、氨氮、N_2，但大部分最终产物是最不想生成的氨氮。如Zhang等[101]发现体系中超过85%的硝酸盐最终还原产物是氨氮。Hwang等[102]研究发现纳米ZVI的表面吸附硝酸盐，并发生还原和解吸，但氨氮是纳米ZVI还原硝酸盐的主要产物[103]。Choe等[103]发现纳米ZVI还原硝酸盐的产物是N_2。铁表面的覆盖物成分为Fe（Ⅱ）/Fe（Ⅲ）的氧化物，而Fe（Ⅱ）在硝酸盐还原转化为氨氮体系中受到显著影响。研究发现零价铁在动态土柱条件下可去除95%的硝酸盐，其生成的产物有NO_2^-、NH_4^+。自然环境中的甲酸盐、草酸、柠檬酸盐、氯离子、硫酸根、硼酸盐及磷酸盐作为零价铁配体，降低Fe^0还原硝酸盐效率。零价铁可通过还原作用有效去除硝酸盐，但诸多研究都是基于机理探讨，结合地下水环境条件研究较少，存在氨氮积累的现象，且总氮的含量未发生有效降低，故需进一步采取措施强化总氮的去除。

1.5.2.2 原位生物修复方法

地下水环境中，微生物在物质的形态转变及降解过程中往往起着重要的作用，同样硝酸盐在地下水环境中微生物的作用下发生一系列地球生物化学作用，转化为氮气或氨氮，特别是反硝化微生物作用可实现地下水中总氮的最终去除。硝酸盐作为氮素在环境中的一种存在形态，参与氮素的迁移转化行为，其中主要涉及矿化-吸附过程、固化过程、硝化过程以及反硝化过程4个过程。在硝酸盐降解过程中，一般采用反硝化过程，即硝酸盐在环境中在反硝化细菌的作用下，转化为N_2。目前，反硝化细菌是一类化能异养兼性微生物，包括反硝化杆菌属、假单胞菌属、螺旋菌属等。富氧环境下，反硝化细菌分解有机物的同时，将电子传递给O_2。厌氧环境下，有机质将作为碳源和电子供体，体系中最终电子受体由O_2转变为硝酸盐和亚硝酸盐。

目前，基于碳源的不同，可将生物反硝化分为自养反硝化和异养反硝化。异养反硝化主要是利用有机质作为碳源和电子供体。相较异养反硝化来说，自养反硝化微生物生长较慢、产生少量的生物质，会降低生物的再生长以及副产物的量。自养反硝化微生物更适合贫营养的地下水污染修复，且是以无机碳作为碳源，以氢、硫以及其他还原性硫化物作为电子供体。氢作为电子供体时，这个过程属于氢自养反硝化细菌，其特别适用于地下水中硝酸盐的去除，有现场研究表明氢自养反硝化的强度与反硝化能力是直接相关的。另外，含水层可以作为一个天然的反硝化反应器，且硝酸盐处理后的副产物经过含水层介质过滤，可净化饮用水水质。微生物在地下环境中往往因营养物质（如碳源）的匮乏，一般溶解性有机碳（DOC）<2mg/L，无法充分发挥微生物活性。目前，研究人员人为添加碳源强化地下水环境中反硝化作用，碳源可分为液

相碳源和固相碳源。蔗糖、甲醇、乙醇、乙酸、葡萄糖作为液相碳源，可被用于原位注入地下水环境中，促进反硝化作用。张燕等[104]研究发现甲醇作为碳源时，反硝化作用强，且无亚硝酸盐积累。但因其是溶解性的物质，会导致地下水中溶解性有机质的增加，产生二次污染。固相碳源一般作为渗透反应墙（PRB）墙体填充介质用于地下水硝酸盐修复，碳源主要有苜蓿叶、泥炭、城市污泥、堆肥产物、锯末等物质。Robertson等[105]报道了以锯末作为碳源，可将90mg/L的硝酸盐浓度降到10mg/L，且微生物作用对硝酸盐修复持续时间长，采用木材屑和沙子的PRB墙体可长期运行15年。Huang等[106]报道了海绵铁和松树皮作为修复地下水硝酸盐的材料，运行504d后硝酸盐的去除率 > 91%。事实上，固相碳源实际应用中碳源的提供不足，微生物进入内源呼吸模式，会导致脱氮速率低下。另外，部分天然固相碳源长期处于地下环境，腐蚀后的产物易堵塞含水层。

不同的环境因素影响反硝化作用，如pH值、温度等。不同的pH值对还原酶和微生物细胞活性的抑制程度不同。研究pH值对反硝化过程的影响时，pH值范围一般设定在6～9。赵樑等[107]采用模拟废水进行批实验，发现反硝化最佳的pH值为7～8。pH值高于8.6，反硝化速率显著下降，并伴随着更多NO_2^--N积累，同时pH值的大小直接影响到反硝化时间长短。为了克服不利的pH值对微生物的影响，曾金平等[108]通过包裹污泥颗粒去除硝酸盐，发现pH值为6.5和9时硝酸盐去除率非常高，达到99.7%和96.3%，但反应体系中检出含量较高的亚硝酸盐氮。温度的高低直接关系到反硝化微生物的活性，反硝化最适宜的温度是15～35℃。温度过高或过低都会抑制反硝化的进行，归因于体系中微生物的酶活性降低。马娟等[109]以乙酸钠为碳源，发现低温（≤15℃）条件对硝酸盐的还原去除有一定的抑制，温度过低导致大量的亚硝酸盐氮积累。微生物具备最终去除硝酸盐的能力，但其活性易受到贫营养、酸碱性、温度以及离子等因素的影响，在地下水环境下，其活性整体较低，去除地下水中硝酸盐的效果有限，需采用人为添加外源物质等手段强化微生物活性，以改善硝酸盐的反硝化去除效果。

1.5.2.3 原位强化生物修复硝酸盐方法

目前，为了解决异养反硝化和自养反硝化所存在的不足，异养脱氮主要是借助添加有机碳作为电子供体提高微生物活性降解硝酸盐，同时产生CO_2。自养反硝化（HAD）提高硝酸盐的去除效率主要是通过ZVI腐蚀产氢促进氢化酶的生成，同时零价铁去除地下水中氧气，形成HAD过程反应所需的厌氧环境。氢自养反硝化微生物作为自养反硝化微生物的一类，一般以CO_2和H_2作为电子供体，实现地下水中硝酸盐去除，ZVI在氢自养反硝化细菌中提供66.5%的电子供体，其余33.5%的电子供体可能来源于Fe（Ⅱ）和内在的有机碳。

ZVI作为强化反硝化去除硝酸盐的手段，其主要包括物理吸附、自身的化学还原和强化反硝化3种去除路径。零价铁强化反硝化细菌去除硝酸盐过程存在着多种分子、离子以及生物酶，导致过程复杂。目前，针对该体系Fe自身去除硝酸盐的反应机理尚处于争议之中，但体系中微生物通过反硝化作用去除硝酸盐机制较明确，故为了避免ZVI过多还原硝酸盐为氨氮，需增加与H_2O的反应速率，提高H_2的释放量。纳米ZVI强化微生物可有效降解硝酸盐，反应过程中反应速率下降，但整体的氨氮的生成比例降低。此体系中，硝酸盐的去除主要依据微生物的活性分为2个阶段：增长期和稳定期。一般在增长期微生物活性较弱，ZVI因其高的还原性，通过还原作用降解硝酸盐成为增长期硝酸盐去除的主要路径。微生物稳定期间，其活性达到最佳，其主要以微生物反硝化为主。东美英等[110]采用纳米铁与微生物共同去除硝酸盐，温度低于5℃时，其在24d运行后能去除一定量的硝酸盐，但在碱性条件下硝酸盐去除效率降低。基于以上分析，零价铁强化微生物去除硝酸盐具有很明显的优势，但其在低温、厌氧、无光、多离子的环境下有待进一步研究。

1.5.3 地下水复合污染修复方法

地下水复合污染一般是指地下水系统中同时存在多种类型的污染物，污染物之间存在着或多或少的关联性。现有的地下水污染修复技术针对的是单一污染物，如挥发性有机污染物的热脱附、重金属的电动修复、有机污染物的高级氧化或微生物降解等。相较单一污染物来说，不同污染物所形成的复合污染的修复技术更加复杂，往往是因为污染物的特点存在差异性以及修复技术的普适性差。同时，由于地下水系统自身的复杂特性，采用单一的处理技术不能有效地达到修复目的，难以实现地下水中污染物的完全矿化，因此，采用多种技术联合修复地下水污染已成为研究的热点之一。有研究表明，场地中地下水受到重金属和有机物污染，二者之间会络合，互相去除均存在一定的难度，一般采用异位抽出-处理。

李雅等[111]针对铅铬形成的地下水复合污染问题，采用原位堆肥+零价铁PRB技术对铅铬的去除效果好于单一的堆肥或零价铁，特别是添加活性炭后，铅铬的去除率均达到90%。崔自敏[112]制备了铁铝复合吸附剂，对地下水中砷/氟复合污染物去除效果显著，氟存在时，吸附剂对砷的吸附容量降低，但砷的存在基本对氟的去除没有影响。李炳智等[113]采用超声与氧化剂协同降解地下水中1,1,1-三氯乙烷和1,4-二噁烷复合污染。Lu等[114]基于室内柱实验模拟颗粒ZVI对硝酸盐和三氯乙烯的共同去除的效果，硝酸盐的存在直接改变了三氯乙烯的降解动力学，但硝酸盐的去除是基于零价铁还原成氨氮。受渗滤液污染的地下水存在着难降解有机物和硝酸盐污染，无法采用单一的技术实现多种污染物协同去除，故可根据污染物在地下水环境中不同的分布以及种类，采用分区逐级去除。

1.5.4 展望

① 在地下水污染修复工程实施过程中，施加的药剂进入污染地下水中，一方面会改变地下水环境，改变地下水环境水-岩（土）相互作用过程，使得本应固化或稳定化的物质溶出，富集于地下水环境中，污染地下水；另一方面修复的目标污染物会产生毒性更大的中间产物，尤其是有机污染物。因此，针对地下水污染修复自身所带来的二次污染问题，需要开发绿色及可持续的修复技术和方法，加强对修复技术的后评估以及污染物转化、形态和价态变化研究等。

② 我国典型污染场地水文地质条件及污染状况复杂，地下水污染修复技术选择难度大，针对复杂地层和复合污染情况的修复效率低下。结合不同原位修复技术的特点，进行优化组合，是地下水污染修复的研究方向。原位修复技术通过将不同强化修复药剂注入地下水环境中，实现对污染物的高效去除，一定程度上避免了含水层介质吸附污染物所形成的拖尾现象。但因受到水文地质条件、药剂本身等特点的影响，其修复药剂扩散效率不高，对含水层介质的影响不明。另外，大部分污染场地地下水发生污染时，一般都存在复合污染问题，如化工场地和垃圾填埋场，单一的修复技术无法有效解决复合污染问题。因此，结合地区污染场地的污染特征和水文地质条件，开发高效及适应性强的地下水强化修复与组合技术是提升当前污染场地地下水污染修复水平的迫切需求。

③ 我国地下水污染防控与修复技术研究起步较晚，与发达国家存在较大的差距。目前大多地下水污染防控与修复技术仅限于实验室小型模拟、机理探讨和工艺设计，系统化的技术组合与集成、模块化修复设备和工程示范比较有限，对于现场技术研发和实施开展较少。目前我国污染场地的地下水污染治理尚未在“系统调查—源头削减—过程阻断—污染修复—优化管理”之间形成全过程、系统性的管理技术支撑体系，在解决污染场地地下水污染的复杂性和不确定性问题时具有明显局限性。为此，亟须开展地下水污染全过程技术集成示范。

参考文献

[1] 姜永海，席北斗，廉新颖，等. 垃圾填埋场地下水污染调查与评估技术［M］. 北京：中国环境出版集团，2018.

[2] 人民网. 水污染防治行动计划［EB/OL］.［2015-4-16］. http://env.people.com.cn/n/2015/0416/c1010-26854928.html.

[3] 环境保护部. 全国地下水污染防治规划（2011—2020年）［EB/OL］.［2011-11-9］. http://www.zhb.gov.cn/gkml/hbb/bwj/201111/t20111109_219754.htm.

[4] Longe E O, Balogun M R. Groundwater quality assessment near a municipal landfill, Lagos, Nigeria [J]. Research Journal of Applied Sciences, Engineering and Technology, 2010, 2(1): 39-44.
[5] 钱学德，郭志平，施建勇，等. 现代卫生填埋场的设计与施工 [M]. 北京：中国建筑工业出版社，2001.
[6] Schroeder P R, Gibson A C, Smolen M D. The Hydrologic Evaluation of Landfill Performance (HELP) Model: Documentation for Version I, EPA/530/SW-91/010 USA [M]. Washington D C: Environmental Protection Agency, 1984b: 54-63.
[7] Khanbillvardi R M, Ahmed S, Gleason PJ. Gleason. Flow investigation for landfill leachate (FILL) [J]. Journal of Environuental Engineering, 1995, 121(1): 45-57.
[8] 张红梅，速宝玉. 垃圾填埋场渗滤液及对地下水污染研究进展 [J]. 水文地质工程地质，2003, 30(6): 110-115.
[9] 丁爱中. 垃圾堆放场地下水污染机理及治理试验 [D].北京：中国地质科学院，1998.
[10] 王宗平，陶涛，金儒霖. 垃圾填埋场渗滤液处理研究进展 [J]. 环境科学进展，1999, 7(3): 32-39.
[11] 谢海建. 成层介质污染物的迁移机理及衬垫系统防污性能研究 [D]. 杭州：浙江大学，2008.
[12] 陈梦熊. 固体废物污染的调查研究与地质处理 [J]. 中国地质，1990 (2): 5-10.
[13] 徐壮. 我国城市垃圾性质及污染状况的综合分析 [J]. 环境科学，1987 (5): 81-84, 11.
[14] 韦敬祥. 城市垃圾处理要防止“二次公害” [J]. 上海环境科学,1987 (10): 41-42.
[15] 郑曼英，李丽桃，刑益和，等. 垃圾浸出液对填埋场周围水环境污染的研究 [J].重庆环境科学，1998,6 (3): 17-20.
[16] 凌辉，鲁安怀，王长秋，等. 城市垃圾填埋场渗滤液中污染物检测与分析 [J]. 中国环境监测，2012, 28 (2): 29-35.
[17] 丁湛. 垃圾渗滤液组分特性分析及微波高级氧化处理研究 [D]. 西安：长安大学，2009.
[18] 张胜利，郑爽英，刘丹，等. 超声波辅助萃取 GC / MS法测定垃圾渗滤液中的有机污染物 [J]. 环境污染与防治，2008, 30 (7): 32-36.
[19] 杨志泉，周少奇. 广州大田山垃圾填埋场渗滤液有害成分的检测分析 [J]. 化工学报，2005, 56 (11): 2183-2188.
[20] Park C, Kim T H, Kim S, et al. Bioremediation of 2,4,6-trinitrotoluene contaminated soil in slurry and column reactors [J]. Journal of Bioscience & Bioengineering, 2003, 96（5）:429-433.
[21] Preiss A, Elend M, Gerling S, et al. Identification of highly polar nitroaromatic compounds in leachate and ground water samples from a TNT-contaminated waste site by LC-MS, LC-NMR, and off-line NMR and MS investigations [J]. Analytical & Bioanalytical Chemistry, 2007, 389（6）:1979-1988.
[22] 杨贵芳. 南京东郊轿子山垃圾填埋场地下水污染特征及机理研究 [D]. 北京：中国地质科学院，2013.
[23] 韩智勇，许模，刘国，等. 生活垃圾填埋场地下水污染物识别与质量评价 [J]. 中国环境科学，2015, 35 (9): 2843-2852.
[24] 杨周白露. 基于敏感因子指数法的垃圾填埋场地下水污染过程识别技术研究——以北方某地区垃圾填埋场为例 [D]. 南昌：东华理工大学，2015.
[25] Meyer P D,Valocchi A J, Eheart J W.Monitoring network design to provide initial detection of groundwater contamination [J].Water Resources Research, 1994, 30（9）:2647-2659.
[26] 叶腾飞，龚育龄，董路，等. 环境地球物理在污染场地调查中的现状及展望 [J].环境监测管理与技术，2009, 21 (3): 23-27.
[27] 房吉敦，杜晓明，徐竹，等. 采用分层采样技术对场地地下水污染物进行三维空间描述 [J]. 环境工程学报，2013, 7 (6): 2147-2152.
[28] 江思珉，张亚力，周念清，等. 基于卡尔曼滤波和模糊集的地下水污染羽识别 [J].同济大学学报：自然科学版，2014, 42 (3): 435-440.
[29] Luo Q,Wu J,Yang Y,et al.Multi-objective optimization of long-term groundwater monitoring network design using a probabilistic Pareto genetic algorithm under uncertainty [J]. Journal of Hydrology,2016,534:352-363.

［30］吴剑锋，郑春苗. 地下水污染监测网的设计研究进展［J］. 地球科学进展，2006, 19 (3): 429-435.
［31］Yenigul N B, Hensbergen A T, Elfeki A M M,et al.Detection of contaminant plumes released from landfills:numerical versus analytical solutions［J］. Environment Earth Science, 2011, 64 (8): 2127-2140.
［32］骆乾坤，吴剑锋，林锦，等. 地下水污染监测网多目标优化设计模型及进化求解［J］.水文地质工程地质，2012, 40 (5): 97-103.
［33］Mahjouri N, Shamsoddinpour M. Developing a methodology for early leakage detection in landfills:application of the fuzzy transformation technique and probabilistic artificial neural networks［J］. Environment Earth Science, 2016, 75: 1000.
［34］杨贵芳. 南京东郊轿子山垃圾填埋场地下水污染特征及机理研究［D］. 北京：中国地质科学院，2013.
［35］Chen Z,Kostaschuk R,Yang M.Heavy metals on tidal flats in the Yangtze Estuary, China［J］.Environmental Geology, 2001, 40 (6): 742-749.
［36］Meyer J R, Parker B L, Arnaud E,et al.Combining high resolution vertical gradients and sequence stratigraphy to delineate hydrogeologic units for a contaminated sedimentary rock aquifer system［J］. Journal of Hydrology, 2016, 534: 505-523.
［37］王龙. 河北某垃圾填埋场检测的地球物理方法应用研究［D］. 北京：中国地质大学，2009.
［38］程业勋，刘海生. 土壤与地下水污染的地球物理调查［C］//地球物理调查与资源环境学术研讨会论文集，2003.
［39］刘海生，侯胜利，马万云，等. 土壤与地下水污染的地球物理地球化学勘查［J］.物探与化探，2003, 27 (4): 307-311.
［40］Park S,Yi M J, Kim J H,et al.Electrical resistivity imaging (ERI) monitoring for groundwater contamination in an uncontrolled landfill, South Korea［J］. Journal of Applied Geophysics, 2016, 135:1-7.
［41］Maurya P K,Rønde V K, Fiandaca G, et al.Detailed landfill leachate plume mapping using 2D and 3D electrical resistivity tomography-with correlation to ionic strength measured in screens［J］. Journal of Applied Geophysics, 2017, 138:1-8.
［42］刘兆，杨进，罗水余. 地球物理方法对垃圾填埋场探测的有效性试验研究［J］. 地学前缘，2010, 17 (3): 250-258.
［43］Ntarlagiannis D,Robinson J,Soupios P,et al.Field-scale electrical geophysics over an olive oil mill waste deposition site: evaluating the information content of resistivity versus induced polarization (IP) images for delineating the spatial extent of organic contamination［J］.Journal of Applied Geophysics, 2016, 135:418-426.
［44］Buselli G, Lu K L.Groundwater contamination monitoring with multichannel electrical and electromagnetic methods［J］.Journal of Applied Geophysics, 2001, 48 (1): 11-23.
［45］Al-Tarazi E,Rajab J A,Al-Naqa A,et al.Detecting leachate plumes and groundwater pollution at Ruseifa municipal landfill utilizing VLF-EM method［J］. Journal of Applied Geophysics, 2008, 65 (3): 121-131.
［46］Atekwana E A,Sauck W A,Werkema D D.Investigations of geoelectrical signatures at a hydrocarbon contaminated site［J］. Journal of Applied Geophysics, 2000, 44 (2): 167-180.
［47］Porsani J L,Walter Filho M,Elis V R, et al.The use of GPR and VES in delineating a contamination plume in a landfill site: a case study in SE Brazil［J］. Journal of Applied Geophysics, 2004, 55 (3): 199-209.
［48］姜月华，周迅，贾军元，等. 长江三角洲地区地下水污染调查评价成果报告［R］.南京地质调查中心，2010: 372.
［49］李金铭，张春贺，肖顺. 水污染的导电性和激电性与污染浓度变化关系的几个实验结果［J］. 地球物理学报，1999, 42 (3): 428-433.
［50］Lopes D D, Silva S M C P, Fernandes F,et al.Geophysical technique and groundwater monitoring to detect leachate contamination in the surrounding area of a landfill-Londrina （PR-Brazil）［J］. Journal of Environmental Management, 2012, 113: 481-487.
［51］刘长礼，詹黔花，张凤娥，等. 北京市朝阳区沙子营垃圾污染物在潜水含水层中迁移规律的现场模拟实验［J］. 地质通报，2007, 26 (3): 305-311.

［52］李建萍，李绪谦，王存政，等. 垃圾填埋场对地下水污染的模拟研究［J］. 环境污染治理技术与设备，2005, 5 (11): 60-64.
［53］梁川，邹安权，郭昆，等. 基于GMS的某生活垃圾填埋场地下水环境影响数值模拟［J］. 资源环境与工程，2016, 30 (6): 872-875.
［54］Han Z Y, Ma H N, Shi G Z, et al.A review of groundwater contamination near municipal solid waste landfill sites in China［J］. Science of the Total Environment,2016, 569-570: 1255-1264.
［55］郑佳. 北京西郊垃圾填埋场对地下水污染的预测与控制研究［D］. 北京：中国地质大学，2009.
［56］Sykes J F, Pahwa S B, Lantz R B, et al. Numerical simulation of flow and contaminant migration at an extensively monitored landfill［J］. Water Resources Research, 1982, 18 (6): 1687-1704.
［57］Christensen T H, Bjerg P L, Kjeldsen P. Natural attenuation: a feasible approach to remediation of ground water pollution at landfills?［J］. Groundwater Monitoring & Remediation, 2000, 20 (1): 69-77.
［58］张文静. 垃圾渗滤液污染物在地下环境中的自然衰减及含水层污染强化修复方法研究［D］. 长春：吉林大学，2007.
［59］刘浜葭，刘玲，李喜林. 不同龄期垃圾渗滤液对浅层地下水污染的实验研究［J］. 中国地质灾害与防治学报，2009, 20 (3): 128-131.
［60］Renoua S, Givaudan J G, Poulain S,et al.Landfill leachate treatment: review and opportunity［J］.Journal of Hazardous Materials,2008,150:468-493.
［61］许天福，金光荣，岳高凡. 地下多组分反应溶质运移数值模拟:地质资源和环境研究的新方法［J］. 吉林大学学报，2012, 42 (5): 1410-1425.
［62］朱晨，G.M.安德森，吕鹏，等. 地球化学模拟理论及应用［M］. 北京：科学出版社，2017: 21-30.
［63］Kiddee P, Naidu R,Wong M H. Metals and polybrominated diphenyl ethers leaching from electronic waste in simulated landfills［J］. Journal of Hazardous Materials, 2013, 252: 243-249.
［64］Baedecker M J, Back W. Hydrogeological processes and chemical reactions at a landfill［J］.Ground Water, 1979, 17 (5): 429-437.
［65］Lyngkilde J, Christensen T H. Redox zones of a landfill leachate pollution plume (Vejen, Denmark)［J］. Journal of Contaminant Hydrology, 1992, 10 (4): 273-289.
［66］Christensen T H, Bjerg P L, Banwart S A, et al. Characterization of redox conditions in groundwater contaminant plumes［J］. Journal of Contaminant Hydrology, 2000, 45 (3): 165-241.
［67］董军，赵勇胜，王翊虹，等. 北天堂垃圾污染场地氧化还原分带及污染物自然衰减研究［J］. 环境科学，2008, 29 (11): 3265-3269.
［68］董军，赵勇胜，张伟红，等. 渗滤液中有机物在不同氧化还原带中的降解机理与效率研究［J］. 环境科学，2007, 28 (9): 2041-2045.
［69］Cozzarelli I M, Böhlke J K, Masoner J, et al. Biogeochemical evolution of a landfill leachate plume,Norman, Oklahoma［J］. Ground Water, 2011, 49 (5): 663-687.
［70］周睿，赵勇胜，朱治国，等. 垃圾场污染场地氧化还原带及其功能微生物的研究［J］.环境科学，2008, 29 (11): 3270-3274.
［71］何小松，张慧，黄彩红，等. 地下水中溶解性有机物的垂直分布特征及成因［J］.环境科学，2016, 37 (10): 3813-3820.
［72］Tazioli A.Landfill investigation using tritium and isotopes as pollution tracers［J］. Acquae Mundi, 2011: 83-92.
［73］Van Breukelen B M, Griffioen J. Biogeochemical processes at the fringe of a landfill leachate pollution plume: potential for dissolved organic carbon, Fe (Ⅱ), Mn (Ⅱ), NH_4, and CH_4 oxidation［J］. Journal of Contaminant Hydrology, 2004, 73 (1): 181-205.
［74］费勇强. 农业区生活垃圾填埋场地下水中“三氮”的溯源方法研究［D］. 成都：成都理工大学，2019.
［75］Mariotti A, Lancelot C, Billen G. Natural isotopic composition of nitrogen as a tracer of origin for suspended organic matter in the Scheldt estuary［J］. Geochimica et Cosmochimica Acta, 1984, 48 (3): 549-555.
［76］Hackley K C, Liu C L, Coleman D D.Environmental isotope characteristics of landfill leachates and gases［J］.

Ground Water, 1996, 34 (5): 827-836.
[77] Nigro A, Sappa G, Barbieri M. Application of boron and tritium isotopes for tracing landfill contamination in groundwater [J]. Journal of Geochemical Exploration, 2017, 172: 101-108.
[78] Castañeda S S, Sucgang R J, Almoneda R V, et al. Environmental isotopes and major ions for tracing leachate contamination from a municipal landfill in Metro Manila, Philippines [J]. Journal of Environmental Radioactivity, 2012, 110: 30-37.
[79] Van Breukelen B M, Röling W F M, Groen J, et al.Biogeochemistry and isotope 1geochemistry of a landfill leachate plume [J]. Journal of Contaminant Hydrology, 2003, 65 (3): 245-268.
[80] Porowska D. Determination of the origin of dissolved inorganic carbon in groundwater around a reclaimed landfill in Otwock using stable carbon isotopes [J]. Waste Management, 2015, 39: 216-225.
[81] 仵彦卿. 土壤-地下水污染与修复 [M]. 北京：科学出版社，2018.
[82] 生态环境部. 污染场地地下水修复技术导则（征求意见稿） [Z]. 环办标征函〔2018〕71号，2019.
[83] Zhang H, Cao B, Liu W, et al. Oxidative removal of acetaminophen using zero valent aluminum-acid system: efficacy, influencing factors, and reaction mechanism [J]. Journal of Environmental Sciences, 2012, 24（2）:314-319.
[84] Cong L, Guo J, Liu J, et al. Rapid degradation of endosulfan by zero-valent zinc in water and soil [J]. Journal of Environmental Management, 2015, 150:451-455.
[85] Wang A，Guo W， Hao F， et al. Degradation of Acid Orange 7 in aqueous solution by zero-valent aluminum under ultrasonic irradiation [J]. Ultrasonics Sonochemistry , 2014, 21 (2): 572-575.
[86] 袁超，李磊，孙应龙. 零价铝还原处理偶氮染料活性蓝222废水 [J]. 环境科学研究，2016, 29 (7): 1067-1074.
[87] Zhou H M, Lv P, Shen Y Y, et al. Identification of degradation products of ionic liquids in an ultrasound assisted zero-valent iron activated carbon micro-electrolysis system and their degradation mechanism [J]. Water Research, 2013, 47:3514-3522.
[88] 吕国晓，尹军，刘蕾，等. pH值对零价铁还原降解模拟地下水中硝基苯的影响 [J]. 环境化学，2009, 28 (3): 355-359.
[89] 赵景峰，段新华，郭丽娜. 过硫酸盐促进的自由基反应进展 [J]. 有机化学，2017, 37 (10):2498-2511.
[90] Zou J, Ma J, Chen L, et al. Rapid acceleration of ferrous iron/peroxymonosulfate oxidation of organic pollutants by promoting Fe（Ⅲ）/Fe（Ⅱ） cycle with hydroxylamine [J]. Environmental Science & Technology, 2013, 47 (20):11685-11691.
[91] Fang G, Dionysiou D D, Al-Abed S R, et al. Superoxide radical driving the activation of persulfate by magnetite nanoparticles: Implications for the degradation of PCBs [J]. Applied Catalysis B: Environmental, 2013, 129 (6): 325-332.
[92] Zhu C, Fang G, Dionysiou D D, et al. Efficient transformation of DDTs with persulfate activation by zero-valent iron nanoparticles: a mechanistic study [J]. Journal of Hazardous Materials, 2016, 316:232-241.
[93] Xu X R, Li X Z. Degradation of azo dye Orange G in aqueous solutions by persulfate with ferrous ion. Separation and Purification Technology, 2010, 72: 105-111.
[94] Liu Y, Zhou A, Gan Y, et al. Variability in carbon isotope fractionation of trichloroethene during degradation by persulfate activated with zero-valent iron: effects of inorganic anions [J]. Science of the Total Environment, 2016, s 548-549:1-5.
[95] Xiong X, Sun B, Zhang J, et al. Activating persulfate by Fe^0 coupling with weak magnetic field: performance and mechanism [J]. Water Research, 2014, 62 (7): 53-62.
[96] Matzek L W, Carter K E. Activated persulfate for organic chemical degradation: a review [J]. Chemosphere, 2016, 151:178-188.
[97] Li H X, Wan J Q, Ma Y W, et al. New insights into the role of zero-valent iron surface oxidation layers in persulfate oxidation of dibutyl phthalate solutions [J]. Chemical Engineering Journal, 2014, 250: 137-147.

[98] Diao Z H, Xu X R, Chen H, et al. Simultaneous removal of Cr (Ⅵ) and phenol by persulfate activated with bentonite-supported nanoscale zero-valent iron: reactivity and mechanism [J] . Journal of Hazardous Materials, 2016, 316:186-193.
[99] Teel A L, Ahmad M, Watts R J. Persulfate activation by naturally occurring trace minerals [J] . Journal of Hazardous Materials, 2011, 196 (1): 153-159.
[100] Cornell R M, Schwertmann U, Cornell R, et al. The iron oxides: structure, properties, reactions, occurrences and uses [J] . Mineralogical Magazine, 1997, 61 (5): 740-741.
[101] Zhang J, Hao Z, Zhang Z, et al. Kinetics of nitrate reductive denitrification by nanoscale zero-valent iron [J] . Process Safety & Environmental Protection, 2010, 88 (6):439-445.
[102] Hwang Y H, Kim D G, Shin H S. Mechanism study of nitrate reduction by nano zero valent iron [J] . Journal of Hazardous Materials, 2011, 185 (2-3): 1513-1521.
[103] Choe S, Chang Y, Hwang K, et al. Kinetics of reductive denitrification by nanoscale zero-valent iron [J] . Chemosphere, 2000, 41 (8): 1307-1311.
[104] 张燕，陈余道，渠光华. 乙醇对地下水中硝酸盐去除作用的研究 [J] .环境科学与技术，2008, 31 (12): 72- 76.
[105] Robertson W D, Ford G I, Lombardo P S. Wood-based filter for nitrate removal in septic systems [J] . Transactions of the Asae, 2005, 48 (1): 121-128.
[106] Huang G, Huang Y, Hu H, et al. Remediation of nitrate-nitrogen contaminated groundwater using a pilot-scale two-layer heterotrophic-autotrophic denitrification permeable reactive barrier with spongy iron/pine bark [J] . Chemosphere, 2015, 130:8-16.
[107] 赵樑，倪伟敏，贾秀英，等. 初始pH值对废水反硝化脱氮的影响 [J] . 杭州师范大学学报（自然科学版），2014, (6): 616- 622.
[108] 曾金平，陈光辉，李军，等. 不同初始pH值下反硝化包埋颗粒的动力学特性 [J] . 中国环境科学，2017, 37 (2): 526-533.
[109] 马娟，彭永臻，王丽，等. 温度对反硝化过程的影响以及pH值变化规律 [J] . 中国环境科学，2008, 28 (11): 1004-1008.
[110] 东美英，安毅，李倩倩，等. 纳米铁-微生物耦合体系去除硝酸盐的影响因素研究 [J] . 环境工程学报，2010, 4 (11): 2449-2454.
[111] 李雅，张增强，沈锋，等. 堆肥+零价铁可渗透反应墙修复黄土高原地下水中铬铅复合污染 [J] . 环境工程学报，2014, 8 (1): 110-115.
[112] 崔自敏. 铁铝复合吸附剂共除地下水中砷和氟的研究 [D] . 哈尔滨：哈尔滨工业大学，2011.
[113] 李炳智，朱江. 1,1,1-三氯乙烷和 1,4-二噁烷复合污染地下水的超声协同降解研究 [J] . 农业环境科学学报，2015, 34 (11): 2183-2189.
[114] Lu Q, Jeen S W, Gui L, et al. Nitrate reduction and its effects on trichloroethylene degradation by granular iron [J] . Water Research, 2017, 112:48-57.

第2章 垃圾填埋场地下水污染识别方法

本章主要介绍目前应用于垃圾填埋场地区地下水污染识别的方法与技术。填埋场渗滤液中包含大量的污染物，开展污染识别的研究首先要选取地下水中代表性的特征污染物；其次，针对污染治理与防控工作关心的污染来源、污染范围与污染过程三个问题，详细地介绍了监测取样、统计分析、模型模拟、同位素技术、物探以及生物地球化学技术等多种技术与手段的应用；最后，给出地下水污染过程识别的实例研究。

2.1 地下水特征污染物分析

垃圾填埋场地下水污染主要由垃圾渗滤液入渗导致，渗滤液中污染成分复杂，通常由高浓度的有机物、无机盐、金属和重金属离子、微生物以及少量异型生物有机化合物组成，具有持久和较高的毒性[1-5]。渗滤液的化学和微生物组分随垃圾填埋场的不同而变化，取决于残渣的特性、垃圾填埋场的年龄、环境条件、垃圾填埋场的运行方式和有机物的分解机理[4,6]。

垃圾填埋场渗滤液中复杂的污染物成分是在填埋场内厌氧微生物的作用下溶出的。随着垃圾填埋场使用年限的延长，填埋场内部物理化学及生物过程发生复杂的变化，其渗滤液中的污染物浓度也将发生改变[7]。垃圾渗滤液通常可根据填埋场的使用年龄分为两大类：一类是“年轻”的渗滤液，其填埋时间在5年以下，所产生的渗滤液的水质特点是pH值较低，BOD_5及COD浓度较高，且BOD_5/COD比较高，此时渗滤液中小分子有机物（如挥发性有机酸）所占比例很大，同时由于pH值较低，有利于大部分金属溶出，各类重金属离子的浓度也较高；另一类是“年老”的填埋场所产生的渗滤液，其填埋时间在5年以上，所产生的渗滤液的主要水质特点是pH接近中性（一般在6～8之间），BOD_5和COD浓度较低，且BOD_5/COD比较低，大分子有机物含量增加，而NH_4^+-N的浓度较高，pH值升高不利于垃圾中金属的溶出，还有利于金属离子形成碳酸盐或氢氧化物沉淀，有利于金属离子与渗滤液中的大分子类腐殖质形成稳定的螯合物，使渗滤液中大部分金属的浓度下降[8,9]，如表2-1所列。

表2-1　渗滤液特征随填埋场“年龄”的变化[9]

考察指标	<5年	5～10年	>10年
pH值	<6.5	6.5～7.5	>7.5
COD/(g/L)	>10	<10	<5
COD/TOC	<2.7	2.0～2.7	>2.0

续表

考察指标	<5年	5～10年	>10年
BOD_5/COD	<0.5	0.1～0.5	<0.1
VFA/TOC	>0.7	0.05～0.3	<0.05

渗滤液中的各种污染物成分非常复杂，且在渗滤液中的浓度差异非常大。重金属（Cu、Zn、Pb、Cd等）的浓度范围一般在0.01～2.00mg/L之间，且不同重金属浓度差异很大[10]；有机污染物（COD）浓度则在8000～20000mg/L之间[11]；持久性有机物（PAHs、DDT、PCBs等）浓度在0.01～0.10mg/L范围之内[12]。渗滤液击穿防渗系统后，经过土壤向地下水扩散，在横向与纵向上形成三维污染羽，使地下水中COD、BOD_5、氨氮等代表渗滤液特征的污染物浓度升高。因此在研究特定场地的垃圾填埋场地下水问题时，选取代表性的特征污染物对于后续的研究与采取防控措施都十分重要。

特征污染物的选取一般根据污染物的浓度与检出频率对地下水污染组分分析，选取超标率严重的代表性指标作为特征污染物。垃圾填埋场地下水中常用的特征污染物有COD、TDS、Cl^-、NH_4^+、SO_4^{2-}、Cr^{6+}、Fe、Mn。其中，有机污染以COD为代表，无机污染中NH_4^+的含量普遍较高，重金属中Cr^{6+}因其对氧化还原条件敏感，通常可以用作研究降解程度。按照实际研究需要及研究目的选取具有代表性的特征污染物。根据开展的研究工作内容，特征污染物的选取也不相同。对于研究垃圾填埋场地下水污染范围与程度，一般选取COD、Cl^-、氨氮等特征污染物进行地下水污染模拟研究；例如，吕晓建[13]在研究北京市某非正规垃圾填埋场自然衰减过程时，选取了氨氮作为自然衰减反应的特征污染物，应用于溶质运移模型中，研究场地地下水监测自然衰减可行性。对于场地中存在有机污染的大多数情况，许多研究选取COD与氨氮作为特征污染物，应用于溶质运移模型，研究地下水的污染过程[14,15]。Cl^-常用作垃圾渗滤液对地下水影响的特征污染物[16]，因为在迁移过程中认为其是保守的离子。

2.2 地下水污染来源判断

寻找地下水污染来源是有效治理地下水污染的关键[17]。地下水污染溯源方法的选取要综合考虑污染物特点与溯源方法特点，选取适合特定污染场地的地下水污染溯源方法。在实际垃圾填埋场污染溯源研究中应该综合利用多种溯源手段，信息相互验证支撑，以达到准确溯源的目的。

2.2.1 地下水污染溯源常用的方法

国内外学者采用多种方式对地下水污染溯源进行了研究，总体上可以归纳为模型法、实测法和统计法三种类型[18]。具体分为水质解析法、多元统计分析法、地下水水质模型模拟以及同位素技术等技术手段。但是在复杂污染场地，单一方法不足以满足地下水污染精准溯源的要求，多种技术手段联合使用的方法已广泛应用于地下水污染溯源中。

2.2.1.1 水质解析法

水质解析法是在传统的溯源方法基础上，通过分析地下水中某些特定的化学组分及其相关关系，对比污染和未受污染水质之间的差别来进行地下水污染溯源[19]。一般通过对研究区域土地利用类型进行分类，并结合水质指标浓度的差异来判断其污染源。依赖于对潜在污染来源和场地地下水指标的监测调查，并结合水质指标浓度的差异来判断其污染源。例如Ca^{2+}、Mg^{2+}、SO_4^{2-}是农业常用化肥的组分，可通过上述离子与NO_3^--N的相关性信息推测地下水氮污染是否来源于化肥施用[20]。其中，卤族元素因其化学性质较为稳定，在迁移过程中受到的生物化学作用的影响较小，因此经常被作为污染源的指示剂。如氯离子主要来源于生活污水与动物粪便，借助NO_3^-/Cl^-的值可以作为NO_3^--N来源判定的佐证。常用方法有Piper图法、六成分图法、浓度相关矩阵法等。

选用常规水质指标能初步判定区内地下水水化学特征，识别出具体的污染物质。但由于其分析时所考虑的指标信息零散单一，不能综合对样品的多个指标信息进行分析。例如Piper三线图，仅涉及6个主要的阴阳离子，存在一定的局限性，可能无法具体细分研究区的水化学类型[21]。同时其缺乏对研究区域内污染源特征污染指标的针对性分析。因此，在实际溯源研究中需要结合垃圾填埋场污染特征分析填埋场地下水的污染来源，以提高溯源精度。

2.2.1.2 多元统计分析

多元统计分析方法广泛应用于水文地球化学领域，已成为研究水化学时空变化特征和识别化学组分来源的有效工具[22]。多元统计分析方法通过综合考查地下水水化学指标，可以揭示水化学样品或指标之间复杂的内在联系，定量解释地下水的分类和各类地下水水化学特征的形成规律，并且允许从众多的水质指标中提取出对水化学特征影响较大的主因素，有助于归纳出对地下水水化学特征影响较大的水文地球化学作用[23]。

多元统计分析通过研究多个污染指标的互相关联情况和统计规律，结合环境中已知污染源的污染物排放特征，可方便、准确地判别地下水的污染来源。在应用多元统计方法进行污染来源分析时，常用到相关性分析、主因子分析和聚类分析等。相关性分析是通过对污染因素之间进行相关分析，从而确定其同源关系[24]；主因子分析是一种降低变量维数的方法，用主要因子来解释污染情况，属于同一个主因子的污染指标则可能为同一污染来源[25];聚类分析是分析样本或变量之间的污染特征相似性，归为一类的样本或变量具有相同来源，它依据研究的样品或变量间存在不同程度的相似性，把相似性高的样品或指标归为一类，直到把所有的样品或指标聚合完毕[26]。Singh等[27]应用多元统计的方法评价并解析戈默蒂河污染源，应用聚类分析、因子分析、主成分分析和判别分析解析34个污染因子的污染源，最后计算出每个污染源对该区域的相对贡献率。Simeonov等[28]用聚类分析、主成分分析、主成分分析-多元线性回归解析希腊北部表面水体污染源，应用这些统计方法很好地处理了大量复杂的数据组，同时评估该区域表面水质量环境，为区域表面水环境制定污染控制方案提供参考。Rao[29]采用因子分析法对印度Andhra Pradesh地区地下水水质变化影响因素进行了分析，对研究区内的地下水常规离子的来源进行了解释，并发现水质变化与季节更替之间有着一定的关系。

运用多元统计的方法进行污染溯源可以凸显主控因素，分清主次，减少环境因素对判别的干扰；但是单纯的统计学方法有时不能达到精准溯源的目的，需要结合其他溯源手段才能实现较好的溯源效果。

2.2.1.3 地下水水质模型

模型法是根据含水层中实测污染物浓度，通过数值-机理模型反求污染源时间及空间分布[30]，或是由响应结果推求模型输入参数进行时间反演计算[31,32]。通过简化概括的水文地质条件与污染物运移过程，可以实现模拟地下水复杂难辨的污染过程，识别污染物潜在的污染来源。地下水水质模型在溯源方面的应用主要是通过模型反演法识别场地现存的污染来源[33]。该方法的应用是在前期工作的基础之上，首先，需要开展环境水文地质调查，通过资料收集、调查取样、钻探等手段，获取基础环境地质信息，全面了解区域地下水所处的水文地质条件；其次，查明区域内各种类型的潜在污染源，如化工企业、排污口、垃圾场、加油站、污水处理厂、农业畜牧业等，追踪取样分析、钻探验证，掌握水样、土样中有机物空间分布特征。

通过现场调查分析污染来源，通过模型反演，即假设在某场地一处存在污染源，模拟地下水污染的结果，并与实际检测结果对比分析，从而得出地下水污染源。该方法得出的结果有两种：一是现场调查获取的证据能够确定污染源，对于目前存在的污染源，可利用疑似污染源周边地表水、污水、气体及不同深度的地下水和土壤特征有机污染物分析成果，结合污染场地水文地质特征，刻画特征有机污染物空间分布状况，分析污染途径，确定污染源；二是现场调查获取的证据不能确定污染源，对于历史性的污染源，现场证据已不存在，现场调查无法判别污染源，地下水水质模拟可以根据监测采样数据大致圈定潜在污染源，这些污染源中可能包含历史污染源。

2.2.1.4 同位素技术

同位素技术在地下水污染分析中起着重要的作用，是目前世界上研究地下水的先进技术手段。传统同位素技术在环境地质源解析领域应用广泛，技术成熟，是污染溯源最常用的有效手段[34,35]。近年来，随着测量技术的进步，单体有机同位素技术成为热点技术。单体有机同位素技术在地下水有机污染研究方面的应用主要是地下水污染溯源与污染物降解[34,35]。

传统的同位素（氮、氢、氧、硫、碳同位素）在环境污染溯源中应用广泛。这些同位素的应用基于污染源具有特定的同位素特征这一前提，通过对比地下水与污染源的同位素比值特征，达到源识别的目的。影响同位素比值的研究即同位素分馏研究也较成熟，使传统同位素的应用得到保障。单体有机同位素技术可以连续测定气相色谱流出的每一个有机化合物碳、氢、氯及溴等稳定同位素的组成，已逐步应用于地下水有机污染研究领域，成为复杂有机混合物中单体化合物特征分析的一种方法以及污染物来源判识与过程示踪的有力工具。随着仪器的改进和实验技术水平的提高，该技术已经逐渐应用于难挥发的多环芳烃、氯代烃[36]、农药残留物、农用化学品等有机污染物检测方面的研究。由于污染物在地下水中发生生物降解，其同位素特征发生变化（即重同位素富集、同位素比值变大），因此，可以根据同位素比值判断出污染羽中可能的污染源位置。虽然单体有机同位素可以精确地确定污染物在污染羽中的降解程度，但是单独使用同位素技术只能提供可能的污染源位置，对于污染源的精确识别需要进一步研究或者应用其他技术手段。

2.2.2 多种溯源方法联合使用

地下水污染溯源的方法存在适用条件，在实际场地条件复杂的情况下采用一种溯源手段往往不能达到准确识别的目的，特别是在场地资料有限、潜在污染来源众多的情况下，考虑多种方法的联合使用，为实际解决问题提供一个很好的思路，并且对于其他污染场地也具有广泛的适用性[37]。

对于现场存在历史性的污染源的情况，此时现场证据已不存在，现场调查无法判别污染源，单独依靠任何一种方法都是十分困难的。王晓红等[33]提出地下水溶质运移模型和单体同位素技术联合使用的方法，利用单体同位素提供疑似污染源并通过模型反演验证，达到识别结果相互验证。人为输入的示踪剂由于没有天然的来源，且通常存在场地的差异，近来越来越多地应用于污染来源的示踪中。随着大量合成有机化合物的使用，地下水中越来越多地检测出人为输入的药品与个人护理品、人造甜味剂以及农药等有机污染物。垃圾渗滤液是地下水中此类物质重要的输入来源[38]。因此，利用人为输入的此类有机化合物作为垃圾渗滤液的示踪剂是合理的。例如，Stefania等[37]在研究意大利北部的城市地下水时，使用人工甜味剂作为化学示踪剂，通过多元统计分析和运输模型对地下水流系统进行定量分析，确定了新旧垃圾填埋场影响下的地下水污染源。而Yidana等[39]利用R型因子分析和Q型分级聚类分析再结合传统的水文地球化学图件，查明在农业灌溉活动的影响下地下水含水层系统中不同物质的主要水化学来源。采用氮、氧、碳等同位素作为示踪剂，基于化学质量平衡和多元统计分析测算示踪剂的时空分布，进而推算污染物来源[40,41]。

目前，对于简单的污染场地，利用一种溯源方法可以达到污染来源识别的目的。多种方法联合使用给解决复杂的场地污染来源问题提供了一个思路。多种方法的联合使用并不限于上述几种情况，需要根据实际污染场地情况，选择适合的手段解决问题。

2.3 地下水污染范围识别

地下水污染范围的确定对于了解污染现状、评价污染及制定污染修复措施都至关重要，因此，如何廉价、快捷、精准地圈定渗漏点及污染区域，确定污染迁移方向，推测其运移规律，成了一个重要的研究方向[42]。常用的污染范围识别方法有地球物理法与地下水水质模型法两种，可以实现现场测量识别与室内模拟预测两方面的污染范围确定。

2.3.1 物探方法

近年来，物探方法和技术因其方便快捷且对环境破坏小的特点越来越多地被运用在探究地下填埋物的结构、垃圾在地下填埋的范围和各类垃圾造成的污染情况等方面。物探是指通过研究和观测各种地球物理场的变化来探测地层岩性、地质构造等地质条件。由于组成地壳的不同岩层介质往往在密度、弹性、导电性、磁性、放射性以及导热性等方面存在差异，这些差异将引起相应的地球物理场的局部变化。通过测量这些物理场的分布和变化特征，结合已知地质资料进行分析研究，达到推断地质性状的目的[43]。物探技术被应用到地下污染物的定位和空间分布方面，其工作原理为根据污染物与其周围其他介质在物理性质上的差异，借助专门的仪器装置，测量该污染物在物理场的分布状态，同时结合地质、水文资料，推断污染物的地下空间分布，从而达到污染场地调查的目的[44,45]。

从探测深度方面：探地雷达法对于浅部地层的垃圾分布有较好的探测；高密度电阻率法对于深部地层的污染区域有较好的区分；高精度磁测法在确定工区平面范围异常上效果突出；面波法能够较好地反映出工区的地下地层分布和构造。

2.3.1.1 电阻率法

电法勘探是最具有应用前景的方法之一，它不需要大量打钻和采样，只需在地面上观测即可提供地下污染体及其渗漏通道分布信息。其中，高密度电阻率法是电法勘探中最基础的一种，具有快速、成本低、大样本、信息丰富而连续、可实时动态监测地下水污染扩散趋势等优点[46]。

含水地层或构造带与围岩之间存在着明显的电性差异，并且污染水体与无污染水体间也存在着明显的导电性差异，从而为利用电阻率法查明垃圾场污染渗漏通道的位置、掌握地下水流动特征、确定污染羽的分布规律提供了必要的地球物理前提条件[47]。高密度电阻率法的原理主要是通过对比探测目标与介质背景值的电阻率差异来判断探测目标的位置和空间分布状况[42]。当填埋场发生渗漏后，地下介质的物理性质和化学性质会发生变化，进而影响电性变化及自然电位场。垃圾渗滤液中存在多种导电粒子，被污染的地下水体因污染物的介入会导致电性特征发生改变，渗漏后会使整个受污染的地下水在三维空间上形成一个低阻体，测量这个低阻体的范围就可以大致圈定污染的范围[48]。

高密度电阻率法可以同时完成电剖面和电测深两种形式的测量[48]。通过视电阻率切片与视电阻率剖面建立场地三维污染模型，可以实现三维上污染范围与程度的识别。视电阻率切片可以清晰地展现出当前深度的土层视电阻率分布情况，方便了解每层污染扩散情况，大致圈定污染羽在特定地层深度上的水平污染范围。而视电阻率剖面可判断污染扩散的具体深度与程度，即垂向污染扩散的范围和程度。

高密度电阻率法的特点[43]：电极布设是一次完成的，野外获取数据简单快捷；可以设置多种电极排列方式的扫描测量，因而可以获得较丰富的关于地电断面结构特征的地质信息；野外数据采集实现了自动化或半自动化，采集速度快（大约每一测点需2～5s），避免了由于手工操作所出现的错误；与传统的电阻率法相比，成本低、效率高、信息丰富、解释方便、勘探能力显著提高。总之，利用高密度电阻率法能够探测污染深度和范围，但是使用时要考虑场地条件，除了场地开阔外还要求场地地形起伏小。

2.3.1.2 探地雷达法

探地雷达是一种非破坏性的原位探测技术，其工作原理是利用天线来发射和接收高频率的电磁波，进而将地下的信息呈现出来。雷达波在介质中传播时，当遇到存在电性差异的介质或目标体时，电磁波便发生反射，返回地面后由接收天线所接收，由于地下介质往往具有不同的物理特性，如介质的介电性、导电性及导磁性差异，因而对电磁波具有不同的波阻抗，进入地下的电磁波在穿过地下各地层或其他目标体时，由于界面两侧的波阻抗不同，电磁波在介质的界面上会发生反射和折射，反射回地面的电磁波脉冲其传播路径、电磁波场强度与波形将随所通过介质的电性质及几何形态而变化[43]。

垃圾场中污染源的扩散伴随着介质离子浓度的升高、电阻率的降低，在地质雷达记录上则表现为反射信号的强烈衰减。因此根据地质雷达信号的衰减程度及范围可以对垃圾场中污染源的扩散情况进行估计。

探地雷达具有抗电磁干扰能力强，可在各种噪声环境下工作，具有一定的探测深度和较好的分辨率，现场可以直接提供实时剖面记录，图像清晰直观，工作效率高，重复性好的特点[49]。地质雷达方法的局限性主要体现在探测深度方面。地质雷达发射的电磁波频率越高，电磁波在地下介质中衰减越厉害，探测距离越小，同时分辨率越低，因此，地质雷达对于垃圾污染场的低阻污染体只能探测范围，而不能测量污染在纵向深度上的范围。此外，地质雷达受地面金属体、电线等干扰较大，这限制了地质雷达技术的使用。

2.3.1.3 电磁法

电磁法是基于测量大地产生的二次电磁场的一种勘测方法。利用一个回线装置发射1000～10000Hz的电磁信号，产生波长很大的低频电磁波，在大地中产生诱发电流[43]。当地下存在不均匀地质体时，诱发电流产生二次电磁场返回到地面，由接收线圈接受，测量该磁场的强度并与发射的信号进行比对。通过对异常场的解析，将测量结果转换为视电阻率参数，进行推断解释，从而达到解决地质问题的目的。电磁信号的穿透深度与发射频率相关，低频的信号穿透深，但是高频信号衰减得更快。这种频率决定穿透深度的探测方法导致了数据的多解性，加大了评估目标的深度和尺寸的难度。

目前常见和使用最广泛的电磁法是瞬变电磁法。瞬变电磁法根据激励场源不同而分为垂直磁偶源方法（使用不接地回线）和电偶源方法（使用接地电极）两种，其中用得较多的是垂直磁偶源中的回线场源方法。与其他电磁法相比，瞬变电磁法具有以下特点[23]：与其他电磁法一样，横向分辨率较高，对探测产状较陡的局部异常地质体较为“敏感”；受地形影响小，观测精度较高；采用不接地回线工作，特别适于接地条件困难地区施工，野外施工方法技术简单，工效高；通过不同的参数组合选择，可以灵活地改变探测深度，从十几米到近千米，探测不同深度的目标物。

磁法勘探工作开展的基本要求是目标体与周围介质存在磁性差异，使用正规的观测方法和采集仪器获取目标体及周围介质的磁场信息，通过对磁场变化的分析探究，实现找出目标体的目的。自然界中的物质在地磁场的作用下都会产生不同强度的磁场，当污染物介入地层时会改变地层的磁化率和磁化强度，产生异常。此时通过磁力仪对这些异常信息进行采集和处理，就可以有效推测地下污染体的位置和范围。

2.3.1.4 地震波法

地震波法利用人工震源直接产生地震波，当地震波在地下介质中传播时，遇到波阻抗界面时将产生反射、折射和透射现象，同时产生可以返回地面的反射波和折射波。通过测量反射波穿过地层的时间或折射波行进最后返回地面检波器所用的时间来得到地下地层情况的反映[24]。瑞雷波通常被称为面波，面波勘探是一种新兴的浅层地震勘探方法，因其具有简洁、迅速、成本低、分辨率高等优点，已在多个领域取得很好的效果[50]。

地震波能够透入地下较深处，震源为人工产生，对地下勘探对象的多解性较少，分辨率和精度相对较高。尽管地下地质情况十分复杂，各种地球物理技术一般仅能揭示地下轮廓性和多解性的结构或物质组成，而地震勘探尽管实际效果仍受到许多限制，但在许多情况下却能提供比较单一的定量结果。但不能用作污染土的检测，只有结合高密度电法勘探才能充分发挥地震波法的作用，更精确地获得地下污染物的分布情况。

2.3.2 模拟方法

地下水流动模型与溶质运移模型是找出污染迁移规律，确定污染范围及污染物浓度分布的重要手段。垃圾渗滤液污染物的运移受水动力弥散、吸附解吸和生物降解等多因素的控制。因此，地下水流动模型与溶质运移模型耦合的污染物运移模型，应同时考虑污染物在地下水环境中降解、吸附、稀释、弥散等多种物理化学生物过程。

地下水污染运移模型由地下水流动模型与溶质运移模型耦合形成。模型建立使用的步骤分为建立概念模型、建立数学模型、模型拟合调参、模拟预测等。地下水流动模型基于地下水运动基本方程建立，通过收集的前期水文地质数据拟合确定水文地质参数（如孔隙度、渗透率等）。溶质运移模型需要综合考虑可能影响污染物运移的多种过程，包括降解、吸附、稀释、弥散、对流等。通过选定特定场地的特征污染物，拟合前期观测数据，通过少量的监测点，差值模拟出当前污染羽的大致范围，实现对污染范围的识别。当然，模型还可以模拟预测未来污染羽可能到达的位置。

使用地下水污染运移模型圈定污染范围，最重要的步骤是对模型的建立和参数的率定。污染物在运移过程中涉及多种过程。在大部分的非黏土地下水系统中，对流、扩散和放射性衰变作用相对来说不重要，而主要的衰减过程是弥散、吸附、降解和稀释。很多研究者将垃圾填埋场污染源视为恒定浓度，而且很少有人考虑固体颗粒对溶质运移的影响。而研究表明垃圾填埋场污染物浓度是随时间而衰减的，同时流体在多孔介质中运移是一个流固耦合的动态过程[51]。因此，考虑流固耦合的模型对地下水的模拟可能更为精确。另外污染羽范围的准确性还取决于物理化学过程参数拟合的程度以及监测井的数量，如果监测井数量有限，则污染羽的范围更多地依靠差值方法。模型不仅可以模拟现在的污染范围程度，还可以推测未来污染羽形态，是污染范围研究中不可或缺的方法。

2.4 地下水污染过程识别

为了确保可以科学地控制和修复垃圾填埋场的地下水污染，需要对地下水污染过程进行识别。垃圾渗滤液进入地下水环境之后在地下水中形成污染羽，其中携带的大量污染物质在多种物理、化学及生物作用下产生一定程度的降解，表现出污染羽中地下水的氧化还原状态以及污染物浓度的改变。地下水污染过程的识别，就是污染物进入地下水后对污染羽状态的识别。目前，根据国内外研究内容，地下水污染过程识别方面的研究包括判断污染羽的整体状态以及判断地下水氧化还原状态。

2.4.1 污染羽状态识别

垃圾渗滤液中包含多种污染物质，进入地下水中形成污染羽。污染羽的状态分为扩张、稳定和收缩三种。当污染羽的范围仍处于扩张状态，并且污染羽中污染物浓度增加，则污染羽处于扩张状态，表明此时污染物进入地下水的速率大于自然衰减的速率；当污染羽边界基本保持稳定，且污染物浓度没有明显的增加趋势，此时污染羽处于稳定状态，表明污染物进入地下水的速率与自然衰减速率基本相当，污染羽在地下水中的持续扩散基本得到控制；而当污染羽的范围缩小，污染物浓度表现出下降趋势时，代表污染羽状态为收缩状态，污染物进入地下水的速率小于自然衰减的速率[52]。地下水中自然衰减作用持续进行，如果地下水污染羽处于缩小和稳定状态，说明在吸附、对流-弥散、生物降解等共同作用下地下水中污染物不会继续向下游扩展，污染物的迁移暴露风险降低；反之，则污染羽继续向下游扩散，可能存在迁移暴露的风险，此时要综合考察下游受体的分布情况。污染羽的状态是多种物理、化学、生物过程共同作用的结果，定性地反映了场地地下水污染过程。

地下水污染羽状态评估方法分为统计方法和图形法[53]。这两种方法基于地下水中污染物浓度随时间的变化趋势来评估当前污染羽的状态[53-55]。统计方法是基于时间序列的污染物浓度分析方法，利用同一监测井的多期监测数据，分析检验污染物浓度的变化趋势。常用的统计方法有Mann-Kendall检验和Mann-Whitney U检验等[54]。为了判断整个污染羽的扩张情况通常需要污染羽源区、中游和下游等不同区域多个监测井的多期监测数据[56,57]，监测数据的空间分布是评估精度的主要决定因素。图形法通过对比多个时期污染羽的污染物浓度分布图分析污染羽的状态。污染物浓度分布图包括不同时期污染物浓度在整个污染羽的空间分布图、单个监测井污染物浓度-时间变化图以及污染物迁移方向上浓度随迁移距离的变化趋势图等[58,59]。图形法可以直观对比污染物浓度的变化，定性评价地下水污染羽所处的状态，统计方法可以更精确定量地评价污染羽所处的状态。在实际的应用中，通常是图形法和统计方法相结合。

2.4.2 氧化还原过程识别

垃圾渗滤液是一种具有高浓度的还原性物质的废水，垃圾渗滤液进入地下水中，其中的强还原性物质与含水层本身具有氧化性的化合物相互反应而形成一系列不同的氧化还原环境，表现为顺序的氧化还原分带[60]。污染羽氧化还原环境反映了污染羽中主要发生的氧化还原过程，氧化还原分区是污染羽中发生的主要氧化还原反应的表现，反映地下水污染物所处的氧化还原过程，并且控制着地下环境中有机物的降解和无机化学反应的进行，并为理解污染羽中的衰减过程提供化学框架[61-64]。不同的氧化还原环境对不同种类有机污染物降解的影响有着显著差异；研究发现，产甲烷、硫酸盐还原等厌氧环境对大部分有机物的降解具有很强的促进作用[65,66]，但仍有部分有机物如非挥发性有机碳是无法降解的[67,68]。不同污染物在不同氧化还原环境中发生降解作用可达的最高效率也有所不同。因此，深入研究垃圾填埋场地下水污染羽各氧化还原特征区的识别是十分必要的。

早在1969年，Golwer等[69]就已经认识到污染羽中氧化还原状态的变化，并从厌氧区、过渡区和好氧区的角度描述了垃圾渗滤液污染羽。Baedecker等[70,71]和Champ等[72]首次引入了地下水污染羽的氧化还原概念，但是直到20世纪90年代，氧化还原分区才被严格地用于描述实际污染羽。到目前为止，国内外对污染羽氧化还原环境的研究显示，用于污染羽中氧化还原环境划分的标准主要有氧化还原敏感物质[73,74]、地下水中的氢气浓度[75]、地下水中的挥发性脂肪酸浓度、沉积物特征和微生物工具等。总体来说，描述污染羽氧化还原条件并没有成熟的系统性程序，关于氧化还原环境的研究仍在进行。下面介绍几种用于描述氧化还原环境的标准。

2.4.2.1 氧化还原敏感物质

氧化还原反应涉及以溶解离子或溶解气体形式存在于地下水中的反应物和产物。在给定的反应下，反应物或产物占主导地位以及它们的存在反映了当前的氧化还原条件[75]。地下水中主要的氧化还原敏感物质有溶解离子SO_4^{2-}、HS^-、Fe^{2+}、Mn^{2+}、NH_4^+、NO_2^-、NO_3^-和溶解气体CH_4、N_2O和O_2，地下水中的其他组分（例如DOC和有机氮）也可能反映污染羽中的氧化还原水平[75]。

氧化还原敏感物质可以反映地下水所处的氧化还原环境，并且已经用来划分污染羽中氧化还原分区。Lyngkilde等[75]和Bjerg等[76]完善了基于地下水氧化还原敏感物质的氧化还原带划分的概念，针对丹麦Vejen和Grindsted垃圾填埋场给出了各个氧化还原分带指标的划分值，如表1-3、表1-4所列。我们可以看出在这两个污染场地研究中，给出的氧化还原敏感因子的标准值并不相同。产生这些不同之处的主要原因是氧化还原活性、流速、沉积物特点和地下水的稀释作用等条件的差异，这种差异性在实际场地中是常见的，并且同一个场地中不同位置也可能存在很大差异[75]。这强调了基于氧化还原敏感物质浓度的氧化还原划分标准体系在一个具体的污染羽动态体系中所使用的标准值是主观的，是特定于现场的，必须考虑到场地的实际条件，这大大降低了其通用性。杨周白露等[73]通过采用溶解氧、亚硝酸盐、二价铁、硫化物以及二氧化碳5个氧化还原敏感因子，建立了基于特征区表征的量化方法、计算各敏感因子权重值以及对各特征区值进行统计划分，最终实现对垃圾填埋场氧化还原特征区的识别。总体来说，目前对于地下水中污染羽氧化还原分区的研究还处于基于项目层面需求的特定场地研究，尚未形成普遍成型的氧化还原分区理论，但是毫无疑问，氧化还原条件的确定在将来也是一个重要的问题。

2.4.2.2 氢气

复杂有机化合物对有机物的厌氧氧化通常经历三步过程。最初水解有机物质后，将不断演变的物质发酵成较小的有机分子，例如乳酸、丙酸酯、丁酸酯、乙酸酯和甲酸酯，以及CO_2和H_2。这些发酵产物随后通过介导TEAPs的细菌被用作TEAPs中的电子供体，其中主要利用产物之一是H_2。在有氧系统中，所描述的逐步降解是不必要的，目前尚不清楚从好氧区测得的氢与什么有关。

Lovley和Goodwin[77]将H_2作为主要氧化还原过程的一般指标。他们认为氧化还原分区是有限底物竞争的结果，在底物中，能够使用较低H_2浓度的微生物（例如还原铁氧化物的细菌）与需要较高H_2浓度的微生物（例如还原硫酸盐的细菌）竞争，这种竞争将导致不同氧化还原区域的特征H_2浓度，因此，每个厌氧氧化还原过程的特征都存在H_2浓度的明确范围。但是，特征H_2浓度的概念忽略了溶质浓度、铁氧化物的稳定性和温度的影响。随后，许多研究发现H_2浓度并不能对应每一个氧化还原过程，尽管如此，H_2

的测量仍是分析微生物过程能量的极有价值的工具[78]，它似乎能够将氧化还原过程整合到给定系统的基于热力学的描述中[79]。

H_2的浓度与污染羽的氧化还原环境有关，较高的H_2浓度出现在强还原地区。Chapelle等[80]结合地球化学数据，根据沿流径的溶质浓度的变化以及每个井中H_2的浓度来描述以甲烷生成或硫酸盐还原为主的区域。然而，地球化学数据表明，沿着该系统中的多个路径可能会同时发生几个氧化还原过程。Chapelle和Bradley[81]的研究也表现出相似的结论，似乎在相同的含水层体积内发生了几种氧化还原过程。这表明单独使用H_2浓度不能鉴定特定的氧化还原过程。但是，研究发现高含量的H_2（约2nmol/L）与污染羽中强还原环境有关（即与源区有关），而在污染羽尾部H_2的浓度较低（约0.2～0.5nmol/L）。Harris等[82]的研究结果表明，在硝酸盐还原区H_2的浓度较低（约0.8nmol/L），而在铁氧化物和硫酸盐还原区以及产甲烷区，H_2的值落在6～8nmol/L之内；而在污染羽的深层剖面中，高H_2浓度为1.6～1.9nmol/L，存在于污染羽的中部，此处以硫酸盐还原为主并伴随甲烷生成；在污染羽的下游，H_2的浓度范围为0.32～0.56nmol/L，推测与铁氧化物的还原有关。因此，尽管在划分氧化还原分区中H_2的浓度尚不清楚，但是仍可以得出结论：在污染羽还原性最强的地区可以找到最高的H_2浓度值。

2.4.2.3 挥发性脂肪酸

同H_2一样，挥发性脂肪酸（VFAs）也是厌氧环境下有机物降解的发酵产物。VFAs中乙酸盐和甲酸盐的浓度最高，而丙酸盐和丁酸盐的浓度较低。研究发现VFAs的浓度通常随着电子受体的耗尽而增加，这提供了一种可能，即VFAs的浓度水平可以用作氧化还原过程的指标[83]。相比于H_2，每摩尔VFAs传递更多的电子，因此VFAs的氧化对可用能量的依赖性比H_2要低得多，所以将VFAs用作氧化还原过程的指示物将更加困难。到目前为止，关于VFAs和含水层中氧化还原条件之间关系的数据很少。

尽管存在困难，但已针对不同的氧化还原条件报告了不同水平的VFAs浓度。在硫酸盐还原环境中观察到甲酸盐的浓度为5～60μmol/L，在还原Fe（Ⅲ）的环境中观察到为0～6μmol/L。在硫酸盐还原环境中，乙酸盐的浓度为2～50μmol/L；在还原Fe（Ⅲ）的环境中，乙酸盐的浓度为0.5～3μmol/L[84,85]。相比于产甲烷细菌，乙酸盐更容易被铁还原性细菌消耗[86]，因此乙酸盐浓度的不同变化可能反映了氧化还原过程的转变。然而在对美国Hanahan场地受石油污染的含水层的详细研究发现，VFAs与氢浓度之间没有相关性[87]。

此外，稳态VFAs的浓度通常比H_2的浓度大3个数量级，并且VFAs可以随着地下水流向下游移动。这意味着，应非常谨慎地使用VFAs浓度来识别氧化还原过程。但是，这并不意味着它们对氧化还原过程的识别没有用处，因为它们可能被用于监视污染羽的稳定性。主要的TEAPs的变化会导致中间体VFAs和H_2的积累。H_2浓度的峰值可能不会长久存在于地下水环境中，从而使乙酸盐可能成为指示污染羽稳定性更好的选择。

2.4.2.4 沉积物特征

含水层沉积物中含有大量的氧化还原敏感物质，存在于矿物质、沉淀物和颗粒表面交换位点上。主要的氧化固体物质是交换位点上存在的氧化铁、氧化锰和硫酸盐。在某些情况下，硫酸盐矿物质也可能构成大量潜在的电子受体。主要的还原性固体物质是有机物、硫化物以及碳酸铁和碳酸锰。还原的物种，例如Fe^{2+}、Mn^{2+}和NH_4^+也可能存在于交换位点上。当有机物和其他还原性物质进入氧化性含水层时，就会发生一系列氧化还原缓冲反应。氧化还原缓冲作用通常发生在垃圾填埋场的下游，它改变了污染羽的化学性状，影响了污染物的衰减。要了解有关氧化还原的污染羽发展并评估已发生反应或可能发生反应的氧化还原物质，必须了解含水层沉积物的氧化还原缓冲能力。

含水层沉积物的氧化还原缓冲能力通常用氧化容量（OXC）和还原容量（RDC）来衡量。OXC是衡量含水层沉积物接受电子能力大小的参数，指每克沉积物所能接受的微摩尔电子数，是评价地下环境氧化能力的指标，其大小主要取决于地层中最终电子受体的多少及其有效性[88]。低氧化容量的环境容易形成低氧化还原水平的带（如产甲烷带），而高氧化容量的环境则会限制产甲烷带的形成。OXC越大就说明沉积物对渗滤液污染的氧化还原缓冲能力越强，同样，RDC越大说明沉积物对渗滤液污染的氧化还原缓冲能力越小。随着污染的加重，沉积物的氧化容量（OXC）减小，而还原容量（RDC）升高。由于内部氧化还原平衡并不常见，因此将OXC定义为氧化当量的总和，而将RDC定义为羽状体积内还原当量的总和。

2.4.2.5 微生物特征

污染物羽流中的大多数氧化还原过程是由微生物介导的。早在1969年，Farkasdi等[89]就在德国垃圾填埋场的渗滤液羽流中对还原区、过渡区和氧化区进行了区分，并列举了这三个区中的硫酸盐和硝酸盐还原和反硝化细菌。这表明观察到的区域与微生物活性有关。因此，污染物羽流中氧化还原环境的表征应该包括执行氧化还原过程的微生物特征的描述。

各种用于培养生物的传统技术或基于直接检测生物标志物的现代化学技术，例如用于特定过程或生物的酯键连接的磷脂脂肪酸（PLFA），以及分子DNA或RNA探针等方法被用来识别、枚举和量化执行每个氧化还原过程的不同微生物。Beeman和Suflita[90,91]利用MPN技术在美国一垃圾填埋场渗滤液污染的含水层中，观察到了使用不同碳底物的硫酸盐还原剂和产甲烷菌的不同生理基团。PLFA生物标志物的存在也已被用作各种细菌在环境中存在的指示，包括垃圾渗滤液污染羽中[92,93]。而TEAP生物测定可用于识别正在进行的微生物氧化还原过程，验证氧化还原序列、活动的地理位置（导致观察到的溶解的氧化还原敏感参数分布）以及估计所研究氧化还原过程的速率。总之，微生物特征的描述可以更好地表征地下水中氧化还原过程。

2.5 地下水污染识别实例

垃圾填埋场地下水污染识别工作对于地下水污染修复与水资源管理至关重要。本节针对上述介绍的填埋场污染识别技术方法，选取场地污染识别中典型实例，简明阐述填埋场地下水污染识别中典型技术方法的应用。本节所选取的两个实例：垃圾填埋场地下水硝酸盐污染来源识别和基于敏感因子指数法的垃圾填埋场地下水污染过程识别。

2.5.1 垃圾填埋场地下水硝酸盐污染来源识别

2.5.1.1 场地信息

研究地点位于中国东北南部地区的城市机场，周围潜在污染来源包括非正式的垃圾填埋场、池塘和农村居民区，如图2-1所示。垃圾渗滤液是缺乏防渗措施的垃圾填埋场中地下水的主要污染源。该地区非正式的垃圾填埋场已经使用了20年。现场调查数据发现，垃圾填埋场由各种各样的典型城市生活垃圾组成。

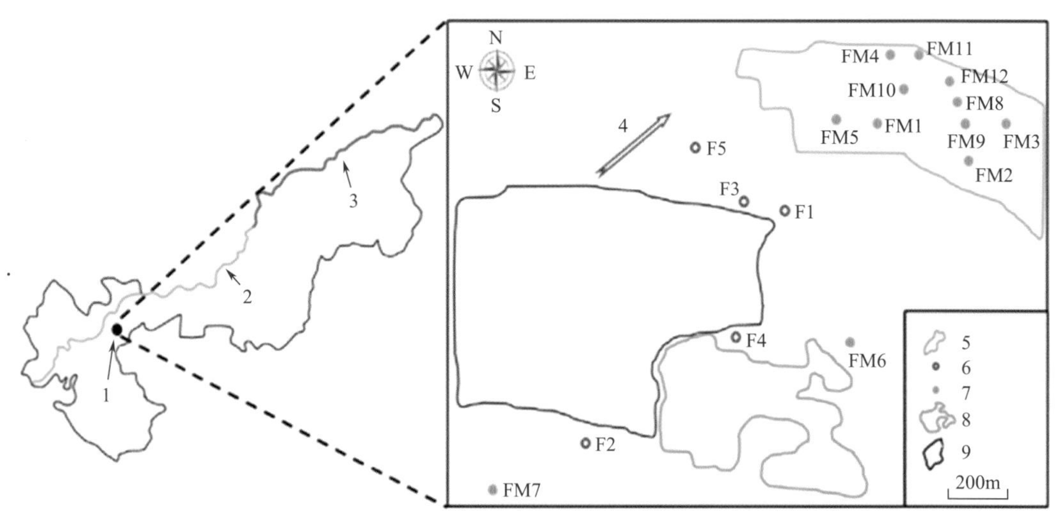

图2-1 场地周边信息与取样点位置分布图[64]

1—野外场地；2—松花江；3—黑龙江；4—地下水流向；5—村庄；6—监测井；7—民用井；8—池塘；9—垃圾填埋场地区

潜水含水层介质由第四系和全新世沉积物的砾石、黏土组成。这些沉积物直接受降水影响，其含水量变化很大。孔隙裂隙的含水层以粗砂、砾石和圆砾石为主。无限制孔隙度含水层存在于深度>20m处。含水层的含水量很大，单井入水量一般>1000m^3/d，渗透系数>20m/d。实测的地下水位深度在雨季为2.5 ～ 4m，旱季为1.55 ～ 2.10m。全年平均降雨量为557.8mm，雨季发生在7 ～ 9月，雨季研究区的年平均降雨量为1395.2mm。积雪厚度为480mm，冬季最大的最大冻土深度为2.3mm。潜水地下水系统中的流向是NE向（37.4°），如图2-1和图2-2所示。地下水流速为220μm/s。

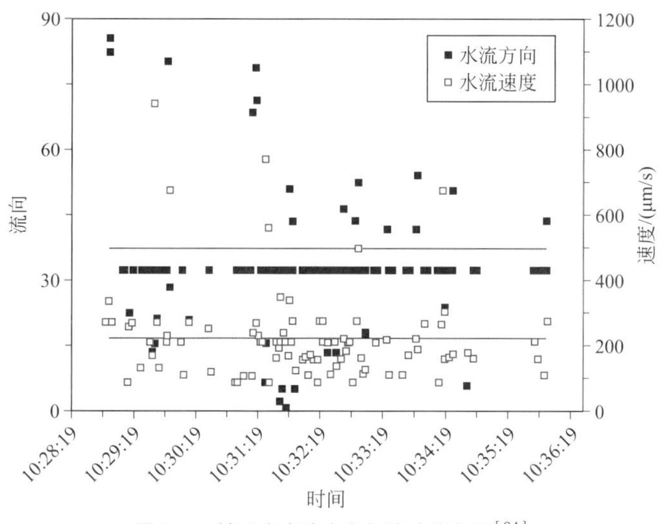

图2-2　地下水水流方向与流速信息图[64]

2.5.1.2　地下水水化学特征

雨水的主要化学成分类似于稀释的海水成分。海水中Cl^-和Na^+的浓度分别为19410mg/kg和10800mg/kg，Cl^-/Na^+比约为1.8。当陆地和云层上的空气吸收灰尘和气体（包括自然来源和工业来源）时，Cl^-浓度以及雨水中Na^+/Cl^-比都会发生变化[94,95]。与人类活动相比，与地表来源相关的人类活动中的Na^+/Cl^-比非常高，而且分散性和不稳定程度比大气污染物和垃圾填埋场、路盐和降雪污染更严重。

图2-3总结了干旱季节和湿润季节获得的地下水样品中Cl^-/Na^+比。可以使用氯含量最低的样品作为陆地表面初始输入量来构建理论上的大气降水线（TML）。在图2-3中，干旱和湿润季节的Cl^-/Na^+比具有正比例关系。然而，干湿季节的比值不同，这表明Cl^-/Na^+在湿季相对集中于TML，但在旱季其比值更接近TML。认为这种分布是由研究区降雨增加引起的，从而导致了雨季雨水和浅层地下水之间的相互作用。另外，地下水在雨季受降雨影响比旱季要大。FM7和FM9最接近TML，但FM7的Na^+/Cl^-比更接近1.8，值为1.45。因此，当FM7未受到人类污染时，FM7的Cl^-值与工业化前的Cl^-输入值大致相同。因此，认为FM7（Cl^- = 12.3mg/L）以及其他地点（Cl^->12.3mg/L）的地下水均受到污染。

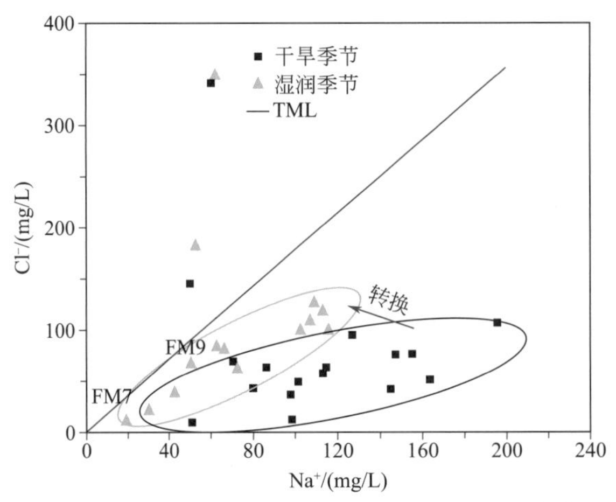

图2-3 旱季和雨季地下水样品中Cl^-和Na^+关系图[64]

2.5.1.3 地下水硝酸盐污染来源

（1）稳定同位素技术

环境中的氮源主要由化肥中的铵、降水、土壤铵、肥料、污水和大气中的NO_3^-引起。旱季土壤氮素含量为0.32～14.55mg/L，平均值为4.94mg/L，而其在地下水中的浓度范围为0.1～65.5mg/L，平均值为24.47mg/L。雨季NO_3^-的平均浓度高于旱季的平均浓度。研究区地下水中溶解NO_3^-的同位素值以及主要NO_3^-的同位素值如图2-4所示。地下水样品中的$\delta^{15}N-NO_3^-$和$\delta^{18}O-NO_3^-$的范围在0.849%～1.197%之间。地下水中硝酸盐的氮-氧同位素在预期的粪肥/污水区域范围内。在干燥和湿润季节，氮和氧的同位素组成似乎以1.6和1.9的近似配合比增加。这些比值介于1～2之间，代表反硝化过程[96]，因此，在该研究区干季和雨季之间可能经历了反硝化。

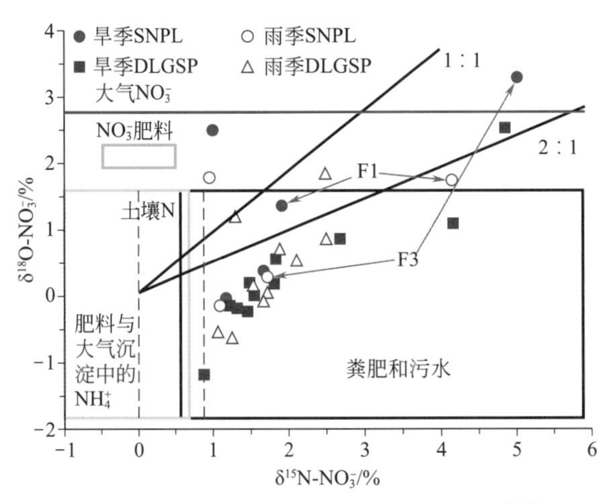

图2-4 不同硝酸盐污染来源的同位素比值图[64]

SNPL—填埋场采样点；DLGSP—填埋场下游采样点

F1和F3氮同位素比值最高。由于垃圾渗滤液的氮同位素值（≥3%）较高，导致地下水氮同位素在填埋场附近持续富集，而生活区监测井的下游氮同位素较少，因此下游地下水中的氮同位素值也较低。结果不能证明硝酸盐来源于垃圾渗滤液，因为地下水中土壤氮和肥料的分馏作用也会使同位素值升高。

（2）三维荧光技术

三维荧光光谱包含所有溶解有机质（DOM）指纹信息，这些信息可用于快速识别DOM的来源。但是DOM的组成非常复杂，不同成分的荧光光谱可能会重叠。污染的地下水中荧光激发-发射矩阵的等值线图如图2-5所示。SPNL（填埋场采样点）（F1，F2，F4）的荧光峰属于蛋白质类物质，而DLGSP（填埋场下游采样点）（FM1，FM3，FM4）的峰属于黄腐酸类物质。DLGSP中未出现蛋白质类荧光峰，但确实出现了黄腐酸类峰。当污水进入地下水中，其浓度被稀释，与污染源的距离越远，地下水中的蛋白质类物质逐渐被稀释和降解的程度就越大，但黄腐酸类的浓度保持稳定。因此，地下水垃圾填埋产生的DOM在地下水迁移过程中被微生物降解。三维荧光光谱表明，下游的蛋白质峰强度受到地下水污染源的影响而减弱，表明地下水中微生物活性较强。硝酸盐同位素数据的变化表明，蛋白质类降解是明显的（图2-4），进一步证明了地下水中蛋白质类的降解。结果表明受污染的地下水中存在有机物。

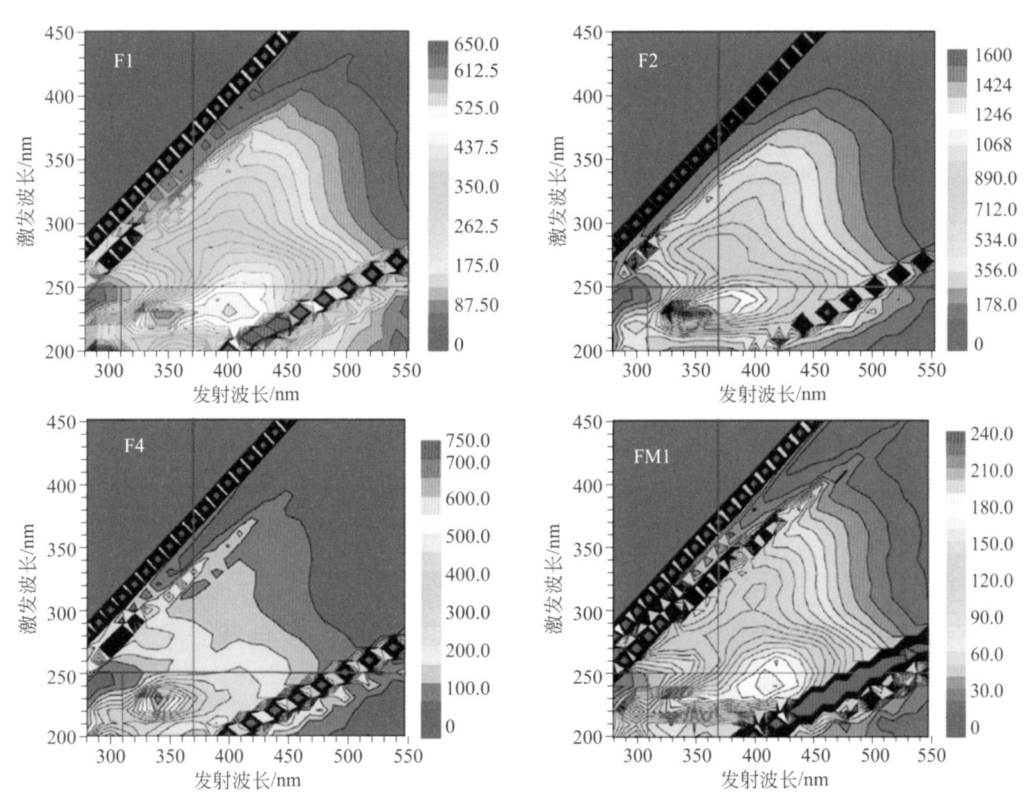

图2-5

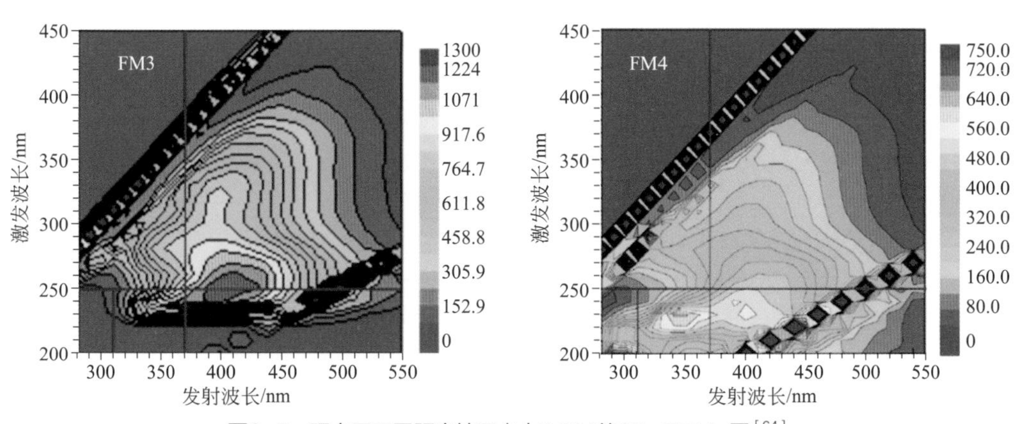

图2-5 研究区不同距离地下水中DOM的3D-EEMs图[64]

荧光指数$f_{450/500}$可以清楚地反映水体中的DOM，包括腐殖酸源以及外源或内源有机质生物体。总的来说，$f_{450/500} \leqslant 1.5$表明腐殖酸主要由陆源输入组成，而$f_{450/500} \geqslant 1.9$表明腐殖酸主要由微生物产生[97]。

该研究区的$f_{450/500}>1.9$，说明腐殖质是主要的生物来源（表2-2）。另外，$f_{450/500}$与黄腐酸的芳香性具有负相关性。$f_{450/500}$较高，表明黄腐物质的芳香性较弱，并且具有较小的芳香环结构。这表明地下水中含有大量的活性微生物。综上所述，硝酸盐的主要来源是渗滤液，它是地下水环境中无机物的矿化降解产生的。

表2-2 DOM组分的荧光指数（$f_{450/500}$）[64]

样品名称	F1	F2	F4	FM1	FM3	FM4
$f_{450/500}$	2.3	1.8	2.2	1.9	2.1	2.3

2.5.1.4 结论

本案例表明地球化学、3D-EEM和同位素技术的结合有助于识别垃圾填埋场地区浅层地下水中的硝酸盐来源。在干燥和湿润季节获得的地下水样品的Na^+/Cl^-比表明研究区域的地下水被人类污染，特别是下游地下水。这些结果表明，在当前条件下，主动补给将溶质带入地下水中。

硝酸盐同位素识别出各种NO_3^-来源，并通过混合、挥发和反硝化还原而转变。激发-发射矩阵荧光光谱法是确定浅层地下水中DOM的结构组成及其与NO_3^-的关系的极好方法。两种同位素特征均表明，合成化肥和粪肥/污水是干湿季中NO_3^-的主要来源。激发-发射矩阵荧光光谱法进一步证明了垃圾填埋场的地下水硝酸盐含量。尽管硝酸盐同位素能够区分多种来源（肥料或降水中的铵、土壤铵、肥料和污水、大气中的NO_3^-），但在本研究中仍可以发现区分合成化肥和粪肥/污水来源（例如垃圾填埋场、生活废水）的技术。这种技术组合提供了一种可以快速地详细了解污染源的方法。

2.5.2 基于敏感因子指数法的垃圾填埋场地下水污染过程识别

结合当前国内外的研究进展，基于垃圾渗滤液污染物在地下水环境中降解的生物地球化学作用以及氧化还原分区现象，基于实际场地，研究一种基于敏感因子指数法的垃圾填埋场地下水污染过程识别技术。通过确定敏感因子分别为溶解氧、亚硝酸盐、二价铁、硫化物以及二氧化碳，建立基于特征区表征的量化方法，计算各敏感因子权重值以及对各特征区值进行统计划分，最终实现对垃圾填埋场氧化还原特征区的识别；其中，确定敏感因子权重值也是整个技术体系中一个重要环节。在前期研究的基础上，本次研究将层次分析法、变异系数法以及组合权重法这三种不同的权重计算方法应用于敏感因子指数法中，并以北方某垃圾填埋场为例进行验证分析；构建出一种基于敏感因子指数法的垃圾填埋场地下水污染过程识别技术。

2.5.2.1 垃圾填埋场地下水污染过程识别敏感因子筛选

垃圾填埋场地下水污染羽中氧化还原反应很多，其中主要发生的氧化还原反应是氧还原、硝酸盐还原、锰还原、铁还原、硫酸盐还原以及产甲烷反应，实际情况中，地下水污染羽中的氧化还原特征区并不一定会全部出现，也会出现两个氧化还原特征区重叠的现象。此外，由于价态锰目前暂未找到合适的检测方法，监测锰还原反应较为困难。因此，针对上述五个氧化还原特征区对垃圾填埋场地下水污染过程进行识别划分。

一般来说，在自然系统中所发生的氧化还原反应很少能够处在平衡的状态，因此，有许多学者提出可以用非平衡的方法对地下环境中的氧化还原环境的变化进行识别划分，而最终电子受体作用（TEAP）[30]就是通过监测不同微生物在代谢过程中所利用的最终电子受体（如O_2、NO_3^-）、代谢最终产物（如Fe^{2+}）和中间产物（如溶解性H_2等的消耗量）等氧化还原敏感物质浓度的变化来描述氧化还原环境的变化。为了识别垃圾填埋场地下水污染过程，即各氧化还原特征区的划分，针对上述五个氧化还原特征区，分别选取一种敏感物质作为敏感因子对各氧化还原特征区进行识别，这些敏感因子能够通过其在不同特征区中显著的变化规律来清楚表征各特征区中的氧化还原反应过程，并易于检测。因此，基于前期研究的多种敏感物质，选定溶解氧、亚硝酸盐、二价铁、硫化物以及二氧化碳作为敏感因子。

2.5.2.2 建立基于特征区表征的量化方法

在垃圾渗滤液地下水污染羽中，不同的氧化还原特征区内发生了不同的氧化还原反应，导致参与反应的电子受体和电子供体及其还原产物的分布特点有一定的规律可循。在垃圾填埋场附近，微生物优先利用O_2作为最终电子受体，当O_2消耗殆尽时依次利用NO_3^-、Fe^{3+}、SO_4^{2-}和CO_2等作为最终电子受体发生氧化还原反应。在距填埋场最近的产甲烷区中，CO_2被利用作为最终电子受体发生反应，浓度急剧下降；随后各反应中，氧化还原产物如S^{2-}、Fe^{2+}以及NO_2^-分别在硫酸盐还原区、铁还原区和硝酸盐还原区中依次出现峰值，随着特征区更替，浓度又随之降低；而溶解氧浓度则随着与填埋场距离增大，浓度不断上升。基于各敏感因子在不同氧化还原特征区中的客观分布规律，并结合各敏感因子依据其在不同特征区中的重要程度赋予的不同权重值，建立一种基于特征区表征的量化方法，具体内容如下所述。

将地下水污染羽下游区域划分若干单元格，利用实际场地中各敏感因子监测数据，运用软件模拟各敏感因子在地下水污染羽中的浓度变化，通过计算每个单元格内的产甲烷区值（M）、硫酸盐还原区值（S）、铁还原区值（F）、硝酸盐还原区值（N）、氧还原区值（O）来量化表征各氧化还原特征区，计算公式如下：

$$M=A_mP_{am}+B_mP_{bm}+C_mP_{cm}+D_mP_{dm}+E_mP_{em} \tag{2-1}$$

$$S=A_sP_{as}+B_sP_{bs}+C_sP_{cs}+D_sP_{ds}+E_sP_{es} \tag{2-2}$$

$$F=A_fP_{af}+B_fP_{bf}+C_fP_{cf}+D_fP_{df}+E_fP_{ef} \tag{2-3}$$

$$N=A_nP_{an}+B_nP_{bn}+C_nP_{cn}+D_nP_{dn}+E_nP_{en} \tag{2-4}$$

$$O=A_oP_{ao}+B_oP_{bo}+C_oP_{co}+D_oP_{do}+E_oP_{eo} \tag{2-5}$$

式中　M，S，F，N，O ——产甲烷区、硫酸盐还原区、铁还原区、硝酸盐还原区、氧还原区的区值；

A，B，C，D，E ——二氧化碳、硫化物、二价铁、亚硝酸盐和溶解氧在各特征区中所占权重值；

P ——本方法中的敏感因子特征指数，当计算某一特征区值时，敏感因子实际浓度变化符合其在该特征区的客观规律时$P=1$，不符合时$P=0$。

（1）确定敏感因子权重

基于上述表征各特征区的量化公式，需要计算各敏感因子在不同氧化还原特征区中所占权重值。在垃圾填埋场地下水污染过程识别划分方法指标体系中，由于每个敏感因子在不同特征区中所起作用和影响力不尽相同，需根据每个敏感因子在各特征区中的重要程度赋予不同的权重。敏感因子的权重直接关系到其对总体的“贡献性”大小。因此，确定指标体系中各敏感因子的权重是垃圾填埋场地下水污染过程识别划分方法体系建立的关键。

目前，确定权重系数的方法大致可以分为两类，即主观赋权法和客观赋权法。主观赋权法是以专家的经验或偏好为基础，通过比较各敏感因子间的相对重要性来计算权重的方法，目前使用较多的是专家咨询法、层次分析法（AHP）、主观加权法、模糊统计法等。客观赋权法是从实际数据出发，利用各敏感因子监测数值所反映的客观信息差异性来确定权重的一种方法，如标准离差法、熵权法、变异系数法、主成分分析法等。主观赋权法和客观赋权法都各有其优势与劣势，对权重的计算都较为片面单一。因此还提出了一种主客观相结合的权重计算方法——组合权重法。组合权重法综合运用主观赋权法中的层次分析法和客观赋权法中的变异系数法，采用最小相对信息熵原理把它们综合为组合权重，将定性分析与定量分析相结合来确定每个敏感因子在各特征区中所占的权重，减少主观分析的不确定性，权重信息利用全面。为合理地确定垃圾填埋场地下水污染过程划分的敏感因子权重，本研究将主观赋权法中的层次分析法、客观赋权法中的变异系数法以及主客观相结合的组合权重法应用于敏感因子指数法中对比分析，确定一种最适合该方法的权重计算方法。

（2）针对北方某典型垃圾填埋场进行实例分析

该填埋场位于我国北方，为非正规垃圾填埋场，距离市中心区6km，占地37.6hm^2，总容积375×10^4m^3，场地未经任何防渗处理，周围无围挡。本非正规垃圾填埋场位于正规垃圾填埋场偏北3km，根据正规垃圾填埋场2004年环评报告显示，该非正规垃圾填埋场区的A村、B村浅层地下水已经受到一定污染，高锰酸盐指数、氨氮和大肠菌群均超过GB/T 14848—93中的Ⅲ级标准。如图2-6所示，在该垃圾填埋场周围共选取了13个地下水取样点，对各监测井内地下水进行取样分析。

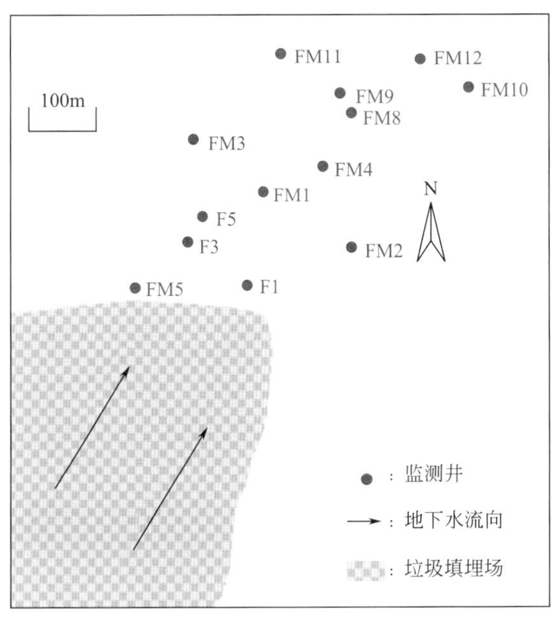

图2-6 垃圾填埋场取样点分布图

为合理地确定垃圾填埋场地下水污染过程划分的敏感因子权重，本次研究分别采用层次分析法和变异系数法确定各敏感因子在不同氧化还原特征区中的主观和客观权重值，以及综合主、客观因素的组合权重法分别对敏感因子权重值进行求解。

1）层次分析法　通过判断每个敏感因子在各特征区中的重要性确定判断矩阵，计算得出敏感因子在各特征区中所占的权重大小。

① 确定层次结构：本次研究采用的层次结构只需要两层，第一层是目标层，第二层则为指标层，即针对各个特征区建立层次结构模型，表征五个敏感因子对各个特征区的影响。

② 构造判断矩阵：分析系统中各因素间的关系，依据机理特征对同一层次各元素关于上一层次中某一准则（即五个敏感因子对于各个特征区）的重要性进行两两比较判断，构造判断矩阵，判断矩阵的比较尺度A_{ij}包括1、3、5、7、9，这些数字表示的是每两个因素相比，1代表具有同样重要性，3表示一个因素比另一个因素稍微重要，5表示明显重要，依次类推，9表示极度重要；而剩余的2、4、6、8则代表上述相邻判断的中值；A_{ij}表示因素i与因素j比较的结果，因素j与因素i比较则为其倒数$1/A_i$，特征区的判断矩阵见表2-3～表2-7。

表2-3　产甲烷区判断矩阵

项目	二氧化碳	硫化物	二价铁	亚硝酸盐	溶解氧
二氧化碳		4	6	6	6
硫化物			3	3	3
二价铁				1	1
亚硝酸盐					1
溶解氧					

表2-4　硫酸盐还原区判断矩阵

项目	二氧化碳	硫化物	二价铁	亚硝酸盐	溶解氧
二氧化碳		1/4	3	3	3
硫化物			5	6	6
二价铁				2	2
亚硝酸盐					1
溶解氧					

表2-5　铁还原区判断矩阵

项目	二氧化碳	硫化物	二价铁	亚硝酸盐	溶解氧
二氧化碳		1/2	1/6	1/2	1
硫化物			1/5	1	2
二价铁				5	6
亚硝酸盐					2
溶解氧					

表2-6　硝酸盐还原区判断矩阵

项目	二氧化碳	硫化物	二价铁	亚硝酸盐	溶解氧
二氧化碳		1	1/2	1/6	1/2
硫化物			1/2	1/6	1/2
二价铁				1/5	1
亚硝酸盐					5
溶解氧					

表2-7　氧还原区判断矩阵

项目	二氧化碳	硫化物	二价铁	亚硝酸盐	溶解氧
二氧化碳		1	1	1/2	1/6
硫化物			1	1/2	1/6
二价铁				1/2	1/6
亚硝酸盐					1/5
溶解氧					

③ 运用yaahp层次分析法软件：利用上一步构造的判断矩阵对各个特征区内每个敏感因子进行权重值计算，并且通过检验计算，上述五个判断矩阵均具有满意的一致性。最后计算得出每个敏感因子在各特征区中所占的权重大小，见表2-8。

表2-8　层次分析法计算权重值

项目	二氧化碳	硫化物	二价铁	亚硝酸盐	溶解氧
产甲烷区	0.5512	0.2088	0.08	0.08	0.08
硫酸盐还原区	0.2112	0.5374	0.1106	0.0704	0.0704
铁还原区	0.0771	0.1392	0.5674	0.1392	0.0771
硝酸盐还原区	0.0771	0.0771	0.1392	0.5674	0.1392
氧还原区	0.0873	0.0873	0.0873	0.1577	0.5804

2）变异系数法　将变异系数法应用于北方某垃圾填埋场地下水污染过程识别中，利用各指标的变异系数来确定其权重，数据来源于场地各监测井内所取水样的监测数据，如表2-9所列。

表2-9　垃圾填埋场监测数据

指标	二氧化碳/（mg/L）	硫化物/（μg/L）	二价铁/（μg/L）	亚硝酸盐/（μg/L）	溶解氧/（mg/L）
井1	34.1	6.4	193.4	6.0	2.68
井2	24.8	7.8	14.7	6.0	2.96
井3	18.4	0.9	333.0	2.0	5.16
井4	7.9	0.9	63.7	15.0	4.65
井5	23.3	2.6	L	40.0	4.37
井6	8.9	3.0	805.6	148.0	3.49

续表

指标	二氧化碳/（mg/L）	硫化物/（μg/L）	二价铁/（μg/L）	亚硝酸盐/（μg/L）	溶解氧/（mg/L）
井7	22.0	0.7	171.4	7.0	2.51
井8	23.0	1.9	4.9	134.0	6.25
井9	12.4	0.4	7.3	14.0	2.35
井10	27.9	L	L	2.0	1.85
井11	18.4	1.7	2478.0	47.0	4.74
井12	12.5	0.4	36.7	11.0	3.39
井13	10.3	L	L	20.0	3.22

注：L表示未检出。

对污染场地下游区域进行均匀布点取样，基于敏感因子指数法，每个井位均需要对五个敏感因子浓度进行监测；根据检测值，依据式（2-1）～式（2-5）求解，求得某一特征区中每个敏感因子的变异量及权重值；以同样步骤求出五个特征区内每个敏感因子所占权重值，如表2-10所列。

表2-10　变异系数法计算权重值

项目	二氧化碳	硫化物	二价铁	亚硝酸盐	溶解氧
产甲烷区	0.1097	0.2615	0.3166	0.1771	0.1351
硫酸盐还原区	0.1771	0.3178	0.1852	0.2348	0.0851
铁还原区	0.1043	0.1512	0.4412	0.2322	0.0711
硝酸盐还原区	0.0799	0.2498	0.3448	0.2219	0.1036
氧还原区	0.1055	0.1862	0.3692	0.2549	0.0842

3）组合权重法　采用组合权重法，综合敏感因子的主观权重值（表2-8）和客观权重值（表2-10），计算求得每个敏感因子在各特征区中所占权重值，如表2-11所列。

表2-11　组合权重法计算权重值

项目	二氧化碳	硫化物	二价铁	亚硝酸盐	溶解氧
产甲烷区	0.3496	0.2208	0.1325	0.1211	0.1742
硫酸盐还原区	0.2750	0.3905	0.1191	0.1308	0.1297
铁还原区	0.1275	0.1371	0.4165	0.1829	0.1241
硝酸盐还原区	0.1116	0.1311	0.1824	0.3611	0.2013
氧还原区	0.1364	0.1205	0.1494	0.2040	0.3706

然后，通过编程手段将场地下游区域划分为1000×1000个正方形单元格，基于各敏感因子在每一单元格内变化规律与其在各特征区的客观规律对比情况以及其在不同氧化还原特征区中权重值的确定，代入表征特征区的量化公式计算得出各单元格特征区值（M、S、F、N、O），并取最大值定义为各单元格所埋场地下水污染过程识别各特征区分布图，分别如图2-7～图2-9所示。

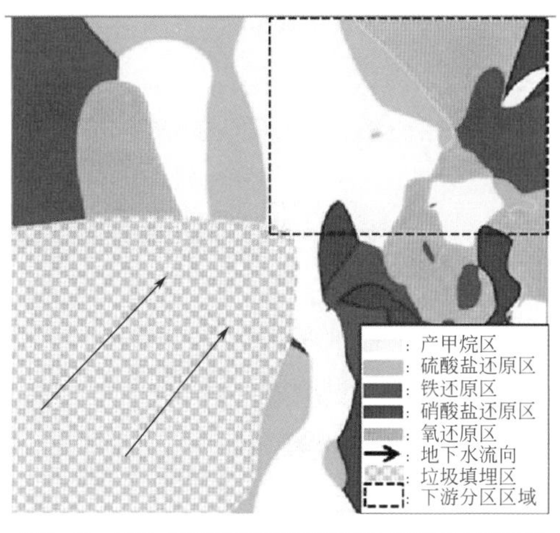

图2-7　层次分析法识别各氧化还原特征区分布图

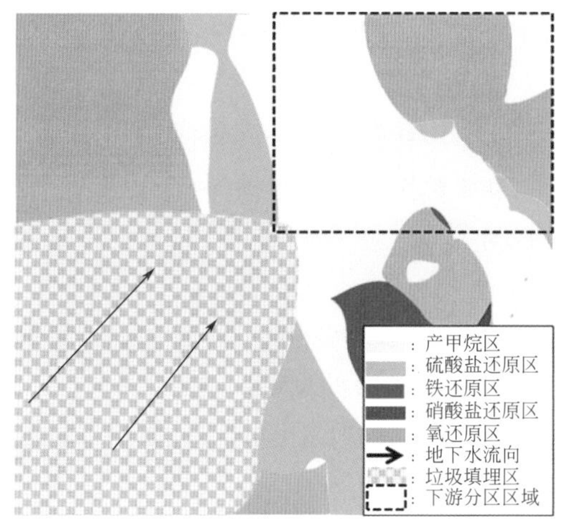

图2-8　变异系数法识别各氧化还原特征区分布图

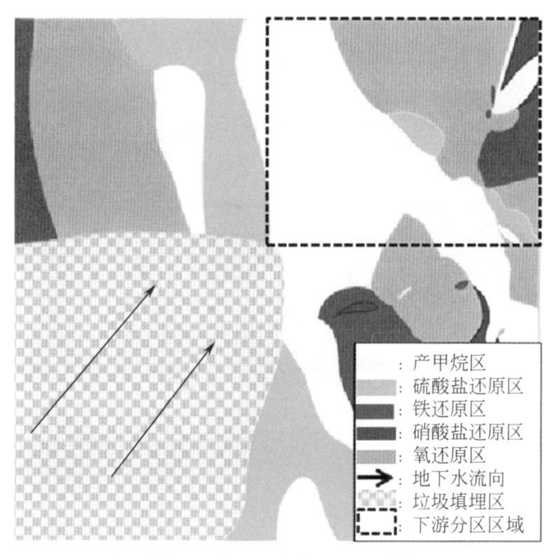

图2-9　组合权重法识别各氧化还原特征区分布图

从以上三种权重计算方法所得的分区结果可以看出，层次分析法与组合权重法得出的分区结果接近，而变异系数法所得的各特征区分布结果与另两种方法所得结果差异则较为明显。从地下环境中微生物的最终电子反应排序来看，在垃圾填埋场下游污染羽在地下水流向上各特征区分布依次应为产甲烷区、硫酸盐还原区、铁还原区、硝酸盐还原区以及氧还原区。该场地监测地下水流向为西南流向东北，沿着场地地下水流向来看，产甲烷区与硫酸盐还原区很难两两区分开来，这是由于这两个氧化还原反应的氧化还原电位十分接近，很难严格区分出这两个特征区，从这三个分区结果中也可以看出这两个特征区可能有一定程度的重叠，以及交替出现的情况。

在变异系数法的分区结果图中，产甲烷区和硫酸盐还原区后出现了氧还原区，而铁还原区和硝酸盐还原区几乎不存在。对于该场地本身即为高铁环境而且周围遍布民居、养殖场以及农田这种情况来说，最终电子受体Fe^{3+}以及NO_3^-在地下水环境中应普遍存在，在渗滤液污染地下水环境过程中，铁还原以及硝酸盐还原反应也应显著存在；此外，该客观赋值法采用敏感因子的实际监测数据进行计算，监测数值间的差异较大，其所占权重值亦是，而最后却未出现这两个特征区，表明该权重计算方法所得的分区结果可能无法完全地反映该场地地下水污染过程中各氧化还原特征区分布情况。

从层次分析法和组合权重法两者分区结果比较来看，氧还原区的异常分布是共同存在的，这可能是由于下游某些局部区域民井较多，使用量较大，对局部的地下水流向和水位波动均有扰动，而这两个因素可能会对氧化还原特征区产生影响，导致该区域被垃圾渗滤液污染的程度较轻所致。此外，层次分析法依据专家经验打分，同时较组合权重法的分区结果来看也较为紊乱，而组合权重法同时结合主观与客观分析，特征区分布基本与实际情况吻合。因此，选定组合权重法作为敏感因子指数法中计算权重的方法较为合理。

总的来看，该实际污染场地最终的分区结果显示划分五个氧化还原特征区是比较科学合理的，并且与场地实际情况也是较为吻合的。

参考文献

[1] Aderemi A O, Adewumi G A, Otitoloju A A. Municipal landfill leachate characterization and its induction of glycogen vacuolation in the liver of *Clarias gariepinus* [J]. Int J Environmetal Prot, 2012, 2: 20-24.

[2] Christensen T H, Kjeldsen P, Bjerg P L, et al. Biogeochemistry of landfill leachate plumes [J]. Applied Geochemistry, 2001, 16 (7-8): 659-718.

[3] Liu Z, Wu W, Shi P, et al. Characterization of dissolved organic matter in landfill leachate during the combined treatment process of air stripping, Fenton, SBR and coagulation [J]. Waste Manag, 2015, 41: 111-118.

[4] Moravia W G, Amaral M C S, Lange L C. Evaluation of landfill leachate treatment by advanced oxidative process by Fenton's reagent combined with membrane separation system [J]. Waste Manag, 2013, 33: 89-101.

[5] Qin M, Molitor H, Brazil B, et al. Recovery of nitrogen and water from landfill leachate by a microbial electrolysis cell-forward osmosis system [J]. Bioresour Technol, 2016, 200: 485-492.

[6] Kjeldsen P, Barlaz M A, Rooker A P, et al. Present and long-term composition of MSW landfill leachate: a review [J]. Critical Reviews in Environmental Science and Technology, 2002, 32 (4): 297-336.

[7] Dorota Kulikowska, Ewa Klimiuk. The effect of landfill age on municipal leachate composition [J]. Bioresource Technology, 2008, 99 (13): 5981-5985.

[8] 周睿，赵勇胜，任何军，等. 不同龄渗滤液及其在包气带中的迁移转化研究 [J]. 环境工程学报，2008 (9): 1189-1193.

[9] 沈耀良，王宝贞. 垃圾填埋场渗滤液的水质特征及其变化规律分析 [J]. 污染防治技术，1999, 12(1): 10-13.

[10] 詹良通，陈如海，陈云敏，等. 重金属在某简易垃圾填埋场底部及周边土层扩散勘查与分析 [J]. 岩土工程学报，2011, 33 (6): 853-861.

[11] 何厚波，熊杨，周敬超. 生活垃圾填埋场渗滤液的特点及处理技术 [J]. 环境卫生工程，2002, 10 (4): 159-163.

[12] 朱伟，舒实，王升位，等. 垃圾填埋场渗沥液击穿防渗系统的指示污染物研究 [J]. 岩土工程学报，2016, 38 (4): 619-626.

[13] 吕晓建. 非正规垃圾填埋场地下水监控自然衰减效果评价研究 [D]. 石家庄：河北地质大学，2016.

[14] 杨文琳，张静，袁野，等. 基于有限差分法的地下水溶质运移模拟：以某垃圾填埋场为例 [J]. 环境工程，2017, 35 (12): 30-35.

[15] 王浪，张曼. 垃圾渗滤液对地下水环境影响的数值模拟预测 [J]. 安徽化工，2019, 45 (4): 89-93.

[16] 王翊虹，赵勇胜. 北京北天堂地区城市垃圾填埋对地下水的污染 [J]. 水文地质工程地质，2002 (6): 45-47,63.

[17] 李晓姣，张岱琼，乔俊，等. 基于多元统计方法的某地浅层地下水污染来源分析 [J]. 中国环境监

测，2020 (36): 1.
［18］曹阳，杨耀栋，申月芳. 地下水污染源解析研究进展［J］. 中国水运，2018, 18 (9): 114-116.
［19］费永强. 农业区生活垃圾填埋场地下水中“三氮”的溯源方法研究［D］. 成都：成都理工大学，2019.
［20］Babiker I S, Mohamed M A A,Terao H,et al. Assessment of groundwater contamination by nitrate leaching from intensive vegetable cultivation using geographical information system［J］. Environment International, 2004, 29 (8): 1009-1017.
［21］张可嘉. 宁阳化工区地下水水化学特征及污染来源识别研究［D］. 济南：济南大学，2015.
［22］Cloutier V, Lefebvre R, Therrien R, et al. Multivariate statistical analysis of geochemical data as indicative of the hydrogeochemieal evolution of grounduater in a sedimentary rock aquifer system［J］. Journal of Hydrology, 2008, 353(3-4): 294-313.
［23］Sonja Cerar,Nina Mali. Assessment of presence, origin and seasonal variations of persistent organic pollutants in groundwater by means of passive sampling and multivariate statistical analysis［J］. Journal of Geochemical Exploration, 2016, 170: 78-93.
［24］曹三忠. 污染因子相关分析判定地下水污染源［J］. 中国环境监测，1999, 15 (3): 50-51.
［25］左锐，韦宝玺，王金生，等. 基于多元统计分析的地下水水源地污染源识别［J］. 水文地质工程地质，2012, 39 (6): 17-21.
［26］沈杨，何江涛，王俊杰，等.基于多元统计方法的地下水水化学特征分析：以沈阳市李官堡傍河水源地为例［J］. 现代地质，2013, 27 (2): 440-446.
［27］Singh K P,Malik A,Sinha S.Water quality assessment and apportionment of pollution sources of Gomti River （India） using multivariate statistical techniques—a case study［J］.Analytica Chimica Acta, 2005, 538 (1): 355-374.
［28］Simeonov V, Stratis J A, Samara C, et al. Assessment of the surface water quality in Northern Greece［J］. Water Research, 2003, 37 (17): 4119-4124.
［29］Rao N S. Seasonal variation of groundwater quality in a part of Guntur District,Andhra Pradesh, India［J］. Environmental Geology, 2006, 49 (3): 413-429.
［30］Huang C H, Li J X, Sin K. An inverse problem in estimating the strength of contaminant source for groundwater systems［J］. Applied Mathematical Modelling, 2008, 32: 417-431.
［31］Mirghaniby, Mahinthakg, Trybyme, et al. A parallel evolutionary strategy based simulation-optimization approach for solving groundwater source identification problems［J］. Advances in Water Resources, 2009, 32: 1373-1385.
［32］Ayvazmt. A linked simulation-optimization model for solving the unknown groundwater pollution source identification problems［J］. Journal of Contaminant Hydrology, 2010, 117: 46-59.
［33］王晓红，魏加华，成志能，等. 地下水有机污染源识别技术体系研究与示范［J］.环境科学，2013, 34 (2): 662-667.
［34］刘国卿，张干，彭先芝. 单体同位素技术在有机环境污染中的研究进展［J］. 地球与环境，2004 (1): 23-27.
［35］张琳，张永涛，刘君，等. 有机单体同位素分析技术在地下水污染中的研究现状［J］.地质科技情报，2009, 28 (5): 125-130.
［36］余婷婷. 地下水中挥发性氯代烃的碳氯稳定同位素组成特征及其衰减过程解析［D］.武汉：中国地质大学，2013.
［37］Stefania Gennaro A, Rotiroti Marco,Buerge Ignaz J, et al. Identification of groundwater pollution sources in a landfills ite using artificial sweeteners,multivariate analysis and transport modeling［J］. Waste Management, 2019, 95: 116-128.
［38］Chengdu Qi,Jun Huang,Bin Wang, et al. Contaminants of emerging concern in landfill leachate in China:a review［J］. Emergine Contaminants., 2018, 4(1):1-10.
［39］Yidana S M.Groundwater classification using multivariate statistical methods: Birimian basin, ghana［J］.

Journal of Environmental Engineering-ASCE, 2010, 136(12): 1379-1388.
［40］傅雪梅，孙源媛，苏婧，等. 基于水化学和氮氧双同位素的地下水硝酸盐源解析［J］. 中国环境科学，2019, 39(9): 3951-3958.
［41］周爱国，李小倩，刘存富，等. 氯代挥发性有机物（VOCs）氯同位素测试技术及其在地下水污染中的应用研究进展［J］. 地球科学进展，2008, 23(4): 342-349.
［42］何思远，郑军，金琳，等. 城市垃圾填埋场地下渗滤液迁移模拟及电性响应［J］.环境科学研究，2018, 31 (10): 1803-1810.
［43］白兰. 物探方法在污染场地中的应用研究［D］. 兰州：兰州大学，2008.
［44］蔡会梅. 地球物理勘探及其应用［J］. 项目管理与技术，2017(3): 54-56.
［45］叶腾飞，龚育龄，能昌信，等. 环境地球物理方法在污染场地调查中的应用［J］.南华大学学报（自然科学版），2008, 22(3): 9-14.
［46］董浩斌，王传雷. 高密度电法的发展与应用［J］. 地学前缘，2003(1): 171-176.
［47］李永涛，金琳，郑军，等. 基于地球物理方法的垃圾填埋场污染物检测与监测技术［C］//中国环境科学学会. 2016中国环境科学学会学术年会论文集（第二卷）. 北京：中国环境科学学会，2016:7.
［48］刘国辉，徐晶，王猛，等. 高密度电阻率法在垃圾填埋场渗漏检测中的应用［J］.物探与化探，2011, 35(5): 680-683,691.
［49］王承强，胡少伟，周惠.地质雷达在环境工程中的应用和发展［J］. 地球与环境，2005. 33(1): 79-83.
［50］于九龙. 物探方法在城市垃圾填埋场调查中的应用研究［D］. 北京：中国地质大学（北京），2017.
［51］王显军，张晓莹. 垃圾填埋场有机污染物运移流固耦合模型及数值模拟［J］. 安徽农业科学，2008(18): 7859-7861.
［52］陈亚宇，能昌信，董路，等. 基于边界定位法的填埋场渗漏检测［J］. 环境科学研究，2012, 25(3): 346-351.
［53］谢云峰，曹云者，柳晓娟，等. 地下水挥发性有机污染物自然衰减能力评价方法［J］.环境工程技术学报，2013, 3 (2): 104-112.
［54］USEPA. Technical protocol for evaluating natural attenuation of chlorinated solvents in groundwater（EPA/600/R-98/128）［R］. Washington DC:USEPA, 1998.
［55］ASTM. Standard guide for remediation of groundwater by natural attenuation at petroleum release sites (E1943-98:reapproved 2010)［R］. Philly: American Society for Testing and Materials, 2010.
［56］Wiedemeier T H. Technical protocol for implementing intrinsic remediation with long-term monitoring for natural attenuation of fuel contamination dissolved in groundwater［R］. Denver: Colorado Parsons Engineering Science Inc, 1995.
［57］Chen K F, Kao C M, Wang J Y, et al. Natural attenuation of MTBE at two petroleum-hydrocarbon spillsites［J］. J Hazard Materi, 2005, 125(123): 10-16.
［58］Skubal K L, Barcelona M J, Adriaen S P. An assessment of natural biotransformation of petroleum hydrocarbon sand chlorinated solvents at an aquifer plume transect［J］. Contaminant Hydrology, 2001, 49(1-2): 151-169.
［59］Gelma N F, Binstoc K R. Natural attenuation of MTBE and BTEX compounds in a petroleum contaminated shallow coastal aquifer［J］. Environmental Chemistry Letters, 2008, 6(4): 259-262.
［60］Christensen J B,Christensen T H. The effect of pH on the complexation of Cd, Ni and Zn by dissolved organic carbon from leachate-polluted ground water［J］. Water Res, 2000, 34: 3743-3754.
［61］Dong J, Zhao Y S, Han R, et al. Study on redox zones of landfill leachate plume in subsurface environment［J］. Environ Sci, 2006, 27(9):1901-1905.
［62］Fan D L, Zhu Z G, Zhao Y S, et al. Redox environment and attenuation of pollutants in leachate contaminated aquifer［J］. Environ Pollut Control, 2007, 29(27): 495-497.
［63］Jia Y F, Guo H M, Jiang Y X, et al. Hydrogeochemical zonation and its implication for arsenic mobilization in deep groundwaters near alluvial fans in the Hetao Basin, Inner Mongolia［J］. J Hydrol, 2014, 518: 410-420.

[64] Ma Z F, Yang Y, Lian X Y, et al. Identification of nitrate sources in groundwater using a stable isotope and 3DEEM in a landfill in Northeast China [J]. Science of the Total Environment, 2016, 563-564: 593-599.
[65] Rugge K, Bjerg P L, et al. Fate of MCPP and atrazine in an anaerobic landfill leachate plume (Grindsted, Denmark) [J]. Wat Res, 1999, 33(10): 2455-2458.
[66] Isabelle E M, Cozzarelli, Joseph M, et al. Geochemical and microbiological methods for evaluating anaerobic processes in an aquifer contaminated by landfill leachate [J]. Environ Sci Technol, 2000, 34(18): 4026-4033.
[67] Rugge K, Bjerg P L, Christensen T H. Distribution of organic compounds from municipal solid waste in the groundwater downgradient of a landfill (Grindsted, Denmark) [J]. Environ Sci Technol, 1995, 29(5): 1395-1400.
[68] Baun A, Reitzel L A , Ledin A, et al. Natural attenuation of xenobiotic organic compounds in a landfill leachate plume (Vejen, Denmark) [J]. J Contam Hydrol, 2003, 65(3-4): 269-291.
[69] Golwer A, Matthess G, Schneider W. Selbstreinigungsvorgange im aeroben und anaeroben Grundwasserbereich [J]. Vom Wasser, 1969, 36: 65-92.
[70] Baedecker M J, Back W. Modern marine sediments as a natural analog to the chemically stressed environment of a landfill [J]. J Hydrol, 1979, 43: 393-414.
[71] Baedecker M J, Back W. Hydrogeologic processes and chemical reactions at a landfill [J]. Ground Water , 1979b, 9: 429-437.
[72] Champ D R, Gulens J, Jackson R E. Oxidation-reduction sequences in ground water flow systems [J]. Can J Earth Sci, 1979, 16: 12-23.
[73] 杨周白露. 基于敏感因子指数法的垃圾填埋场地下水污染过程识别技术研究 [D].南昌：东华理工大学，2015.
[74] Jakobsen R, Albrechtsen H J, Rasmussen M, et al. H_2 concentrations in a landfill leachate plume Grindsted, Denmark: in situ energetics of terminal electron acceptor processes [J]. Environ Sci Technol, 1998, 32: 2142-2148.
[75] Lyngkilde J, Christensen T H. Redox zones of a landfill leachate pollution plume Vejen, Denmark [J]. J Contam Hydrol, 1992, 10: 273-289.
[76] Bjerg P L, Rugge K, Pedersen J K, et al. Distribution of redox sensitive groundwater quality parameters downgradient of a landfill Grindsted, Denmark [J]. Environ Sci Technol, 1995, 29: 1387-1394.
[77] Lovley D R, Goodwin S. Hydrogen concentrations as an indicator of the predominant terminal electron-accepting reactions in aquatic sediments [J]. Geochim Cosmochim Acta, 1988, 52: 2993-3003.
[78] Hoehler T M. Thermodynamics and the role of hydrogen in anoxic sediments [D]. Chapel Hill: University of North Carolina, 1998.
[79] Jakobsen R, Postma D. Redox zoning, rates of sulfate reduction and interactions with Fe-reductionand methanogenesis in a shallow sandy aquifer, Rømø – Denmark [J]. Geochim Cosmochim Acta, 1999, 63: 137-151.
[80] Chapelle F H, McMahon P B, Dubrovsky N M, et al. Hydrogen H concentrations as an indicator of terminal electron accepting processes TEAP’s in diverse ground-water systems [J]. Water Resour Res, 1995, 31: 359-371.
[81] Chapelle F H, Bradley P M. Selecting remediation goals by assessing the natural attenuation capacity of groundwater systems [J]. Biorem J, 1998, 2: 227-238.
[82] Harris S H, Ulrich G A, Suflita J M. Dominant terminal electron accepting processes occurring at a landfill leachate-impacted site as indicated by field and laboratory measurements [R]. U.S. Geological Survey Water Resources Investigations Report #99-4018C, Reston, V A, 1999.
[83] Vroblesky D A, Bradley P M, Chapelle F H. Lack of correlation between organic acid concentrations and predominant electron-accepting processes in a contaminated aquifer [J]. Environ Sci Technol, 1997, 31:

1416-1418.

[84] Chapelle F H, McMahon P B. Geochemistry of dissolved inorganic carbon in a coastal plain aquifer: sulfate from confining beds as an oxidant in microbial CO production [J]. J Hydrol, 1991, 127: 85-108.

[85] Chapelle F H, Lovley D R. Competitive exclusion of sulfate reduction by $Fe^{Ⅲ}$-reducing bacteria: a mechanism for producing discrete zones of high-iron ground water [J]. Ground Water , 1992, 30: 29-36.

[86] Lovley D R, Phillips E J P. Competitive mechanisms for inhibition of sulfate reduction and methane production in the zone of ferric iron reduction in sediments [J]. Appl Environ Microbiol, 1987, 53: 2636-2641.

[87] Vroblesky D A, Bradley P M, Chapelle F H. Lack of correlation between organic acid concentrations and predominant electron-accepting processes in a contaminated aquifer [J]. Environ Sci Technol, 1997, 31: 1416-1418.

[88] 董军，赵勇胜，王翊虹，等. 北天堂垃圾污染场地氧化还原分带及污染物自然衰减研究 [J]. 环境科学，2008(11): 3265-3269.

[89] Farkasdi G, Golwer A, Knoll K H, et al. Mikrobiologische und hygienische Untersuchungen von Grundwasserverureinigung im Unterstrom von Abfallplatzen [J]. Stadtehygiene, 1969, 20: 25-31.

[90] Beeman R E, Suflita J M. Microbial ecology of a shallow unconfined groundwater aquifer polluted by municipal landfill leachate [J]. Microb Ecol, 1987, 14: 39-54.

[91] Beeman R E, Suflita J M. Environmental factors influencing methanogenisis in a shallow anoxic aquifer: a field and a laboratory study [J]. J Ind Microbiol, 1990, 5: 45-58.

[92] Albrechtsen H J, Heron G, Christensen T H. Limiting factors for microbial $Fe^{Ⅲ}$-reduction in a landfill leachate polluted aquifer Vejen, Denmark [J]. FEMS Microbiol Ecol, 1995, 16: 233-248.

[93] Ludvigsen L, Albrechtsen H J, Ringelberg D B, et al. Composition and distribution of microbial biomass in a landfill leachate contaminated aquifer Grindsted, Denmark [J]. Microbial Ecol, 1999, 37: 197-207.

[94] 顾慰祖. 同位素水文学 [M]. 北京：科学出版社，2011.

[95] Edmunds W M, Shand P. Geochemical Baseline as Basis for the European Ground-water Directive [M]. London: Taylor and Francis Group, 2004: 393-397.

[96] Kim H J, Kaown D, Mayer B, et al. Identifying the sources of nitrate contamination of groundwater in an agricultural area (Haean basin, Korea) using isotope and microbial community analyses [J]. Sci Total Environ, 2015, 533: 566-575.

[97] Mcknight D M, Boyer E W, Westerhoff P K, et al. Spectrophotometric characterization of dissolved organic matter for indication of precursor organic material and aromaticity [J]. Limnol Oceanogr, 2001, 46 (1): 38-48.

第3章 垃圾填埋场地下水污染修复材料

在地下水污染修复过程中，修复材料的选择是地下水污染修复效果的关键。在污染物类型和水文地质条件的要求下，修复材料既需具备物理吸附、化学氧化或生物降解等能力，还需具有持久的反应活性、稳定性、无二次污染等特点。因此，对修复材料的筛选与深入了解均为重要的研究过程。本章以重金属、硝酸盐、有机物等垃圾填埋场主要污染物为修复对象，介绍了4种地下水污染修复材料，具体阐述了其制备方法和修复效果研究，为推进地下水污染修复材料在实际场地中的运用提供了研究基础。

3.1 生物氧化锰修复材料

3.1.1 修复材料研究背景

锰氧化物是广泛存在于自然界中的一类高活性矿物，能够与多种重金属发生吸附氧化作用，在生物地球化学循环中起着重要的作用，因而得到越来越多的关注。通过微生物催化Mn（Ⅱ）氧化制备得到的锰氧化物定义为生物氧化锰（biogenic manganese oxides, BMnOx）。由于微生物催化氧化Mn（Ⅱ）远比非生物转化的速度更快[1]，因此，环境中天然的锰氧化物大多是由锰氧化微生物转化得来的，包括细菌、真菌在内的多种微生物对Mn（Ⅱ）的催化氧化过程是自然界中形成各种锰氧化矿物最主要的途径。

由于编码多铜氧化酶的基因受损会导致芽孢杆菌SG-1、恶臭假单胞菌MnB1、纤毛菌SS-1和土微菌ACM306丧失锰氧化活性，多铜氧化酶被认为是这4株锰氧化菌锰氧化活性的必需成分[2, 3]。尽管研究显示了多铜氧化酶与锰氧化活性有关，但多铜氧化酶是否直接参与催化氧化Mn（Ⅱ）过程却仍然没有定论，因为细胞的很多功能以及代谢过程都涉及多铜氧化酶，包括Fe和Cu的内稳态、色素合成、铁载体氧化、生物聚合等。由编码多铜氧化酶的基因受损导致的锰氧化能力的丧失也可能是由于上述功能受到影响产生的副作用。Brouwers等研究表明*cumA*基因是菌株恶臭假单胞菌GB-1锰氧化活性必需的，但是随后Tebo等[3]通过对假单胞菌属中的几个锰氧化和非锰氧化菌株中*cumA*基因的研究，发现不具有锰氧化能力的菌株中也有高度保守性的*cumA*基因。据此推测出以下几种可能性：该基因在非锰氧化菌中没有表达；该基因单独不具有锰氧化能力；还有其他的锰氧化途径。另外，有研究把*cumA*转录到大肠杆菌体内也没有表达出锰氧化活性[4]。因此，锰氧化过程是一个复杂的过程，多铜氧化酶可能只是必要条件。

最近的研究发现部分细菌的锰氧化活性物质并不是多铜氧化酶，如赤杆菌SD-21和橙单胞菌SI85-9A1的锰氧化过程是被亚铁血红素过氧化物酶催化的；恶臭假单胞菌GB-1中原先假定的锰氧化基因*cumA*被敲除后并不影响该菌株的锰氧化能力，然而敲除*mnxS1*基因会使该菌株失去锰氧化能力[5]；玫瑰杆菌AzwK-3b氧化Mn（Ⅱ）是通过生成的超氧化物，但催化合成超氧化物的酶还未知，添加NADH会显著提高锰氧化速率，因此初步判断NADH是该酶催化生成超氧化物的底物。

由于水体中As（Ⅲ）和As（Ⅴ）往往并存，生物氧化锰能够同时对As（Ⅲ）进行氧化吸附，将毒性及迁移性较强的As（Ⅲ）转化为毒性及迁移性较弱的As（Ⅴ），进而吸附转化As（Ⅴ）。锰氧化微生物还可将被还原的二价锰重新氧化为生物锰氧化物，实现了锰的循环利用。由于这种特性，生物氧化锰可以作为砷污染修复的一种潜在应用材料。

3.1.2 制备材料与方法

3.1.2.1 实验试剂

本研究涉及的实验试剂见表3-1。

表3-1　主要的实验试剂

药品	规格	厂家
酵母膏	AR	BBI
蛋白胨	AR	BBI
葡萄糖	AR	BBI
LBB	AR	美国Sigma公司
砷酸钠	AR	国药
亚砷酸钠	AR	国药
$MgSO_4 \cdot 7H_2O$	AR	国药
$CaCl_2 \cdot 2H_2O$	AR	国药
MES	AR	上海生工
HEPES	AR	上海生工
Tris	AR	国药
盐酸	AR	国药

续表

药品	规格	厂家
盐酸羟胺	AR	国药
NaCl	AR	国药
$KMnO_4$	AR	国药
$MnCl_2 \cdot 4H_2O$	AR	上海生工
乙醇	AR	国药
琼脂	AR	上海生工

3.1.2.2 实验方法

（1）锰氧化细菌的筛选

1）菌株来源　本实验研究的锰氧化菌源于北京市锰超标水体中的黑色沉淀。

2）培养基　见表3-2、表3-3。

表3-2　PYG培养基

成分	含量
蛋白胨	0.25g/L
葡萄糖	0.25g/L
酵母膏	0.25g/L
$CaCl_2 \cdot 2H_2O$	8mg/L
$MgSO_4 \cdot 7H_2O$	0.5g/L
pH值	7.0～7.5

表3-3　半LB培养基

成分	含量
蛋白胨	5g/L
酵母膏	2.5g/L
NaCl	5g/L
pH值	7.0～7.5

3）样品预处理　在无菌操作台上将黑色沉淀用适量3% NaClO溶液浸泡大约30s，用灭菌的去离子水清洗，除去残留在黑色沉淀表面的次氯酸钠溶液和其他杂质，然后放置于无菌台上自然风干，最后将风干后的样品在灭菌的研钵中磨细，用密封袋密封保存备用。

4）菌种的初筛驯化和保存　称取预处理过黑色沉淀样品约10g，加入250mL三角瓶中，瓶内装有100mL经灭菌后冷却的去离子水和若干玻璃珠，在摇床上振荡约30min，使样品在无菌水中分散均匀。用移液枪取上清液1mL，将其加入100mL灭菌后的PYG液体培养基中，然后加入经微孔滤膜（孔径0.22μm）过滤除菌的$MnCl_2$溶液，使培养基中Mn（Ⅱ）的最终浓度为10mg/L，于恒温摇床（28℃、160r/min）中培养。2～3d后，取200μL菌悬液均匀涂在固体半LB培养基平板上，平板含10mg/L Mn（Ⅱ）。然后将平板放于28℃恒温培养箱中培养，待平板上菌落长出，再挑取菌落形态存在差异的种群接种于PYG固体培养基平板上进行纯化培养［Mn（Ⅱ）浓度为50mg/L］，28℃培养2～3周，选取滴加盐酸羟胺会褪色的褐色菌落经过多次划线分离获得纯菌种。菌种在4℃冰箱冷藏保存，同时将菌种接种到甘油管中-80℃备份保存。

（2）锰氧化菌株鉴定

1）革兰氏染色　从平板或液体培养基中挑取一定量的菌体均匀涂抹在玻璃片上，火焰干燥约30s使其固定，先用结晶紫染色1min，经无菌水清洗后用碘液染色2min，无菌水清洗表面，使用95%乙醇脱色20s，无菌水清洗后番红复染约2min，无菌水清洗，在无菌操作台上自然风干，用显微镜观察菌落形态和革兰氏染色情况。

2）菌株16S rDNA基因序列的鉴定　菌种鉴定采用16S rDNA序列比对法，即以Ezup柱式细菌基因组DNA抽提试剂盒提取该菌株的基因组DNA，作为PCR反应的模板，利用16S rDNA的通用引物27F和1492R进行PCR片断基因扩增。将测得的16S rDNA测序结果导入NCBI中的GenBank数据库中进行同源性比对。

具体步骤如下：以Ezup柱式细菌基因组DNA抽提试剂盒提取该菌株的基因组DNA，作为PCR反应的模板，设计引物进行PCR片断基因扩增。上下游引物序列分别为：

27F：5′-AGTTTGATCMTGGCTCAG-3′

1492R：5′-GGTTACCTTGTTACGACTT-3′

PCR采用25μL反应体系，该体系包括了：模板（基因组DNA 20～50 ng/μL）0.5μL，10×缓冲（Mg^{2+}）2.5μL，脱氧核糖核苷三磷酸（各2.5mmol/L）1μL，酶0.2μL，上引物、下引物各0.5μL，用去离子水补足25μL。PCR设定程序为：先94℃预变性4min；然后94℃变性45s，55℃退火45s，72℃延伸1min，共30个循环；最后72℃终延伸10min，4℃保存。PCR产物用1%的琼脂糖凝胶分离，纯化与回收后测序。

（3）菌株的生长曲线和重金属抗性测定

将保存于4℃冰箱的菌种活化6～18h后，以10%的比例接入含100mL半LB液体培养基的250mL三角瓶（121℃灭菌）中，然后加入经微孔滤膜（孔径0.22μm）过滤灭菌的HEPES生物缓冲液（pH＝7.0，终浓度20mmol/L），在28℃、160r/min摇床培养定时取样，使用分光光度计测定细菌悬浮液在600nm处的吸光值（OD_{600}）。以取样时间为横坐标、OD_{600}值为纵坐标，绘制细菌的生长曲线。同时，以未接种细菌的半LB培养基作为空白对照。用Logistic回归方程拟合所得的细菌生长曲线，该方程为：$y=K/(1+ae^{-bt})$。通过求生长速度函数$V(t)=\mathrm{d}y/\mathrm{d}t=Kabe^{-bt}/(1+ae^{-bt})^2$的一阶和二阶导数，得到生长过程的始盛期、高峰期、盛末期的分点分别为：$T_1=(\ln a-1.317)/b$，$T_2=(\ln a)/b$，$T_3=(\ln a+1.317)/b$，分别对应细菌生长的三个过程：适应期（0～T_1）、对数期（T_1～T_3）、稳定期（T_3～∞）。

在半LB培养基中分别加入以下重金属离子：Mn（Ⅱ）、As（Ⅲ）、As（Ⅴ）、Cr（Ⅵ）、Hg（Ⅱ）、Pb（Ⅱ）、Zn（Ⅱ）、Ca（Ⅱ）、Al（Ⅲ）、Mg（Ⅱ）。每一重金属离子的终浓度均定为1mg/L、10mg/L、100mg/L三个，其他条件与测生长曲线条件一致，定时取样检测培养基的OD_{600}变化。

（4）环境因子对生物氧化锰制备的影响

选取驯化筛选的锰氧化细菌作为对象，研究Mn（Ⅱ）浓度、寡营养条件和pH值对生物氧化锰制备的影响。

1）Mn（Ⅱ）浓度的影响　取2mL的菌液，接种到装有100mL Mn（Ⅱ）浓度为10mg/L的半LB液体培养基的三角瓶中进行菌种活化和富集，28℃、160r/min振荡培养16h。在无菌条件下，冷冻离心机离心后，无菌水洗2遍获得菌体。

配制PYG培养基（液体），使用HCl溶液和NaOH溶液调节培养基pH值至7.0，混合均匀后将培养基分装到250mL三角瓶，每瓶100mL，灭菌后在超净台中加入过滤灭菌的$MnCl_2$溶液，使Mn（Ⅱ）终浓度分别为5mg/L、10mg/L、20mg/L、40mg/L、50mg/L、100mg/L。接种获得的细菌使培养基$OD_{600}=0.9\pm0.05$，然后用生物封口膜密封，置于28℃恒温摇床中，以160r/min转速培养。分别设置加$MnCl_2$但不接种细菌（CK1）和接种细菌但不加$MnCl_2$（CK2）两组作为空白对照。定时取样检测培养基的pH值、菌浊OD_{600}、Mn（Ⅱ）浓度和生物氧化锰浓度。

2）营养条件的影响　采用去离子水稀释20倍后的PYG液体培养基作为寡营养培养基。调节寡营养培养基pH值至7.0，混合均匀后将培养基分装到250mL三角瓶，每瓶100mL，灭菌后在超净台中加入过滤灭菌的$MnCl_2$溶液，使Mn（Ⅱ）终浓度分别为5mg/L、10mg/L、20mg/L、40mg/L、50mg/L、100mg/L。接种获得的细菌使培养基$OD_{600}=0.9\pm0.05$，然后用生物封口膜密封，置于28℃恒温摇床中，以160r/min转速培养。分别设置加$MnCl_2$但不接种细菌（CK1）和接种细菌但不加$MnCl_2$（CK2）两组作为空白对照。定时取样检测培养基的pH值、菌浊OD_{600}、Mn（Ⅱ）浓度和生物氧化锰浓度。

3）pH值的影响　配制PYG培养基（液体），调节pH值分别为5.0、6.0、7.0、7.5、8.0，混合均匀后将培养基分装到250mL三角瓶，每瓶100mL，灭菌后在超净台中分别加入过滤灭菌的HEPES（pH值与培养基一致，终浓度为20mmol/L）和$MnCl_2$溶液（终浓度为50mg/L）。接种获得的细菌使培养基$OD_{600}=0.9\pm0.05$，然后用生物封口膜密封，置于28℃恒温摇床中，以160r/min转速培养。分别设置加$MnCl_2$溶液但不接种细菌（CK1）和接种细菌但不加$MnCl_2$（CK2）两组作为空白对照。定时取样检测培养基中的Mn（Ⅱ）浓度和生成的生物氧化锰浓度。

（5）生物氧化锰定量检测—— LBB（leukoberbelin blue）显色法

1）LBB显色法基本原理　还原态的LBB呈淡蓝色，LBB会被Mn（Ⅲ）/Mn（Ⅳ）氧化而变为深蓝色，在620nm处出现最大的吸收峰，吸光值随着Mn（Ⅲ）/Mn（Ⅳ）浓度的增加而逐渐升高。菌株形成的锰氧化物含量用MnO_2的浓度来表示，计算公式如下：

$$Y=\frac{5}{2}(KA+b)$$

式中　Y——MnO_2浓度，mg/L；

5/2——将高锰酸钾浓度向二氧化锰浓度转化的转化系数；

K——标准曲线斜率；

A——样品吸光度；

b——标准曲线截距。

2）LBB测定方法

① LBB试剂的制备：将LBB用45mmol/L乙酸溶解，终浓度为0.4%（质量/体积）。标准溶液制备：用$KMnO_4$为标准，配置系列标准溶液。

② 操作过程：取菌液（标液）1mL、LBB 0.2mL，加入3mL 45mmol/L乙酸混合，在黑暗条件下显色2h后，以10000r/min转速离心10min，取上清液检测620nm波长处的吸光值，根据吸光度值和标准曲线计算锰氧化物的含量。

（6）化学氧化锰的合成和废物基锰氧化物来源

1）水羟锰矿的合成　（Ⅰ）75.14g $MnCl_2 \cdot 4H_2O$溶于1280mL超纯水；（Ⅱ）40g $KMnO_4$溶于1280mL超纯水；（Ⅲ）28g NaOH溶于1440mL超纯水。

将（Ⅱ）缓慢加入（Ⅲ）中，此过程持续约5min，边加边搅拌。将（Ⅰ）缓慢加入上述混合液中，此过程持续约35min，边加边搅拌，过程产生黑色沉淀。加完后继续搅拌一个晚上，静置悬浮液4h，将透明无色的上清液虹吸出来，剩余悬浮液用1mol/L的NaCl溶液真空抽滤洗涤，再用去离子水（DDW）真空抽滤洗涤，直至滤液电导率$<20\mu S/cm$，然后在冻干机中冷冻干燥，磨细过60目筛装瓶备用，置于干燥器中保存。

2）酸性水钠锰矿的合成　称取63.64g $KMnO_4$，溶于600mL去离子水中形成溶液，盛于1L的三口瓶中，将三口瓶放在110℃恒温油浴锅中按一定速率边搅拌边加热煮沸。然后将一定体积的6mol/L HCl溶液按约4.5s一滴的速率逐滴加入，在沸腾条件下反应30min，反应结束后将悬浮液自然冷却至室温，然后产物在60℃下老化处理12h。把得到的沉淀用去离子水（DDW）洗涤直至滤液电导率$<2\mu S/cm$，然后在冻干机中冷冻干燥，磨细过60目筛选装瓶备用，置于干燥器中保存。

3）废物基锰氧化物来源　本实验选取了沈阳某自来水厂除锰滤池运行周期结束后的锰砂滤料和管道沉淀物作为废物基锰氧化物材料。先用去离子水（DDW）洗涤，对滤料和管道沉淀物进行充分的清洗，然后经过冷冻干燥，把研磨后得到的粉末过60目筛后装瓶备用，置于干燥器中保存。

（7）锰氧化物与砷的交互作用

选用微细菌CSA40在最佳生物氧化锰制备条件下培养15d产生的生物氧化锰，经过多次水洗离心后进行冷冻干燥，LBB法测定其中MnO_2的量。同时选取水羟锰矿、酸性水钠锰矿和水厂表层滤料、管道沉淀物作为对比锰氧化物。

1）锰氧化物与As（Ⅲ）的交互作用　在400mL 1000mg/L As（Ⅲ）溶液中，分别加入0.125g/L、0.25g/L和0.5g/L的生物氧化锰、水羟锰矿、酸性水钠锰矿、水厂表层滤料和管道沉淀物，充分混合，用NaOH和HCl溶液调pH值至7.5。实验在1000mL烧杯中进行，每个处理设3个平行试验。磁力搅拌器上充分搅拌（100r/min），分别在0、1h、2h、3h、5h、7h、9h、18h取样，所有样品过0.22μm的滤膜后保存于4℃冰箱，用于测定总砷和As（Ⅲ）、As（Ⅴ）浓度。

2）锰氧化物与As（Ⅴ）的交互作用　按照0.125g/L、0.25g/L和0.5g/L取生物氧化锰、水羟锰矿、酸性水钠锰矿、水厂表层滤料和管道沉淀物，将其分别与浓度为1000mg/L的As（Ⅴ）溶液混合，用NaOH和HCl溶液调pH值至7.5。实验在1000mL烧杯中进行，每个烧杯中含有400mL As（Ⅴ）溶液，每个处理设3个平行试验。磁力搅拌器上充分搅拌（100r/min），分别在0、1h、2h、3h、5h、7h、9h、18h取样，所有样品过0.22μm的滤膜后保存于4℃冰箱，用于测定总砷和As（Ⅲ）、As（Ⅴ）浓度。

3.1.3　结果与讨论

3.1.3.1　锰氧化细菌的筛选、鉴定及影响因素

（1）菌株的筛选

通过多次划板对锰氧化菌逐步进行分离纯化筛选。最后得到1株锰氧化菌株，图3-1是该菌株在Mn（Ⅱ）浓度为50mg/L的PYG固体培养基上形成的菌落和生产的生物氧化锰。滴加盐酸羟胺会使褐色褪去，在褐色菌落会使滴加的LBB变深蓝色，证明了生物氧化锰的生成。

（2）菌株的形态

菌株在PYG固体培养基平板上培养2～3d后即可形成圆形或椭圆形菌落，菌落具有黏性，稍有光泽，直径约为2～5mm。在含有Mn（Ⅱ）的固体培养基上，菌落显现浅褐色，是Mn（Ⅱ）被菌株氧化生成生物氧化锰所致。图3-2为菌株的革兰氏染色结果，由图可见菌株为杆状，长度约为0.5～2μm，革兰氏染色结果为阳性。

（3）生长曲线

由图3-3可见，在半LB培养基中，菌株的迟缓期时间很短，说明菌株很快适应新的环境，这可能是由于半LB培养基具有丰富的营养物质，利于菌株生长。理论上，菌

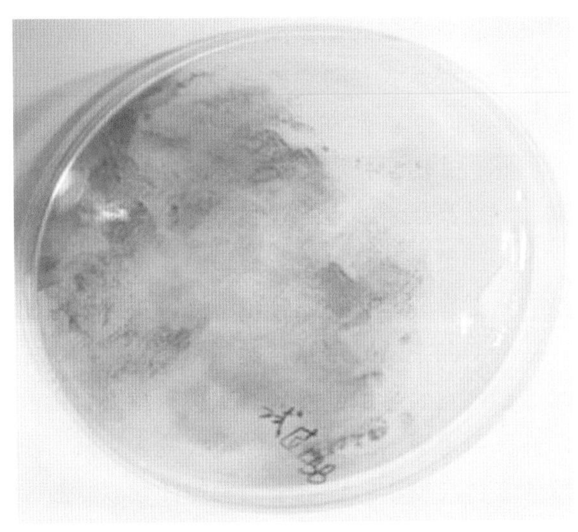

图3-1　锰氧化菌在固体培养基上形成的生物氧化锰

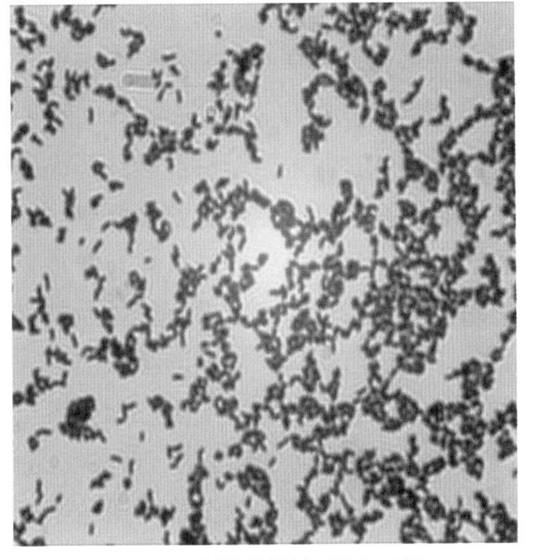

图3-2　菌株的革兰氏染色结果

株在生长后期会进入一个衰亡期，但从生长曲线上可以看出，60h以后菌株还处于稳定期，并没有衰亡期显现出来。这可能是由于培养基中营养物质丰富，有足够的营养支撑菌株生长繁殖，而且死亡后的菌株胞体也会存在于菌悬液中，因此培养基的菌悬液浊度（OD值）没有明显降低。

见表3-4，通过Logistic回归方程对细菌生长曲线拟合，得到该细菌在半LB培养基中生长过程的始盛期、高峰期、盛末期的分界点分别为：$T_1=2.93$h，$T_2=7.83$h，$T_3=19.70$h，分别对应细菌生长的三个过程为适应期0～2.93h、对数期2.93～19.70h及从19.70h开始的稳定期。

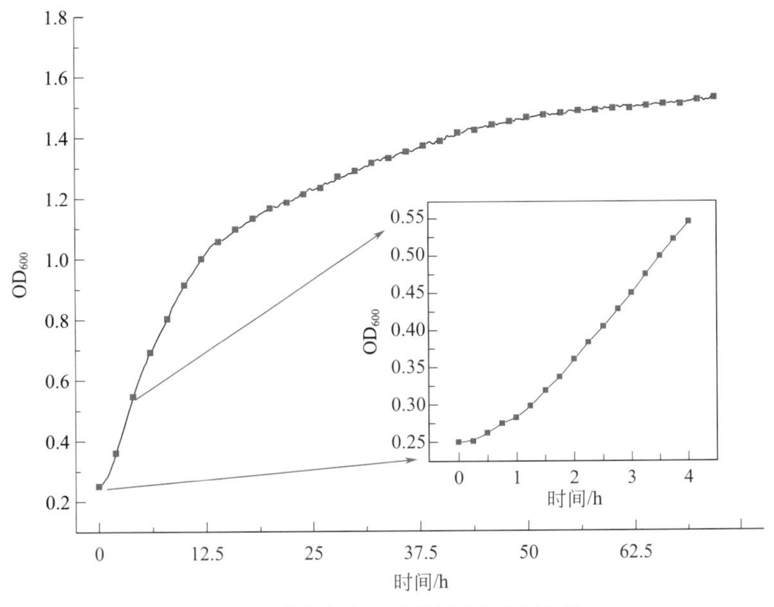

图3-3　菌株在半LB培养基中的生长曲线

表3-4 菌株生长曲线的Logistic拟合参数

T_1/h	T_2/h	T_3/h	R^2
2.93	7.83	19.70	0.998

（4）菌株对几种重金属的抗性

为了研究菌株对不同重金属离子的抗性表现，OD_{600}值被用来检测不同浓度重金属条件下菌株的生长状况。在半LB培养基条件下，菌株对重金属离子Mn（Ⅱ）、As（Ⅲ）、As（Ⅴ）、Cr（Ⅵ）、Hg（Ⅱ）、Pb（Ⅱ）、Zn（Ⅱ）、Ca（Ⅱ）、Al（Ⅲ）、Mg（Ⅱ）的抗性如图3-4所示。对比图3-3结果发现菌株对低浓度（1mg/L）的Mn（Ⅱ）、As（Ⅲ）、As（Ⅴ）、Cr（Ⅵ）、Hg（Ⅱ）、Pb（Ⅱ）、Zn（Ⅱ）、Ca（Ⅱ）、Al（Ⅲ）、Mg（Ⅱ）都表现了有很好的抗性，但随着重金属离子浓度的增大，不同重金属离子对菌株的生长影响存在较大的差异性。菌株对Mn（Ⅱ）、As（Ⅲ）、As（Ⅴ）的抗性表现最好，即使Mn（Ⅱ）、As（Ⅲ）、As（Ⅴ）浓度增加到100mg/L，菌株的生长依然没有受到明显的抑制作用；对于Cr（Ⅵ），中等浓度（10mg/L）对菌株生长没有影响，但是高浓度（100mg/L）情况下就几乎完全限制了菌株的生长，在整个培养周期内培养基的OD_{600}没有增长；对于Mg（Ⅱ）和Ca（Ⅱ），中等浓度（10mg/L）即能够限制菌株在初期的生长，但是24h后菌株逐渐适应了环境，开始进行生长繁殖，并且最终可达到和低浓度情况下相同的生物量，高浓度（100mg/L）会在整个周期限制菌株的生长；对于Hg（Ⅱ）、Pb（Ⅱ）、Zn（Ⅱ）和Al（Ⅲ），中等浓度（10mg/L）就限制了菌株的生长，在培养周期的后期才展现出对10mg/L的Al（Ⅲ）的抗性，需要较长时间的适应。

该菌株对低浓度（1mg/L）的Hg（Ⅱ）、Pb（Ⅱ）、Zn（Ⅱ）、Ca（Ⅱ）、Al（Ⅲ）和中等浓度（10mg/L）的Cr（Ⅵ）、Mg（Ⅱ）、Ca（Ⅱ）以及高浓度（100mg/L）的Mn（Ⅱ）、As（Ⅲ）、As（Ⅴ）展现出了很好的抗性，对多种重金属的抗性使该菌株在重金属污染水体处理中具有巨大的潜在应用价值。

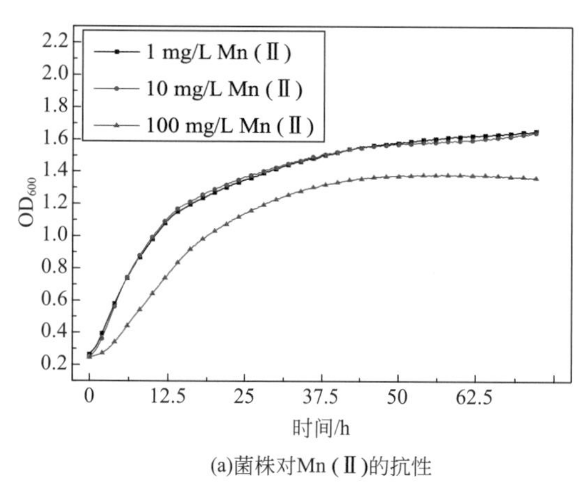

(a)菌株对Mn (Ⅱ)的抗性

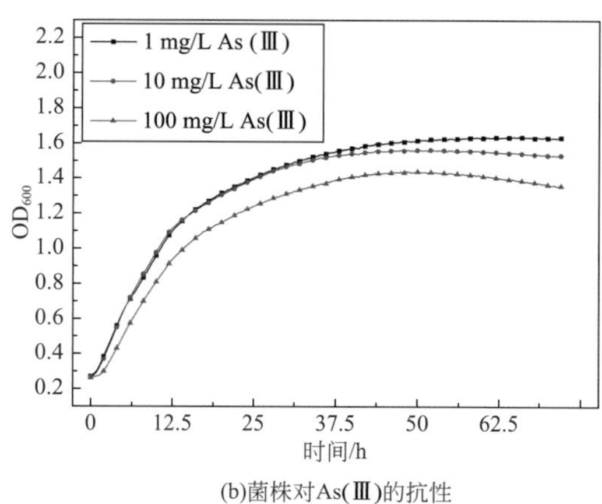

(b)菌株对As(Ⅲ)的抗性

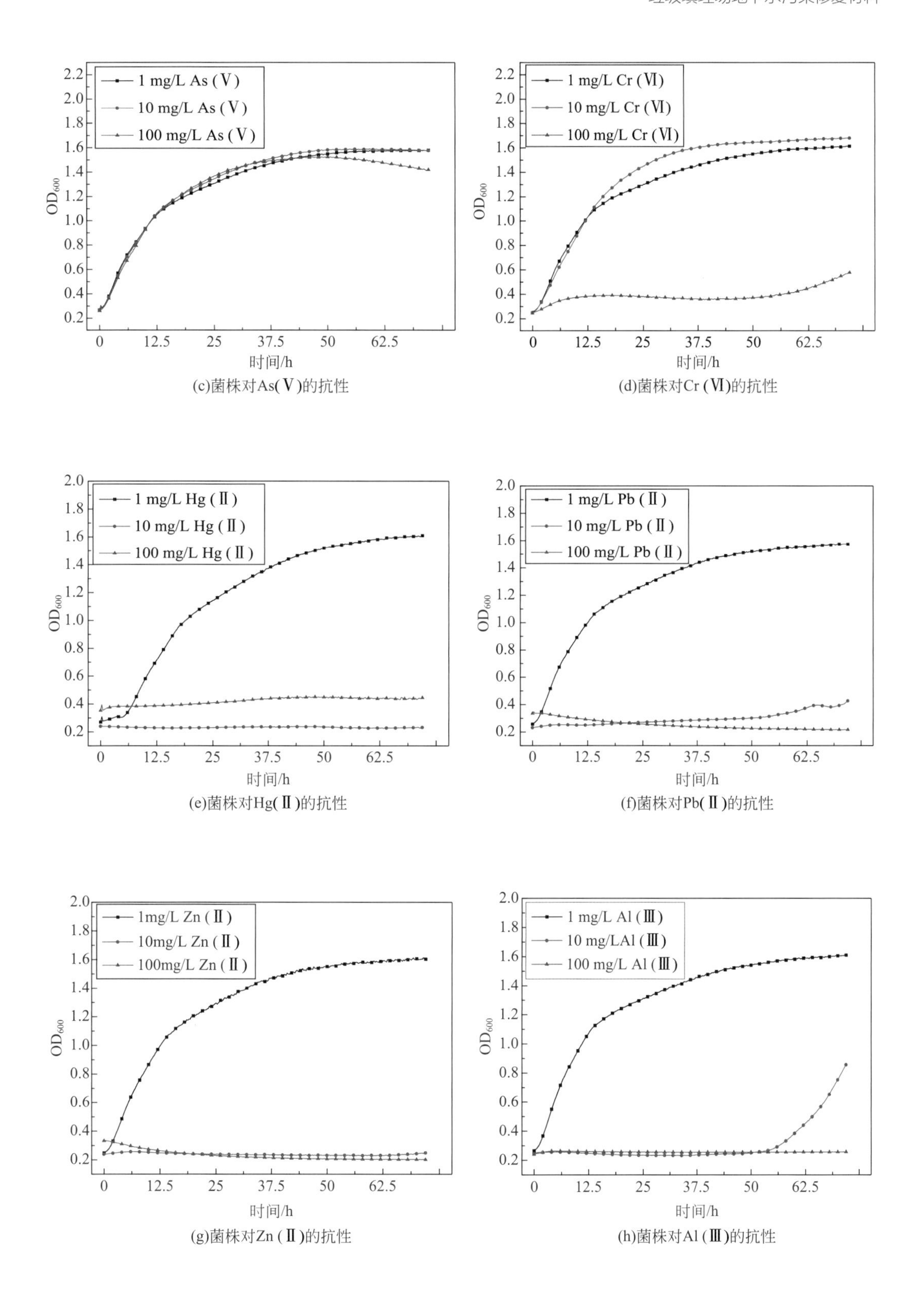

(c)菌株对As(Ⅴ)的抗性

(d)菌株对Cr (Ⅵ)的抗性

(e)菌株对Hg(Ⅱ)的抗性

(f)菌株对Pb(Ⅱ)的抗性

(g)菌株对Zn (Ⅱ)的抗性

(h)菌株对Al (Ⅲ)的抗性

图3-4

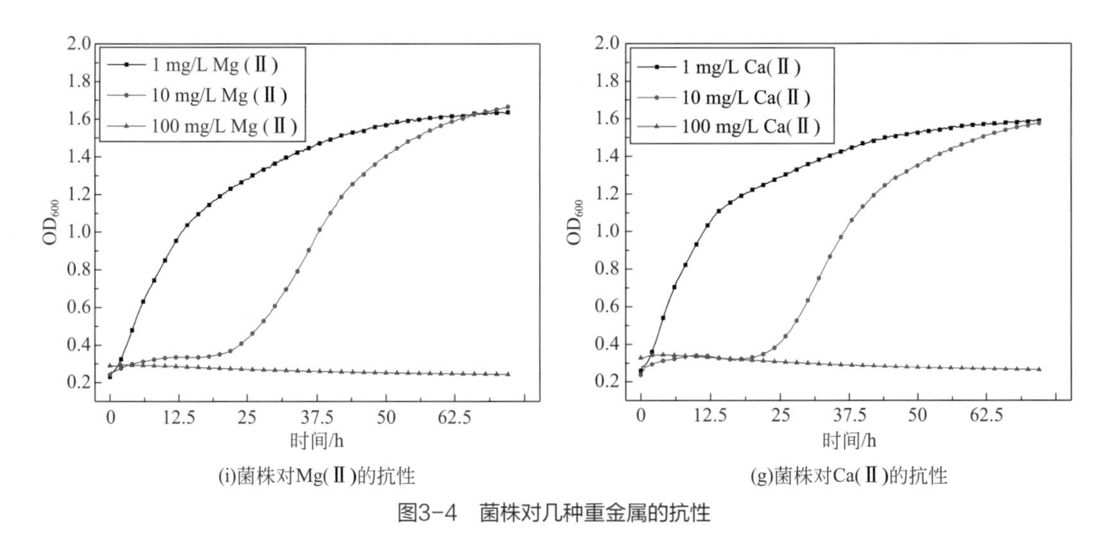

(i)菌株对Mg(Ⅱ)的抗性　　(g)菌株对Ca(Ⅱ)的抗性

图3-4　菌株对几种重金属的抗性

（5）菌株的16S rDNA的鉴定

菌株的16S rDNA序列扩增结果如表3-5所列。对比数据库结果表明，该菌株与微细菌CSA40的16S rDNA序列同源性达100%。因此，认定该氧化锰菌株为微细菌CSA40。GenBank数据库序列号为KX289438.1。

表3-5　微细菌CSA40菌株的16S rDNA序列

CTCTGTGGGATCAGTGGCGAACGGGTGAGTAACACGTGAGCAACCTGCCCCTGACTCTGGGATAAGCGCTGGA
AACGGCGTCTAATACTGGATATGTGACGTGACCGCATGGTCTGCGTTTGGAAAGATTTTTCGGTTGGGGATGGG
CTCGCGGCCTATCAGCTTGTTGGTGAGGTAATGGCTCACCAAGGCGTCGACGGGTAGCCGGCCTGAGAGGGTG
ACCGGCCACACTGGGACTGAGACACGGCCCAGACTCCTACGGGAGGCAGCAGTGGGGAATATTGCACAATGG
GCGAAAGCCTGATGCAGCAACGCCGCGTGAGGGATGACGGCCTTCGGGTTGTAAACCTCTTTTAGCAGGGAAG
AAGCGAAAGTGACGGTACCTGCAGAAAAAGCGCCGGCTAACTACGTGCCAGCAGCCGCGGTAATACGTAGGG
CGCAAGCGTTATCCGGAATTATTGGGCGTAAAGAGCTCGTAGGCGGTTTGTCGCGTCTGCTGTGAAATCCCGAG
GCTCAACCTCGGGCCTGCAGTGGGTACGGGCAGACTAGAGTGCGGTAGGGGAGATTGGAATTCCTGGTGTAGC
GGTGGAATGCGCAGATATCAGGAGGAACACCGATGGCGAAGGCAGATCTCTGGGCCGTAACTGACGCTGAGGA
GCGAAAGGGTGGGGAGCAAACAGGCTTAGATACCCTGGTAGTCCACCCCGTAAACGTTGGGAACTAGTTGTGG
GGTCCATTCCACGGATTCCGTGACGCAGCTAACGCATTAAGTTCCCCGCCTGGGGAGTACGGCCGCAAGGCTAA
AACTCAAAGGAATTGACGGGGACCCGCACAAGCGGCGGAGCATGCGGATTAATTCGATGCAACGCGAAGAAC
CTTACCAAGGCTTGACATATACGAGAACGGGCCAGAAATGGTCAACTCTTTGGACACTCGTAAACAGGTGGTG
CATGGTTGTCGTCAGCTCGTGTCGTGAGATGTTGGGTTAAGTCCCGCAACGAGCGCAACCCTCGTTCTATGTTG
CCAGCACGTAATGGTGGGAACTCATGGGATACTGCCGGGGTCAACTCGGAGGAAGGTGGGGATGACGTCAAAT
CATCATGCCCCTTATGTCTTGGGCTTCACGCATGCTACAATGGCCGGTACAAAGGGCTGCAATACCGTGAGGTG
GAGCGAATCCCAAAAAGCCGGTCCCAGTTCGGATTGAGGTCTGCAACTCGACCTCATGAAGTCGGAGTCGCTA
GTAATCGCAGATCAGCAACGCTGCGGTGAATACGTTCCCGGGTCTTGTACACACCGCCCGTCAAGTCATGAAAG
TCGGTAACA

3.1.3.2 生物氧化锰的制备及锰氧化物的表征

(1) 不同条件对生物氧化锰形成的影响

1) Mn(Ⅱ)浓度　图3-5是微细菌CSA40在初始Mn(Ⅱ)浓度为5mg/L、10mg/L、20mg/L、40mg/L、50mg/L、100mg/L的PYG培养基中培养15d的过程中Mn(Ⅱ)在溶液中的浓度和生物氧化锰的浓度的变化情况。由图3-5可知，在不同的初始Mn(Ⅱ)浓度下，随着培养时间的延长，Mn(Ⅱ)的浓度逐渐降低，生成的锰氧化物量逐渐增多，在15d时其生成的生物氧化锰量达到最大。初始Mn(Ⅱ)浓度为5mg/L、10mg/L、20mg/L、40mg/L、50mg/L和100mg/L，15d后对应得到生物氧化锰的浓度分别为1.7mg/L、3.7mg/L、6.9mg/L、15.1mg/L、30.6mg/L和11.8mg/L。

随着Mn(Ⅱ)浓度从5mg/L增至50mg/L，微细菌CSA40的锰氧化活性随着初始Mn(Ⅱ)浓度升高而呈现先增强，然而随着Mn(Ⅱ)浓度进一步增至100mg/L，该菌的锰氧化活性大幅度减小。当初始Mn(Ⅱ)浓度为50mg/L时，Mn(Ⅱ)的去除率和生物氧化锰的生成量达到最大，而当初始Mn(Ⅱ)浓度为100mg/L时可以明显观察Mn(Ⅱ)的去除率和生物氧化锰的生成量大幅度减低，这说明100mg/L的Mn(Ⅱ)对菌株起到了很明显的毒害，抑制了菌株对Mn(Ⅱ)的氧化。因此，50mg/L的初始Mn(Ⅱ)浓度是5mg/L、10mg/L、20mg/L、40mg/L、50mg/L、100mg/L梯度中制备生物氧化锰的最佳浓度。

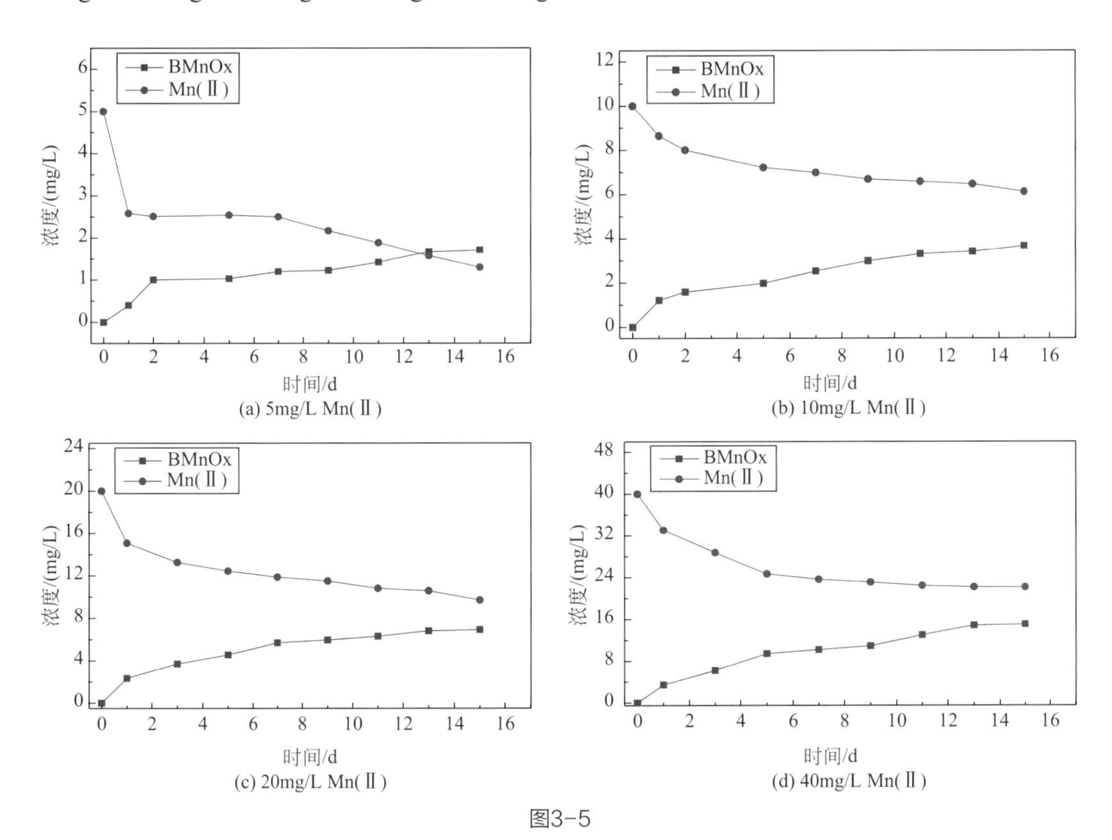

图3-5

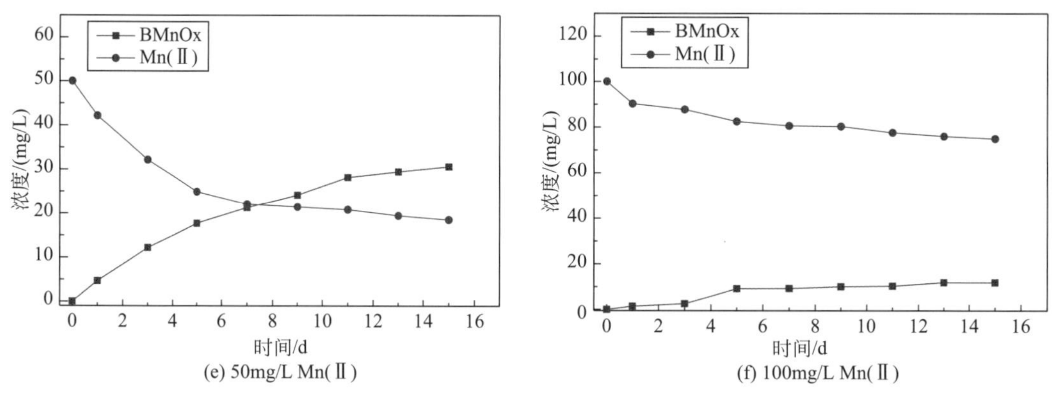

(e) 50mg/L Mn(Ⅱ)
(f) 100mg/L Mn(Ⅱ)

图3-5 不同初始Mn（Ⅱ）浓度对细菌锰氧化活性的影响［Mn（Ⅱ）在5mg/L（a）、10mg/L（b）、20mg/L（c）、40mg/L（d）、50mg/L（e）、100mg/L（f）梯度中制备生物氧化锰的浓度］

图3-6是微细菌CSA40在初始Mn（Ⅱ）浓度为5mg/L、10mg/L、20mg/L、40mg/L、50mg/L、100mg/L的PYG培养基中培养15d的过程中pH值和菌体的生物量呈现的变化。由图3-6可知，在不同初始Mn（Ⅱ）浓度的培养体系中，pH值的变化不大，在整个15d培养周期里pH值一直在6.5～8.0的范围内，研究表明只有当pH值提高到9.5以上时，Mn（Ⅱ）才能被水体中的溶解氧自然氧化[6-8]，因此说明生成的氧化锰皆为微细菌CSA40的作用产生的生物氧化锰。在整个过程中，培养基中的生物量（OD_{600}）全部

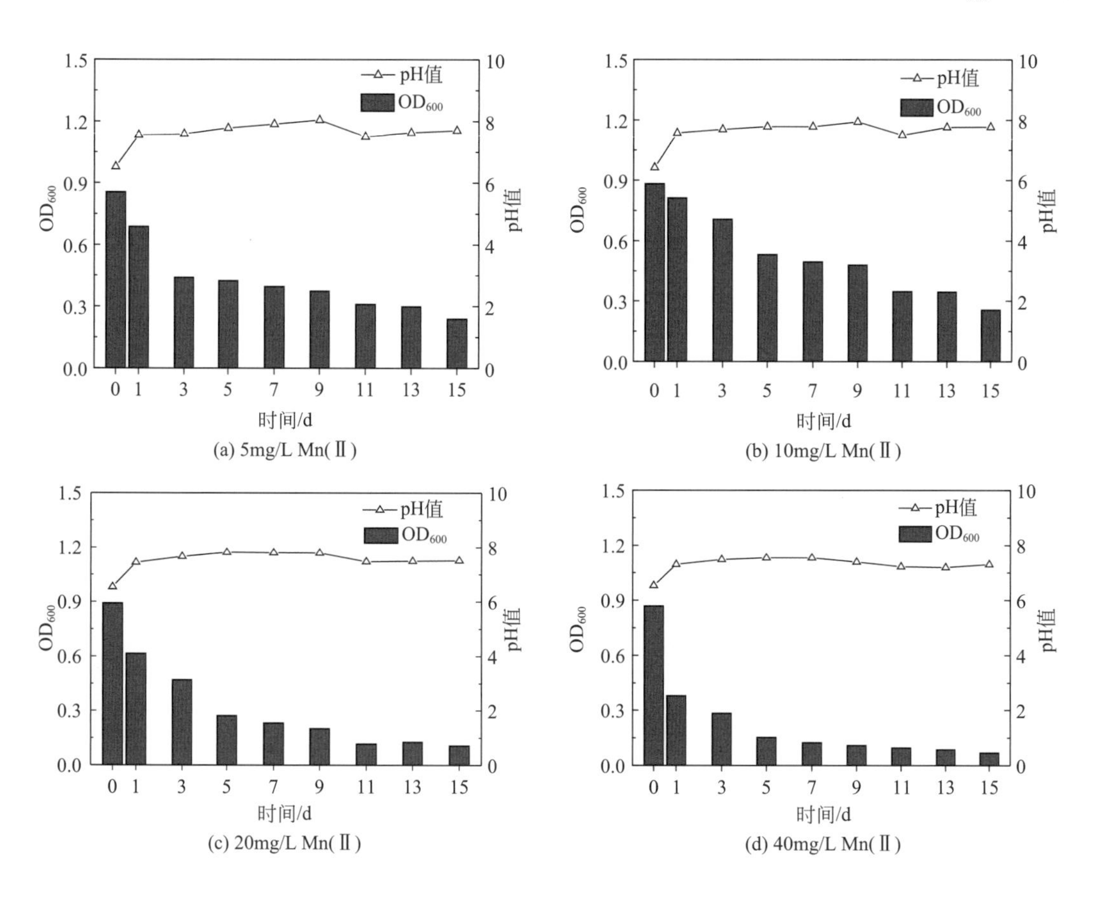

(a) 5mg/L Mn(Ⅱ)
(b) 10mg/L Mn(Ⅱ)
(c) 20mg/L Mn(Ⅱ)
(d) 40mg/L Mn(Ⅱ)

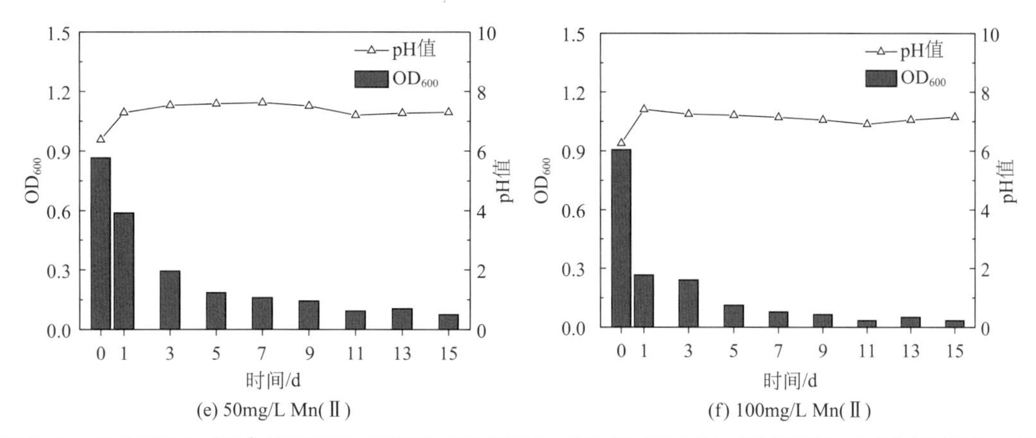

(e) 50mg/L Mn(Ⅱ)　　(f) 100mg/L Mn(Ⅱ)

图3-6　不同初始Mn（Ⅱ）浓度条件下培养基pH值和OD_{600}的变化趋势［SA40在初始Mn（Ⅱ）浓度为5mg/L（a）、10mg/L（b）、20mg/L（c）、40mg/L（d）、50mg/L（e）、100mg/L（f）的PYG培养基中培养15d的过程中pH值和菌体的生物量变化呈现的变化］

呈现逐渐下降的趋势，并且随着初始Mn（Ⅱ）浓度的增大，OD_{600}值的降低趋势更加明显。这主要是因为初始投加的菌体较多而PYG培养基中的营养物质比较有限，随着培养时间的增长，菌体正常死亡和分解，同时生成的生物氧化锰会在菌体的表面积累导致菌体的沉淀。100mg/L的Mn（Ⅱ）主要是因为对菌株的毒害作用导致菌株生物量的快速降低。因此OD_{600}全部随着时间增长而呈现逐渐下降的趋势。

2）寡营养培养基　图3-7是微细菌CSA40在初始Mn（Ⅱ）浓度为5mg/L、10mg/L、20mg/L、40mg/L、50mg/L、100mg/L的稀释20倍的PYG培养基中培养15d的过程中，Mn（Ⅱ）的浓度、生物氧化锰的浓度、pH值和生物量（OD_{600}）的变化情况。

在寡营养的条件下，在整个培养过程15d内，OD_{600}和pH的变化趋势和PYG培养基条件下基本一致，培养基的pH值都在6.5～8.0的范围内，培养基中的生物量（OD_{600}）全部随着时间增长呈现逐渐下降的趋势，并且随着初始Mn（Ⅱ）浓度的增大，OD_{600}值的减少趋势更加明显。对应的初始Mn（Ⅱ）浓度5mg/L、10mg/L、20mg/L、40mg/L、50mg/L和100mg/L，15d后生成的生物氧化锰的浓度为0.32mg/L、1.16mg/L、1.17mg/L、

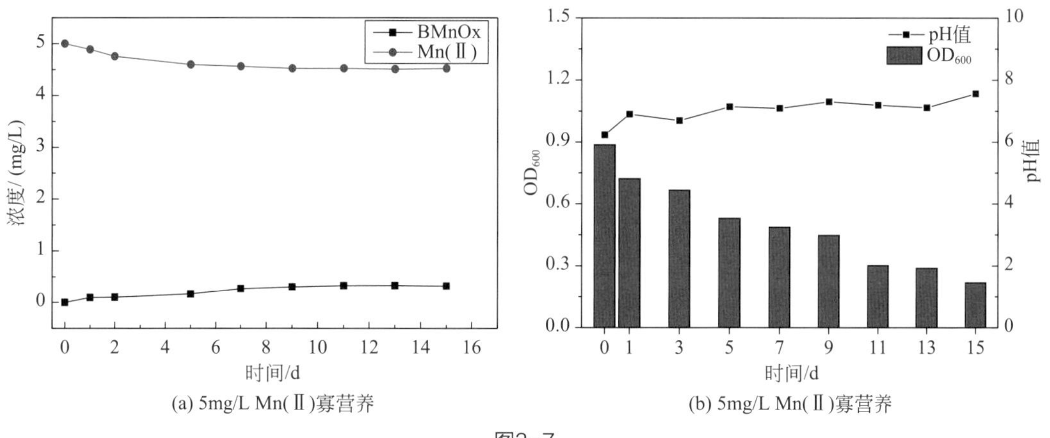

(a) 5mg/L Mn(Ⅱ)寡营养　　(b) 5mg/L Mn(Ⅱ)寡营养

图3-7

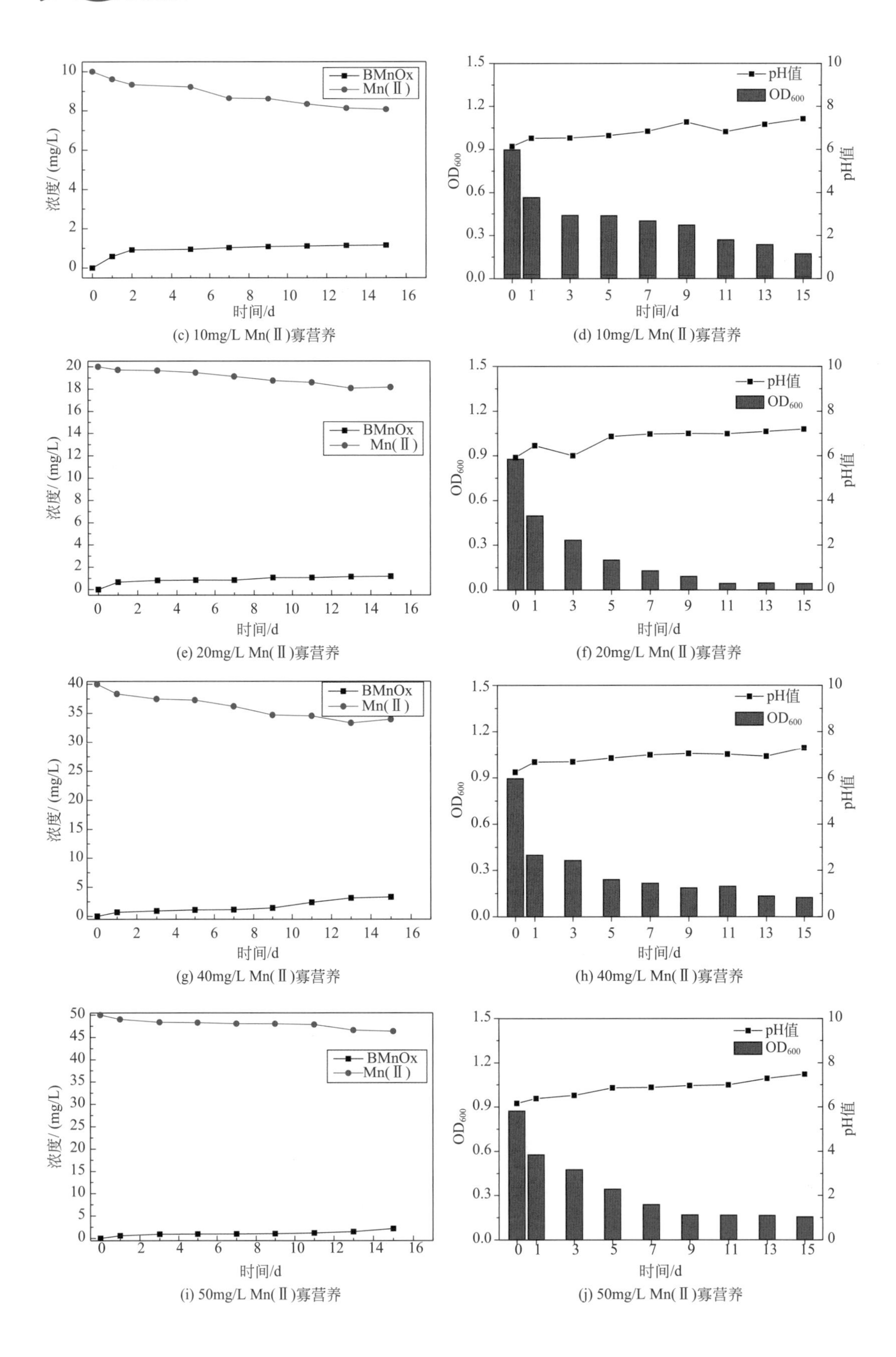

(c) 10mg/L Mn(Ⅱ)寡营养

(d) 10mg/L Mn(Ⅱ)寡营养

(e) 20mg/L Mn(Ⅱ)寡营养

(f) 20mg/L Mn(Ⅱ)寡营养

(g) 40mg/L Mn(Ⅱ)寡营养

(h) 40mg/L Mn(Ⅱ)寡营养

(i) 50mg/L Mn(Ⅱ)寡营养

(j) 50mg/L Mn(Ⅱ)寡营养

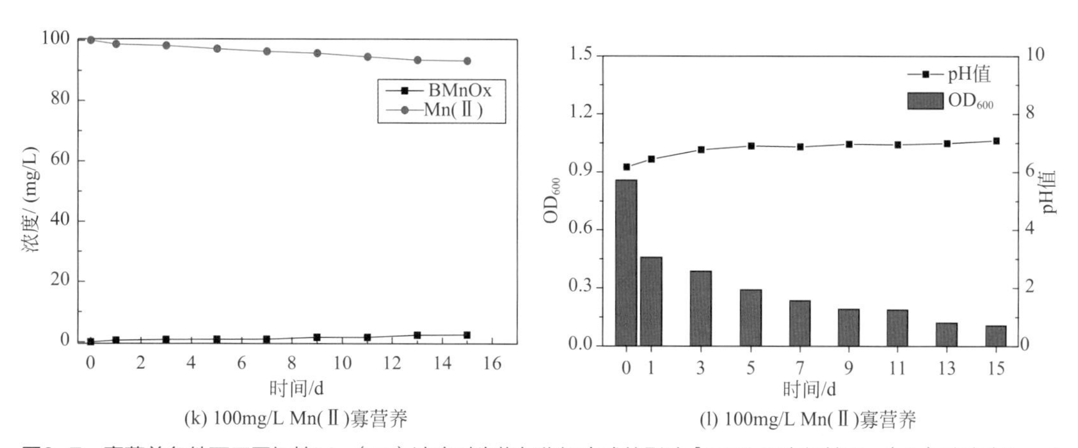

图3-7　寡营养条件下不同初始Mn（Ⅱ）浓度对生物氧化锰生成的影响［CSA40在初始Mn（Ⅱ）浓度为5mg/L（a）（b）、10mg/L（c）（d）、20mg/L（e）（f）、40mg/L（g）（h）、50mg/L（i）（j）、100mg/L（k）（l）的稀释20倍的PYG培养基中培养15d的过程中，Mn（Ⅱ）的浓度、生物氧化锰的浓度、pH值和生物量（OD_{600}）的变化情况］

3.31mg/L、2.17mg/L和2.42mg/L，并且培养基中Mn（Ⅱ）浓度没有大的变化。与PYG培养基相比，不论是Mn（Ⅱ）的去除率还是生物氧化锰的生成量都明显降低了。说明在本实验条件下，寡营养培养基限制了锰氧化菌微细菌CSA40的锰氧化能力。

研究表明[9,10]，一个营养相对较少的环境是锰氧化菌氧化Mn（Ⅱ）生成生物氧化锰的必要条件。但本实验结果发现生物氧化锰的生成条件并不是营养物质越少越好，在极度的寡营养条件下，锰氧化菌微细菌CSA40的锰氧化能力也会受到抑制。因此，推测该菌株在氧化Mn（Ⅱ）的过程中需要消耗一定的营养物质。

3）pH值　图3-8和图3-9分别为Mn（Ⅱ）初始浓度为50mg/L，在pH值分别为5.0、6.0、7.0、7.5、8.0的PYG培养基中培养15d后，微细菌CSA40生成的生物氧化锰的浓度和Mn（Ⅱ）的去除率。当pH值小于6.0时，菌株产生的生物氧化锰很低，特别是pH＝5.0条件下生物氧化锰的生成量几乎趋近于零。随着pH值从5.0升高到7.5，生物氧化锰的生成量也逐渐升高。但是当pH值升高到8.0时，生物氧化锰的浓度呈现出了明显的下降。

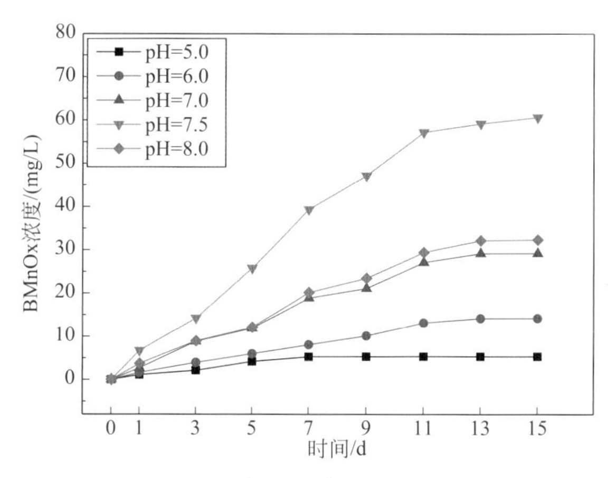

图3-8　不同pH值下15d生成的生物氧化锰浓度

微细菌CSA40在pH＝7.5时锰氧化活性达到最大，最终生成的生物氧化锰浓度为60mg/L。

从图3-9可以看出，在pH＝7.5时，15d的培养后90%的Mn（Ⅱ）从培养基中去除，远远高于其他几个pH条件下的去除率。PYG培养基从最初的透明变成黑褐色（图3-10）。微细菌CSA40在不同pH条件下的锰氧化活性发生了很大的变化，这是由于锰氧化菌主要是通过产生多铜氧化酶来参与完成Mn（Ⅱ）的氧化，因而偏酸或偏碱的条件都会使得锰氧化菌的酶的活性受到影响，从而影响Mn（Ⅱ）的氧化[11]。而且细菌的生长繁殖及其他生命活动也受环境中pH值的影响，主要表现为：pH值能引起细胞膜电荷的变化，从而影响细菌对营养物质的吸收，pH值还能改变生长环境中营养物质的可给性以及有害物质的毒性等。由此可见，pH值是影响微细菌CSA40锰氧化活性的一个关键因素。

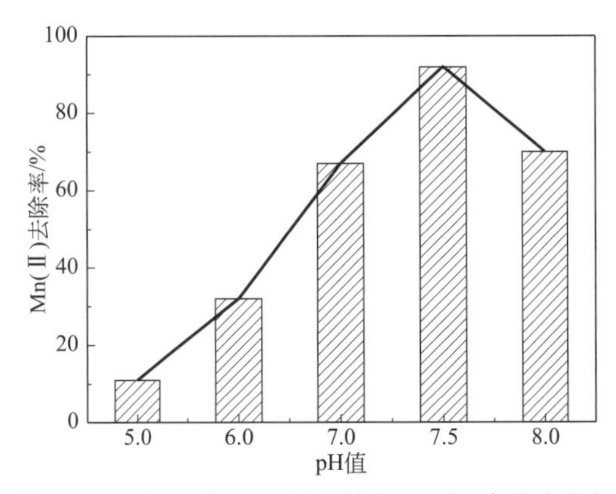

图3-9　不同pH值下15d培养基中Mn（Ⅱ）的去除率

图3-10　最佳条件下生物氧化锰制备前后培养基对比图

（2）锰氧化物的表征

1）XRD图谱分析　图3-11分别为水羟锰矿a、酸性水钠锰矿b、水厂表层滤料c、管道沉淀物d和生物氧化锰e的XRD图谱。从XRD可以看出a和b分别是典型的乱层水羟锰矿和酸性水钠锰矿，a主要在$2\theta \approx 37°$ ($d = 0.244$nm)和$2\theta \approx 66°$($d = 0.141$nm)出现两个宽衍射峰，b主要在$2\theta \approx 14°$、25°、37°和$2\theta \approx 68°$出现明显的衍射峰，峰的位置、形状和相对强度都和早期的研究相似。水厂表层滤料的XRD图谱c与酸性水钠锰矿b极为一

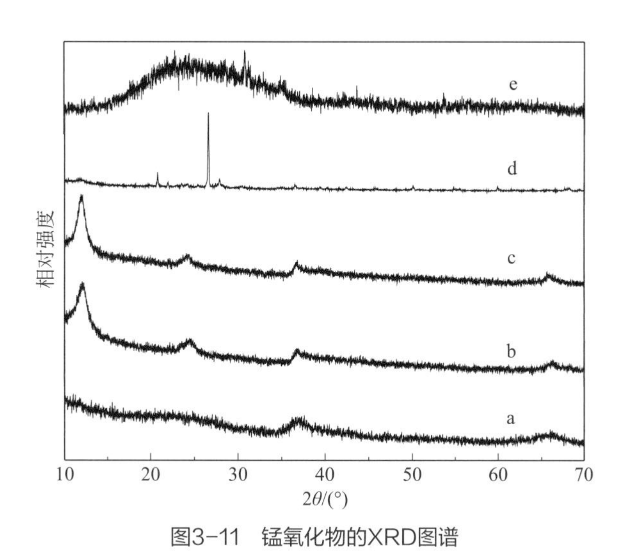

图3-11 锰氧化物的XRD图谱

a—水羟锰矿；b—酸性水钠锰矿；c—水厂表层滤料；d—管道沉淀物；e—生物氧化锰

致，说明水厂表层滤料中的锰氧化物具有和酸性水钠锰矿一样的晶形。管道沉淀物d在$2\theta\approx21°$和$2\theta\approx26°$出现的两个尖锐衍射峰，经过对照发现与SiO_2所产生的衍射峰较为符合，而且没有出现明显的氧化锰的峰，说明锰氧化物很有可能不是管道沉淀物的主要成分。生物氧化锰e没有明显的特征峰，并且峰的强度比较低、峰形严重宽化，只在大约2.3nm处出现微弱衍射峰，说明生物氧化锰的晶型较弱，为无定形态。

2）SEM-EDX图谱分析　图3-12分别是化学合成的水羟锰矿（a、b）、酸性水钠锰矿（c、d）、水厂表层滤料（e、f）、管道沉淀物（g、h）和生物氧化锰（i、j）的扫描电镜图谱，从结果可见，水羟锰矿（a、b）呈片层状结构，在片状结构之间存在大量空隙，结合EDX能谱图3-13（a）可以得出，含有大量的Mn、O元素。酸性水钠锰矿（c、d）为粒径在300nm左右的球状体，而且球状颗粒的表面如花瓣状，有助于比表面积的增加，从图3-13（b）可知Mn、O是酸性水钠锰矿的主要组成元素。水厂表层滤料虽然和酸性水钠锰矿是相同的晶型，但是通过SEM发现微观形貌并不一致，水厂表层滤料（e、f）的粒径大约为10μm，远远大于合成的酸性水钠锰矿，表面呈极不规律的蜂窝状，而且由于滤

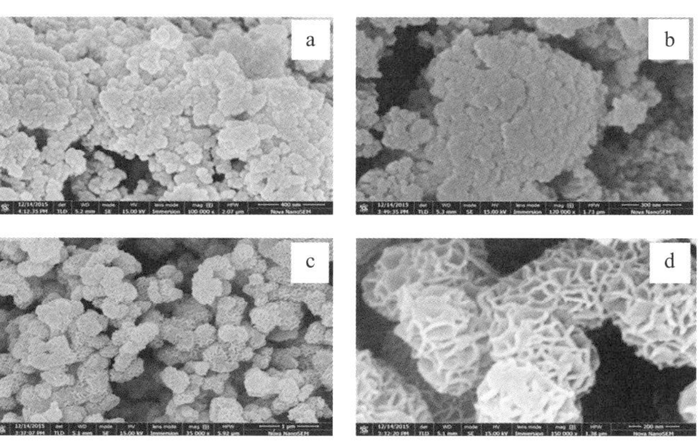

图3-12

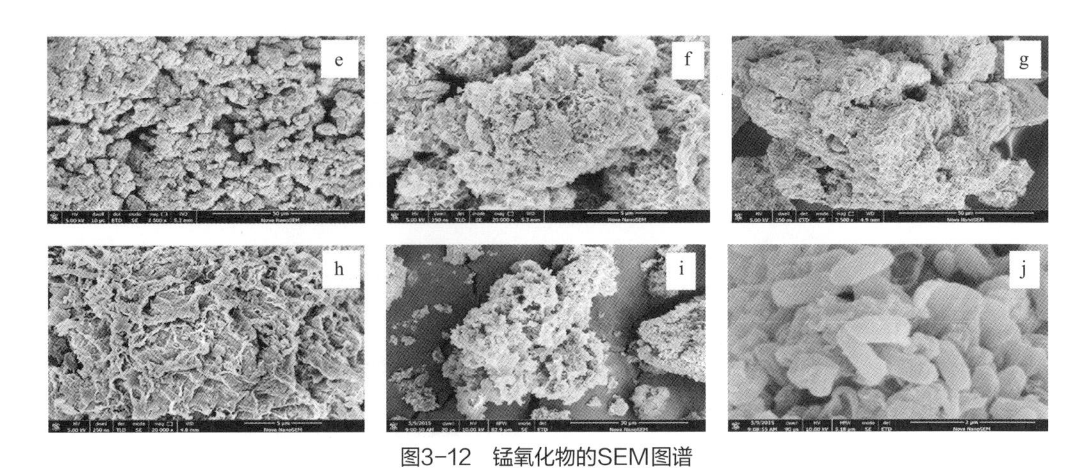

图3-12 锰氧化物的SEM图谱

a,b—水羟锰矿；c,d—酸性水钠锰矿；e,f—水厂表层滤料；g,h—管道沉淀物；i,j—生物氧化锰

料取自滤池石英砂表面，因此图3-13（c）结果发现滤料不仅含有大量Mn、O元素，还含有一定量的Si元素。管道沉淀物（g、h）为块状结构，表面为粗糙的平面，从图3-13（d）可知其含有一定量的Mn元素，但是O、Si是主要的元素组成，并且结构性形貌与SiO_2相同，结合XRD结果可知，SiO_2是管道沉淀物的主要组成。生物氧化锰（i、j）为极细小的颗粒状，包裹在长度大约为1μm的杆状菌体的表面聚集成集合体，形貌均一，从图3-13（e）看出由于生物氧化锰作为细菌和锰氧化物的复合体，其中还含有大量的C元素。

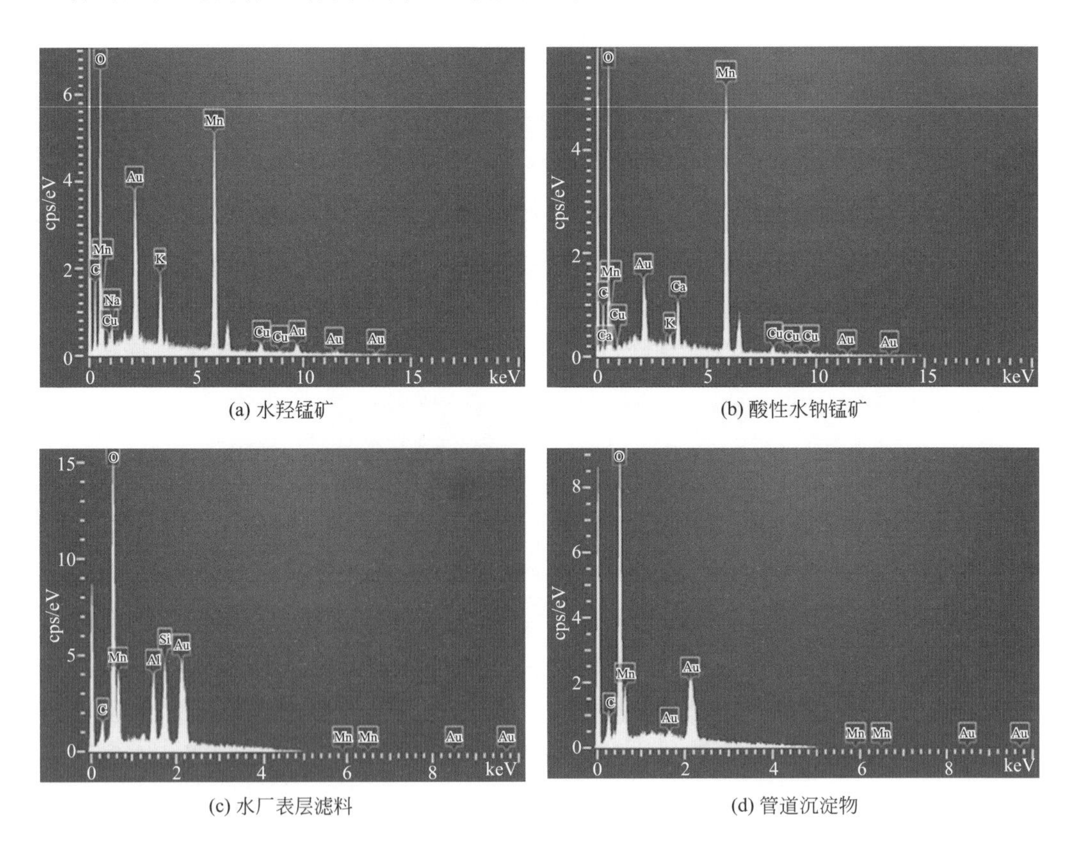

(a) 水羟锰矿

(b) 酸性水钠锰矿

(c) 水厂表层滤料

(d) 管道沉淀物

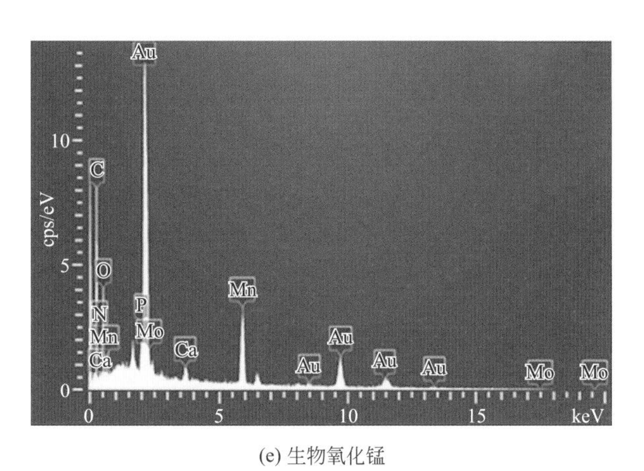

(e) 生物氧化锰

图3-13　锰氧化物的EDX能谱

3）XPS图谱分析　从图3-14的XPS图谱可以看出：五种锰氧化物的Mn $2p_{3/2}$谱峰都不对称，因此氧化物中的Mn存在1种以上的化学价态。以Mn（Ⅲ）［$E_{Mn（Ⅲ）}$＝641.7eV］和Mn（Ⅳ）［$E_{Mn（Ⅳ）}$＝642.2eV］的激发终态对Mn $2p_{3/2}$窄区谱进行分峰拟合，得到水羟锰矿、酸性水钠锰矿、水厂表层滤料、管道沉淀物和生物氧化锰中Mn（Ⅳ）和Mn（Ⅲ）摩尔比分别为9.21 ∶ 1、8.74 ∶ 1、5.33 ∶ 1、2.71 ∶ 1和5.31 ∶ 1，所以Mn的平均氧化度为3.90、3.89、3.84、3.71和3.84。总体上，五种锰氧化物中的Mn的平

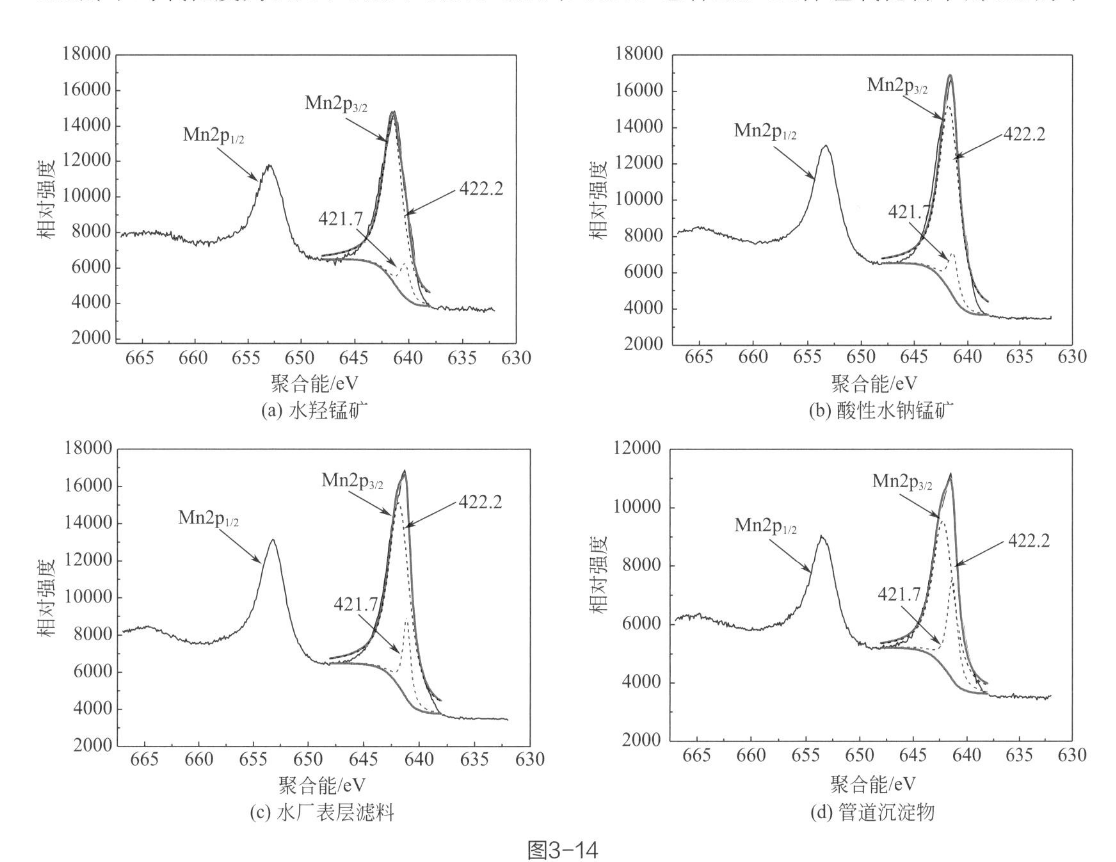

图3-14

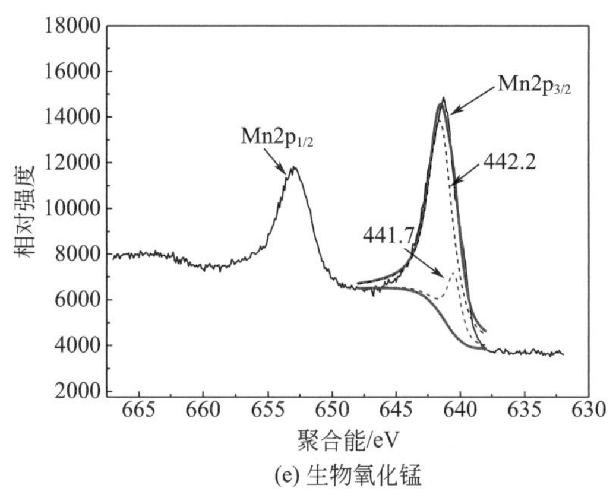

(e) 生物氧化锰

图3-14 锰氧化物的XPS图谱

均氧化度都较高，也就是说其中的锰氧化物的氧化性能比较强，化学合成的水羟锰矿和酸性水钠锰矿的平均氧化度稍高于生物氧化锰、水厂表层滤料，管道沉淀物的氧化度最低。

3.1.3.3 锰氧化物对砷的氧化吸附

（1）不同锰氧化物对As（Ⅲ）的去除

五种锰氧化物［水羟锰矿、酸性水钠锰矿、水厂表层滤料（后简称“滤料”）、管道沉淀物和生物氧化锰］对As（Ⅲ）模拟废水中As的去除效果如图3-15所示。锰氧化物和As（Ⅲ）的相互作用比As（Ⅴ）要复杂，是一个氧化还原反应和吸附作用的复合过程。图3-15是在五种锰氧化物投加量统一为0.25g/L的条件下对As（Ⅲ）模拟废水中As的平衡吸附量，水羟锰矿、酸性水钠锰矿、滤料、管道沉淀物和生物氧化锰的平衡吸附量分别为1697μg/L、1846μg/L、1248μg/L、744μg/L和2692μg/g。五种锰氧化物对As（Ⅲ）模拟废水中As的去除规律与As（Ⅴ）去除类似，而且As的平衡吸附量也较为接近。生物氧化锰的吸附量远大于其他四种锰氧化物，水羟锰矿、酸性水钠锰矿以及滤料的吸附量相差不大，管道沉淀物的吸附量最少。

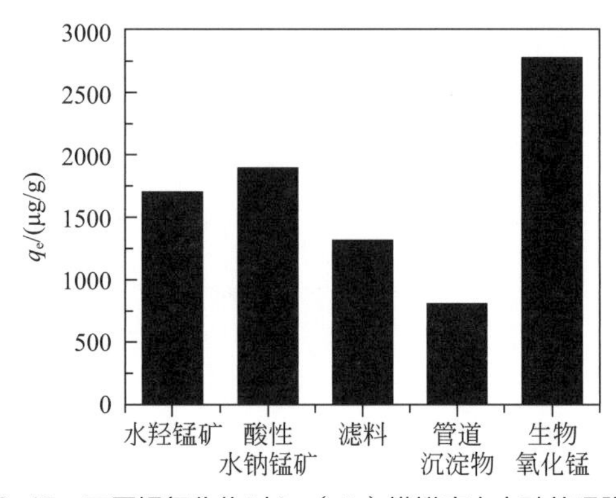

图3-15 不同锰氧化物对As（Ⅲ）模拟废水中砷的吸附量

（2）投加量对生物氧化锰除As的影响

图3-16可以看出，对As（Ⅲ）模拟废水中As的去除实验中，随着生物氧化锰投加量从0.125g/L增加到0.5g/L，溶液中砷的去除率从40%增至92%。0.125g/L和0.25g/L的投加量对砷的去除效率在前9h较高，而9h后的去除曲线比较平缓，特别是10h后达到吸附饱和平衡，几乎不再有进一步的砷的去除。0.5g/L的投加量在整个实验过程18h内都有明显的砷去除。在3种投加量的情况下，生物氧化锰对As（Ⅲ）模拟废水中As的去除都远大于水羟锰矿、酸性水钠锰矿和滤料、管道沉淀物。As(Ⅲ）不仅毒性大于As(Ⅴ)，而且移动性、迁移性更强，因此一般吸附方法对As(Ⅲ）的去除效率会比As(Ⅴ）的差。本实验发现，五种锰氧化物对As（Ⅲ）模拟废水和As（Ⅴ）模拟废水中As的去除效果几乎相同。

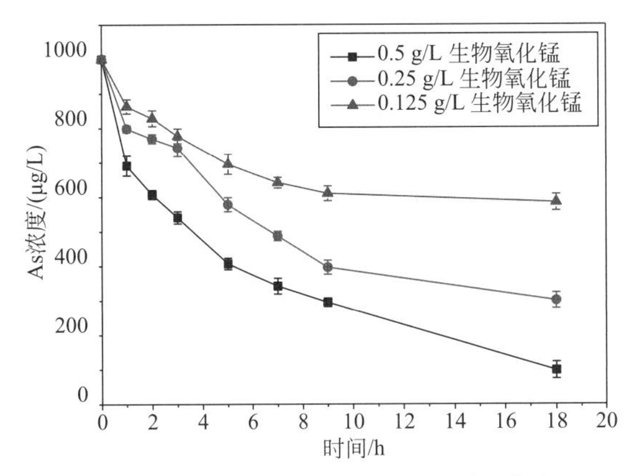

图3-16　不同投加量生物氧化锰对砷的去除

（3）除As机理研究

在充分搅拌的情况下，空气中的氧会溶解在溶液中，因此As（Ⅲ）存在被溶解的氧氧化成As（Ⅴ）的可能性。在与实验条件一致的情况下，进行的空白实验（不投加锰氧化物）结果如图3-17所示，可知As(Ⅲ）被溶解在溶液中的氧氧化成As(Ⅴ）的速率极慢。

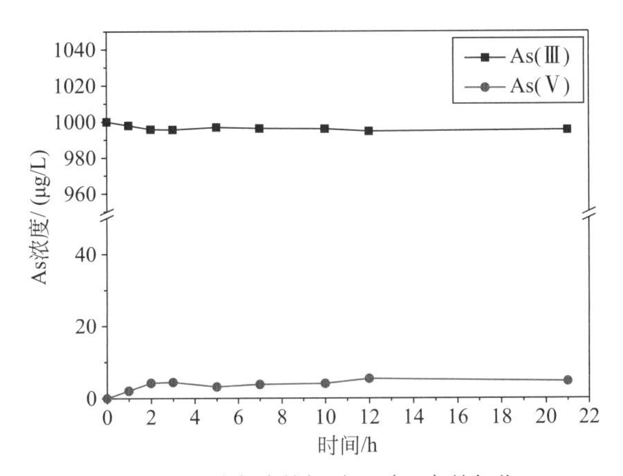

图3-17　空气中的氧对As（Ⅲ）的氧化

因此，氧化锰氧化吸附砷的实验中，对As（Ⅲ）的氧化是由氧化锰的氧化性造成的。

从图3-18溶液中砷的价态变化分析可知，生物氧化锰对溶液中As（Ⅲ）的氧化速率随着投加量的增大而加快，但是相较于水羟锰矿、酸性水钠锰矿和滤料其速率并不快。即便是最高0.5g/L的投加量，在整个氧化吸附实验周期中在溶液中都检测到了As（Ⅲ）。生物氧化锰对As（Ⅲ）的氧化速率远远低于水羟锰矿和酸性水钠锰矿，但是生物氧化锰对总砷的吸附量却是最高的。

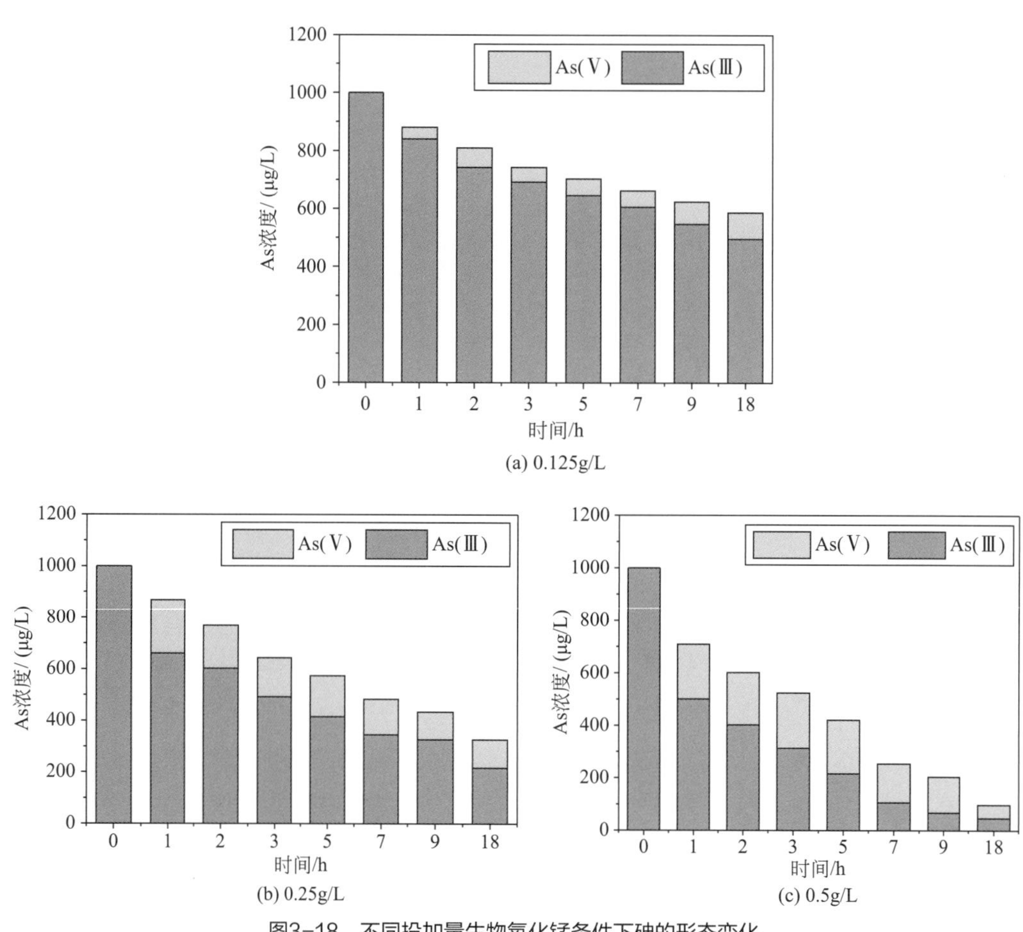

图3-18 不同投加量生物氧化锰条件下砷的形态变化

相对于化学合成锰氧化物，生物氧化锰对As（Ⅲ）的氧化速率较小。通过XPS图谱分析可知，生物氧化锰中Mn的平均氧化度为3.84，只是略微低于水羟锰矿（3.90）和酸性水钠锰矿（3.89），但是生物氧化锰作为微生物和氧化锰的一个复合体，它并不是单纯的锰氧化物，因此与As的作用过程也更加复杂，使得As（Ⅲ）的氧化变成一个缓慢的过程，并且从溶液中砷的价态变化结果可知，从As（Ⅲ）转化来的As（Ⅴ）的残留量在整个实验过程较少，说明生物氧化锰对As（Ⅴ）的吸附量远大于其他4种材料。这一现象形成的原因可能是由于与其他4种锰氧化物相比：a.生物氧化锰的比表面积较高、空穴位点多、结晶较弱，因而具有更强的吸附活性；b.生物氧化锰具有更强的结合能及生长活性，因而具有更大的吸附能力；c.生物氧化锰自身结构比较复杂，从而增加其对金属离子的吸附量。然而导致生物氧化锰对As（Ⅲ）的氧化速率低的原因可能是生物氧化锰与As（Ⅲ）反应生成的As（Ⅴ）及Mn（Ⅱ）会与As（Ⅲ）竞争反应位点，从而在一定程度上抑制As（Ⅲ）的氧化。而化学合成锰氧化物对As（Ⅴ）的吸附能力较为有限，因此，因吸附As（Ⅴ）而导致其与As（Ⅲ）的反应的抑制影响较为有限，从而使其对As（Ⅲ）的氧化速率要高于生物氧化锰。随着反应的进行，锰氧化物对As（Ⅴ）的吸附速率逐渐降低，造成这一现象的原因可能是：随着反应的进行，As（Ⅴ）占据大量的吸附位点，导致了锰氧化物的钝化，从而使其吸附能力降低。

3.1.4 小结

（1）锰氧化细菌的筛选、鉴定及影响因素

本研究从含锰废水样品中分析纯化得到1株锰氧化菌。该菌为革兰氏阳性好氧菌，呈杆状，长度约0.5～2μm。在半LB培养基中，通过Logistic回归方程拟合细菌生长曲线，得知细菌生长的适应期为0～2.93h、对数期为2.93～19.70h和稳定期始于19.70h。在半LB培养基条件下，该菌株对高浓度（100mg/L）的Mn（Ⅱ）、As（Ⅲ）、As（Ⅴ）和中等浓度（50mg/L）的Cr（Ⅵ）、Mg（Ⅱ）以及低浓度（10mg/L）的Hg（Ⅱ）、Pb（Ⅱ）、Zn（Ⅱ）、Al（Ⅲ）具有很高的抗性，对多种重金属具有抗性使该菌株在重金属污染水体处理中具有潜在的应用价值。经过16S rDNA序列鉴定，该菌株与微细菌CSA40的16S rDNA序列同源性达100%。认定该氧化锰菌株为微细菌CSA40，GenBank数据库序列号为KX289438.1。

（2）生物氧化锰的制备与表征

在本实验Mn（Ⅱ）浓度梯度中，微细菌CSA40产生生物氧化锰的最适宜浓度为50mg/L，过低的浓度不能够提供充足的Mn（Ⅱ），过高的浓度则会对微细菌CSA40产生毒害作用，影响其对Mn（Ⅱ）的氧化。一个营养相对较少的环境是生物氧化锰产生的必要条件，但是本实验发现在寡营养培养基中，微细菌CSA40的锰氧化能力也会抑制。微细菌CSA40在pH＝7.5条件下Mn（Ⅱ）的氧化量和生物氧化锰的生成量最大，15d的培养后90%的Mn（Ⅱ）被去除并生成60mg/L的生物氧化锰。通过对锰氧化物表征可知，管道沉淀物的主要成分为SiO_2，氧化锰的成分较少。水钠锰矿为典型乱层结构，酸性水钠锰矿和水厂表层滤料具有相同的晶型，但是形貌结构却有较大的差异。生物氧化锰是菌体和紧紧附着在菌体表面的氧化锰的复合物，处于弱结晶状态。水钠锰矿、酸性水钠锰矿、水厂表层滤料、管道沉淀物和生物氧化锰中的Mn的平均氧化度为3.90、3.89、3.84、3.71和3.84，具有强的氧化能力。

（3）氧化锰对砷的氧化吸附

随着投加量从0.125g/L增加至0.5g/L，生物氧化锰对As吸附量明显增大，但是滤料随着投加量的增加对As去除量的增加并不明显。生物氧化锰对溶液中As（Ⅲ）的氧化速率并不快。生物氧化锰不再与As（Ⅲ）发生氧化还原反应后没有Mn（Ⅱ）的释放，不产生二次污染。

3.2 γ-Fe_2O_3/SBA-15修复材料

3.2.1 修复材料研究背景

前期研究发现，零价铁除砷主要是依赖于零价铁被腐蚀形成的铁氧化物对砷的吸附作用，且已有研究表明磁铁矿和磁赤铁矿的粒径越小，其对砷的吸附能力越高，导致这样的原因是粒径越小，铁矿物的比表面积越大，能够提供更多的吸附位点[12,13]。然而铁氧化物粒径小到纳米级时，纳米铁氧化物颗粒容易团聚，导致不能充分利用铁氧化物对砷的吸附能力。另外，纳米材料由于回收和分散困难，不易在水处理中运用。

为了解决以上问题，多孔材料被广泛用作载体来制备分散均匀和具有高比表面积的负载型铁氧化物复合材料，以期充分利用铁氧化物对砷的吸附能力。但是许多研究表明要将更多的铁氧化物负载到多孔材料上，就会容易导致纳米级的铁氧化物团聚在多孔材料的表面或者是孔道里，导致多孔材料的孔道堵塞，比表面积降低，会影响到溶质的传递和迁移，进而影响到材料对砷的去除。

因此，本部分的主要内容包括：a.选择不同的铁源，运用一步法无外加酸源的方式制备具有高比表面积的SBA-15负载铁氧化物材料；b.通过广角和小角XRD、TEM和BET等测试表征方法对制备材料进行表征，结合材料对砷的吸附能力，确定材料的最优制备条件；c.pH值和共存离子（硫酸根、硝酸根、磷酸根和硅酸根）对材料除砷性能的影响；d.材料除砷重复利用次数的研究；e.热力学和动力学研究；f.材料吸附砷前后的对比表征，如XRD、Zeta电位和XPS。

3.2.2 制备材料与方法

3.2.2.1 材料的制备

水热法制备γ-Fe_2O_3/SBA-15：首先将一定量的铁盐避光溶于50mL去离子水中，磁力搅拌10min，确保铁盐全部溶解，且分散均匀；然后加入2.0g的模板剂P123，磁力搅拌4h，确保P123溶解；接着加入4.25g的正硅酸乙酯，在24℃条件下反应24h；接着置于不锈钢反应釜中，在100℃条件下反应72h；过滤混合物，在60℃的条件下干燥；最后将干燥后的材料置于马弗炉中在550℃条件下焙烧5h，冷却后得到目标材料。

3.2.2.2 批实验

（1）吸附实验

在100mL锥形瓶中，氯化亚铁和硫酸亚铁制备的γ-Fe_2O_3/SBA-15的投加量均为1g/L，五价砷的初始浓度为10mg/L，实验温度为25℃，转速150r/min，pH值为7.0±0.1，整个过程控制溶液中的pH值在设定值的±0.3范围内变化，3h后取样测试砷的浓度。

（2）pH值影响实验

在100mL的锥形瓶中，γ-Fe_2O_3/SBA-15的投加量为1g/L，五价砷的初始浓度为10mg/L，实验温度为25℃，转速150r/min，pH值分别调整为3、5、7、9、11和13。整个过程控制溶液中的pH值在设定值的±0.3范围内变化，3h后取样测试砷的浓度。

（3）共存离子影响实验

在100mL的锥形瓶中，吸附剂的投加量为1g/L，初始pH值为6.8±0.1，同时往溶液中分别加入NO_3^-、SO_4^{2-}、$H_2PO_4^-$和SiO_3^{2-}各0.1mmol/L、1mmol/L和10mmol/L，反应3h后测试溶液中的砷浓度。

（4）重复利用次数实验

在25℃条件下，控制溶液的pH值为6.8±0.1，初始砷浓度为10mg/L，吸附剂的投加量为1g/L，转速为150r/min，反应3h后，通过磁分离的方法回收吸附剂，并测定溶液中的砷浓度。回收后的吸附剂用1mol/L NaOH溶液再生，再生后的吸附剂再次用于砷的去除。

（5）吸附等温线实验

在温度25℃、转速150r/min、初始pH值为6.8±0.1、投加量为1g/L条件下，在100mL锥形瓶中控制砷的初始浓度分别为1mg/L、5mg/L、10mg/L、20mg/L、50mg/L和100mg/L。

反应24h后测试溶液中的砷浓度。过程中控制溶液的pH值。

（6）吸附热力学实验

在温度25℃、转速150r/min、初始pH值为6.8±0.1、投加量为1g/L条件下，在100mL锥形瓶中控制砷的初始浓度为10mg/L，在不同的时间点取样测试溶液中的砷浓度。过程中控制溶液的pH值。

（7）砷的去除效率和吸附量

$$去除率(\%)=\frac{C_0-C_e}{C_0}\times 100 \tag{3-1}$$

$$q_t=\frac{(C_0-C_t)V}{W} \tag{3-2}$$

$$q_e=\frac{(C_0-C_e)V}{W} \tag{3-3}$$

式中 q_t，q_e——t时刻和平衡时的砷的吸附量，mg/g；
C_0，C_t，C_e——初始时刻、t时刻和平衡时的溶液中砷浓度，mg/L；
W——吸附剂的投加量，g；
V——溶液体积，L。

（8）吸附等温线

Freundlich模型如下式所示：

$$\lg q_e=\lg K_f+\frac{1}{n}\lg C_e \tag{3-4}$$

式中 K_f——Freundlich常数；
q_e——吸附剂的吸附容量，mg/g；
$1/n$——异质性因素，与吸附强度和表面异质性相关的常数。高K_f值表明吸附剂对砷的高吸附力。

Langmuir模型表示如下：

$$\frac{C_e}{q_e}=\frac{1}{q_{max}k}+\frac{C_e}{q_{max}} \tag{3-5}$$

式中 q_e——单位质量的平衡吸附量，mg/g；
q_{max}——最大吸附容量，mg/g；
C_e——平衡浓度，mg/L；
k——吸附能量系数，L/mg。

（9）吸附动力学

准一级动力学模型如下：

$$\lg(q_e - q_t) = \lg q_e - \frac{k_1 t}{2.303} \quad (3\text{-}6)$$

式中　q_t，q_e——t时刻和平衡时的砷的吸附量，mg/g；

k_1——吸附速率常数。

准二级动力学模型如下：

$$\frac{t}{q_t} = \frac{1}{kq_e^2} + \frac{t}{q_e} \quad (3\text{-}7)$$

式中　q_t，q_e——t时刻和平衡时的砷吸附量，mg/g；

t——时间，min；

k——速率常数，g/(mg·min)。

3.2.3　结果与讨论

3.2.3.1　不同铁源对除砷效果的影响

在SBA-15的制备过程中，溶液体系的酸度一方面能够控制SBA-15的形貌，另外一方面能够影响四硅酸乙酯的质子化过程以及P123亲水端与水分子之间的氢键作用[14]。表3-6显示了不同铁源的水解产生酸性的结果。从表3-6可知，相同摩尔浓度的铁离子条件下，三价铁盐水解的pH值要小于二价铁盐，总体上水解后溶液都呈现酸性。因此，可以利用铁盐自身水解产生的酸来代替SBA-15制备过程中需要外加酸源的步骤。

表3-6　不同铁源水解后溶液pH值

铁源	$FeCl_3 \cdot 6H_2O$	$Fe_2(SO_4)_3 \cdot xH_2O$	$Fe(NO_3)_3 \cdot 9H_2O$	$FeCl_2 \cdot 4H_2O$	$FeSO_4 \cdot 7H_2O$
pH值	2.1	2.3	2.7	3.0	3.8

（1）小角度XRD分析

不同铁源制备的材料的小角度XRD表征结果见图3-19。从图3-19可知，不同的铁源制备出来的材料XRD谱图差异明显，二价铁源制备的材料具有明显的衍射峰，其中硫酸亚铁（图3-19中b）作为铁源制备的材料在$2\theta = 0.98°$、$1.52°$和$1.63°$出现三个衍射峰，分别对应于（100）、（110）和（200）晶面；而用氯化亚铁［图3-19（a）］作为铁源制备的材料则在$2\theta = 0.98°$和$1.63°$出现两个明显衍射峰，在$2\theta = 1.52°$处特征峰不明显，对应的晶面则分别是（100）和（200），其中在$2\theta = 0.98°$出现（100）晶面介孔特征峰，说明两种二价铁源制备的材料具备介孔材料的二维六方有序结构。但用三价铁源制备的材料则无明显的衍射峰，说明制备的材料不具备介孔材料的二维六方有序结构。

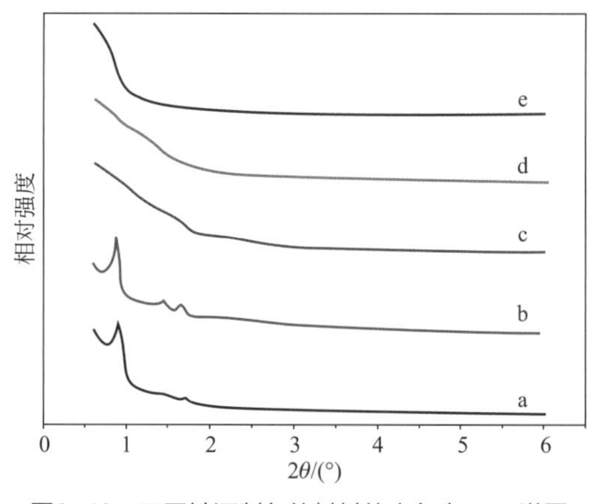

图3-19　不同铁源制备的材料的小角度XRD谱图

a—$FeCl_2 \cdot 4H_2O$；b—$FeSO_4 \cdot 7H_2O$；c—$Fe(NO_3)_3 \cdot 9H_2O$；d—$FeCl_3 \cdot 6H_2O$；e—$Fe_2(SO_4)_3 \cdot xH_2O$

（2）TEM分析

制备的材料的二维六方介孔结构特征可以通过TEM直接观察。图3-20为利用不同铁源制备的材料的TEM图。从图上可知，氯化亚铁［图3-20（a）］和硫酸亚铁［图3-20（b）］制备的材料具有明显的二维六方结构，说明能够利用硫酸亚铁或氯化亚铁同时作为铁源和酸源来制备铁改性介孔材料。而利用硝酸铁［图3-20（c）］制备的材料具有明暗相间的条纹结构，条纹结构间距基本相等，说明材料的孔道和孔壁交错排布，但是这种结构只占少量，这也是用小角度XRD表征的时候没有出现介孔特征峰的原因。图3-20（d）显示利用氯化铁制备出的材料形貌为针尖型，完全不具有介孔特征。图3-20（e）显示利用硫酸铁制备的材料形貌为颗粒性，同样不具备介孔特征。因此，认为在本实验条

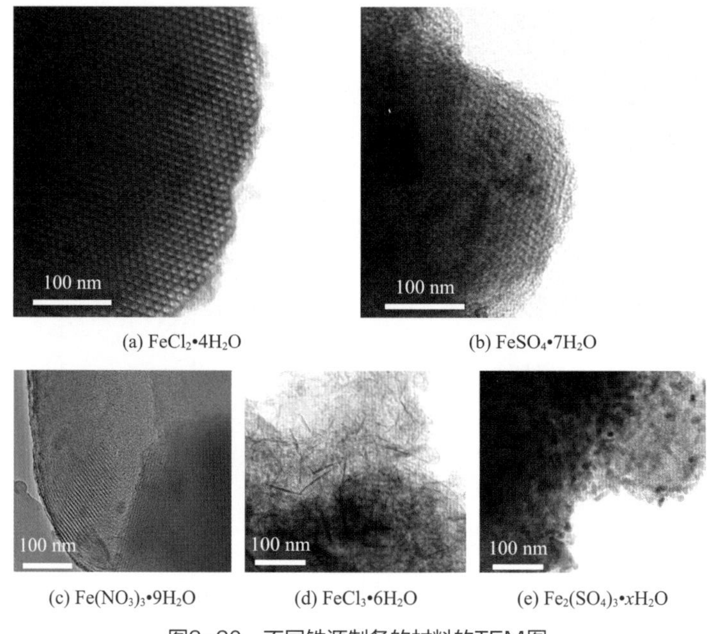

(a) $FeCl_2 \cdot 4H_2O$　(b) $FeSO_4 \cdot 7H_2O$

(c) $Fe(NO_3)_3 \cdot 9H_2O$　(d) $FeCl_3 \cdot 6H_2O$　(e) $Fe_2(SO_4)_3 \cdot xH_2O$

图3-20　不同铁源制备的材料的TEM图

件下不能使用三价铁制备铁改性SBA-15，后面的实验将采用二价铁作为铁源和酸源制备铁改性SBA-15。

（3）广角XRD分析

图3-21是不同二价铁源制备的铁改性SBA-15材料的广角XRD谱图。从图中可知，利用氯化亚铁（图3-21中a）和硫酸亚铁（图3-21中b）制备的材料均在$2\theta=36.5°$出现（311）晶面的特征峰，此特征峰归因于磁铁矿或磁赤铁矿，说明已成功将晶体铁氧化物负载到SBA-15上。

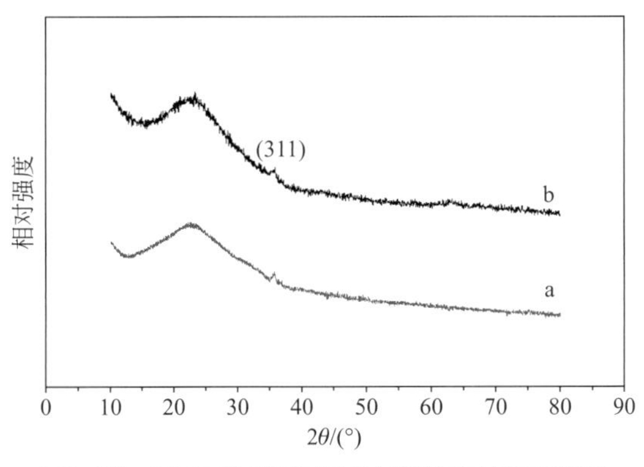

图3-21　不同二价铁源制备的材料的广角XRD谱图

a—$FeCl_2 \cdot 4H_2O$；b—$FeSO_4 \cdot 7H_2O$

（4）比表面积分析

利用氯化亚铁和硫酸亚铁制备的铁改性SBA-15材料的特性见表3-7。硫酸亚铁改性的SBA-15的比表面积、孔径和孔容分别是1043m²/g、5.8nm和1.42cm³/g，这三个数据都比同样条件下利用氯化亚铁制备的铁改性SBA-15高，说明硫酸亚铁改性的材料效果更好，能够制备出相对性能更优异的铁改性SBA-15。

表3-7　不同二价铁源制备的材料的特性

亚铁盐种类	比表面积/(m^2/g)	孔径/nm	孔容/(cm^3/g)
$FeCl_2 \cdot 4H_2O$	883	5.6	1.27
$FeSO_4 \cdot 7H_2O$	1043	5.8	1.42

（5）除砷效果

通过以上的表征，我们发现运用二价铁源能够在无外加酸源的情况下通过铁水解产生酸性来一步法制备铁改性SBA-15。不同二价铁源制备的改性材料对目标污染物砷的去除效果见图3-22。运用硫酸亚铁制备的铁改性SBA-15对砷的去除率为89%，这要显著高于运用氯化亚铁制备的铁改性SBA-15（76%）。说明用硫酸亚铁制备铁改性SBA-15对砷的去除效果好，后期的实验将重点考虑优化硫酸亚铁制备铁改性SBA-15除砷。

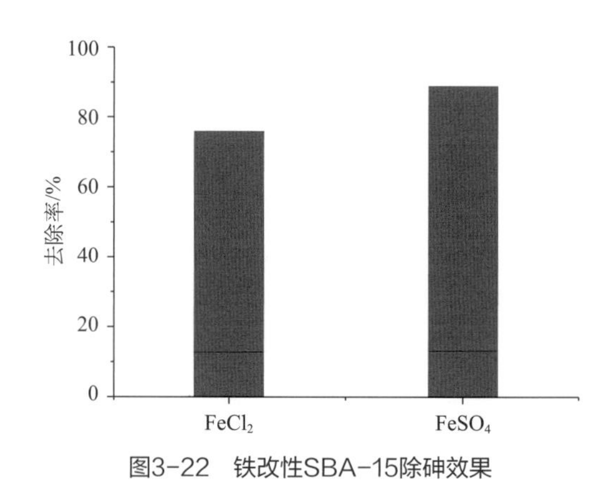

图3-22 铁改性SBA-15除砷效果

3.2.3.2 硫酸亚铁投加量对除砷效果的影响

(1) XRD表征

图3-23显示了不同铁硅比条件下制备的铁改性SBA-15的小角度XRD结果。从图3-23中a可知，在铁硅比为0.06时，XRD谱图上的衍射峰不明显，尤其是对应于（100）晶面的衍射峰强度低，说明制备的材料的介孔特性不好。随着铁硅比从0.06增加到0.53，XRD谱图中（100）、（110）和（200）晶面对应的衍射峰强度增加，说明制备的介孔材料的长程有序性增加，该结果表明铁能够促进制备的材料的长程有序性增加。特别是当铁硅比大于0.13时，所有样品的小角度XRD结果都明显显示三个衍射峰，分别对应于（100）、（110）和（200）晶面，表明铁改性SBA-15具有很好的二维六方介孔结构。当铁硅比增加时，（100）晶面对应的特征衍射峰向左偏移，说明制备的介孔材料的层间距变大，导致这种现象出现的原因是铁离子与表面活性剂P123之间的强烈作用使得P123胶束增大[15]。

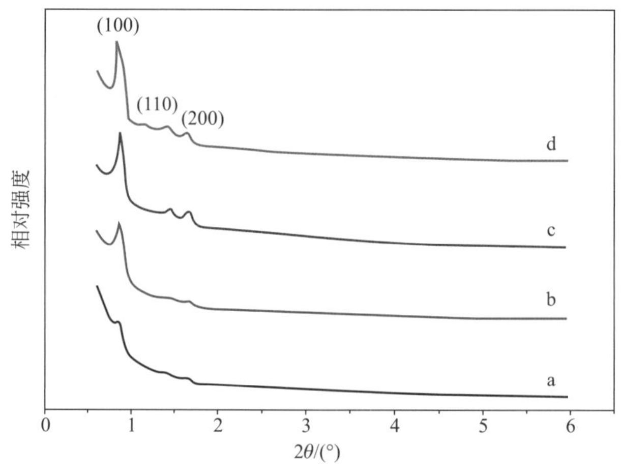

图3-23 铁改性SBA-15的小角度XRD谱图

a—铁硅比0.06；b—铁硅比0.13；c—铁硅比0.26；d—铁硅比0.53

不同铁硅比条件下制备的铁改性SBA-15的广角XRD结果见图3-24。当铁硅比为0.06时，XRD谱图（图3-24中a）上基本没有特征衍射峰出现，说明在该条件下制备的材料没有晶体铁氧化物产生，而在25°附近出现的衍射峰归因于无定形硅氧化物。随着铁硅比增加到0.13，图3-24（b）显示在$2\theta=35.6°$有特征衍射峰出现，表明铁含量的增加有利于晶体铁氧化物负载到SBA-15上。当铁硅比大于0.13，在$2\theta=35.6°$和62.7°出现两个衍射峰，这两个峰分别对应于晶面（311）和（440），属于磁铁矿或磁赤铁矿的特征衍射峰。

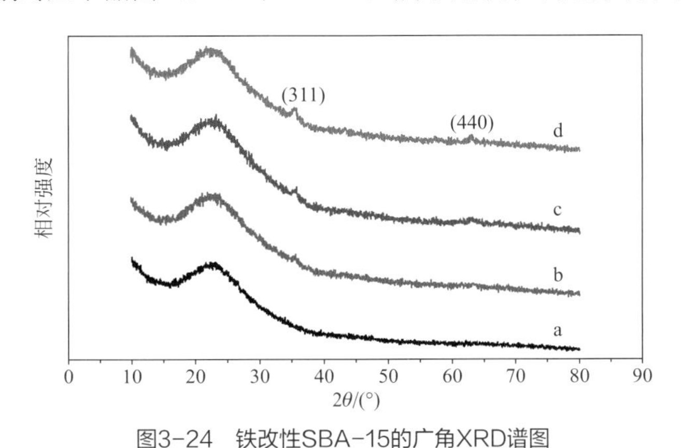

图3-24 铁改性SBA-15的广角XRD谱图

a—铁硅比0.06；b—铁硅比0.13；c—铁硅比0.26；d—铁硅比0.53

（2）XPS表征

为了进一步明确制备的铁氧化物类型，选择用铁硅比为0.26时制备的铁改性SBA-15做XPS表征，结果见图3-25。Fe的$2p_{3/2}$谱图结果显示，在710.8eV处有一个特征峰，自旋能间距为13.6eV，并伴有一个宽广的卫星峰，可以认为这个峰是Fe_2O_3中的Fe^{3+}产生。基于XRD和XPS结果，SBA-15上负载的铁氧化物是γ-Fe_2O_3，制备的介孔材料表示为γ-Fe_2O_3/SBA-15。

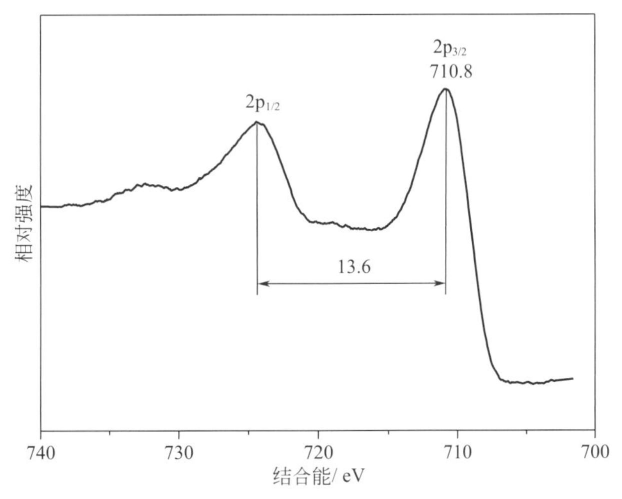

图3-25 铁改性SBA-15的XPS谱图（铁硅比为0.26）

（3）比表面积分析

利用氮气吸附脱附等温曲线测定不同铁硅比条件下制备的γ-Fe_2O_3/SBA-15的物理结构特征，测试结果见图3-26和表3-8。从图3-26可知，不同铁硅比条件下制备的γ-Fe_2O_3/SBA-15均具有典型的Ⅳ型吸附脱附等温曲线，且在相对压力（p/p_0）为0.7～0.8区域出现H1型滞后环，说明γ-Fe_2O_3/SBA-15含有的管状毛细孔的两端是开放的，这个现象由形状规则且大小均匀的介孔造成。根据BJH模型计算出不同铁硅比条件下制备的γ-Fe_2O_3/SBA-15的比表面积、孔径和孔容，见表3-8。从表3-8可知，所有的γ-Fe_2O_3/SBA-15具有相对较高的比表面积（956～1049m^2/g）、纳米孔径（5.5～5.8nm）和大的孔容（1.25～1.42cm^3/g）。制备的γ-Fe_2O_3/SBA-15的比表面积随着铁硅比的增加而增加，但是当铁硅比大于0.26后，比表面积增加得不明显。制备的γ-Fe_2O_3/SBA-15的比表面积要显著高于文献中报道的外加无机酸源一步法制备的铁改性SBA-15的比表面积（682m^2/g）[16]和后合成方法制备的SBA-15负载的铁氧化物的比表面积（650m^2/g）[17]。另外，制备的γ-Fe_2O_3/SBA-15的孔径和孔容在铁硅比变化的范围内区别不大，说明添加的铁含量对材料的孔径和孔容影响不大。再结合XRD结果，铁硅比为0.26被认为是最优的铁源投加参数，后续去除目标污染物砷的实验将依照这个条件制备γ-Fe_2O_3/SBA-15。

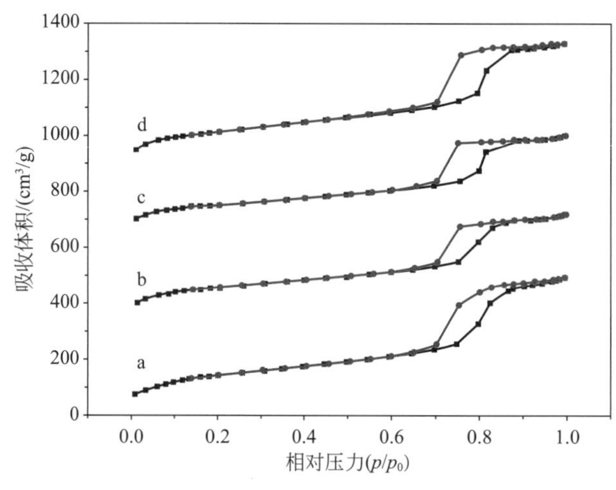

图3-26　样品a～d的氮气吸附脱附曲线

a—铁硅比0.06；b—铁硅比0.13；c—铁硅比0.26；d—铁硅比0.53

表3-8　不同含量铁源下制备材料的物理结构特征

铁硅比	比表面积/(m^2/g)	孔径/nm	孔容/(cm^3/g)
0.06	956	5.6	1.25
0.13	983	5.5	1.26
0.26	1043	5.8	1.42
0.52	1049	5.6	1.36

（4）SEM和TEM表征

SEM表征是一种常用的观察样品形貌和颗粒大小的技术。图3-27是放大3000倍的0.26-γ-Fe_2O_3/SBA-15的SEM结果。从图中可知，制备的0.26-γ-Fe_2O_3/SBA-15材料具有相似的球状结构，且颗粒大小均一，约为2μm，说明在材料制备过程中铁盐的存在使得P123胶束呈现球状。

图3-27　0.26-γ-Fe_2O_3/SBA-15的SEM图

TEM显微像能够直观地显示出多数介孔分子筛的真实孔道结构。图3-28显示了沿0.26-γ-Fe_2O_3/SBA-15孔道方向的TEM结果。从图中可知，0.26-γ-Fe_2O_3/SBA-15具有明显的规则六角孔，六角孔组合成典型的蜂窝状结构，属于SBA-15介孔材料的典型二维六方（p6mn）结构。负载的磁赤铁矿粒径大约为10nm，这与用谢乐公式计算出的磁铁矿的晶粒尺寸（4.1nm）相一致，说明SBA-15上负载的磁赤铁矿颗粒为纳米级。

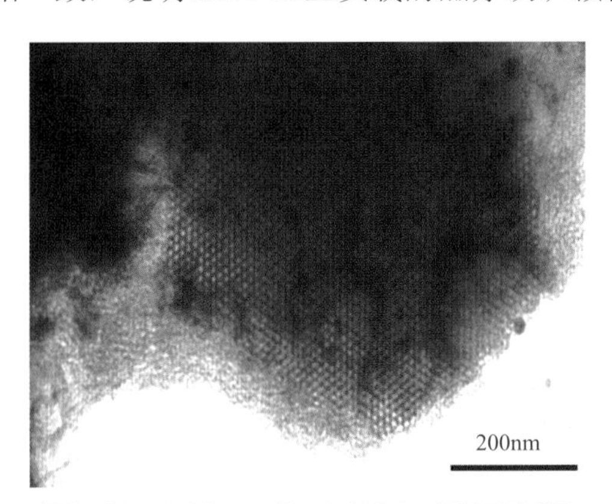

图3-28　0.26-γ-Fe_2O_3/SBA-15的TEM图

（5）磁饱和强度

通过使用BKT-4500磁强计在27℃条件下测试了0.26-γ-Fe_2O_3/SBA-15的磁性特征，结果见图3-29。从图中可知，0.26-γ-Fe_2O_3/SBA-15样品的磁化曲线具有明显的磁滞回线，且磁滞回线呈有阶层的“S”状，磁饱和强度大小为6.23emu/g。材料的矫顽力和剩余磁化强度分别是280Oe和5.51emu/g。在除砷实验过程中，发现材料能够被20mT的弱磁铁在15s内全部吸附住，实现快速固液分离。

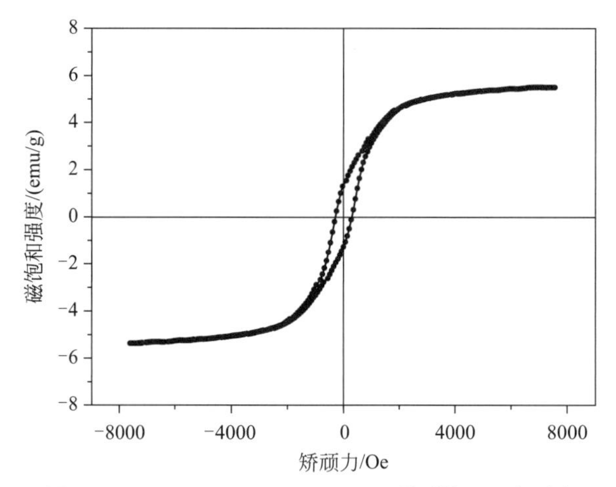

图3-29　0.26-γ-Fe_2O_3/SBA-15的磁饱和强度测试

（6）热重法和差示扫描量热法分析

0.26-γ-Fe_2O_3/SBA-15在氮气保护下的热重法（TG）和差示扫描量热法（DSC）分析结果见图3-30。0.26-γ-Fe_2O_3/SBA-15从室温到1000℃的TG曲线显示，材料总失重8.31%。对应的DSC曲线上出现一个放热峰，峰值温度为75℃，放热效应为38.8J/g。材料在这个温度下的失重归因于材料表面的吸附水在加热过程中的挥发。

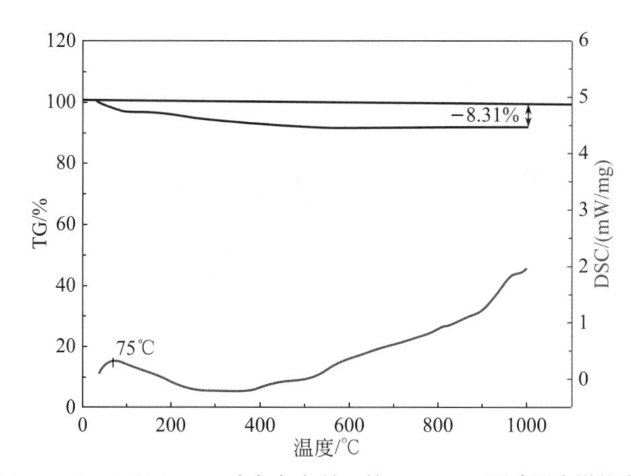

图3-30　0.26-γ-Fe_2O_3/SBA-15在氮气条件下的TG-DSC图（图中横线为质量基准线）

3.2.3.3　pH值对砷去除效果的影响

在吸附过程中，溶液pH值是一个重要的影响参数，不仅会影响被去除重金属污染物的形态，也会影响吸附剂的表面电荷，从而对重金属污染物的去除产生重要影响。为了研究pH值对γ-Fe_2O_3/SBA-15除砷能力的影响，本实验分别设置了初始pH值为3、5、7、9、11和13，且在除砷过程中控制溶液的pH值，材料对五价砷吸附能力随pH值的变化结果见图3-31。从图中可知，随着pH值的升高，材料对砷的去除能力显著降低，当pH值升高到13时，γ-Fe_2O_3/SBA-15对砷的吸附能力仅为58.6%。导致这种现象出现的原因是随着pH值从3升高到13，五价砷分别由$HAsO_4^{2-}$转变为AsO_4^{3-}的形式存在于溶液中，而γ-Fe_2O_3/SBA-15在pH值大于6.48的条件下带负电荷（等电点为6.48，见图3-31），因此分子间的电荷排斥力增加，导致吸附能力降低。这与前人研究铁氧化物除砷受pH值的影响结果相似[18,19]。

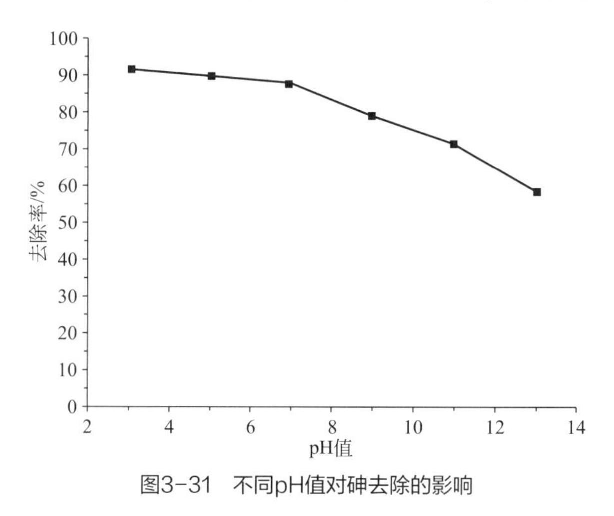

图3-31　不同pH值对砷去除的影响

3.2.3.4　共存离子对砷去除效果的影响

氯离子、硝酸根、硫酸根、磷酸根和硅酸根是砷污染地下水中常见的共存离子。图3-32显示了几种主要的阴离子对γ-Fe_2O_3/SBA-15除砷效果的影响。从图中可知，NO_3^-和

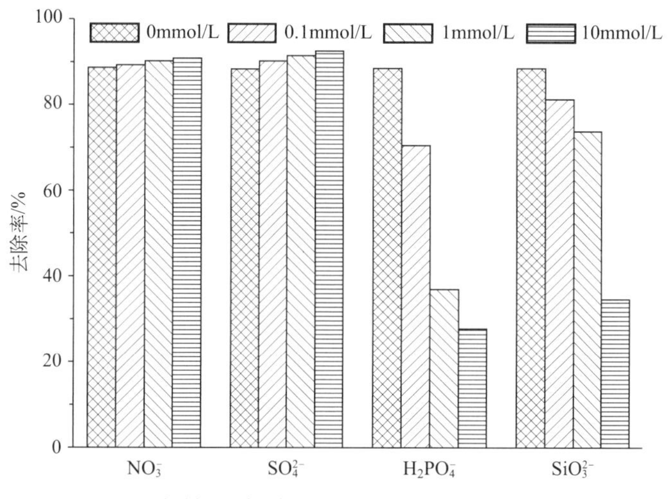

图3-32　硝酸根、硫酸根、磷酸根和硅酸根对砷去除的影响

SO_4^{2-}对γ-Fe_2O_3/SBA-15除砷几乎无影响，但是$H_2PO_4^-$和SiO_3^{2-}两种阴离子对γ-Fe_2O_3/SBA-15除砷影响显著。当$H_2PO_4^-$浓度增加到0.1mmol/L时，γ-Fe_2O_3/SBA-15对砷的去除率从88.7%降低到70.5%，而当$H_2PO_4^-$浓度进一步增加到10mmol/L时，材料对砷的去除率直接降低到27.9%。导致这种结果的原因主要是$H_2PO_4^-$与砷酸根离子具有相似的化学特性，且$H_2PO_4^-$与铁氧化物表面的氢键结合能力较强，会竞争γ-Fe_2O_3/SBA-15上的吸附位点。与$H_2PO_4^-$相似，SiO_3^{2-}对γ-Fe_2O_3/SBA-15除砷也有抑制作用，当SiO_3^{2-}浓度增加到10mmol/L时，材料对砷的去除率仅为37.3%，这与前人的研究结果相似[20,21]。

3.2.3.5 再生利用

性能优异的吸附剂一般都需要具备能够被快速地从溶液中分离出来和循环再生的能力，尤其是在实际废水处理过程中，固液分离难的问题是限制吸附剂应用的一个重要方面。基于此，研究了γ-Fe_2O_3/SBA-15材料多次重复利用除砷的效果，结果见图3-33。从图中可知，随着材料被多次重复利用，其除砷的效率降低，重复利用5次以后，其对砷的去除率降低到70%以下。且每次吸附实验结束后，γ-Fe_2O_3/SBA-15能够被磁铁快速从溶液中分离出来，分离后的固体用氢氧化钠溶液再生。实验结果表明材料能够被多次循环利用，其性能受吸附砷的影响较小，而重复利用导致除砷效率下降可能是由于砷与铁氧化物表面的羟基形成牢固的络合作用，不容易被氢氧化钠溶液打断，导致吸附剂表面的活性位点减少。

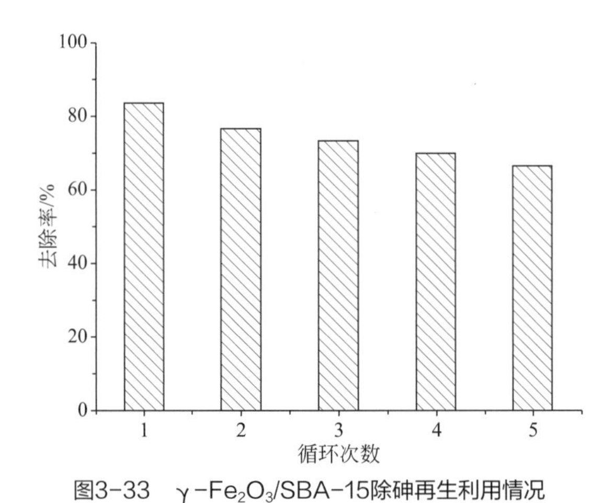

图3-33　γ-Fe_2O_3/SBA-15除砷再生利用情况

3.2.3.6 吸附等温线

不同初始砷浓度条件下γ-Fe_2O_3/SBA-15对砷的去除效果见图3-34。随着初始砷浓度的增加，γ-Fe_2O_3/SBA-15对砷的吸附量也相应增加。为了深入研究γ-Fe_2O_3/SBA-15对砷的等温吸附特征，分别用Langmuir模型和Freundlich模型对实验数据进行拟合，结果见表3-9。从表3-9可知，虽然Langmuir模型和Freundlich模型都能很好地对实验数据进行拟合，拟合结果R^2均大于0.9，但是Langmuir模型的拟合结果（$R^2=0.9973$）要好于Freundlich模型的拟合结果（$R^2=0.9033$），表明Langmuir模型更适于描述γ-Fe_2O_3/SBA-15对砷的等温吸附过程。文献报道在Freundlich模型中$0<1/n<1$，吸附过程属于优惠吸附，本实验数据拟合结果$1/n=0.32$，在0～1的区间内，表明γ-Fe_2O_3/SBA-15对砷的吸附过程是优惠吸附。通过Langmuir模型拟合出γ-Fe_2O_3/SBA-15对砷的最大吸附量为23.09mg/g，高于其他铁氧化物除砷能力（表3-10）。

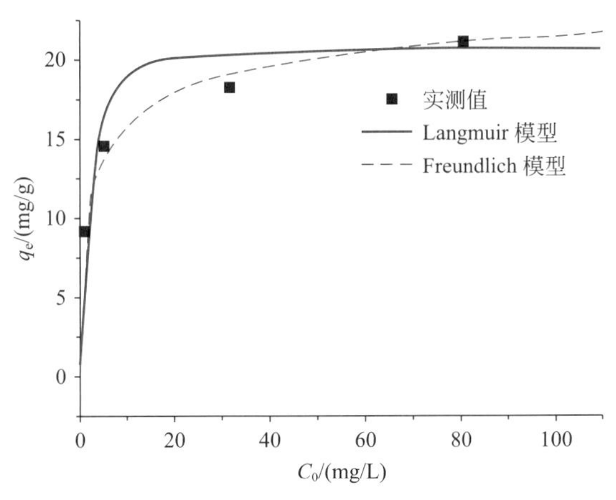

图3-34 γ-Fe_2O_3/SBA-15对砷的吸附等温线

表3-9 等温吸附模型拟合结果

Freundlich 模型			Langmuir模型		
K_f	n	R^2	q_m/(mg/g)	b/(L/mg)	R^2
5.94	3.09	0.9033	23.09	0.31	0.9973

表3-10 几种典型铁氧化物对砷的吸附能力

吸附剂	吸附容量/(mg/g)
γ-Fe_2O_3	4.75
赤铁矿	0.29
纳米氧化铁颗粒	3.77
Fe_2O_3@C-500	17.9
Fe_2O_3@C-300	8.0
纳米磁铁矿磁赤铁矿颗粒	3.69
Fe_2O_3/ACF	20.33
Fe_3O_4-RGO-MnO_2	12.22
Fe-SBA-15	5.09
γ-Fe_2O_3/SBA-15	23.09

3.2.3.7 吸附动力学

不同浓度条件下γ-Fe_2O_3/SBA-15对砷的吸附动力学特征见图3-35。吸附的前30min γ-Fe_2O_3/SBA-15对砷快速吸附，之后对砷的吸附速率趋于平衡，这与前人研究铁氧化物除砷的动力学特征一样，都表现出“快吸附，慢平衡”的两个过程，这说明γ-Fe_2O_3/SBA-15的表面具有除砷高活性位点。为了进一步了解γ-Fe_2O_3/SBA-15对砷的吸附动力学特征，分别采用准一级动力学模型和准二级动力学模型对动力学实验数据进行拟合，结果见表3-11。从表3-11可知，γ-Fe_2O_3/SBA-15对砷的吸附动力学过程能够很好地被准一级动力学模型和准二级动力学模型拟合。但准一级动力学模型拟合实验数据的相关性为0.9086，低于准二级动力学模型对实验数据的拟合相关性（0.9993），且准二级动力模型拟合出的材料吸附砷能力为8.81mg/g，要比准一级动力学拟合结果（11.03mg/g）更加接近实验值（8.67mg/g），说明准二级动力学能够更好地对实验数据进行拟合。拟合结果表明γ-Fe_2O_3/SBA-15对砷的去除过程受到γ-Fe_2O_3/SBA-15表面吸附位点对砷的结合能力的影响，且吸附速率与γ-Fe_2O_3/SBA-15表面有效吸附位点的数目的平方成正比。因此化学吸附是主要的限速步骤，化学吸附包括SBA-15负载的γ-Fe_2O_3与砷离子通过共享或者是交换电子形成化合力的过程。

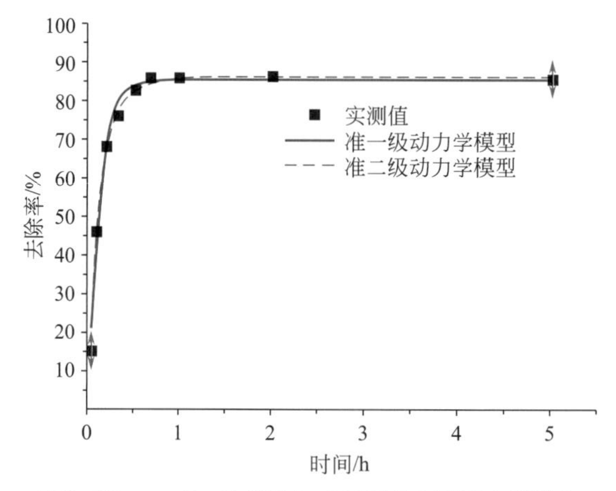

图3-35 γ-Fe_2O_3/SBA-15对砷的吸附动力学拟合

表3-11 准一级动力学模型和准二级动力学模型拟合结果

准一级动力学模型				准二级动力学模型			
$q_{e,exp}$/(mg/g)	K_1/min^{-1}	$q_{e,cal}$/(mg/g)	R^2	$q_{e,exp}$/(mg/g)	K_2/[g/(mg·min)]	$q_{e,cal}$/（mg/g）	R^2
8.67	0.066	11.03	0.9086	8.67	0.034	8.81	0.9993

3.2.3.8 吸附砷后表征

为了研究γ-Fe_2O_3/SBA-15吸附砷后对材料性能的影响，测试表征了吸附-解吸循环五次后的γ-Fe_2O_3/SBA-15，其XRD谱图见图3-36。从图中可知，吸附砷后的XRD谱图并没有显著的变化，衍射峰数目没有增多，均为γ-Fe_2O_3的特征衍射峰，只是衍射峰的强度增强，说明吸附砷后铁氧化物的结晶度有所增加。

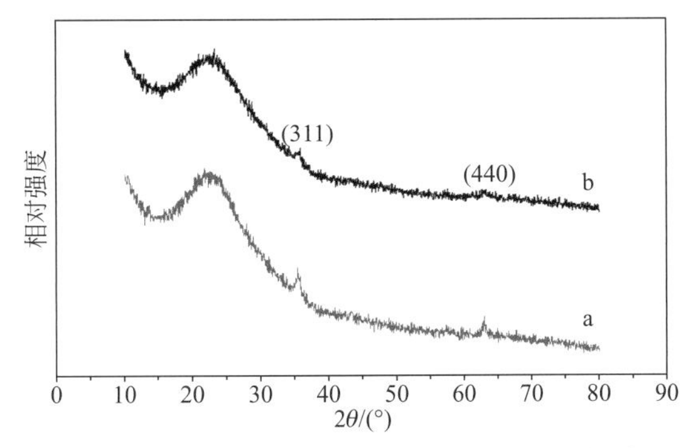

图3-36 γ-Fe_2O_3/SBA-15吸附砷后（a）和吸附砷前（b）的XRD谱图

为了解释γ-Fe_2O_3/SBA-15对砷的去除机理，对除砷前后的γ-Fe_2O_3/SBA-15进行XPS表征，其表面氧的O（1S）XPS谱图拟合结果见图3-37和表3-12。吸附砷后，γ-Fe_2O_3/SBA-15表面O^{2-}的百分含量从11.4%升高到54.0%，而·OH的百分含量从70.7%降低到25.3%，说明砷酸盐通过置换悬浮物表面的羟基形成Fe-O-As结合形式，表明γ-Fe_2O_3/SBA-15对砷的去除是以专性吸附为主[22,23]。

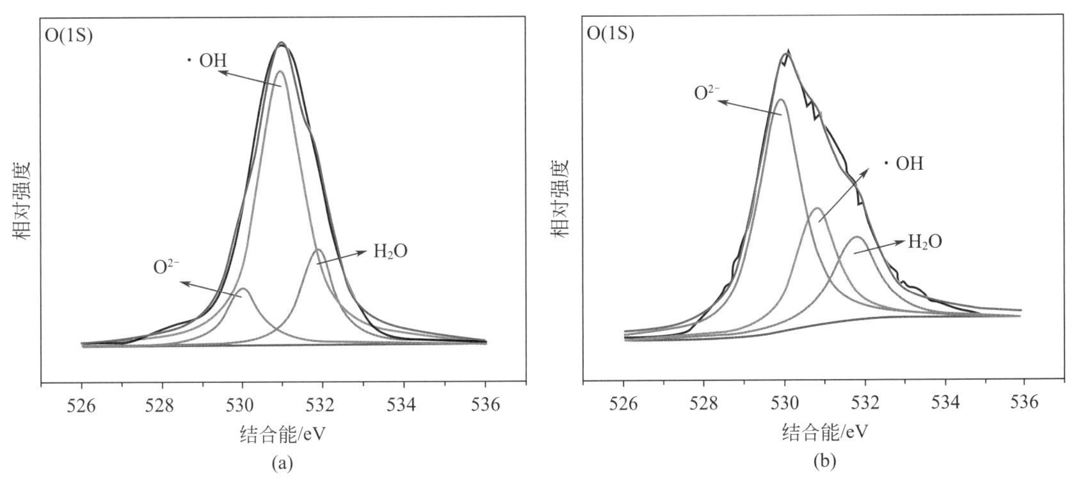

图3-37 γ-Fe_2O_3/SBA-15吸附砷前（a）和后（b）的O（1S）XPS峰分析

表3-12 γ-Fe_2O_3/SBA-15吸附砷前后的O（1S）峰值参数

样品	结合能/eV	峰①	百分数②/%
吸附前	529.93	O^{2-}	11.4
	530.77	·OH	70.7
	531.67	H_2O	17.9
吸附后	529.92	O^{2-}	54.0
	530.82	·OH	25.3
	531.78	H_2O	20.7

① 悬浮物表面含氧种类：O^{2-}（金属结合氧）、·OH（金属结合羟基）、H_2O（表面吸附水）。
② 指每个峰在O（1S）峰中所占的百分数。

γ-Fe_2O_3/SBA-15吸附砷前后的Zeta电位与pH值的关系如图3-38所示。从图中可知，γ-Fe_2O_3/SBA-15吸附砷前后的等电点pH值分别是6.48和6.03，这表明γ-Fe_2O_3/SBA-15吸附砷后的等电点pH值降低，γ-Fe_2O_3/SBA-15表面形成带负电荷的阴离子复合物，其对砷的吸附是一种内层吸附[24]。

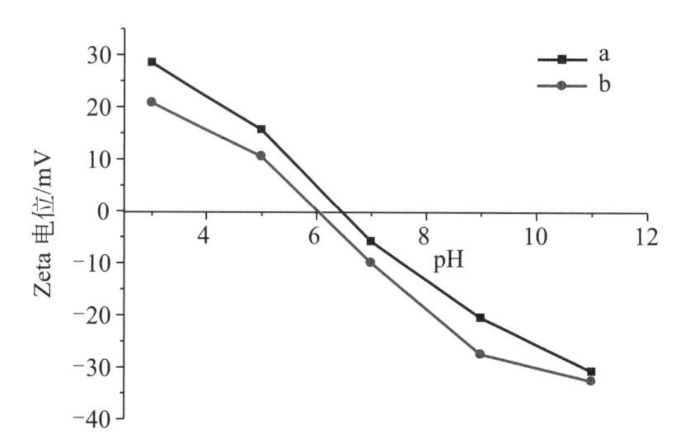

图3-38　γ-Fe_2O_3/SBA-15吸附砷前（a）和后（b）的Zeta电位图

3.2.4　小结

① 利用改进的无外加酸源一步法能够制备出具有磁性的γ-Fe_2O_3/SBA-15材料；在一步法合成中，铁源对材料的制备具有显著影响，利用二价铁源能制备出γ-Fe_2O_3/SBA-15，但是三价铁源不能制备出γ-Fe_2O_3/SBA-15。

② 对样品的结构进行分析表明，硫酸亚铁和氯化亚铁作为铁源均能够制备出典型的二维六方介孔结构的材料，但硫酸亚铁制备出的材料的比表面积要比氯化亚铁的高；针对目标污染物砷的去除实验，也发现硫酸亚铁制备的材料对砷的去除效果更好。

③ 铁硅比对制备的γ-Fe_2O_3/SBA-15的性能有影响，铁硅比越高，生成的铁氧化物的XRD谱图上衍射峰越多；随着铁硅比的增加，材料的比表面积是先增加后稳定，因此认为铁硅比为0.26时是最优。0.26-γ-Fe_2O_3/SBA-15材料上负载的磁赤铁矿粒径约为10nm；材料的磁饱和强度为6.23emu/g，使得其能够被磁铁快速从溶液中分离出来；材料的TG-DSC分析表明，材料具有很好的热稳定性，仅在75℃左右失去表面吸附水。

④ γ-Fe_2O_3/SBA-15对砷的吸附效果在溶液pH为中性或酸性条件下较好，但是当溶液的pH变化为强碱性时，其对砷的吸附效果明显下降；天然地下水中常见的阴离子硫酸根和硝酸根对γ-Fe_2O_3/SBA-15除砷影响不大，而磷酸根和硅酸根则对γ-Fe_2O_3/SBA-15除砷影响较大，其除砷的效率与磷酸根和硅酸根的浓度呈反比。制备的γ-Fe_2O_3/SBA-15具有一定的磁性，能够被磁铁快速吸收再利用；γ-Fe_2O_3/SBA-15除砷过程中，吸附-解吸循环使用5次后，其对砷的去除率约为70%。

⑤ 吸附等温线拟合结果表明Langmuir模型更加适合描述γ-Fe_2O_3/SBA-15对砷的等温吸附过程，拟合出γ-Fe_2O_3/SBA-15对砷的最大吸附量为23.09mg/g；吸附动力学拟合

结果表明准二级动力学模型能够很好地拟合γ-Fe_2O_3/SBA-15吸附砷的实验数据，表明化学吸附是控制γ-Fe_2O_3/SBA-15除砷的关键步骤，γ-Fe_2O_3/SBA-15表面的有效吸附位点数量决定了其吸附砷的速率和能力。通过XRD表征，发现γ-Fe_2O_3/SBA-15吸附砷前后的磁赤铁矿不会发生转晶变化；通过XPS和Zeta电位分析，证明了γ-Fe_2O_3/SBA-15对砷的吸附是专性吸附过程。

3.3 包覆型纳米零价铁-反硝化细菌联合体系

3.3.1 修复材料研究背景

垃圾填埋场的渗滤液渗漏问题导致污染物硝酸盐的含量在地下水中逐渐增加，地下水污染日趋严重。国内外地下水硝酸盐的污染问题已是非常普遍且亟待解决的环境问题之一。许多研究表明单一采用化学还原法或生物反硝化法修复地下水硝酸盐污染，仍存在一些不足之处。国内外研究学者将化学还原法和生物反硝化法联合起来去除地下水硝酸盐取得了很好的效果。基于此，本研究首先采用氩气除氧、低温冷却水循环、锡纸包覆反应器充分模拟地下水溶解氧、低温、黑暗的环境，通过批实验和柱实验对包覆型纳米零价铁-反硝化细菌联合的脱硝体系做了进一步的研究，探索组合材料去除地下水中硝酸盐的影响因素；通过柱实验研究不同填装方式及反应停留时间对组合材料的影响，以期为地下水硝酸盐污染的修复提供技术支持。

3.3.2 制备材料与方法

3.3.2.1 试剂与材料

油酸包覆型纳米铁（北京，德科岛金，纯度为99%，粒径为50nm），油酸钠与铁的质量比为1∶99，对此材料进行了XRD表征，如图3-39所示；实验所使用的反硝化细菌是购于广东佛山市碧沃丰生物科技股份有限公司，属于兼性（佛山，碧沃丰），活化后可直接使用；蔗糖、KNO_3、$NaNO_3$、$NaNO_2$、浓硫酸、NaOH、$ZnSO_4$、KI、HgI_2试剂除特殊说明外均为分析纯，实验用水为超纯水。

（1）材料制备方法

有两种方法可以用来制备油酸包覆型纳米铁，一种是油酸同步修饰，另一种是油酸异步修饰。

前者制备的方法如下：整个反应都是在氮气保护下进行的，首先将40mL无水乙醇和0.59mLPVP K30加入100mL 0.2mol/L的$FeSO_4$溶液中，然后将100mL 0.5mol/L的硼氢化钾与10g/L的油酸钠的混合溶液在高速搅拌的状态下滴加到上述混合体系中，滴加完毕后体系继续反应30min，反应方程式如下：

$$Fe^{2+}+2BH_4^-+6H_2O \longrightarrow Fe^0+2B(OH)_3+7H_2 \tag{3-8}$$

反应结束后，用磁铁将黑色产物吸住，倒掉上层液体。然后用脱氧高纯水和脱氧无水乙醇各洗涤3次，在氮气保护下烘干即可。

与第一种方法相比，第二种方法的不同之处是油酸钠独立于纳米铁的合成过程之外。方法如下：首先在氮气保护下，制备出未加修饰的纳米铁；然后在高速搅拌下将其与10g/L的油酸钠溶液混合，继续搅拌并将混合物质放于超声器中30min；之后用磁铁将制备的油酸包覆型纳米铁与溶液分离，并用脱氧超纯水和脱氧无水乙醇分别洗涤3次，同样在氮气保护下烘干。

（2）材料的表征

实验所用油酸包覆型纳米铁材料购于北京德科岛金科技有限公司。纯度为99%，粒径为50nm。对该材料进行稳定性分析和表征。

对油酸包覆型纳米铁的稳定性进行分析：将用油酸包覆的纳米铁和未经修饰的纳米铁同时放置在空气中，可以看到纳米铁［图3-39（a）］马上自燃，而油酸包覆型纳米铁材料［图3-39（b）］未自燃，显示出良好的空气稳定性。

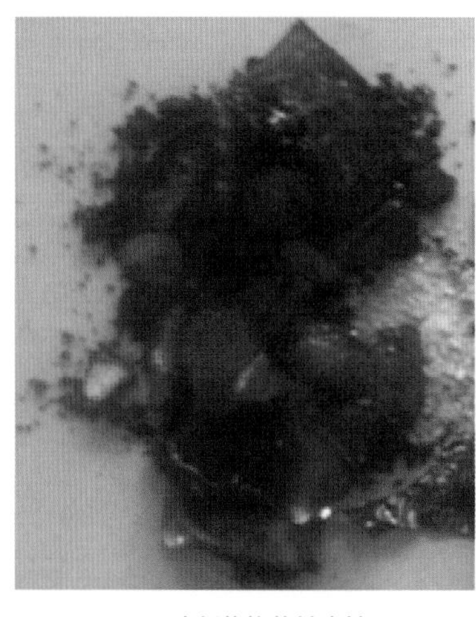
(a) 未经修饰的纳米铁

(b) 油酸包覆型纳米铁

图3-39 未经修饰的纳米铁与油酸包覆型纳米铁稳定性分析

图3-40显示的是油酸包覆型纳米铁材料XRD谱图。从图中可以看出，在$2\theta=44.75°$、65.10°和82.35°处，油酸包覆型纳米铁呈现出很明显的衍射峰，这与铁的衍射峰相吻合[25]。这也从某一方面说明包覆后的纳米铁主要成分是Fe，稳定性提高很多。

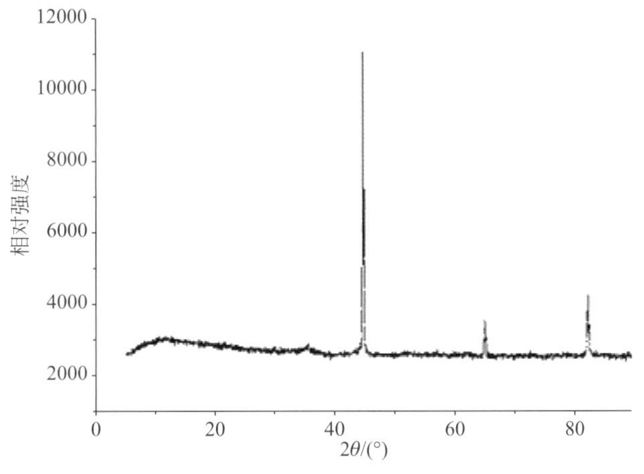

图3-40 油酸包覆型纳米铁材料的XRD谱图

图3-41是对油酸包覆型纳米铁进行的SEM表征。包覆后的纳米铁粒径能达到1μm以下，从图中可以看出，虽然部分纳米铁出现团聚现象（图中方框），但材料中主要成分还是Fe，并且稳定性提高。

图3-41 油酸包覆型纳米铁SEM图

（3）反硝化细菌的活化

1）根据购买公司提供的反硝化细菌活化的方法操作，如下：反硝化细菌10g，超纯水200mL，蔗糖4g，搅拌10min，充分混匀，静置12h以上，备用。

2）菌落计数

① 培养基的制备　分别按质量3g、10g、5g和15g取牛肉膏、蛋白胨、氯化钠、琼

脂各一份，然后在1500mL锥形瓶中加入1000mL纯水，再将已称好的牛肉膏、蛋白胨和氯化钠放入锥形瓶中，用玻璃棒搅拌使各组分完全溶解；待完全溶解后将已称好的琼脂加入锥形瓶中，用玻璃棒不断搅拌以免黏底。等琼脂完全溶解后补充适量水，然后用质量分数为10%的盐酸溶液或10%的氢氧化钠溶液将pH值调整到7.2 ～ 7.6；然后将其均匀分装在两个500mL的锥形瓶中，用专用密封膜封口后，放在高压蒸汽灭菌锅中灭菌15 ～ 30min。灭菌完成后，在已紫外消毒10min后的超净台中，趁热将已灭菌后的溶液快速均匀地倒在平板上（15mL/个），冷却24h即可使用。

② 菌落计数　以无菌操作方法用1mL灭菌枪吸取充分混匀的水样或2 ～ 3个适宜浓度的稀释水样1mL，注入平板培养基中，然后放入3 ～ 5个灭菌的玻璃珠，立即均匀旋摇平板，使水样均匀地铺在已制备好的培养基上，然后将平板翻转过来，使底面朝上放置，待所有水样都涂完平板后，将其放于温度为28℃的生物恒温培养箱内培养至少24h，待微生物生长完成后，观察微生物并进行菌落计数。每个水样应倾注两个平板。

3.3.2.2　实验方法

（1）地下水环境因素对油酸包覆型纳米铁去除硝酸盐的影响

所有实验用锡纸包覆反应瓶模拟黑暗条件，通氩气达到模拟地下水溶解氧环境，用低温循环冷却水保持低温环境。设置4组对比实验，分别用于考察DO、光照、温度与初始pH值这4种因素对油酸包覆型纳米铁降解NO_3^--N的影响。向4组编号不同的250mL锥形瓶中加入200mL 70mg/L（以N计）的$NaNO_3$溶液和2g油酸包覆型纳米铁，控制不同的反应条件：模拟地下水溶解氧环境［$\rho(O_2)$为0.50mg/L］和实验室纯水溶解氧环境［$\rho(O_2)$为5.41mg/L］，模拟地下水黑暗环境和实验室自然光照环境，模拟一般地下水温度（15℃）和实验室内温度（25℃），模拟地下水初始pH环境（4、7、9）。所有实验除pH值对比实验外均不调pH值，在加入油酸包覆型纳米铁前先测定溶液的pH值和E_h作为初始值；投加2g油酸包覆型纳米铁后用封口膜将瓶口密封，置于恒温振荡器中，静置反应。取样时用10mL移液管在封口膜中央扎洞并将移液管伸入瓶内吸取溶液，取样后及时用新的封口膜密封瓶口保持反应器内的厌氧环境（新的封口膜是在原封口膜上密封）。

（2）不同材料对地下水硝酸盐去除效果比较研究

所有实验用锡纸包覆反应瓶模拟黑暗条件，通氩气达到无氧条件，用低温循环冷却水保持低温环境。所有实验均在500mL锥形瓶中进行，将2g油酸包覆型纳米铁、10mL活化后的菌液和油酸包覆型纳米铁（2g）-反硝化细菌（10mL）分别加入70mg N/L的硝酸钠模拟水样中，用封口膜将瓶口密封，置于15℃恒温振荡器中静置反应。间隔一定时间取一定量的水样，取样时用20mL注射器在封口膜中央扎洞并将注射器伸入瓶内吸取溶液，取样后及时用新的封口膜密封瓶口保持反应器内的厌氧环境（新的封口膜是在原封口膜上密封）。一部分及时测pH值、DO、E_h（氧化还原电位），剩余水样测溶液中的NO_3^--N、NO_2^--N和NH_4^+-N。

（3）油酸包覆型纳米铁-反硝化细菌联合去除地下水硝酸盐影响因素研究

所有实验用锡纸包覆反应瓶模拟地下水黑暗环境，通氩气达到模拟地下水溶解氧环境，用低温循环冷却水保持地下水低温环境。设置4组对比实验，分别用于考察DO、光照、温度与初始pH值这4种因素对油酸包覆型纳米铁降解NO_3^--N的影响。向4组编号不同的250mL锥形瓶中加入200mL $\rho(NaNO_3)$（以N计）为70mg/L的$NaNO_3$溶液和2g油酸包覆型纳米铁，控制不同的反应条件：模拟地下水溶解氧环境［$\rho(O_2)$为0.50mg/L］和实验室超纯水溶解氧环境［$\rho(O_2)$为5.41mg/L］，模拟地下水黑暗环境和实验室自然光照环境，模拟通常地下水温度（15℃）和实验室室温（25℃），模拟地下水初始pH环境（4、7、9）。所有实验除pH值对比实验外均不调pH值，在加入油酸包覆型纳米铁前先测定溶液的pH值和E_h作为初始值；投加油酸包覆型纳米铁后用封口膜将瓶口密封，置于恒温振荡器中，静置反应。取样时用10mL移液管在封口膜中央扎洞并伸入瓶内吸取溶液，取样后及时用新的封口膜密封瓶口保持瓶内的厌氧环境（新的封口膜是在原封口膜上密封）。

3.3.3 结果与讨论

3.3.3.1 地下水环境因素对油酸包覆型纳米铁去除NO_3^--N的影响

（1）油酸包覆型纳米铁脱氮效果及产物分析

夏宏彩等[26]研究表明，油酸包覆型纳米铁与微生物结合去除硝酸盐反应速率快，氨氮转化率低，但此材料单独用于地下水硝酸盐的去除效果并未研究。图3-42所示的是油酸包覆型纳米铁用于地下水硝酸盐脱氮效果及还原产物浓度变化情况。

从图3-42中可以看出，在地下水这种特殊环境下，油酸包覆型纳米铁可以用于硝酸盐氮的降解。反应过程中，随着时间的增长，溶液中剩余的硝酸盐浓度不断减少，反应400h后硝酸盐去除率达到90%以上；反应产物氨氮是随着时间不断积累，最终积累量达到60mg/L左右；而反应过程中亚硝态氮的含量呈现一个先增加后降低的趋势，最大生成量为15mg/L左右；溶液中总氮（硝酸盐氮、亚硝态氮和氨氮之和）的变化很微小，在中间一段时间内有轻微的减少，可能是过程中产生了一些气态的产物，但这些产物极不稳定，很快又分解或转化为氨氮，所以溶液中总氮量几乎没有太大的变化。油酸包覆

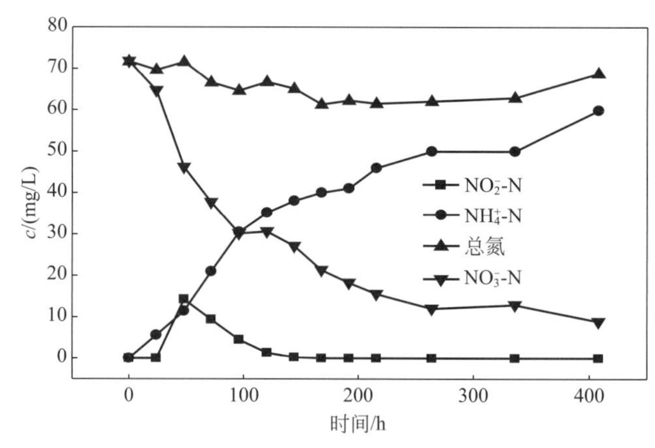

图3-42 溶液中硝酸盐氮及还原产物的浓度变化

型纳米铁与硝酸盐反应使其73%的NO_3^--N转化为NH_4^+-N。从图中可知，运用油酸包覆型纳米铁降解硝酸盐的反应过程中，有中间产物生成，并随着反应进行而降解。中间产物（特别是NO_2^--N）的生成，必定会与NO_3^--N争夺电子，影响其降解速率。

（2）DO对脱氮反应的影响

为考察地下水环境DO对油酸包覆型纳米铁修复地下水NO_3^--N的影响，实验设计为$\rho(O_2)$为0.50mg/L和5.41mg/L两种情景中NO_3^--N的降解效果与反应产物的变化，结果如图3-43所示。由图3-43（a）可知，这两种条件下，油酸包覆型纳米铁降解NO_3^--N的趋势是一致的，但模拟条件下，NO_3^--N的去除率明显高于实验室条件，反应264h时，NO_3^--N去除率分别为78.9%和42.3%。这是由于在氧气存在的条件下，纳米铁优先选择氧而不是NO_3^-作为电子受体。油酸包覆型纳米铁与NO_3^-在无氧条件下的主要反应见式（3-9）～式（3-11），但在有氧条件下，油酸包覆型纳米铁优先完成有氧参与的氧化还原反应，即式（3-12）、式（3-13）[27]。

$$4Fe+NO_3^-+7H_2O \longrightarrow NH_4^++4Fe^{2+}+10OH^- \tag{3-9}$$

$$Fe+NO_3^-+H_2O \longrightarrow NO_2^-+Fe^{2+}+2OH^- \tag{3-10}$$

$$3Fe+NO_2^-+6H_2O \longrightarrow NH_4^++3Fe^{2+}+8OH^- \tag{3-11}$$

$$2Fe+2H_2O+O_2 \longrightarrow 2Fe(OH)_2 \tag{3-12}$$

$$4Fe(OH)_2+O_2+2H_2O \longrightarrow 4Fe(OH)_3 \tag{3-13}$$

由图3-43（b）可以看出，DO不仅影响NO_3^--N的去除率，对脱氮产物也有一定影响。模拟条件下，NO_2^--N产生的极大值是实验室条件下的65%；这可能是由于纳米铁与O_2反应产生的铁沉淀物覆在铁表面的反应位点，使NO_3^--N去除率低，并且初期时NH_4^+-N产出率低、NO_2^--N产生率高。因此，模拟地下水溶解氧环境［$\rho(O_2)$为0.50mg/L］有利于NH_4^+-N生成，不利于NO_2^--N生成。

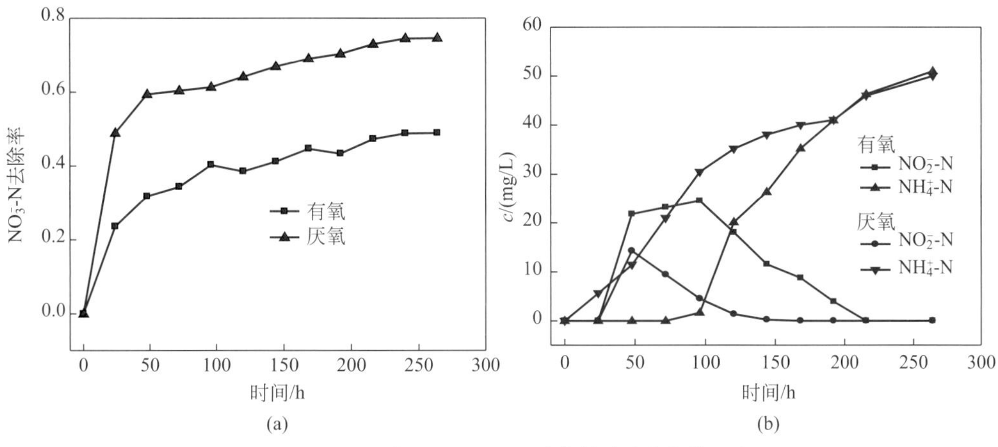

图3-43　DO对NO_3^--N及还原产物的浓度变化的影响

（3）光照对油酸包覆型纳米铁材料去除NO_3^--N的影响

为考察地下水黑暗环境对油酸包覆型纳米铁降解NO_3^--N的影响，实验对比研究了实验室自然光照环境和模拟地下水黑暗环境下油酸包覆型纳米铁对NO_3^--N的降解效果，结果如图3-44所示。由图3-44可知，在实验室自然光照环境与模拟地下水黑暗环境下，油酸包覆型纳米铁降解地下水NO_3^--N的降解趋势及去除速率基本一致，400h后去除率都在97.6%以上；NO_2^--N产生趋势也相似，但实验室光照环境下NO_2^--N最大产生量低于模拟黑暗环境，相差7.8mg/L；NH_4^+-N最终生成量相差1.6mg/L。实验室光照条件下，同一时间内NO_3^--N的去除率较高，NO_2^--N的最高积累量较低，反应初期NH_4^+-N的产生量较少，这可能是由于光

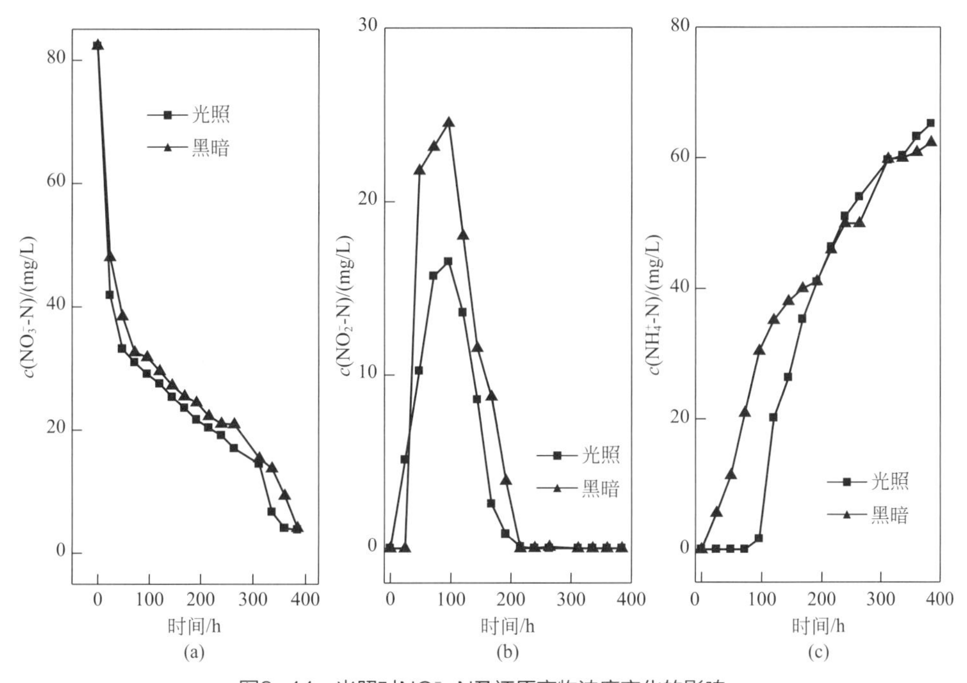

图3-44　光照对NO_3^--N及还原产物浓度变化的影响

照更有利于NO_2^--N的分解[28]，时间越长NO_2^--N的降解率越大，NO_2^--N的光解产物以NO为主，但整个反应过程中NO_2^--N光解不是主要反应，一段时间之后，光照条件下NH_4^+-N的产生量随时间的延长而增加。从实验结果得出，光照对反应过程中NO_2^--N的产生和转化有一定影响，但对油酸包覆型纳米铁降解地下水NO_3^--N效果无显著影响。

（4）温度对油酸包覆型纳米铁去除NO_3^--N的影响

温度是影响化学反应的一个重要因素。实验研究模拟一般地下水温度（15℃）和实验室室温（25℃）对NO_3^--N降解及还原产物变化情况的影响，如图3-45所示。由图3-45可知，温度对化学反应速率有显著影响，25℃和15℃ NO_3^--N降解趋势一致，去除率分别为87.5%和95.3%，但48h时25℃下NO_3^--N的去除率是15℃下的1.93倍，这可能是由于高温更易于克服反应的能垒[29,30]，提高油酸包覆型纳米铁与NO_3^--N的反应速率。两组实验中NO_2^--N先升高再降低，过程中出现一个极大值，低温NO_2^--N转化速率慢。反应过程中NH_4^+-N积累量如图3-46所示，反应过程中25℃条件下NH_4^+-N积累量高于15℃，这是由于NH_4^+-N的产生量主要取决于吸附到纳米铁表面的NO_3^--N的量[28]，低温不仅限制NO_3^-向纳米铁的扩散过程，还限制整个反应体系内化学还原速率。

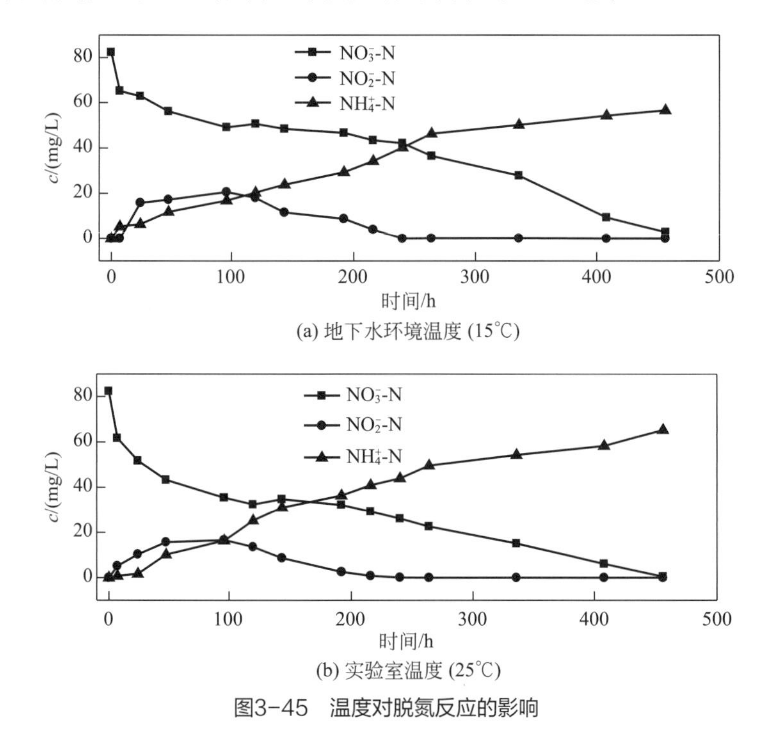

(a) 地下水环境温度 (15℃)

(b) 实验室温度 (25℃)

图3-45　温度对脱氮反应的影响

（5）环境初始pH值对油酸包覆型纳米铁去除NO_3^--N的反应效果

初始pH值是油酸包覆型纳米铁修复地下水中NO_3^--N的一个重要影响因素。模拟地下水初始pH值对NO_3^--N还原速率的影响如图3-47所示。由图3-47可知，油酸包覆型纳米铁与不同初始pH值的NO_3^--N溶液反应，表现出相似的反应趋势，均可达到较好的

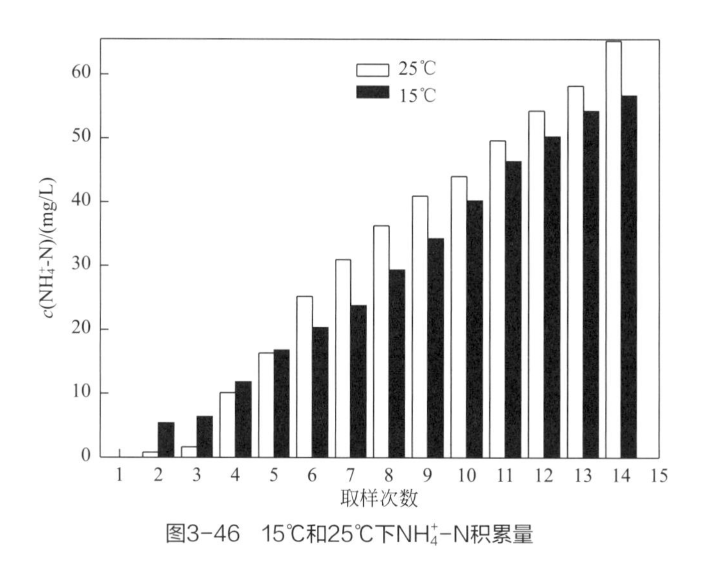

图3-46　15℃和25℃下NH_4^+-N积累量

脱氮效果。包覆后的纳米铁与NO_3^--N的反应有效时间明显延长，400h后不同pH值下NO_3^--N降解率均可达到80%以上。相比之下，前200h内的降解速率较快，能达到60%以上。从实验结果来看，在这种模拟实验条件下，随着反应的不断进行，溶液中pH值不断升高，200h后溶液中NO_3^--N的去除速率却呈下降趋势，这也与Yang等[31,32]研究得出的结果基本一致，出现这种现象的原因主要是在pH值较高的环境中，纳米铁在与硝酸盐反应过程中产生的氧化物和氢氧化物会沉积在纳米铁材料表面，导致铁表面发生钝化而影响其与NO_3^--N的进一步反应，溶液中硝酸盐的去除率会下降，直至平稳。

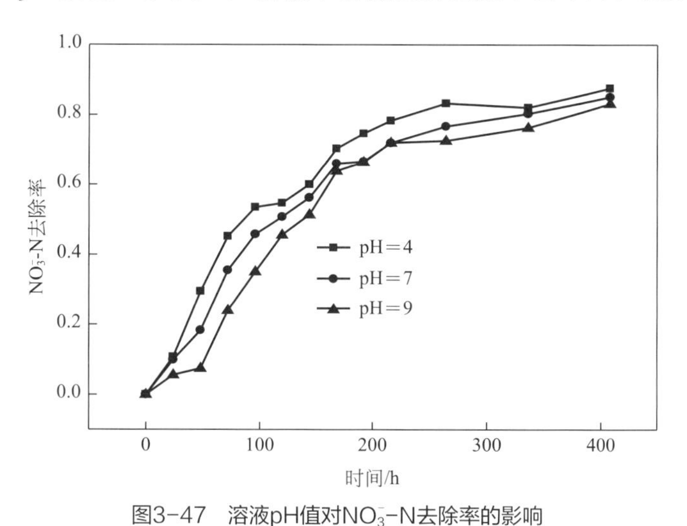

图3-47　溶液pH值对NO_3^--N去除率的影响

3.3.3.2　不同材料修复地下水硝酸盐效果及机制研究

在研究了油酸包覆型纳米铁在地下水环境中的脱氮效果及影响因素的基础上，对不同组合材料的脱氮效果及油酸包覆型纳米铁-反硝化细菌联合作用的机制进行了研究。

（1）脱氮效果分析

为比较不同方法在地下水环境中去除硝酸盐的效果，研究了三种材料（油酸包覆型纳米铁、反硝化细菌和油酸包覆型纳米铁-反硝化细菌）在地下水温度（15℃）、溶解氧（0.50mg/L）和黑暗条件下的脱氮效果，结果如图3-48所示。

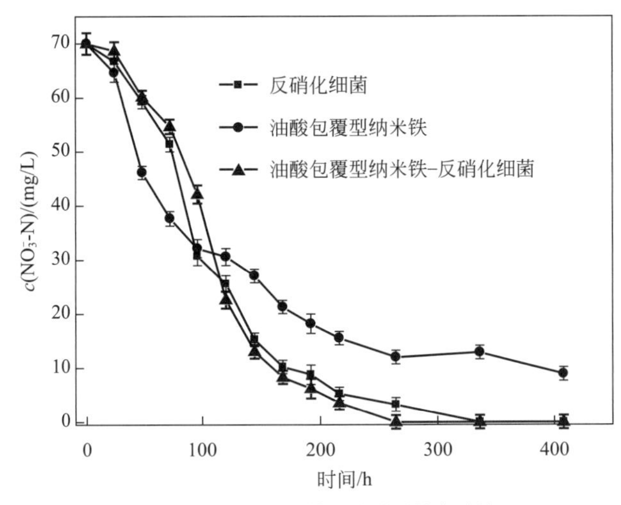

图3-48　不同材料对地下水硝酸盐去除效果

由图3-48可知，不同材料对硝酸盐的去除效果有差异。72h内添加反硝化细菌的材料对NO_3^--N的降解较慢，而油酸包覆型纳米铁对NO_3^--N的降解相对较快，此时，油酸包覆型纳米铁、反硝化细菌和油酸包覆型纳米铁-反硝化细菌对硝酸盐的去除率分别为47.1%、25.7%和20.7%；72h后反硝化细菌和油酸包覆型纳米铁-反硝化细菌与NO_3^--N的反应速率加快，264h后NO_3^--N的去除率分别为96.4%和99.5%，而油酸包覆型纳米铁对NO_3^--N的去除率为86.4%。在体系反应的第一阶段，主要是Fe^0的氧化还原作用，此阶段中的反硝化细菌在适应环境的过程中，生物反硝化作用弱于化学还原，所以只有反硝化细菌的体系中一开始硝酸盐去除比较慢；而在油酸包覆型纳米铁-反硝化细菌体系中，油酸包覆型纳米铁的存在使硝酸盐的去除快于反硝化细菌体系。但反硝化细菌会附着在铁表面，占据了铁表面的反应位点，因此，反应初期此体系去除硝酸盐速率低于油酸包覆型纳米铁体系。

随着反应的进行，反硝化细菌适应环境，开始发挥反硝化作用，硝酸盐降解速率加快；此阶段油酸包覆型纳米铁-反硝化细菌体系中，脱氮反应以生物反硝化作用为主。而且，铁表面的油酸钠解离会给反硝化细菌提供部分碳源，油酸钠分解后会暴露更多的反应位点，进一步加快硝酸盐的降解。对于油酸包覆型纳米铁体系，其与溶液中NO_3^--N的反应过程中会产生一些铁氢氧化物，吸附在纳米铁的表面，造成类似的表面钝化，阻碍了纳米铁与NO_3^--N的有效接触面积，有效反应的减少使得NO_3^--N去除速率降低；加上显露出来的纳米铁粒子因其活性高，有一小部分还没来得及参加反应就发生团聚，这样就整体地降低了其表面反应活性，这也就是实验结果所呈现出的随着反应的不断进行脱氮的反应速率再上升后会有所下降[33]。

（2）脱氮产物比较

三种材料脱氮过程中NO_2^--N和NH_4^+-N浓度变化如图3-49所示。

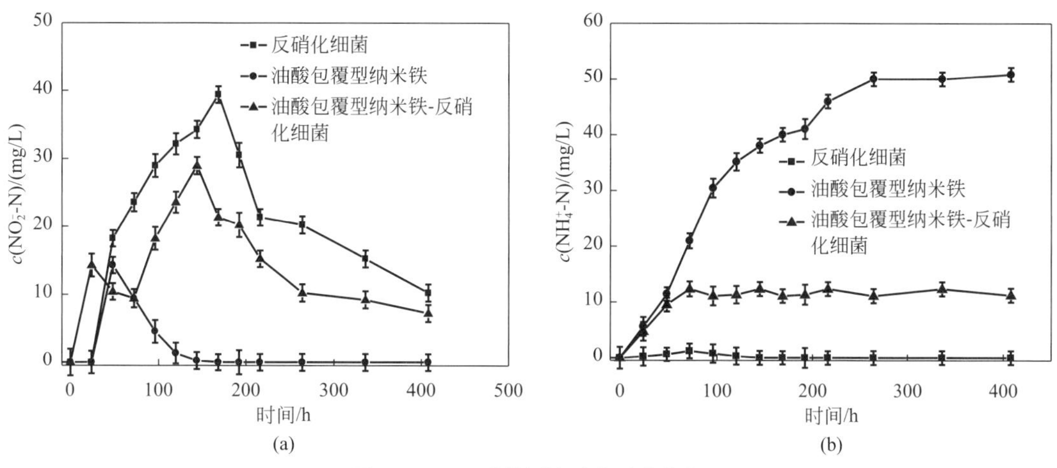

图3-49　不同材料脱氮产物浓度变化

由图3-49（a）可以看出，三种体系（油酸包覆型纳米铁、反硝化细菌、油酸包覆型纳米铁-反硝化细菌）中NO_2^--N呈先升高后降低的趋势，最大生成率分别为21.1%、60.1%和39.7%；反应结束后油酸包覆型纳米铁体系几乎检测不到NO_2^--N的存在，而反硝化细菌和油酸包覆型纳米铁-反硝化细菌体系中NO_2^--N依然分别有17.8%和4.03%的残留。由反应方程式（3-10）和方程式（3-11）可知，纯油酸包覆型纳米铁体系中，脱氮过程中会产生一定量的NO_2^--N，随着反应的进行，NO_2^--N最终会被还原为NH_4^+-N；在生物反硝化中有机碳源的浓度对菌体的生长和反硝化速率起着重要的作用，如果碳源不足会抑制反硝化的速率[34]，在反硝化细菌体系中反硝化作用开始后，碳源不断被消耗，反硝化作用不彻底，从NO_3^-至NO_2^-比从NO_2^-至N_2容易[35]，因此反应过程中有大量的NO_2^--N积累；在油酸包覆型纳米铁-反硝化细菌体系中，由于油酸钠包覆后的纳米铁对反硝化细菌的毒害降低，加之油酸钠本身对微生物无害，且可作为反硝化细菌的碳源，从而更有利于反硝化细菌的生长和反硝化作用的进行，弥补了只有反硝化细菌时碳源不足的缺陷，反应过程中NO_2^--N积累相对较少。

由图3-49（b）可以看出，反硝化细菌体系中，NH_4^+-N几乎未被检出，原因应是NO_3^--N大都被转化为N_2；油酸包覆型纳米铁和油酸包覆型纳米铁-反硝化细菌体系中NH_4^+-N均呈先增加后稳定的生成趋势，生成率分别为74.7%和17.6%。油酸包覆型纳米铁-反硝化细菌体系中产生的NH_4^+-N主要是反应初期，反硝化细菌适应阶段，纳米铁降解硝酸盐的产物；反硝化细菌起主要作用时，该体系中几乎没有NH_4^+-N产生。只有油酸包覆型纳米铁的反应体系中，产物主要是NH_4^+-N。

（3）总氮平衡分析

三种材料脱氮过程中总氮的变化如图3-50所示。从图中可以看出，72h三种材料降解NO_3^--N过程中总氮（NO_3^--N、NO_2^--N和NH_4^+-N总和）变化不大，72h后加入反硝化细菌的体系总氮明显降低，反应结束后总氮去除率为71.4%；而油酸包覆型纳米铁与NO_3^--N反应过程中总氮呈先略微降低后稳定的变化趋势，总氮去除率为14.3%。这说明存在反硝化细菌的两个体系中，NO_3^--N降解产物主要是N_2；而油酸包覆型纳米铁体系中，在某段时间内总氮有一定的减少，表明在氧化还原过程中生成了其他一些含氮中间产物，如N_2O、NO_2、N_2或N_2H_4等[36]，并且这些产物除N_2外是不稳定的，很快分解掉或者转化为NH_4^+-N，所以最后总氮量有所增加，最终产物主要是NH_4^+-N。

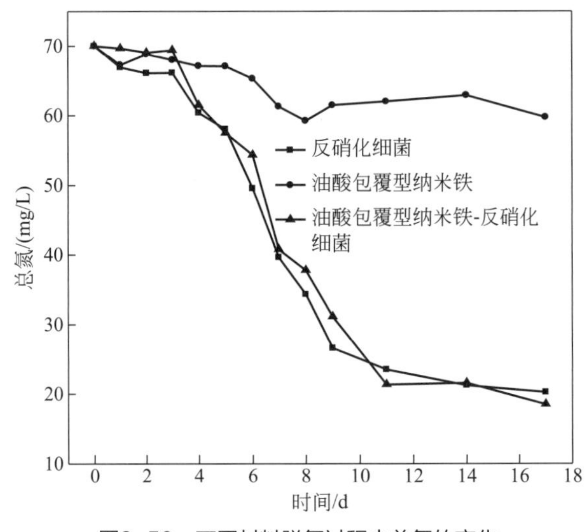

图3-50　不同材料脱氮过程中总氮的变化

（4）组合材料脱氮机制研究

通过对三种体系脱氮效果比较可以看出，在模拟地下水环境中，油酸包覆型纳米铁-反硝化细菌组合方法对地下水NO_3^--N的去除效果最好，产物主要是气态氮，减少了还原产物NH_4^+-N对地下水造成的二次污染。为了更好地研究组合材料在脱氮过程中的相互作用，在模拟地下水温度（15℃）、溶解氧（0.50mg/L）、中性和黑暗的环境下，组合材料对地下水硝酸盐的去除效果如图3-51所示。

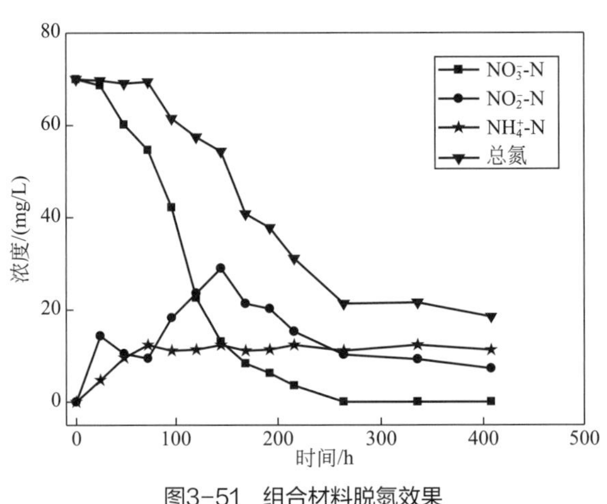

图3-51　组合材料脱氮效果

从上述比较研究中发现，油酸包覆型纳米铁-反硝化细菌体系去除硝态氮较好，可以得出油酸包覆型纳米铁与反硝化细菌在脱氮过程中是协同作用，相互促进。从图3-51可以看出，反应进行72h后，硝酸盐降解加快，此时反硝化细菌适应环境开始发挥生物反硝化作用。而反应初期，反硝化细菌适应环境的阶段，体系中主要以油酸包覆型纳米铁的化学还原为主。

所以此阶段即是整个反应体系产氨氮的时期，由于此阶段体系中产生一定量的OH^-，又为反硝化细菌的生长提供合适的碱度环境，加快反硝化细菌增长，生物反硝化作用加强，硝酸盐降解加快。组合材料体系反应过程中pH值的变化如图3-52所示。图中pH值的变化情况正好验证了这一点。

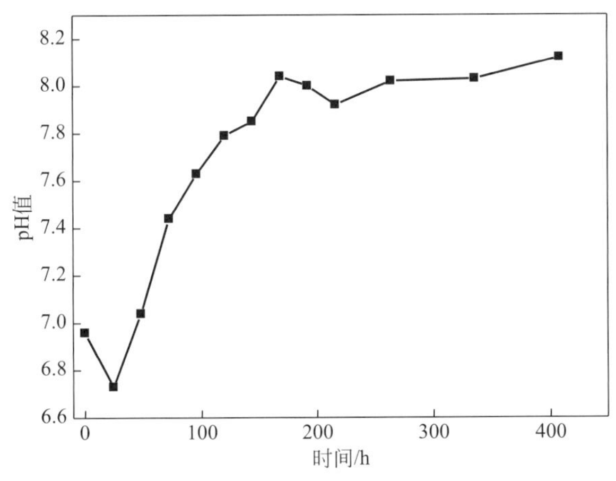

图3-52 反应过程中pH值的变化情况

图3-52显示，在反应开始阶段pH值下降，这是因为刚加入的反硝化细菌在活化过程中产生了某些酸性有机物质，使得整个体系pH值降低。当油酸包覆型纳米铁发挥化学还原作用时产生的OH^-会中和体系中的酸性物质，使pH值升高，为反硝化细菌繁殖提供适宜的碱性环境；当反硝化细菌发挥反硝化作用时，体系中pH值达到7.4左右，反硝化作用可以进行，随着pH值的增加，反硝化作用加强，硝酸盐降解加快。反硝化作用产生的酸性物质和体系中的OH^-中和，使pH值稳定在8.0附近。这也说明反硝化细菌与油酸包覆型纳米铁是协同作用的。

从脱氮产物及总氮平衡的比较中可以看出，组合材料体系反应过程中总氮含量在生物反硝化作用开始后会明显降低，而溶液中NO_2^--N和NH_4^+-N的含量比较低，可能是由于过程中产生了气态氮。对体系反应96h后的反应瓶上部收集的气体进行组分测定，结果如图3-53所示。从图中可以看出，采集的气体样品中主要气体是N_2，有一小部分是H_2，有极少量的CO_2产生。因为体系是用Ar除氧，反应瓶密封，所以体系中N_2的产生是生物反硝化作用的结果。体系中的H_2是油酸包覆型纳米铁与水发生作用产生的，见反应式（3-14）：

$$Fe^0+2H_2O \longrightarrow Fe^{2+}+H_2+2OH^- \tag{3-14}$$

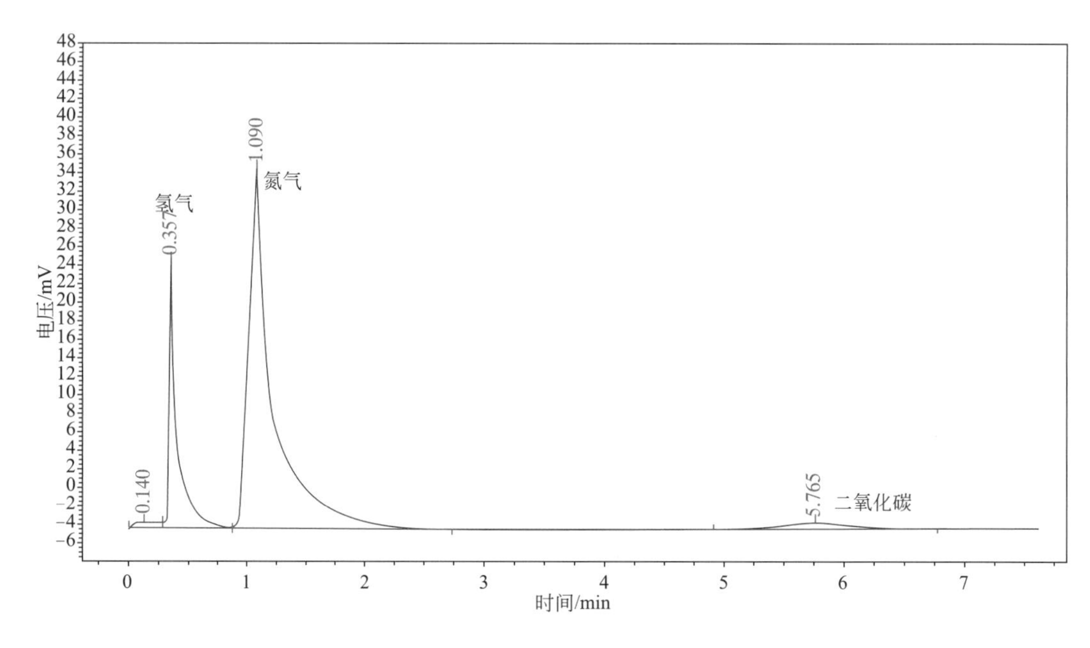

图3-53　反应96h后检测的气体组分

油酸包覆型纳米铁为体系中自养反硝化细菌提供了电子供体，反应过程为：

$$NO_3^- \longrightarrow NO_2^- \longrightarrow NO \longrightarrow N_2O \longrightarrow N_2$$

$$2NO_3^- + 5H_2 \longrightarrow N_2 + 4H_2O + 2OH^-$$

此阶段生物反硝化作用速率较快，硝酸盐降解快，产物主要是N_2，因此生物反硝化作用开始后，总氮降低。并且，此过程中，油酸包覆型纳米铁一方面为反硝化细菌提供碱性环境，另一方面为自养反硝化细菌提供电子供体（H_2），促进反硝化作用的进行；同时，生物反硝化作用会产生有机酸使体系pH值降低，有利于油酸包覆型纳米铁与水的反应。

所以，可以推断，在模拟地下水环境中，油酸包覆型纳米铁-反硝化细菌协同去除硝酸盐，过程中相互促进，产物主要是N_2，产生极少量的NH_4^+-N。

3.3.3.3　油酸包覆型纳米铁-反硝化细菌脱氮的影响因素研究

（1）溶解氧（DO）的脱氮效果

为考察地下水环境因素DO对油酸包覆型纳米铁-反硝化细菌修复地下水NO_3^--N的影响，实验设计的有氧（DO为5.41mg/L）和无氧（DO为0.50mg/L）两种情景中NO_3^--N降解效果与反应产物的变化结果如图3-54所示。由图3-54（a）可知，有氧和无氧条件下，油酸包覆型纳米铁降解NO_3^--N的趋势是一致的，但无氧条件下，NO_3^--N的去除率明显高于有氧条件，反应172h时，硝态氮去除率分别为88.5%和85.7%。有氧条件下，反应初期体系中NO_3^--N几乎没有降解，这是由于在氧气存在的条件下，纳米铁优先选择氧而不是NO_3^--N作为电子受体。在化学反应阶段，油酸包覆型纳米铁与NO_3^--N在无氧条件下，方程式（3-9）～式（3-11）为主要反应，方程式（3-12）和式（3-13）对硝态氮还原影响较小；但在有氧条件下，油酸包覆型纳米铁优先完成有氧参与的氧化还原反应，即方程式（3-12）和式（3-13）[26]。

生物反硝化作用开始后，两种条件下脱氮速率升高，264h后NO_3^--N去除率达到99%以上。

由图3-54（b）可以看出DO不仅影响NO_3^--N的去除率，对脱氮产物也有一定影响。无氧条件下，在化学反应阶段，NO_2^--N先增加后降低，极大值为21.4%，此阶段主要产物是NH_4^+-N；生物反硝化阶段，NO_2^--N积累量增加，最大转化率为40.7%，此过程NH_4^+-N没有积累，产物主要以N_2为主。而在有氧条件下，化学反应阶段，溶液中发生的主要反应是方程式（3-12）和式（3-13），24h内未检测到NO_2^--N和NH_4^+-N，当溶液中溶解的氧消耗完之后，NH_4^+-N积累量增加，转化率达到18.6%，NO_2^--N产生趋势同无氧条件下一样。

在地下水环境中，溶解氧对NO_3^--N的去除影响不大，对反应过程中NO_2^--N和NH_4^+-N的产生有一定影响。

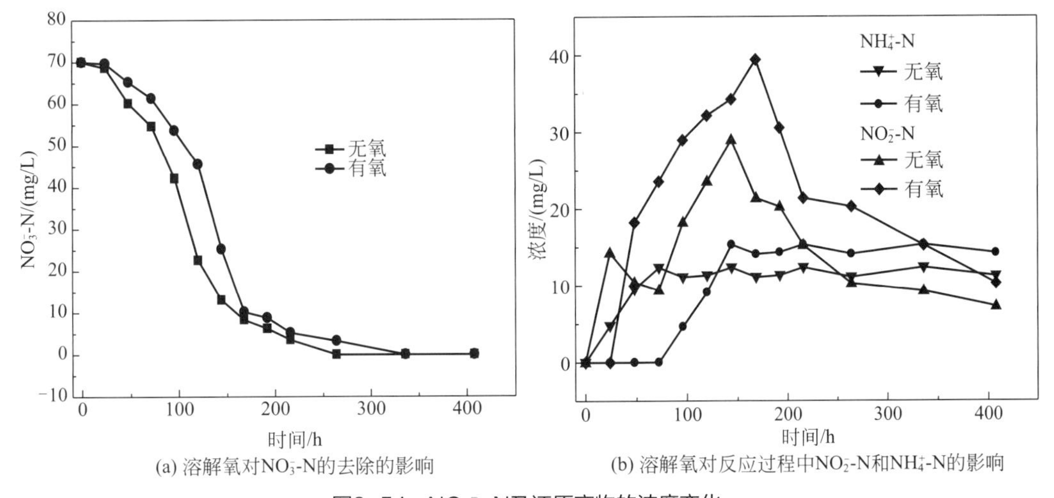

图3-54 NO_3^--N及还原产物的浓度变化

（2）温度对脱氮的影响

温度是影响化学反应的一个重要因素。实验研究温度对NO_3^--N降解及还原产物变化情况如图3-55所示。温度会影响油酸包覆型纳米铁-反硝化细菌体系中铁化学还原的反应速率和生物反硝化过程中酶的活性。由图3-55可知，30℃条件下硝酸盐去除率明显高于15℃，这是因为温度影响化学反应速率和生物反硝化速率。在化学反应阶段，高温更易于克服化学反应的能垒[29, 30]，加快油酸包覆型纳米铁与NO_3^--N的反应速率；而在生物反硝化阶段，30℃更适合酶作用，反硝化细菌增长速度快，硝酸盐降解速率快。两组实验中NO_2^--N均有不同程度的积累，先升高再降低，中间达到一个极大值；由于低温条件下酶作用减弱，NO_2^--N转化速率较慢，相同时间下15℃ NO_2^--N积累量较高，过程中最大积累量达到40mgN/L，30℃为23mgN/L。反应过程中产生的氨氮是化学作用的产物，图中显示，15℃和30℃条件下NH_4^+-N转化率不高，分别为14.3%和18.6%，这是由于在化学还原反应过程中，温度会影响到溶液中纳米铁表面对NO_3^--N的吸附，而吸附NO_3^--N的量是产生氨氮的主要决定因素[29]，低温限制了硝酸根向纳米铁的扩散过程，氨氮转化率低。

对油酸包覆型纳米铁-反硝化细菌体系，30℃条件下硝酸盐降解速度较快，反应过程中亚硝态氮积累量少，但化学作用阶段产生的氨氮较多；低温（15℃）状态下，化学反应和生物反硝化虽然都较慢，有一定亚硝态氮产生，但氨氮产生较少。

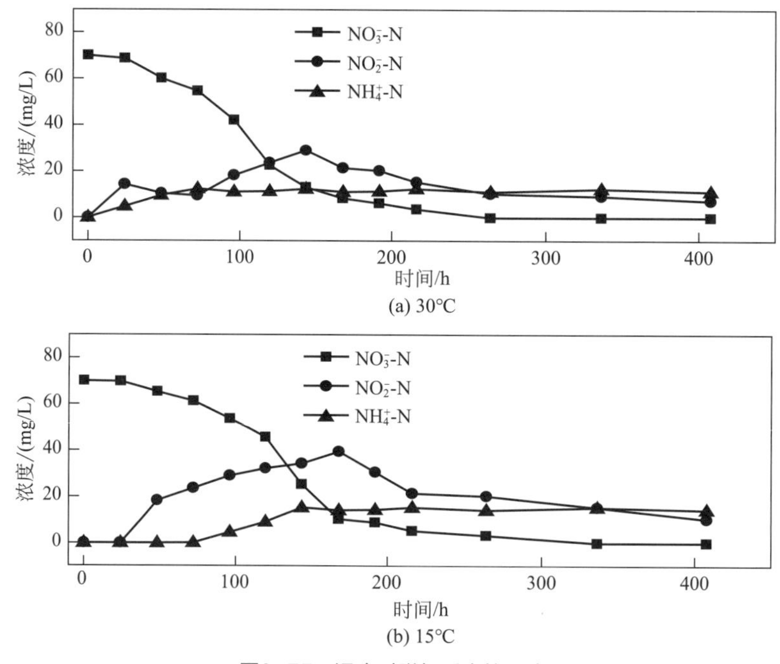

图3-55　温度对脱氮反应的影响

（3）环境初始pH值对脱氮的影响

初始pH值是油酸包覆型纳米铁-反硝化细菌修复地下水中NO_3^--N的一个重要影响因素。地下水环境初始pH值对NO_3^--N还原速率的影响和反应过程中溶液pH值变化情况分别如图3-56和图3-57所示。由图3-56可知，油酸包覆型纳米铁-反硝化细菌与不同初始pH值NO_3^--N溶液反应，表现出相似的反应趋势，实验中模拟不同初始pH值环境的溶液中，200h后NO_3^--N的去除率均在90%以上。从图3-57可以看出，反应50h内高pH值逐渐降低，低pH值逐渐升高，随后pH值升高并逐渐稳定在8附近。这可能是由于部分纳米铁与水反应生成氢氧根，反应体系自身对pH值有一定的缓冲作用。同一时间内，初始pH＝7的环境下，油酸包覆型纳米铁-反硝化细菌去除

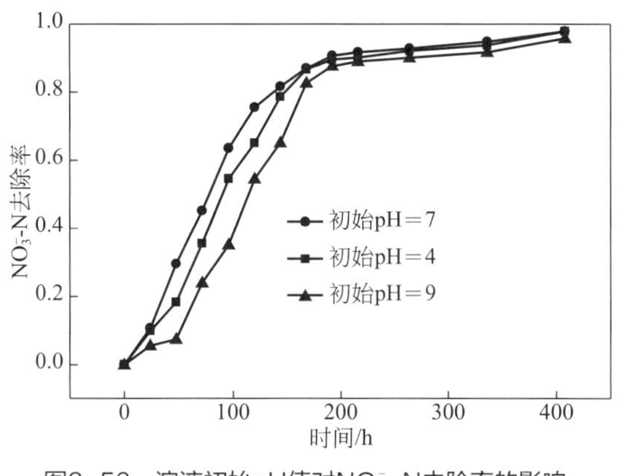

图3-56 溶液初始pH值对NO_3^--N去除率的影响

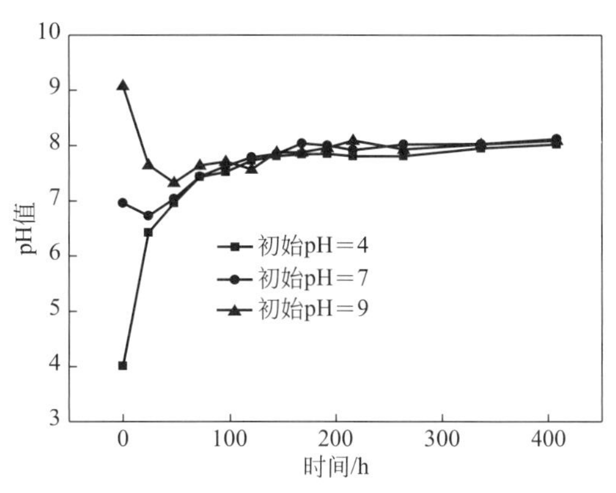

图3-57 反应过程中pH值的变化情况

硝酸盐效果最好。这是因为反硝化细菌最适pH值为7.5～8.0，在此pH值下，酶活性加强，反硝化作用明显。在弱酸和弱碱条件下，酶极易被破坏，反硝化作用受到影响，硝酸盐降解速率较慢。但192h后在弱酸、中性、弱碱三种条件下，NO_3^--N去除率均达到82.3%左右，这可能是因为弱酸能促进化学反应阶段油酸包覆型纳米铁降解硝酸盐，产生OH^-使环境pH值升高，而有利于反硝化作用；弱碱情况下，油酸包覆型纳米铁降解硝酸盐产生的OH^-与溶液中的Fe^{2+}生成铁的氢氧化物沉淀，溶液中pH值下降到反硝化细菌适宜生长的环境范围，反硝化作用加强，加快NO_3^--N降解。

实验测得油酸包覆型纳米铁降解地下水NO_3^--N过程中，氨氮最终转化率均在16%左右。表明pH值对氨氮的产生并无太大影响，这是由于溶液中的氨氮是在化学反应阶段产生的，这主要取决于油酸包覆型纳米铁表面吸附的NO_3^--N的量，从结果可以得出此阶段NO_3^--N的吸附受溶液pH值变化的影响较小，即环境pH值对于最终产物氨氮的产生没有太大影响，这对实际pH值范围较广的地下水环境来说是非常好的。

（4）光照的影响

为考察地下水黑暗环境对油酸包覆型纳米铁-反硝化细菌降解NO_3^--N的影响，实验对比研究了光照和黑暗条件下油酸包覆型纳米铁-反硝化细菌对NO_3^--N的降解效果，结果如图3-58所示。由图3-58可知，在有光与无光条件下，油酸包覆型纳米铁-反硝化细菌降解地下水NO_3^--N的降解趋势及去除速率基本一致，192h后去除率都在85.7%以上，264h后硝态氮去除率几乎达到100%；两条件下亚硝态氮产生趋势也相似，先升高达到最大值后降低，但有光条件下亚硝态氮最高转化率低于黑暗条件，分别为39.7%和54.4%，最终仍有4.08%和9.12%的亚硝态氮存在；两条件下氨氮最终转化率分别为16.8%和17.1%，根据三氮平衡可得，约有80.7%和74.2%的N_2生成。但光照条件下，同一时间内NO_2^--N的最高积累量较低，这可能是由于光照更有利于亚硝酸盐的分解[32]，时间越长亚硝酸盐的降解率越大，亚硝酸盐的光解产物以NO为主，但整个反应过程中亚硝酸盐光解不是主要反应。从实验结果看出，光照对反应过程中亚硝酸盐的产生和转化有一定影响，但对油酸包覆型纳米铁-反硝化细菌降解地下水NO_3^--N效果无显著影响。

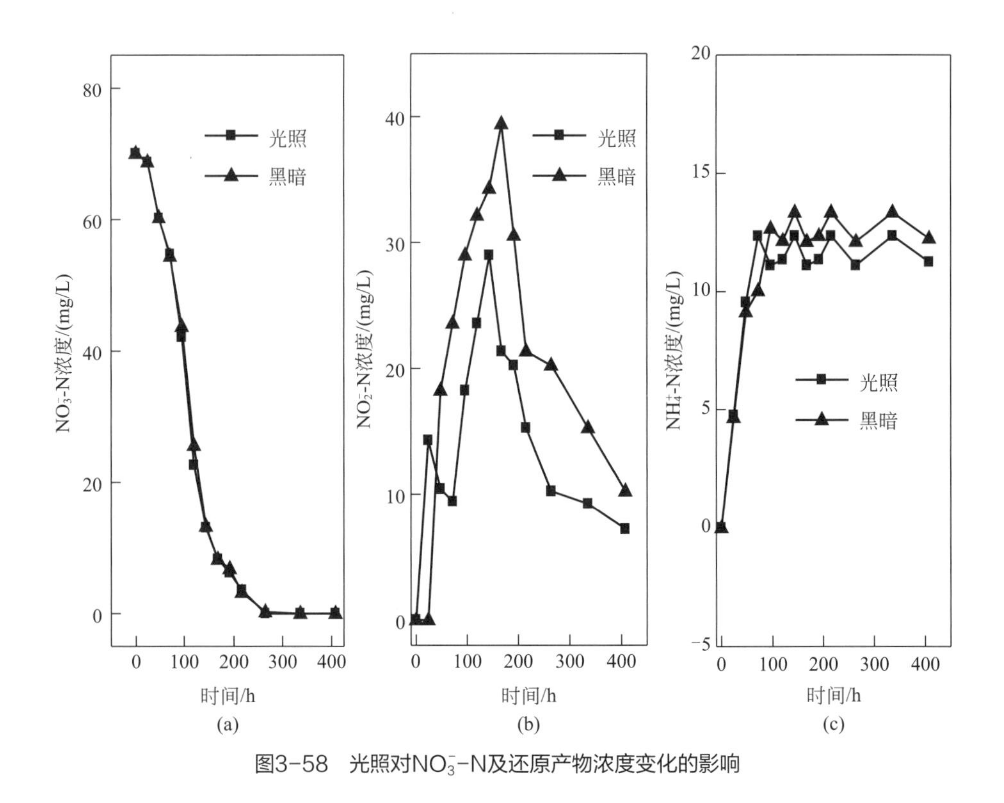

图3-58　光照对NO_3^--N及还原产物浓度变化的影响

3.3.4　小结

在模拟地下水温度（15℃）、溶解氧（0.54mg/L）和黑暗的环境下，通过室内批实验对油酸包覆型纳米铁、反硝化细菌以及油酸包覆型纳米铁-反硝化细菌去除硝酸盐的效果进行了对比研究；在此基础上，通过批实验探讨了不同地下水环境因素（光照、溶解氧、初始pH值及温度）对油酸包覆型纳米铁-反硝化细菌结合的反硝化体系中硝态氮的去除影响；然后研究了地下水环境条件下，油酸包覆型纳米铁与反硝化细菌不同填装方式、不同反应时间对硝态氮去除的影响。研究过程得出以下结论。

① 在模拟地下水温度（15℃）、溶解氧（0.54mg/L）和黑暗的环境下，实验使用的油酸包覆型纳米铁可以达到脱氮的效果。

② 在模拟地下水温度（15℃）、溶解氧（0.54mg/L）和黑暗的环境下，三种材料还原NO_3^--N的反应活性顺序为：油酸包覆型纳米铁-反硝化细菌≈反硝化细菌>油酸包覆型纳米铁。

③ 从硝酸酸去除效果以及产物分析推测，油酸包覆型纳米铁与反硝化细菌在脱氮过程中是协同作用：在整个反应过程中，油酸包覆型纳米铁与硝酸盐反应产生的OH^-

为反硝化细菌的生长繁殖提供适宜的pH环境；而在生物反硝化阶段，油酸包覆型纳米铁与水反应产生的H_2为自养反硝化细菌提供电子供体，保证了生物反硝化作用的进行；同时，生物反硝化作用过程中会产生有机酸，促进油酸包覆型纳米铁发生化学还原反应。

④ 模拟地下水温度（15℃）和实验室温度（25℃）比较研究得出，25℃比15℃地下水NO_3^--N去除率高18.6%，NH_4^+-N生成率高13.7%；光照影响NO_2^--N转化，反应过程中光照条件比黑暗条件NO_2^--N转化率少12.3%；复合材料受初始pH值的影响较小，反应体系自身对pH值有一定调节作用。

3.4 铁炭活化过硫酸盐修复材料

3.4.1 修复材料研究背景

众多研究表明，因垃圾填埋场的填埋物的不同，导致渗滤液的主要组分也不尽相同。由于组分含有多种有毒有害难降解有机物，在环境中很难被生物降解。当此类难降解有机物随着渗滤液进入地下水将更难降解，严重影响地下水环境质量。基于文献综述可知苯酚、甲苯、苯胺、硝基苯、2,4-二硝基甲苯（2, 4-DNT）均很难在贫营养、厌氧地下水环境中被微生物降解，其中以2,4-二硝基甲苯结构最为稳定，难以被降解，且长期存在于地下水系统中，严重威胁着地下水质量安全。

目前，国内外研究者采用高级氧化技术降解氯代有机物、偶氮染料、硝基芳烃类以及农药阿特拉津等难降解有机物，其主要的氧化剂有H_2O_2、过硫酸盐、高锰酸钾等具备强氧化性的物质。由于地下水环境中存在很多无机盐类以及其他物质，相较其他氧化剂而言，过硫酸盐有更高的溶解性和宽泛的pH值反应范围，其选择性、迁移性更强，更适用于地下水环境。同时，零价铁作为最常用的过硫酸盐活化剂，腐蚀生成Fe^{2+}活化过硫酸盐生成具有强氧化能力的硫酸根自由基（SO_4^-·），并可将Fe^{3+}还原为Fe^{2+}。零价铁的粒径越小，活化过硫酸盐的效率更高，有研究发现纳米零价铁因其自身的高表面积的特性，其活化过硫酸盐的能力强于微米级和毫米级的零价铁[37]，但纳米零价铁的成本明显高于其他粒径的零价铁，不利于在实际环境中应用。因此，微米级零价铁（mZVI）的成本低，但其过硫酸盐活化效果较低影响了其实际应用，鉴于2,4-二硝基甲苯的难降解性，采用活性炭（AC）强化低成本的mZVI实现2,4-二硝基甲苯的高效去除。

3.4.2 制备材料与方法

实验共分四组：进行Fe/活性炭（AC）活化过硫酸盐降解2,4-DNT的可行性研究，并进一步探讨初始pH值的影响、溶解氧的影响和阴离子的影响。实验降解100mg/L的2,4-DNT，其中活性炭采用循环吸附法，吸附2,4-DNT达到饱和。100mg/L的2,4-DNT的配置方法：实验中称取2,4-DNT 100mg超声溶于1L的容量瓶，定容至1000mL，得到100mg/L的2,4-DNT溶液待用。初始pH值采用0.1mmol/L的HCl和0.1mmol/L的NaOH调节，温度为15℃。研究不同体系降解2,4-DNT时，分别将五种实验材料（Fe/AC+$K_2S_2O_8$、Fe/$K_2S_2O_8$、Fe/AC、AC/$K_2S_2O_8$和$K_2S_2O_8$）投加到五个锥形瓶中，将浓度为100mg/L的2,4-DNT溶液200mL投加进250mL厌氧瓶中，Fe^0和AC的投加量分别为0.3g和0.1g，$K_2S_2O_8$（KPS）的浓度为140.6mg/L，即100mg/L的$S_2O_8^{2-}$，采用0.1mmol/L的HCl和0.1mmol/L的NaOH调节溶液初始pH＝7，恒温15℃震荡，频率为150r/min，按照不同时段采用注射器分批采集5mL样品，过0.22μm的滤膜，采用HPLC测试2,4-DNT浓度。考察pH值、氧化剂投加量、地下水中常见阴离子以及溶解氧变化对体系的影响，详细影响因素变化条件见表3-13。

表3-13 不同影响因素变化

序号	影响因素	试验条件				
1	pH值	2	3	5	7	9
2	$S_2O_8^{2-}$/(mg/L)	10	50	100	500	1000
3	Cl^-/(mg/L)	0	100	150	200	500
4	HCO_3^-/(mg/L)	0	200	250	300	1000
5	DO	N_2	空气	O_2		

3.4.3 结果与讨论

3.4.3.1 2,4-DNT降解效果分析

试验在2,4-DNT浓度为100mg/L、mZVI投加量为0.75g/L、吸附饱和的活性炭投加量为0.25g/L情况下，开展添加活性炭对mZVI活化过硫酸盐复合体系中降解2,4-DNT的研究，在pH＝7、低温（15℃）、黑暗等条件下进行。以单独投加mZVI或活性炭活化过

硫酸盐为对照，具体结果如图3-59所示。由图3-59可以看出，Fe活化KPS降解2,4-DNT的最终去除率达到80%，当Fe活化KPS过程添加一定量的活性炭后，2,4-DNT的去除率得到有效提高，达到了94%。单独KPS和活性炭活化KPS降解2,4-DNT的效果不明显。另外，未添加KPS后，Fe/AC体系中2,4-DNT有显著降解，其最终去除率是79.4%。研究发现单一的KPS氧化降解2,4-DNT能力有限，PP难以生成具有强氧化性的$SO_4^-\cdot$[38]。低剂量的活性炭活化过硫酸盐效果不佳，无法有效地降解有机污染物，且活性炭不能显著活化$K_2S_2O_8$[39]。此外，氧化体系中活性炭的表面含氧官能团被影响，导致其表面吸附位点发生变化降低污染物吸附[40]。Fe/AC体系中2,4-DNT的降解是由于Fe的还原作用，且与AC形成微电池，加强了体系的还原作用能力。在活性炭活化KPS体系中，反应70min没有出现明显的荧光峰，但Fe活化KPS和Fe/AC协同活化KPS体系均出现多个荧光峰，进一步表明Fe的存在对2,4-DNT的降解起到至关重要作用。反应70min，Fe活化KPS时出现了3个峰，其中峰1、峰2、峰3的E_x/E_m（激发波长/反射波长）分别出现在320/400、280/350、230/350，最大荧光峰的强度为416.3。Fe/AC协同活化KPS体系中

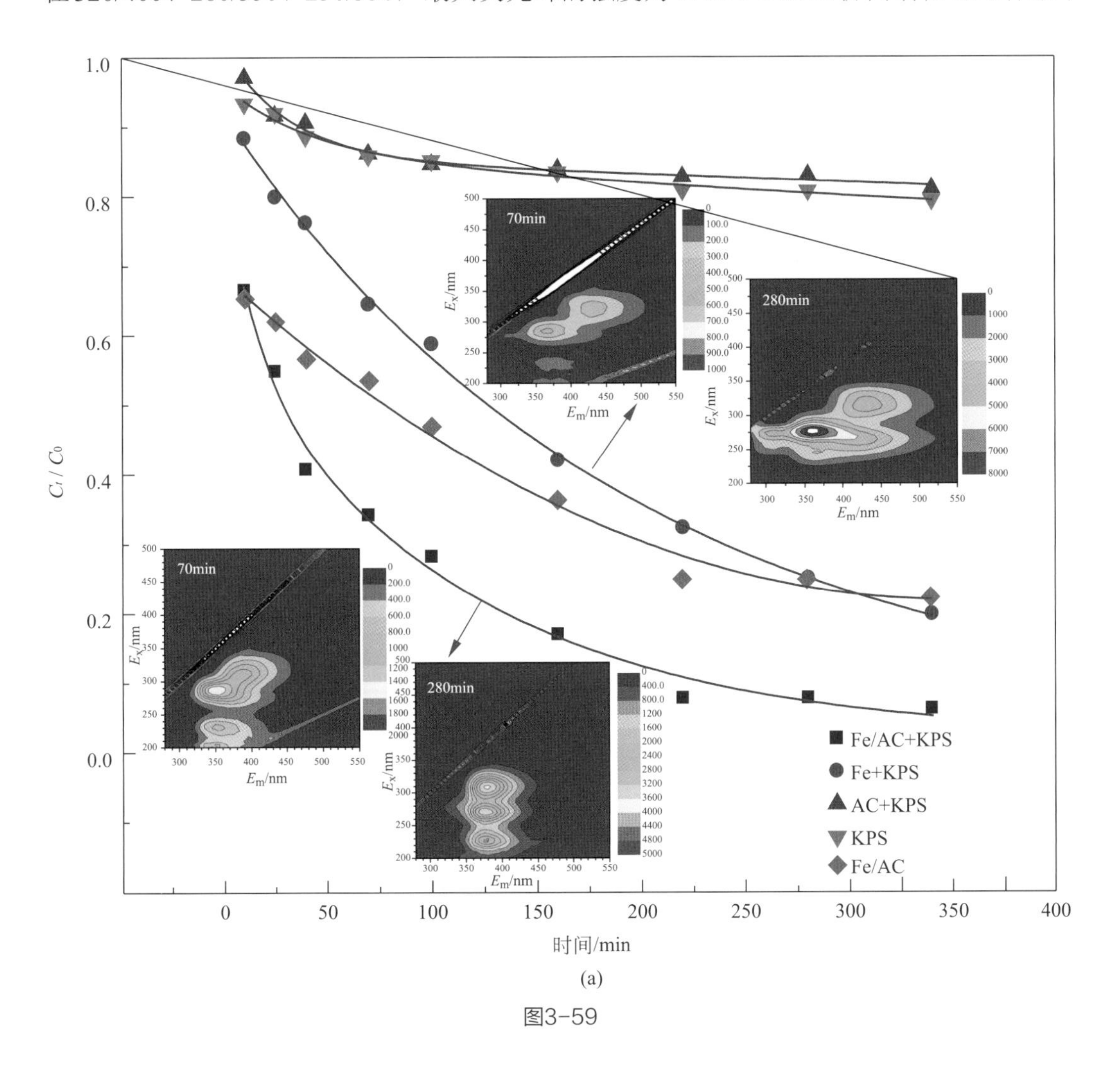

(a)

图3-59

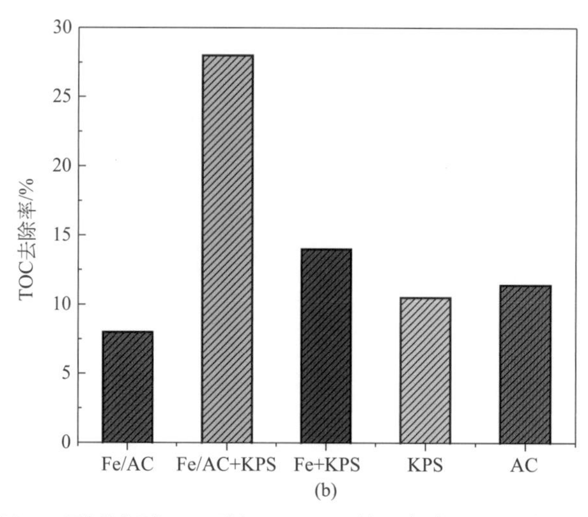

图3-59　不同材料活化KPS降解2,4-DNT效果（a）及TOC去除率（b）

（试验条件：15℃, pH＝7，黑暗，厌氧条件，［Fe］＝300mg，［AC］＝100mg，［PS］＝100mg/L，［2,4-DNT］＝100mg/L）

同样出现了3个荧光峰，其中峰1的E_x/E_m出现在310/385，峰2的E_x/E_m出现在287/350，峰3的E_x/E_m出现在230/355，三者的最大荧光峰强度1574，最小的则为893.9。反应280min时，Fe活化KPS体系中，出现了4个荧光峰，其峰1出现的E_x/E_m＝315/400，强度为4560，峰2出现在E_x/E_m＝277/345，强度为8227，峰3出现在E_x/E_m＝275/304，强度为4539，峰4出现在E_x/E_m＝425/504，其强度为342.5。而同样当Fe/AC活化KPS反应280min时出现3个荧光峰，峰1出现在E_x/E_m＝305/380，峰2出现在E_x/E_m＝270/380，峰3出现在E_x/E_m＝230/380，最小的强度也达到8839。

结果表明，反应70min时，两种活化体系中产生的中间产物具有相同结构（峰2和峰3相同），且Fe/AC协同活化KPS的荧光强度更强。反应后期Fe+KPS和Fe/AC+KPS所生成的产物明显不同，且荧光强度不断增强。另外随着反应的进行AC活化体系中的2,4-DNT发生降解。因此，可以得出体系中Fe/AC协同活化KPS降解2,4-DNT效率高于Fe活化体系。Fe/AC+KPS体系中，对污染物的表观反应系数为0.0079min^{-1}，而Fe活化KPS的表观反应系数为0.0047min^{-1}。因此，添加一定量的活性炭有助于Fe活化KPS去除2,4-DNT，并提高其降解速率。这种现象可能是由于活性炭存在时，促进了体系内部电子转移，加速了硫酸根自由基的产生。另外，有研究表明电流的存在往往也能够活化过硫酸盐。对比发现Fe/AC协同活化KPS的条件下，随着反应的进行，产生的中间产物也不相同，当反应280min时，荧光峰发生了红移，可能是氧化降解后反应初期生成的产物，其荧光化学基团被裂解，同时体系中生成了一些具有荧光响应的小分子产物。

Fe/AC+KPS体系的总有机碳明显低于反应初期，表明体系中2,4-DNT经过一系列反应最终有部分矿化降解，生成CO_2+H_2O+NO^-_3，同时对比发现，Fe/AC和单独的KPS不能够有效矿化2,4-DNT，总有机碳的下降有限。同样Fe+KPS体系下总有机碳呈现较大的下降，但其低于Fe/AC+KPS效率，因此，Fe/AC+KPS协同去除2, 4-DNT能够矿化成无机物质，降低产物的二次污染风险。

3.4.3.2 不同影响因素对Fe/AC活化PS降解2,4-DNT的影响

（1）投加量的影响

调节pH＝7的条件下，并进行充氮气除氧和遮光处置，Fe和炭的投加量分别为300mg和100mg，反应时间为340min，考察了KPS投加量对Fe/AC+KPS去除2,4-DNT的影响，结果如图3-60所示。由图可以看出随着投加量的增加，2,4-DNT最终去除率先增加后减少，当过硫酸盐剂量为100mg/L时，DNT的去除率效果最佳，达到93.8%。然而在反应过程中，当投加量大于50mg/L，KPS对去除100mg/L 2,4-DNT影响差异较小，仅是反应初期的速率有所不同，结果表明KPS投加量增大不会对2,4-DNT的去除产生明显的影响，可能的原因是KPS投加较少时，体系中活化所产生的SO_4^-·随着投加量增加而增加，引起整个体系氧化能力增强，提高去除率[41]。但KPS浓度过高时，过硫酸盐促进水溶液中大量的Fe^{2+}的生成，而Fe^{2+}活化$S_2O_8^{2-}$产生SO_4^-·的速率较慢，因此反应时会有部分SO_4^-·与Fe^{2+}反应转化为SO_4^{2-}，直至Fe^{2+}含量较少后，无法进一步活化产生SO_4^-·，导致2,4-DNT去除率有所下降。另外，当KPS浓度为10mg/L，2,4-DNT的降解速率变小，其最终的效率最差。基于以上分析，可推断Fe/AC+KPS体系中，氧化降解2,4-DNT是主要过程，其他为次要过程[42]。

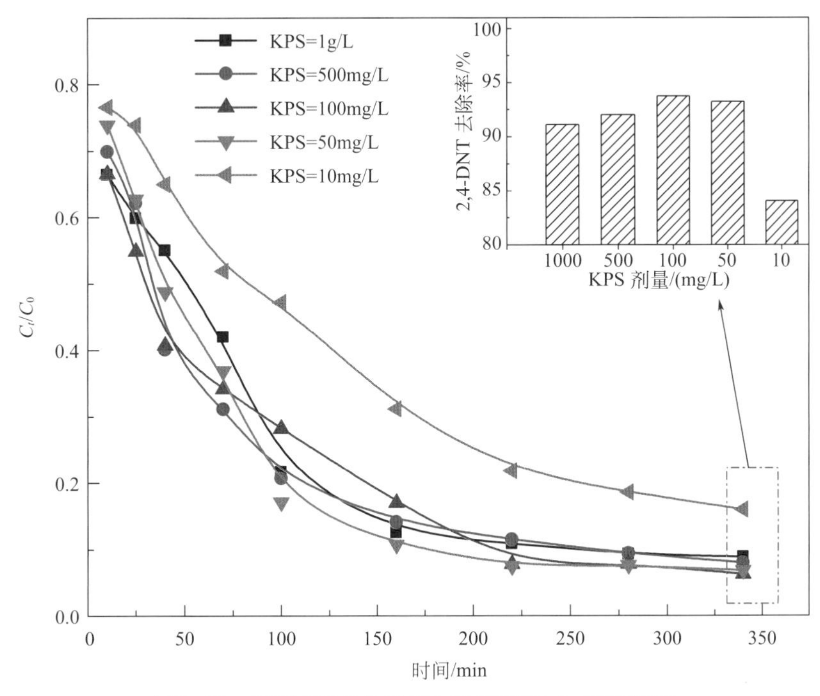

图3-60 不同KPS投加量对Fe活化降解2,4-DNT影响

（试验条件：15℃, pH＝7，黑暗，厌氧，［Fe］＝300mg,［AC］＝100mg,［2,4-DNT］＝100mg/L）

（2）pH值

考虑Fe和活性炭的投加量分别是300mg和100mg，KPS投加量为100mg/L，反应时间控制在340min前提下，通过调节初始pH值分析2,4-DNT的去除效果的变化，如图3-61所示。初始pH值由2增加到11的过程中，随着反应时间的增加，能够去除水相中2,4-DNT，其中pH＝2时其反应速率最快，且最终的去除率均高于其他条件，达到94.8%；然后随着pH值升高，去除率呈下降趋势，但当pH＝9时，去除效率迅速增加。然而pH＝11时，2,4-DNT的去除率再次下降。其降解效果由大到小顺序：

pH＝2（94.8%）>pH＝9（93.3%）>pH＝3（92.2%）>pH＝5（89.2%）>pH＝11（88.3%）>pH＝7（87.9%）

同时其一级反速率常数分别为$6.42\times10^{-3}min^{-1}$、$6.2\times10^{-3}min^{-1}$、$5.8\times10^{-3}min^{-1}$、$5.1\times10^{-3}min^{-1}$、$4.5\times10^{-3}min^{-1}$、$4.3\times10^{-3}min^{-1}$（见表3-14）。结果表明pH < 7时，随着pH值的增加降解效率显著降低，但当pH＝9时其降解效率达到第二高值[41]。在Fe/AC和KPS共存时，铁炭产生的微电解反应生成了充足的Fe^{2+}促进PS的活化。此外，未添加Fe和AC时，初始pH值为9和11其活化PS降解2,4-DNT的效率显著低于其他条件。结果表明在水相中低剂量的NaOH不能够有效活化PS降解有机物[43]。在Fe/AC和KPS体系中存在的反应可能主要是Fe/AC微电解反应和过硫酸盐反应，然而pH＝2时会抑制KPS分解产生$SO_4^-\cdot$。因此，主要发生的是Fe/AC微电解的还原反应，在酸性环境下更利于将2,4-DNT上的硝基转化为氨基，生成2,4-DAT。当pH值升高时，Fe/AC微电解反应强度逐渐降低，同时$SO_4^-\cdot$的生成量较少，不能有效降解2,4-DNT。通过动力学方程

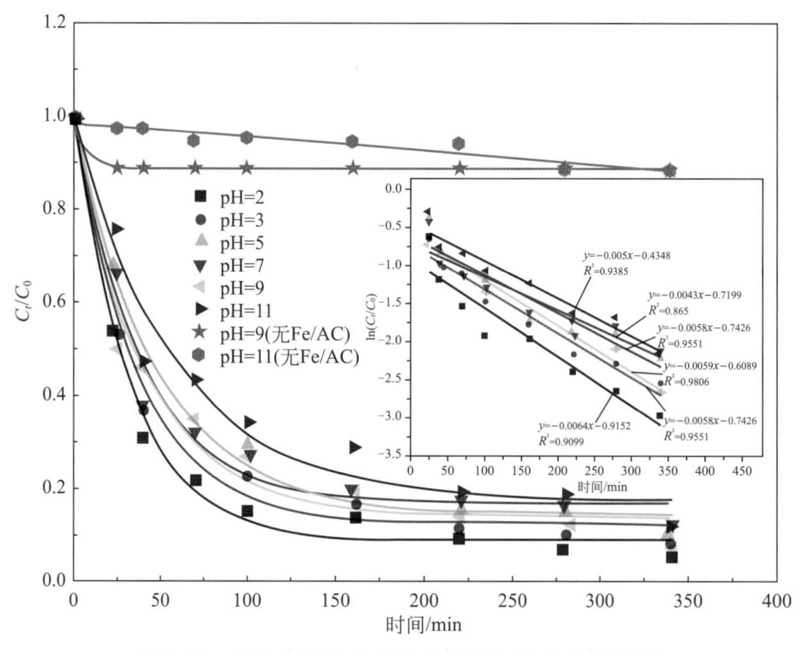

图3-61 初始pH对Fe/AC活化KPS降解2,4-DNT影响

（试验条件：15℃, 黑暗, 厌氧, [Fe] =300mg, [AC] =100mg, [PS] =100mg/L, [2,4-DNT] = 100mg/L）

的拟合后，表观反应速率常数强弱顺序：pH＝2 > pH＝9 > pH＝3 > pH＝5 > pH＝11和pH＝7，但其最终的去除效率差异性较小，pH＝7的2,4-DNT去除效率也达到87.9%以上。因此，在实际地下水环境中碳酸盐可扮演着缓冲剂的角色，pH值一般呈中性，Fe/AC活化PS降解地下水环境中的有机物具有实际应用意义。

表3-14　pH值影响降解动力学方程

序号	pH值	动力学方程	k_{obs}/s^{-1}	R^2
1	2	$y=-0.0064x-0.9152$	0.0064	0.9099
2	3	$y=-0.0058x-0.7425$	0.0058	0.9551
3	5	$y=-0.0058x-0.7426$	0.0058	0.9551
4	7	$y=-0.0043x-0.7199$	0.0043	0.865
5	9	$y=-0.0059x-0.6089$	0.0059	0.9806
6	11	$y=-0.005x-0.4348$	0.005	0.9385

（3）DO

考虑Fe和活性炭的投加量分别是300mg和100mg，KPS投加浓度为100mg/L，反应时间控制在340min条件下，分别探讨厌氧、好氧及未曝气对2,4-DNT的去除效果影响，其中厌氧反应过程中曝N_2，而好氧是曝O_2，其结果如图3-62所示，曝气（N_2、O_2）均对Fe/AC联合活化KPS产生抑制，其降解2,4-DNT效果低于未曝气条件，降解效果顺序：未曝气 > 曝O_2 > 曝N_2。当未曝气，2,4-DNT降解去除达到94%，而曝O_2的2,4-DNT去除率也达到88%。事实上，O_2的存在会促进零价铁的腐蚀，从而使颗粒零价铁表面形成了一层$Fe(OH)_x$和Fe_xO_y的核壳结构。N_2和O_2的曝入直接对Fe/AC微电

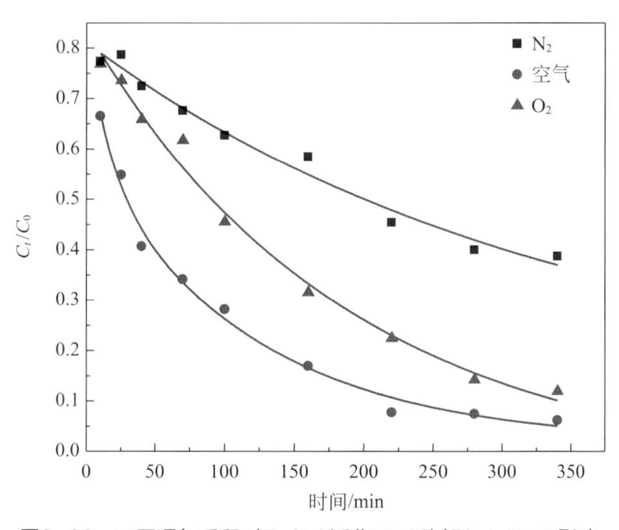

图3-62　不同曝气手段对Fe/AC活化KPS降解2,4-DNT影响

（试验条件：15℃, pH=7, 黑暗, ［Fe］=300mg, ［AC］=100mg, ［PS］ =100mg/L, ［2,4-DNT］ = 100mg/L）

解降解和活化KPS效果都产生抑制影响。出现此种原因可能是由于气体曝入所形成微小气泡，这些微小的气泡包裹在Fe^0和AC的表面，覆盖了反应接触位点，直接影响了Fe^0腐蚀产生Fe^{2+}，同样也会影响Fe/AC微电池降解2,4-DNT的效率。此次的所谓厌氧主要是通过曝N_2，不仅仅厌氧，同时还形成微气泡包裹Fe和AC，故其效果最差。因此，初步推断在地下水污染修复中，避免原位曝气和纳米零价铁原位注入同时应用。

（4）阴离子

在初始pH＝7时，KPS投加量为100mg/L，反应时间为340min的前提下，研究了地下水中常见的阴离子（Cl^-、HCO_3^-）对Fe/AC协同活化PS去除2,4-DNT的效果影响，结果见图3-63。以反应时间$t=100$min为分界线，反应时间$t<100$min称为反应前期，反应时间$t>100$min为反应后期，由图可以得到反应初期，低浓度的Cl^-抑制2,4-DNT的降解，高浓度的Cl^-促进了2,4-DNT的降解。特别是反应初期$t=10$min、$Cl^-=500$mg/L（14.08mmol/L）时，其2,4-DNT降解效果最明显，DNT去除效率达到60%，明显高于其他Cl^-浓度。反应后期，不同浓度的Cl^-对Fe/AC活化的影响不显著，2,4-DNT的降解效果的差异性不明显，最终的去除效率为80%。前人研究发现Cl^-浓度＞0.2mmol/L时，其具有抑制Fe活化PS降解有机物的效果[44]，而本研究中Cl^-在低浓度时存在这样的规律，而高浓度时促进了2,4-DNT的去除，随着高浓度反应的进行，其去除率差异性越来越小，可能是由于Fe/AC协同活化PS过程中，存在2种主要反应可去除2,4-DNT，分别是Fe/AC形成的原电池的还原降解和PS被活化后产生的自由基的降解反应。当Cl^-存在时，Cl^-会与硫酸根自由基生成Cl·，消耗硫酸根自由基，但低浓度的Cl^-被消耗完后，活化反应依旧进行去除2,4-DNT，无法全程抑制，而添加高浓度的Cl^-后，在消耗完硫酸根自由基后，剩余的Cl^-可促进Fe和AC的原电池反应，还原降解2,4-DNT。而HCO_3^-存在时，与前人的研究相似，抑制了Fe/AC活化PS降解2,4-DNT的效果。HCO_3^-存在时可被活化后产生的SO_4^-·转化生成为HCO_3^-·,从而减少SO_4^-·与2,4-DNT的反应，影响去除效率[45]。另外HCO_3^-存在时，可与H^+反应生成H_2O和CO_2，导致pH值升高，OH^-浓度增高，抑制Fe^{2+}的生成。因此，Fe^{2+}生成量减少，活化PS能力下降。

$$SO_4^- \cdot + Cl^- \longrightarrow SO_4^{2-} + Cl \cdot$$
$$SO_4^- \cdot + HCO_3^- \longrightarrow SO_4^{2-} + HCO_3 \cdot$$

事实上，对比Cl^-和HCO_3^-之间的投加量对反应速率的影响可知（见表3-15），两者投加量越大，单位投加量对反应速率的抑制越明显，如Cl^-投加量为100mg/L，其单位投加量的反应速率为0.092×10^{-3}L/(mg·min)，而投加量增加到500mg/L时，单位投加量的反应速率仅为0.013×10^{-3}L/(mg·min)；当投加200mg/L时，HCO_3^-单位投加量的反应速率为0.028×10^{-3}L/(mg·min)，而Cl^-的为0.039×10^{-3}L/(mg·min)，表明HCO_3^-比Cl^-更容易对体系的反应速率产生抑制影响。

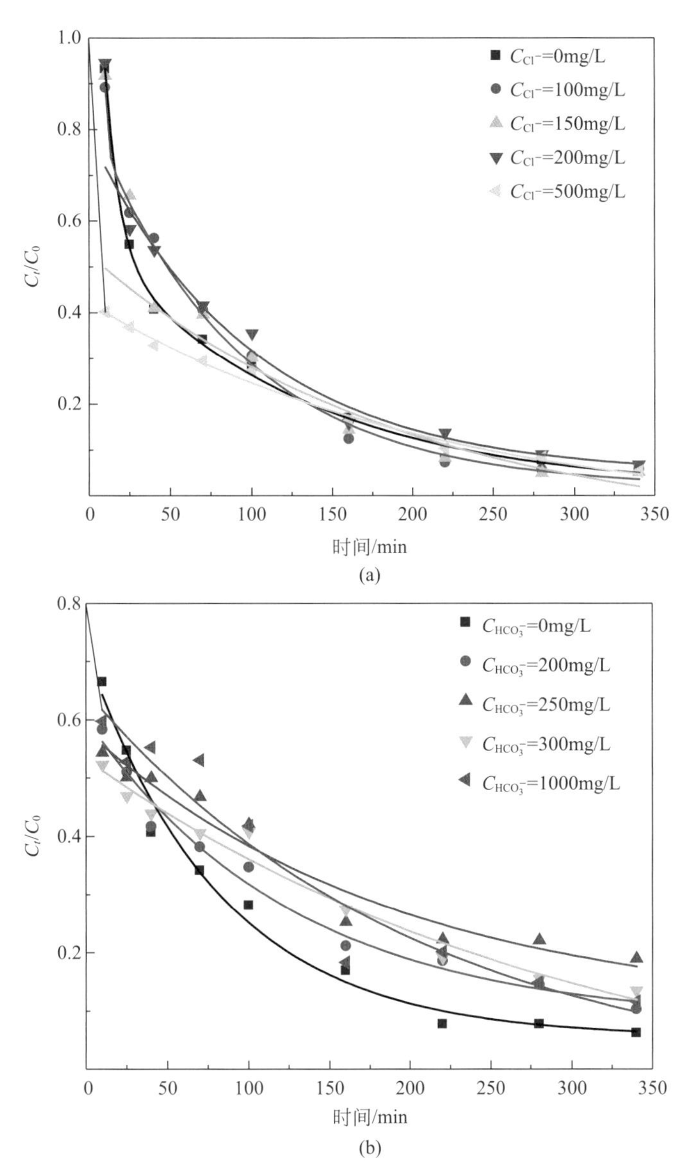

图3-63 阴离子对Fe/AC活化KPS降解2,4-DNT影响

（试验条件：15℃, pH=7, 黑暗, 厌氧, ［Fe］=300mg, ［AC］=100mg, ［PP］ =100mg/L, ［2,4-DNT］ = 100mg/L）

表3-15 阴离子影响降解动力学方程

阴离子	投加量/(mg/L)	k_{obs}/min^{-1}	R^2	(K/投加量)/[10^3L/(mg·min)]
Cl^-	0	0.0082	0.93	—
	100	0.0092	0.94	0.092
	150	0.0092	0.96	0.061
	200	0.0078	0.96	0.039
	500	0.0063	0.92	0.013
HCO_3^-	0	0.0079	0.94	—
	200	0.0056	0.93	0.028

续表

阴离子	投加量/(mg/L)	k_{obs}/min^{-1}	R^2	(K/投加量)/[10^3L/(mg·min)]
HCO_3^-	250	0.004	0.85	0.016
	300	0.0048	0.90	0.016
	1000	0.0059	0.98	0.006

3.4.3.3 产物三维荧光特征变化规律

三维荧光光谱可以提供有机物分子结构方面的信息，可将荧光光谱区域划分为5个区域，且每个区域代表着不同的信息，故Fe/AC活化KPS降解2,4-DNT的荧光光谱图如图3-64所示。由于硝基的存在，2,4-DNT的三维光谱没有峰出现，但反应初期光谱图中明显出现了荧光峰，表明Fe/AC+KPS体系中有新的反应产物生成，这些产物可激发三维荧光，具有一定的荧光基团。同时也表明体系中2,4-DNT苯环上的硝基发生变化。正常情况下，当Fe可以与2,4-DNT发生还原反应，生成2,4-DAT、2A4NT、4A2NT，其中2, 4-DAT具有明显的荧光峰，而2A4NT、4A2NT由于有硝基存在不能生成荧光峰。在反应过程中，出现类似2, 4-DAT荧光峰，基于此可以推断反应中存在Fe还原2, 4-DNT反应。

反应5min时，出现了第一个荧光峰，出峰位置$E_x/E_m=365/415$。当反应进行10min时，5min出现的荧光峰消失，可能是由于此时生成的物质不具有荧光物质。反应25min时，荧光峰的位置在$E_x/E_m=330/410$，荧光强度达到126.9。当反应40min后荧光峰共有3个，其中一个与25min时荧光峰相同，但荧光强度明显增加到259，其他2个荧光峰是新出现的峰，其出峰位置分别是E_x/E_m290/350、E_x/E_m230/345，强度分别为603.5、272.9。相比较40min，反应70min其生成的产物的荧光峰位置没有发生变化，仅是其荧光强度增加，表明生成的产物没有明显变化。反应100min时，70min出现的2个荧光峰均消失，仅有的一个荧光峰的位置在$E_x/E_m=310/380$，且其强度增加，并重新出现2个荧光峰，位置分别为$E_x/E_m=270/380$、$E_x/E_m=230/380$，表明荧光峰发生红移。荧光峰的出现表明Fe/AC活化过硫酸盐体系内，2,4-DNT的分子结构遭到破坏。简单芳香类化合物的荧光中心通常在激发波长小于250nm或发射波长小于350nm处[46]，可推断在反应初期脱硝作用是主要反应。另外，有研究表明红移主要是新的官能团出现引起的，其中官能团包括含烷氧基的羰基、羟基、氨基以及羧基[47]。因此，荧光峰的红移表明降解后的产物可能含有C═C—C═C或C═C—C═O等共轭双键的不饱和脂肪酸或苯甲酸中间产物。在整个降解过程中，可能是苯环结构被氧化破坏，生成具有π*-π共轭双键不饱和脂肪酸，其π*-π共轭双键可引起更强的荧光效应。同时反应生成的不饱和脂肪酸存在积累过程，进一步加强荧光强度。

将光谱图区域划分为5个区域，其中区域Ⅰ出现的峰代表着单环的芳香族化合物，如苯、甲苯、苯酚和苯胺等；区域Ⅱ峰和区域Ⅳ峰可能与乙苯、二甲苯和萘等物质有关；区域Ⅲ和区域Ⅴ出现的峰则代表类腐殖酸，例如结构较复杂的菲、芘、呋喃等杂环与多环的化合物。在图中可知按照5区划分后，均出现了明显的峰，考虑到2,4-DNT属于单一物质，同时结合2,4-DAT的光谱图谱可知，区域Ⅳ属于2,4-DAT；区域Ⅴ中出现了较为明显的两个峰，其中一个峰强度高于另一个峰，因此可以推断2,4-DAT是降解过程中的中间产物，最终转化为其他物质。说明在Fe/C+KPS协同处理2,4-DNT的过程中，2, 4-DNT能够被迅速降解，产生了一些结构较复杂的物质，但随着反应时间最终该物质被降解。

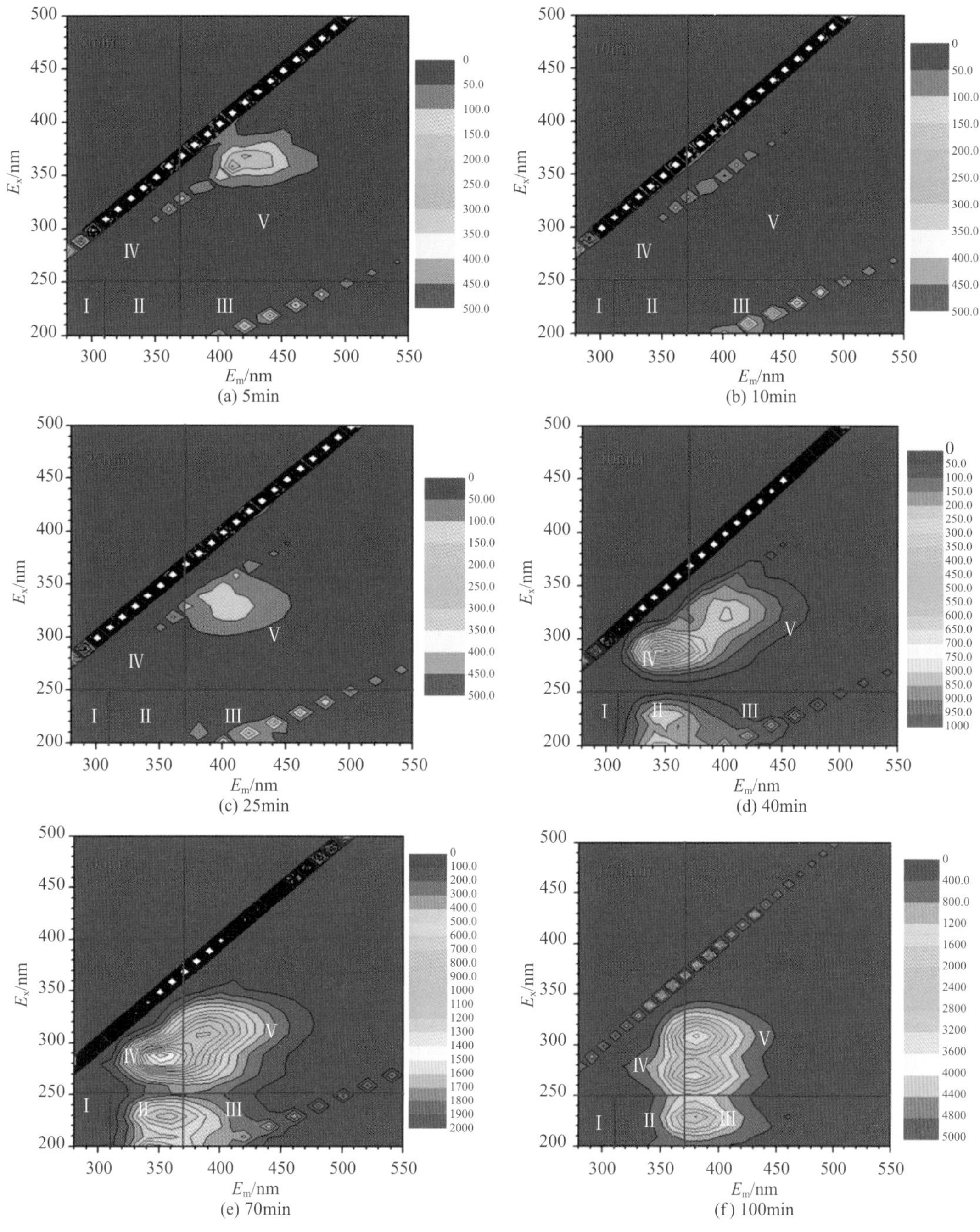

图3-64

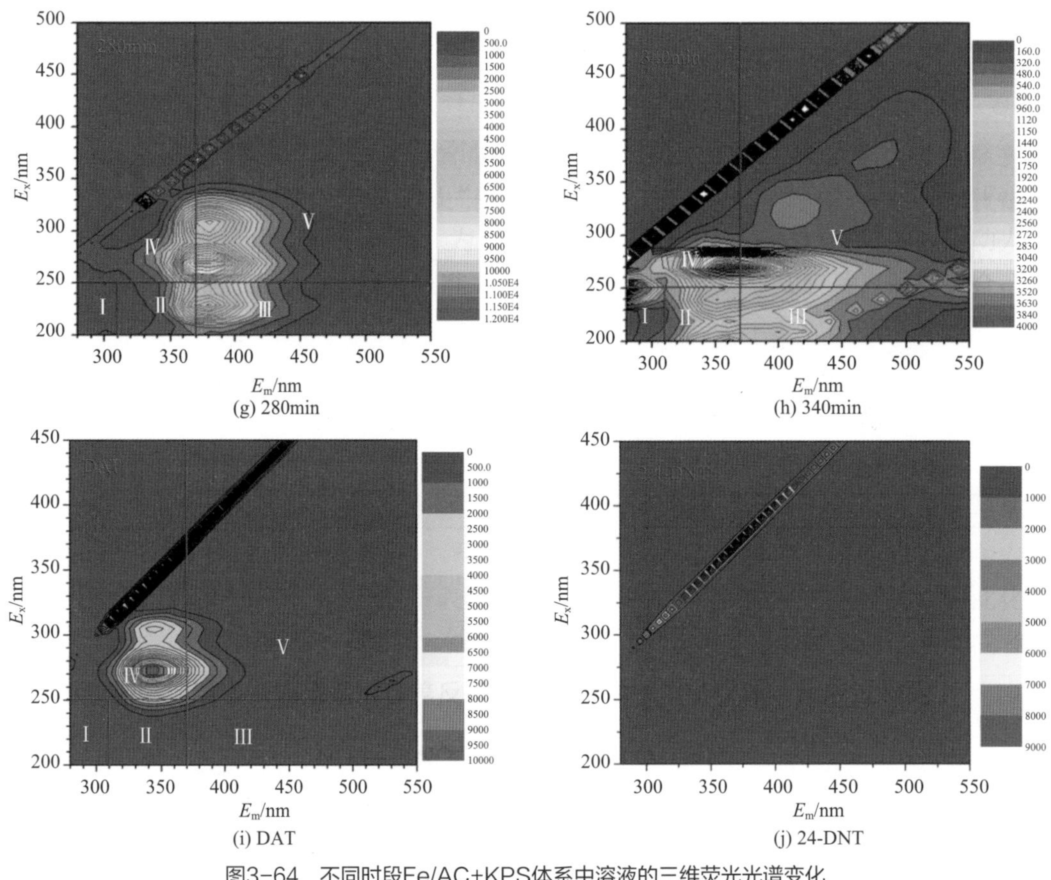

图3-64 不同时段Fe/AC+KPS体系中溶液的三维荧光光谱变化

3.4.3.4 降解速率提高的可能机制

为了更好地阐明Fe/AC活化过硫酸盐的作用机制，测定反应后固体产物的XRD、FTIR，见图3-65和图3-66。结果表明产物中出现了不同的铁氧化物，分别为纤铁矿、磁赤铁矿、磁铁矿、$FeSO_4$以及FeO，其中磁赤铁矿和纤铁矿出现峰最多，表明体系中主要铁氧化物是磁赤铁矿和纤铁矿。傅里叶红外出现了吸收峰3441cm^{-1}和3199cm^{-1}，吸收峰3441cm^{-1}主要是由吸附的H_2O和含有——OH官能团上的O——H伸缩振动引起，而3199cm^{-1}处的吸收峰主要是α-FeOOH上的O——H伸缩引起[48]。同样，吸收峰1631cm^{-1}由H_2O分子的变形振动产生。红外峰为568cm^{-1}由Fe_3O_4上的Fe——O的伸缩振动引起，而482cm^{-1}是符合γ-Fe_2O_3产生的红外峰。以上这些结果也与XRD图谱相符合。在Fe+KPS和Fe/AC+KPS的体系中，微米零价铁的腐蚀产物有γ-Fe_2O_3、Fe_3O_4、Fe_8O_8（OH）$_6SO_4$、$FeSO_4$、α-FeOOH。事实上，Fe活化PS体系中Fe^0反应所生成的铁氧化物与Fe/AC体系中是相似的，表明AC的添加不会改变Fe^{2+}活化PS的方式，但是Fe/AC活化PS降解2,4-DNT效果好于Fe+KPS体系。因此，可以推测在活化过程中，Fe/AC的降解反应速率得到提高可能是加快了Fe的失去电子的速率，短时间内增加Fe^{2+}生成活化PS，可能存在电场的作

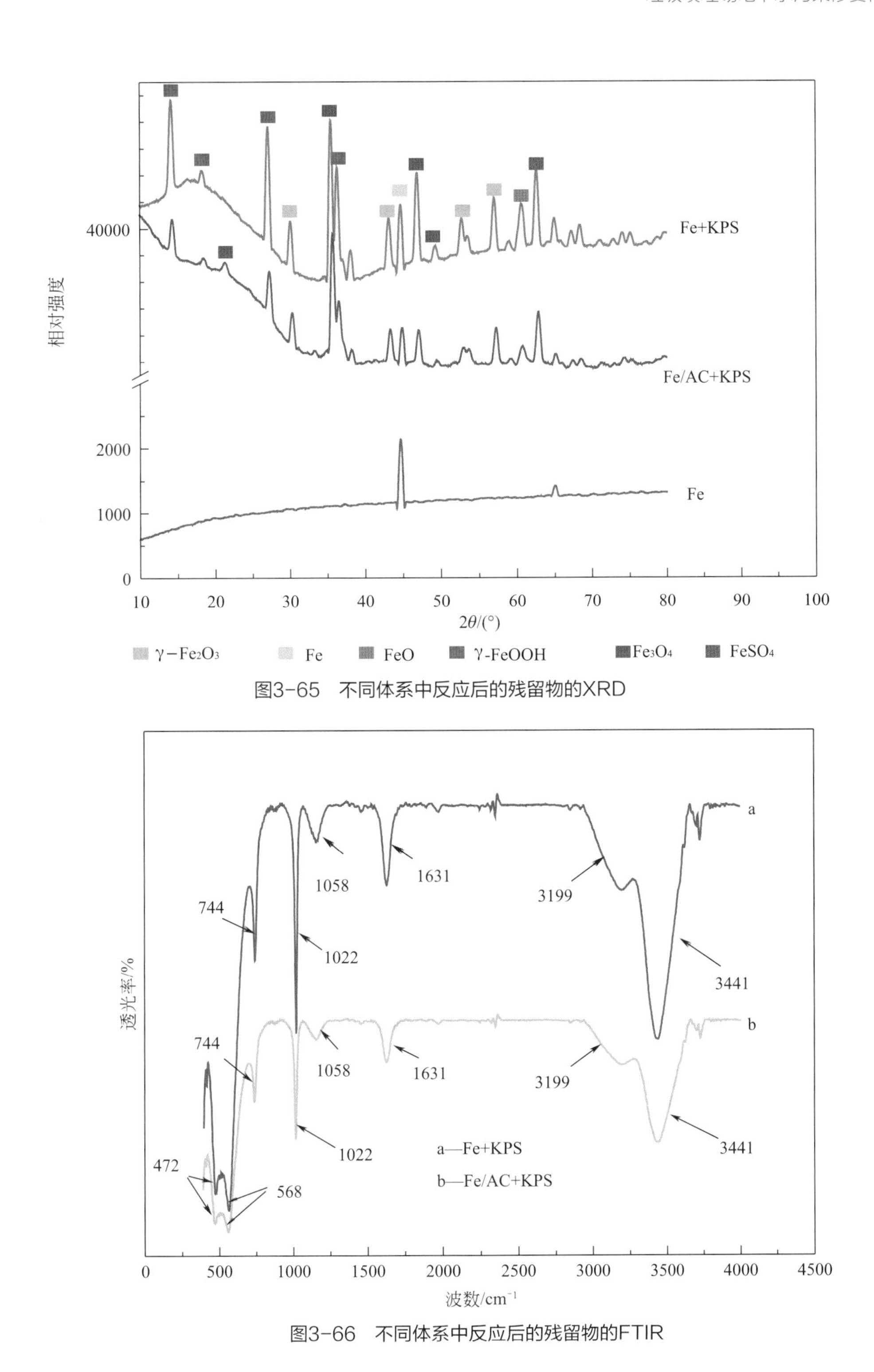

图3-65　不同体系中反应后的残留物的XRD

图3-66　不同体系中反应后的残留物的FTIR

用下，2,4-DNT聚集在铁的表面更容易发生氧化还原反应。XRD结果表明Fe反应产物出现了$FeSO_4$(s)，Fe^{2+}活化过程中转化为Fe^{3+}会以$Fe(OH)_3$形式吸附在Fe^0表面，然后进一步生成FeOOH，FeOOH会与硫酸根反应生成$FeSO_4$(s)。因此，反应初期$FeSO_4$(s)生成后也会活化过硫酸盐，提高整个体系的降解效率。AC的添加加快了Fe的腐蚀，提高了2,4-DNT的去除效率，但Fe/AC活化PS体系中，2,4-DNT随着反应时间的持续，其降解速率减慢（图3-67）。可能是由于AC表面形成了铁的氧化物，这些氧化物会起到绝缘的作用，抑制电子的传递并减少了电池数量。综上所述，AC的存在可有效提高微米级Fe^0生成Fe^{2+}，促进活化过硫酸盐的能力，减少反应时间，详细机制见图3-67。

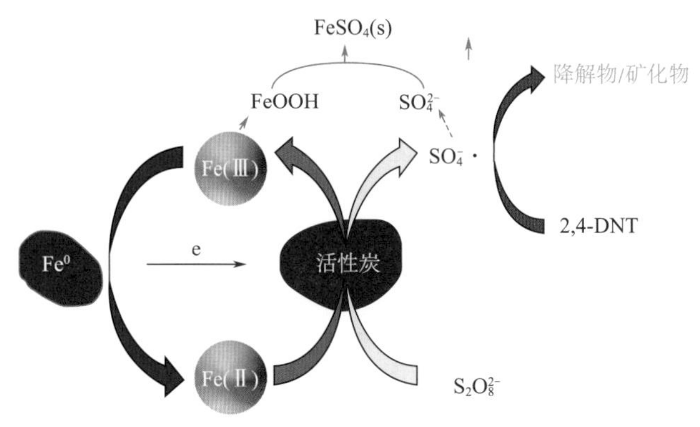

图3-67　AC强化Fe活化PS的机制

3.4.4　小结

选择AC强化微米级Fe^0活化PS降解2,4-DNT，考察了PS投加量、pH值、溶解氧以及阴离子对地下水环境中2,4-DNT的去除效果，主要结论如下。

① Fe/AC+KPS体系中的生成的SO_4^-·能够有效降解地下水环境中的2,4-DNT，添AC促进了微米级Fe^0释放Fe^{2+}，显著提高了降解效率，达到94%，相比未添加AC的体系，在340min内效率提高了14%。

② Fe/AC+KPS体系中，pH＝2时2, 4-DNT最终的去除率均高于其他，达到94.8%，随着pH值升高，去除率呈下降趋势，但当pH＝9时，去除效果迅速增加，pH＝11时，2,4-DNT的去除率再次下降，pH＝7的2,4-DNT去除效率也达到80%以上，表明体系比较适应地下水环境。

③ 不同影响因素对2,4-DNT的降解效果产生了不同程度的影响。Cl^-和HCO_3^-在一定程度上抑制Fe/AC活化KPS生成SO_4^-·。但高浓度Cl^-会大量消耗生成的SO_4^-·，Cl^-存在会强化铁碳微电解作用，同样提高去除效率。

④ 微米级Fe^0在AC添加后所形成的Fe/AC+KPS体系降解2,4-DNT的效率提高主要作用机制可能是未改变Fe^0活化PS的机制，仅促进了微米级Fe^0释放Fe^{2+}，从而提高去除效率。因此，采用AC强化Fe活化PS去除难降解有机物，应用于填埋场地下水污染治理具备可行性。

3.5 苯酚降解菌修复材料

3.5.1 修复材料研究背景

随着各种工业、农业以及生产活动的进行，大量具有较稳定化学结构的酚类化合物排放到水体、土壤等介质中，由于其排放量远超过自然降解的能力，导致其在生态环境中逐渐积累[49]。苯酚具有生物毒性，饮用或灌溉用水中含有苯酚会对人类和各种生物产生毒害作用[50-52]。

前期以水羟锰矿、锰砂滤料和生物氧化锰菌液等材料作为吸附剂吸附苯酚，研究了各种氧化锰材料去除地下水中苯酚的可行性。其中，实验所用的锰砂滤料来源于沈阳水厂生物锰砂滤池，锰氧化菌来源于该滤池中成熟的生物锰砂滤料。前期研究了pH值、溶解氧、温度三个条件对氧化锰材料吸附苯酚效率的影响，对比其在中性条件、常氧、25℃条件下的苯酚处理效果，结果显示，在接近地下水条件下，生物氧化锰菌液去除苯酚效果最好，能完全去除苯酚，且不产生二次污染，化学合成水羟锰矿处理苯酚效率次之。通过对比试验发现，除了生物氧化锰的吸附作用外，菌液中还含有可以降解苯酚的微生物，因此，分析可以尝试以苯酚为唯一碳源，在生物氧化锰菌液中提取苯酚降解菌，实现地下水中苯酚的去除。

3.5.2 制备材料与方法

3.5.2.1 菌种来源

本实验所用苯酚降解菌的筛选方式如下：

采用TSB液体培养基，将取自沈阳水厂（水源为高锰地下水）生物锰砂滤池中成熟的锰砂滤料于25℃、100r/min条件下活化24h，得到锰砂滤料活化菌液。

配置含锰MSVP液体培养基，将锰砂滤料活化菌液以体积比1%的接种量接种至培养基中，于25℃、100r/min条件下培养30d后，得到生物氧化锰菌液。

将得到的生物氧化锰菌液以分区划线的方式接种至含锰MSVP固体培养基，25℃培养4周，得到锰氧化菌系。

将锰氧化菌系接种至TSB液体培养基中，于25℃、100r/min条件下活化24h，得到活化锰氧化菌液。

将活化锰氧化菌液以体积比1%的接种量接种至含苯酚MSVP液体培养基中，于25℃、100r/min条件下培养3天后，得到具有苯酚降解性能的锰氧化菌液。

用含苯酚MSVP固体培养基提纯具有苯酚降解性能的锰氧化菌液，以分区划线的方式连续接种3次，分别于25℃培养3d，得到实验所用苯酚降解菌。

3.5.2.2 菌种鉴定

苯酚降解菌鉴定过程包括基因组DNA提取、PCR扩增、凝胶电泳、纯化回收。PCR扩增使用菌种鉴定的通用引物：7F-1540R和27F-1492R，鉴定结果经由核糖体数据库比对分析其为假单胞菌属（*Pseudomonas* sp.K33），其16S rDNA序列如表3-16所列。

筛选后苯酚降解菌依然保留锰氧化能力，可在含锰MSVP液体培养基［Mn（Ⅱ）含量为20mg/L］中生成黑褐色的生物氧化锰颗粒。

表3-16 苯酚降解菌的16S rDNA序列

AAAACTGACAAGCTAGAGTATGGTAGAGGGTGGTGGAATTTCCTGTGTAGCGGTGAAATGCGTAGATATAGGAAG GAACACCAGTGGCGAAGGCGACCACCTGGACTGATACTGACACTGAGGTGCGAAAGCGTGGGGAGCAAACAGG ATTAGATACCCTGGTAGTCCACGCCGTAAACGATGTCAACTAGCCGTTGGGAGCCTTGAGCTCTTAGTGGCGCAGC TAACGCATTAAGTTGACCGCCTGGGGAGTACGGCCGCAAGGTTAAAACTCAAATGAATTGACGGGGGCCCGCAC AAGCGGTGGAGCATGTGGTTTAATTCGAAGCAACGCGAAGAACCTTACCAGGCCTTGACATCCAATGAACTTTCC AGAGATGGATTGGTGCCTTCGGGAACATTGAGACAGGTGCTGCATGGCTGTCGTCAGCTCGTGTCGTGAGATGTT GGGTTAAGTCCCGTAACGAGCGCAACCCTTGTCCTTAGTTACCAGCACGTAATGGTGGGCACTCTAAGGAGACTG CCGGTGACAAACCGGAGGAAGGTGGGGATGACGTCAAGTCATCATGGCCCTTACGGCCTGGGCTACACACGTGCT ACAATGGTCGGTACAGAGGGTTGCCAAGCCGCGAGGTGGAGCTAATCCCATAAAACCGATCGTAGTCCGGATCGC AGTCTGCAACTCGACTGCGTGAAGTCGGAATCGCTAGTAATCGCGAATCAGAATGTCGCGGTGAATACGTTCCCG GGCCTTGTACACACCGCCCGTCACACCATGGGAGTGGGTTG

3.5.3 结果与讨论

3.5.3.1 苯酚降解菌最佳培养条件的确定

由于在有机物的微生物处理中，有机物的降解效率与微生物活性息息相关，因此确定苯酚降解菌的最佳培养条件具有重要意义。苯酚降解菌最佳培养条件包括培养基种类、最佳培养基浓度、最佳培养pH值、最佳培养温度、最佳培养溶解氧浓度。

（1）最佳培养基的确定

由图3-68可见，在TSB培养基中，菌株在0～12h之间出现迅速增长情况，菌株OD_{600}值迅速由0.1增长到1.1，说明菌株能很快适应TSB环境，这可能是由于TSB培养基含有丰富的营养物质，有利于菌株生长繁殖。12～48h菌株增长速度降低，48～124h菌株增长处于平稳期，OD_{600}值增长缓慢，由1.1增长至1.6，124h开始进入衰亡期，OD_{600}值基本稳定在1.6左右，菌株到达衰亡期所需时间较长，可能是由于培养基中营养物质丰富，有足够的营养支撑菌株生长繁殖，死亡后的菌株胞体也会存在于菌悬液中，因此培养基的OD_{600}值没有明显降低。MSVP培养基中，菌株OD_{600}值一直较小，整体OD_{600}值低于0.3，处于缓慢增长期，可能是由于MSVP培养基营养成分较少，不利于菌株的生长繁殖，但由于存在一定量的营养物质可供菌株生长繁殖，在测试时间内，菌株未达到衰亡期。因此，实验选择TSB培养基作为菌株培养的最佳培养基，进行实验时，提前将菌株活化12h。

根据平板计数结果计算菌液OD_{600}值与菌液中细菌个数之间的关系式为：$y=5.2393\times10^9x$，$R^2=0.9967$，其中x为吸光度，Abs；y为细菌个数，cfu/mL。

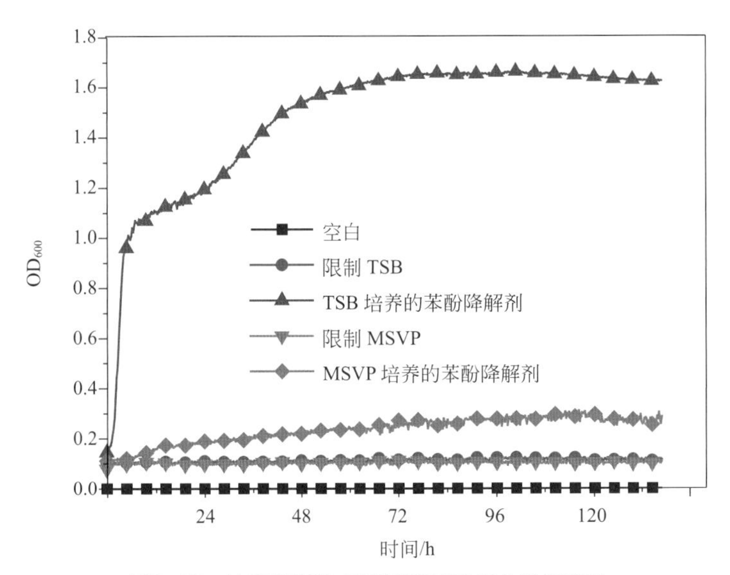

图3-68 培养基种类对苯酚降解菌生长曲线的影响

（2）最佳培养基浓度的确定

由图3-69可知，反应进行到后期，菌株生长繁殖速度逐渐趋于平缓。培养基浓度为0.1%时，细菌经过迅速增长期后，最终OD_{600}值稳定在0.5左右，培养基中营养物质浓度较小，不足以使细菌在短时间内大量繁殖，因此反应后期OD_{600}值较为稳定。培养基浓度为0.5%时，反应后期出现小颗粒团聚现象，导致OD_{600}值迅速降低，可能是由于营养物质较为丰富，使培养基内的细菌短时间内大量繁殖，导致反应后期营养物质不足时，细菌大量死亡。营养物质浓度为1%和2%时，营养物质较为充足，但由于微生物投入总量的限制，对微生物的生长繁殖所表现的增强作用相差不大。因此从节约资源的角度考虑，选取浓度为1%的TSB培养基作为实验所应用的培养基浓度。

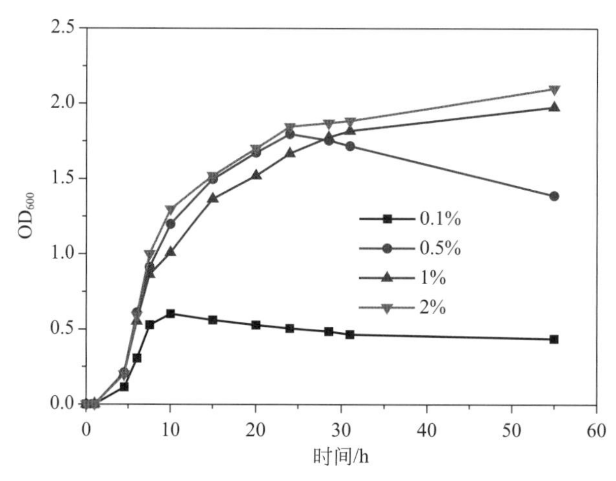

图3-69　培养基浓度对苯酚降解菌生长曲线的影响

（3）最佳培养pH值的确定

pH值主要通过以下作用影响菌株生长繁殖过程：影响细菌细胞膜结构的稳定性、引起细胞膜电荷的变化和细胞膜透过性，从而影响微生物对营养物质的吸收；影响代谢过程中酶的活性；改变其生长环境中营养物质及有害物质的毒性。由图3-70可知，强酸性条件（pH=3.03、pH=4.01）和强碱性条件（pH=11.91）均对菌株的生长繁殖表现出较强的抑制作用，不利于菌株的生长繁殖，极端环境破坏细菌的细胞结构，导致细胞死亡并解体，OD_{600}值整体较低。苯酚降解菌生长的pH值范围极广，pH=5.02～8.98范围内，均表现出良好的生长繁殖能力，中性条件、偏酸性条件和偏碱性条件对细菌的生长繁殖影响差别不大，苯酚降解菌可在10h之内到达对数生长期后进入稳定期，最终OD_{600}值稳定在1.5左右。由于苯酚是一种弱酸，其水溶液呈弱酸性，结合菌株在不同pH值条件下的整体生长曲线的趋势，后续实验选择pH=6.0为菌株的最佳培养条件。

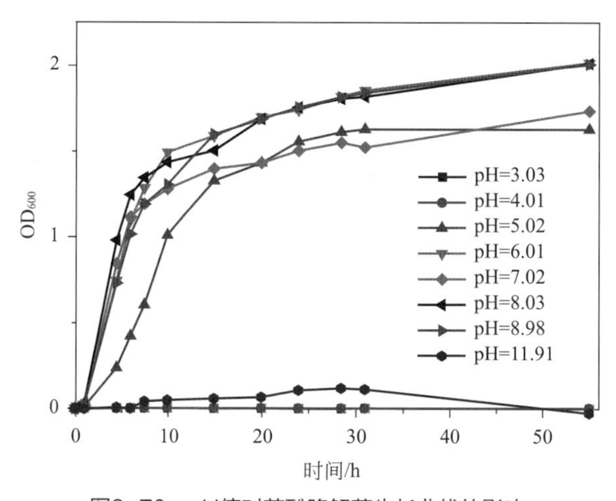

图3-70　pH值对苯酚降解菌生长曲线的影响

（4）最佳培养温度确定

温度主要通过影响微生物体内酶的活性影响细菌的生长繁殖状况。对苯酚降解菌来说，25℃是其生长繁殖所需要的最适温度。28℃时，在生长繁殖的后期，出现小颗粒团聚现象，说明菌体大量死亡，导致OD_{600}值由1.6快速下降至0.7，可能是28℃时菌株体内酶的活性较高，在生长繁殖的前期大量繁殖，但由于营养条件的限制，使后期微生物所能利用的物质大量减少，导致微生物死亡。20℃和25℃时，苯酚降解菌的生长状态相似，均表现出前期生长快速，后期速度减缓的趋势，可能是由于温度较高，营养物质的流动性提高，有利于菌株吸收，且由于温度的限制，酶活性不如28℃时高，对菌株生长繁殖的促进作用不如28℃时明显。低温环境对苯酚降解菌的抑制作用较大，低温环境通过影响菌株体内酶的活性，使菌株的调整期增加，但由于培养基中营养丰富，在反应后期依然表现出良好的生长繁殖能力。25℃时苯酚降解菌生长繁殖状况良好，为保证实验条件的一致性，确定苯酚降解菌的最佳的培养温度为25℃。

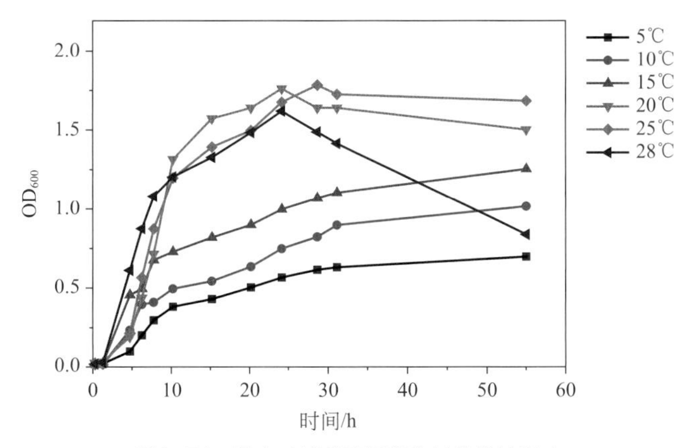

图3-71　温度对苯酚降解菌生长曲线的影响

（5）最佳培养溶解氧浓度的确定

如图3-72所示，通过控制通入氩气时间控制培养基中溶解氧浓度，通入时间为0min、0.5min、1min、1.5min时培养基中的溶解氧浓度范围分别在8.15～8.40mg/L、4.45～4.60mg/L、2.68～2.81mg/L、0mg/L。溶解氧浓度为4.45～4.60mg/L时，苯酚降解菌需经过较长时间的调整期以适应环境；溶解氧浓度分别为8.15～8.40mg/L、2.68～2.81mg/L和0mg/L时，苯酚降解菌的生长繁殖状态表现类似，其中溶解氧浓度为8.15～8.40mg/L时，菌株平稳期到达较快，溶解氧浓度为0mg/L时菌株平稳期到达较慢，推测可能是由于苯酚降解菌是兼性厌氧菌，有氧条件利用空气中的氧气进行有氧呼吸作用产生能量，供给自身生长繁殖需要；厌氧条件时，菌株利用培养基中的营养成分进行无氧呼吸作用产生能量，供给自身生长繁殖需要，但由于有氧呼吸产生能量比无氧呼吸多，因此溶解氧浓度为8.15～8.40mg/L时，苯酚降解菌的生长状况好于溶解氧浓度为0mg/L时。选择溶解氧浓度为8.15～8.40mg/L作为苯酚降解菌的最佳溶解氧条件。

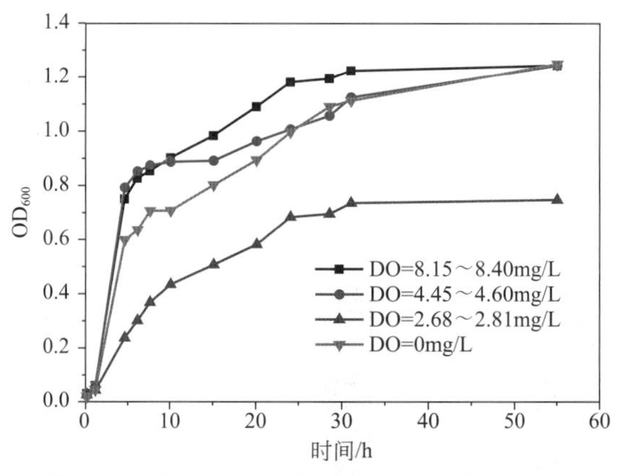

图3-72　溶解氧浓度对苯酚降解菌生长曲线的影响

3.5.3.2　游离菌株降解苯酚效率及环境影响因素

（1）游离菌株降解苯酚性能的研究

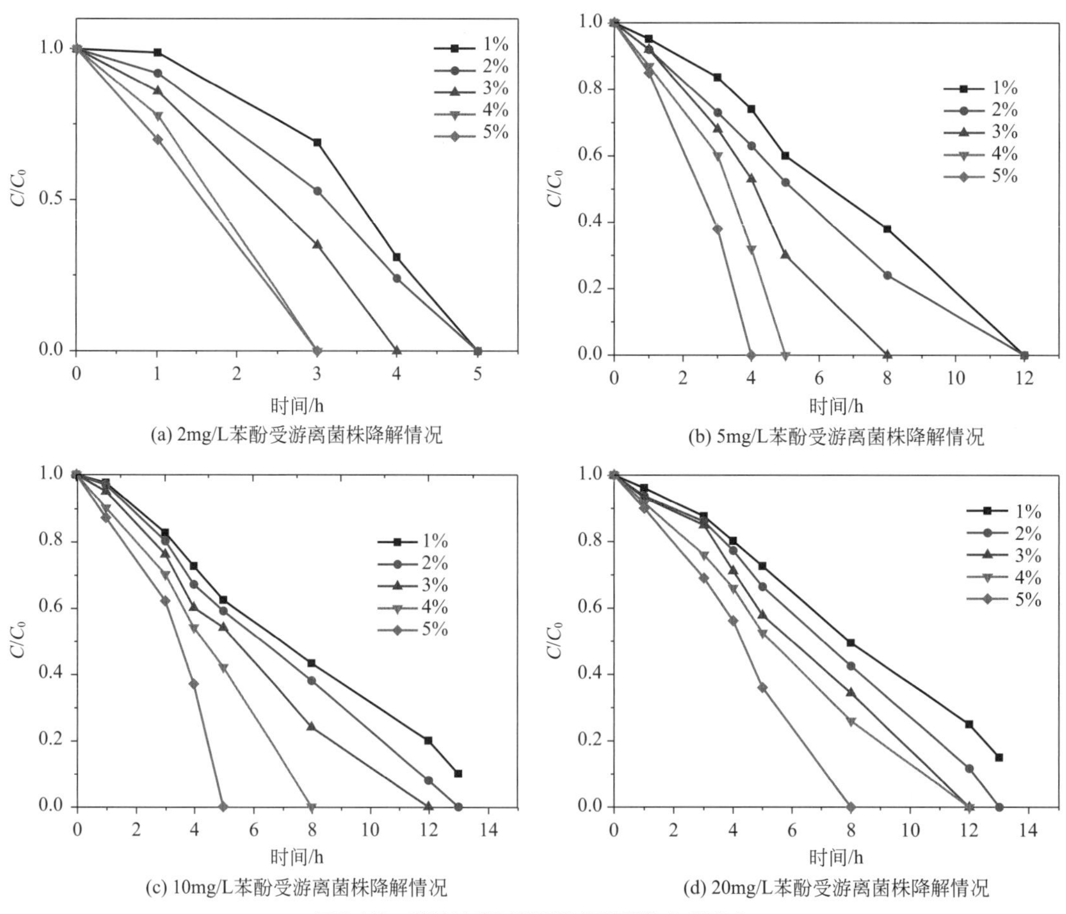

图3-73　菌液浓度对菌株降解苯酚效率的影响

由图3-73可知，25℃时，随着苯酚降解菌投加量的增多，苯酚的降解效率加快，完全降解相同浓度苯酚所需要的时间逐渐减少，游离菌株投加量为1%时，可在5h完全降解浓度为2mg/L的苯酚，12h时，对20mg/L苯酚的降解率为75%。游离菌株投加量为4%时，3h内可完全降解浓度为2mg/L的苯酚，12h对浓度为20mg/L的苯酚的降解率达到100%，说明游离菌株投加量越多，对苯酚降解的促进效果越明显，降解高浓度苯酚的效果越好，原因可能是，一方面，苯酚降解菌含量增多，单位浓度苯酚接触的菌株增多，从而提高苯酚降解效率；另一方面，菌液浓度增加，使不直接遭受苯酚毒害的菌株数量增多，从而使苯酚降解效率提高，证明游离菌株具有降解苯酚的巨大潜力。

（2）pH对游离菌株降解苯酚效率的影响

由图3-74可知，强酸强碱性条件（pH=3、pH=4、pH=12）下，苯酚几乎不发生降解，过程中未检测到苯酚降解中间产物；pH=5～9范围内，苯酚降解状况良好，可完全降解2mg/L苯酚，降解过程中未检测到苯酚中间产物。pH=5和pH=9条件下，反应后期，苯酚降解效率降低，高浓度苯酚降解效果良好，反应时间为13h时，对浓度为20mg/L的苯酚的降解率可达70%和68%，可完全降解浓度在2mg/L以下的苯酚；随着苯酚浓度的增加，苯酚降解时间延长；降解过程中未检测到苯酚降解中间产物。可能原因为：强酸强碱性条件下，微生物生长繁殖状态较差，菌株未发生增殖，导致苯酚几乎不发生降解。中性条件下，苯酚作为游离菌株生长代谢的唯一碳源，如果浓度过低，游离菌株由于不能获得充足的碳素营养其生长受到限制；但是由于苯酚本身对菌体有毒害作用，苯酚浓度较大时会对菌体的生长造成危害，使菌株的生长受到抑制。中性及接近中性条件苯酚降解效率较高，pH值在6～8范围内，苯酚具有较好的降解效率，5h内可完全降解浓度在2mg/L以下的苯酚，其中，pH=6时，4h即可完全降解2mg/L苯酚。

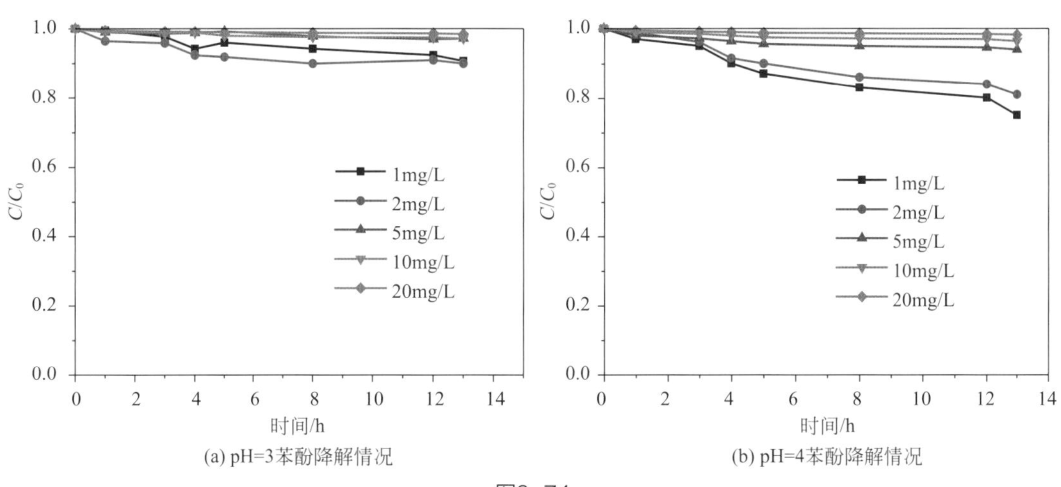

图3-74

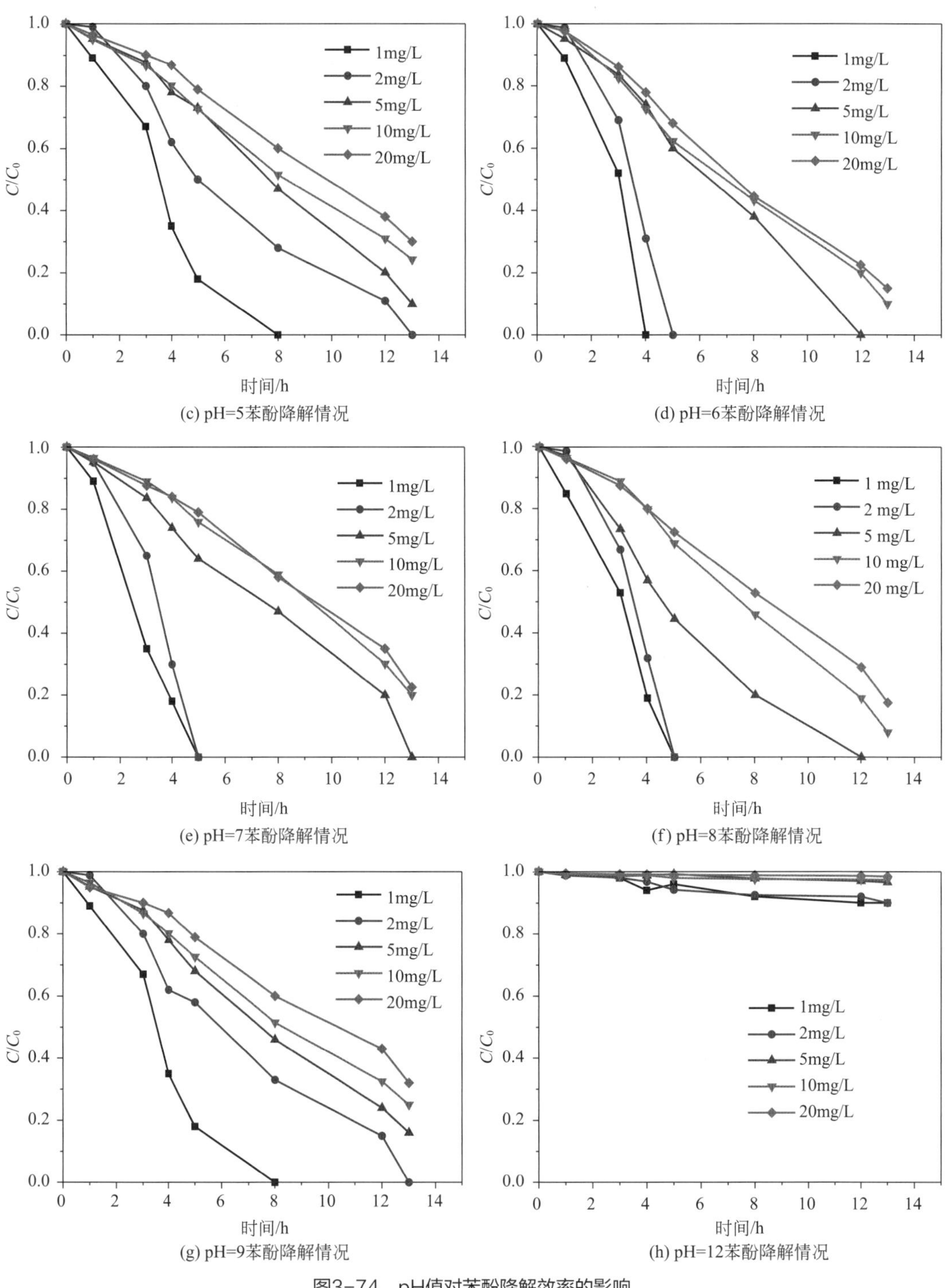

图3-74 pH值对苯酚降解效率的影响

结合苯酚降解动力学拟合结果分析，pH值对苯酚降解速率抑制作用由大到小分别为：pH=3 > pH=12 > pH=4 > pH=5 > pH=9 > pH=8 > pH=7 > pH=6（表3-17），原因可能是pH=6是菌株的最适繁殖条件，在最适pH值时，菌株体内酶活性最高，菌株可最大程度地利用苯酚作为碳源，供给自身生长发育的需要。另外，受加入菌株浓度的限制，20mg/L的苯酚并未完全降解，但降解率达到80%以上，可通过增加反应时间和增加菌株投加量提高苯酚降解效率。受苯酚弱酸性性质的影响，苯酚污染地下水pH值为6～7，因此菌株可以被应用于地下水环境中。

表3-17　pH值对苯酚降解动力学的影响

pH值	3	4	5	6	7	8	9	12
v_m	0.0019	0.0023	0.089	0.140	0.139	0.097	0.0832	0.0019

（3）温度对游离菌株降解苯酚效率的影响

由图3-75可知，随着温度的升高，降解相同浓度的苯酚所需要的时间逐渐缩短；相同温度下，随着苯酚浓度的增大，苯酚降解效率逐渐降低；低温时，反应后期苯酚降解效率下降；相同浓度的苯酚，在低温时完全降解所需要的时间增加，但较高浓度的苯酚可提高苯酚降解速率；25℃时，反应5h时，游离菌株可完全降解浓度为2mg/L的苯酚，12h时对5mg/L的苯酚的降解率达到100%；15℃时，13h内，游离菌株可完全降解浓度为2mg/L的苯酚，对5mg/L的苯酚的降解率达到89%以上。

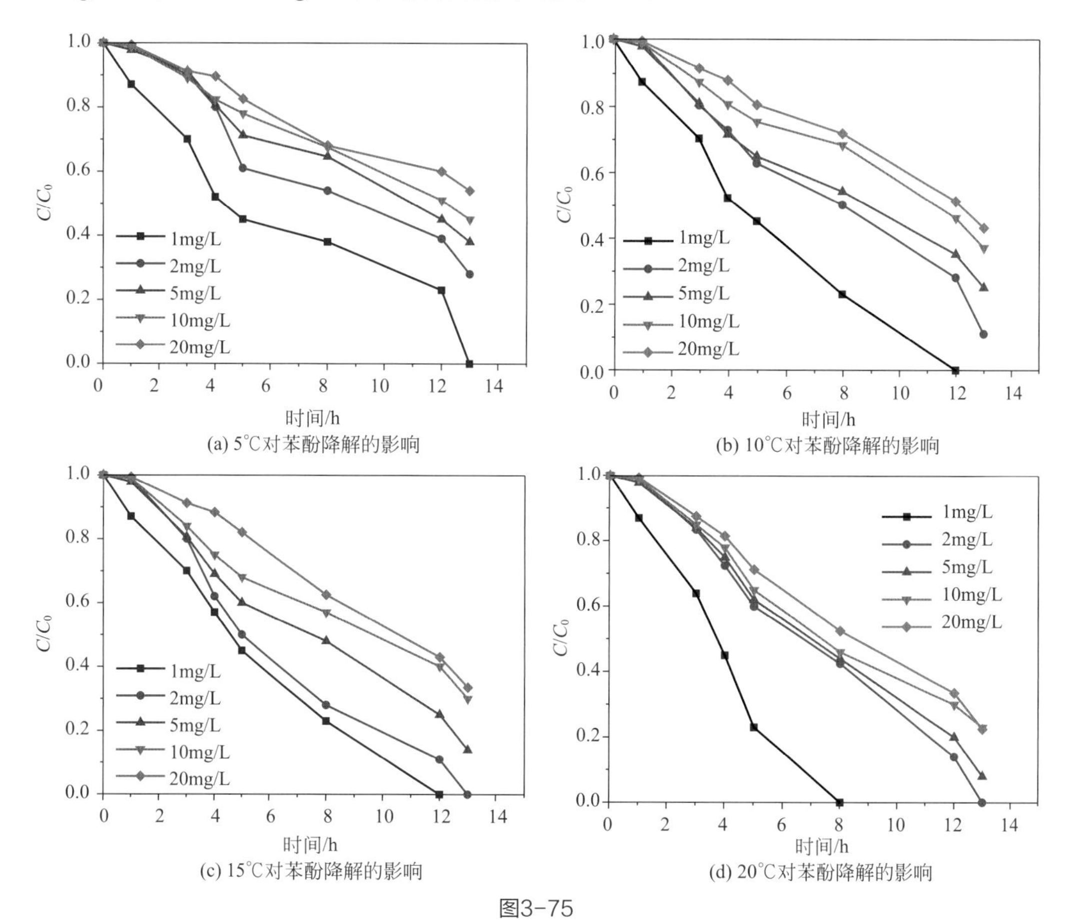

图3-75

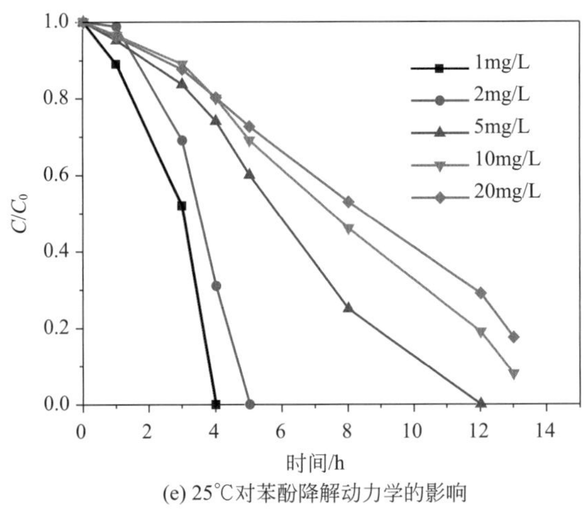

(e) 25℃对苯酚降解动力学的影响

图3-75　温度对苯酚降解动力学的影响

结合动力学拟合结果分析，在10～25℃范围内游离菌株表现出良好的苯酚降解能力，最大降解速率均大于0.08，温度越高，最大降解速率越大，游离菌株对苯酚的降解性能越好（表3-18）。温度对苯酚降解菌降解苯酚的影响主要表现在温度影响微生物体内酶的合成，从而影响微生物生长繁殖状况。低温条件下，酶活性降低，导致菌株生长繁殖缓慢，对碳源的利用率降低；同时，低温和苯酚均为影响苯酚降解菌生长繁殖的不利条件，当苯酚和低温条件同时存在时，苯酚降解菌加速利用苯酚作为碳源，产生能量，维持自身生长繁殖的需要。温度升高，苯酚溶液中分子运动速度加快，使菌株与苯酚充分接触，相同单位菌株接触的苯酚分子增多，但由于溶液中苯酚总量一定，因此苯酚降解速率加快。所得结果与微生物最佳培养条件中微生物生长曲线结果相似。地下水环境温度一般维持在15～17℃，平均温度变化不大，在此温度范围内，菌株具有良好的苯酚降解效果，可被应用于地下水中苯酚的降解。

表3-18　温度对苯酚降解动力学的影响

温度/℃	5	10	15	20	25
v_m	0.06	0.081	0.104	0.132	0.140

（4）溶解氧对游离菌株降解苯酚效率的影响

由图3-76可知，随着溶解氧浓度的降低，菌株对苯酚的降解效率呈现先降低后增加的趋势；相同溶解氧浓度条件时，随着苯酚浓度的增加，降解率逐渐降低；溶液中溶解氧含量分别为4.45～4.60mg/L和2.68～2.81mg/L时，在反应后期，低浓度苯酚的降解效率降低，高浓度苯酚的降解效率稍有提高。溶解氧浓度在2.68～2.81mg/L范围内时，13h内游离菌株可完全降解浓度为2mg/L的苯酚；溶解氧浓度在4.45～4.60mg/L范围内时，13h内游离菌株对2mg/L苯酚的降解率可达89%，反应过程中未检测到苯酚降解中间产物。结合动力学结果进行分析（表3-19），溶解氧对苯酚降解菌利用苯酚程度的影响由大到小为8.15～8.40mg/L > 0mg/L > 2.68～2.81mg/L > 4.45～4.60mg/

L。溶解氧通过影响微生物呼吸方式影响苯酚降解效率，溶解氧含量较为充足时菌株进行有氧呼吸，利用苯酚作为碳源，供给自身生长繁殖，苯酚浓度升高时，由于单位菌株在单位时间内利用苯酚含量的限制，导致苯酚降解效率降低，可通过延长反应时间或增加菌株投加量使菌株降解更多苯酚。溶解氧含量约为0mg/L时，菌株进行无氧呼吸，此时微生物的OD_{600}值增长缓慢，说明菌株在无氧条件下，虽然能够利用苯酚作为碳源供给自身生长，但产生能量较少，增殖速率较慢。中度厌氧条件（溶解氧浓度范围为2.68～2.81mg/L）时，菌株降解高浓度苯酚的效率稍高于低度厌氧条件（溶解氧浓度范围为4.45～4.60mg/L），这与菌株最适培养条件中溶解氧的有关结果类似，说明厌氧无氧呼吸时，微生物可较大程度地利用苯酚。同时结合动力学结果分析，游离苯酚降解菌在缺氧条件下仍具有较高的苯酚降解性能，可被应用于地下水环境中苯酚的降解。

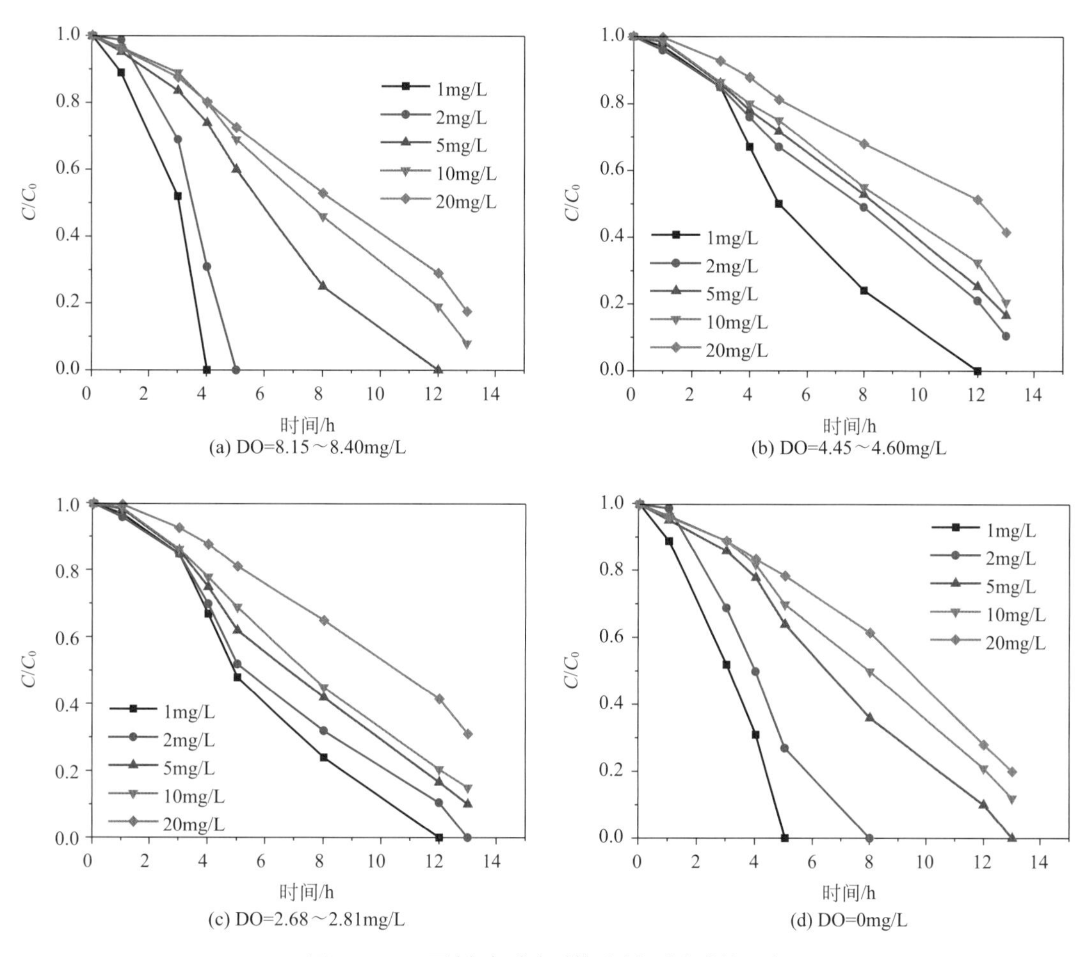

图3-76　不同溶解氧浓度对苯酚降解动力学的影响

表3-19　溶解氧对苯酚降解动力学的影响

DO	8.15～8.40mg/L	4.45～4.60mg/L	2.68～2.81mg/L	0mg/L
V_m	0.140	0.077	0.102	0.118

（5）无机盐离子对游离菌株降解苯酚效率的影响

1）Fe^{2+}对游离菌株降解苯酚效率的影响　由图3-77可知，随着Fe^{2+}浓度由0.3mg/L增加到2.0mg/L，游离苯酚降解菌对苯酚的降解效率呈现先增加后降低的趋势，其中0.3mg/L的Fe^{2+}可小幅度提高苯酚降解效率，Fe^{2+}浓度高于0.3mg/L时，随着Fe^{2+}浓度的增加，苯酚降解效率逐渐降低，随着反应时间的延长，菌株可完全降解浓度为2mg/L的苯酚。Fe^{2+}主要通过缩短或延长菌株的调整期来影响苯酚的降解效率。Fe^{2+}是微生物生长繁殖过程中需要的元素之一，但由于其具有强还原性以及一定的毒性，高浓度的Fe^{2+}反而抑制微生物的生长繁殖，因此，只有低浓度的Fe^{2+}对微生物的生长繁殖起促进作用，提高苯酚的降解效率。高浓度的Fe^{2+}对微生物产生毒害，抑制苯酚降解。Ⅴ类地下水要求的最小Fe^{2+}浓度为2.0mg/L，此时由于苯酚在13h内可被完全降解，因此本菌株可以应用于Fe^{2+}浓度在2.0mg/L以下的Ⅴ类地下水环境。

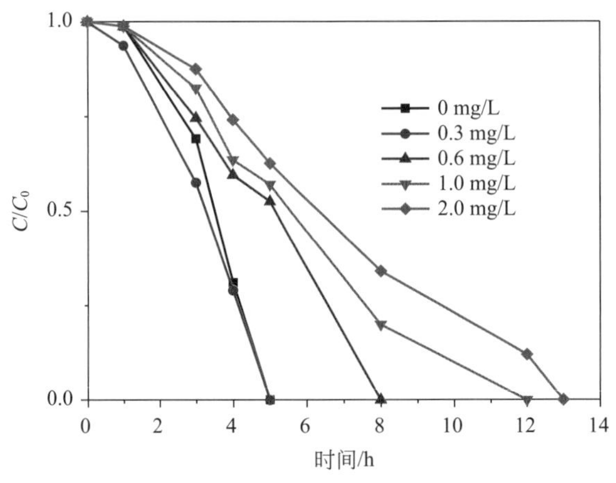

图3-77　Fe^{2+}对菌株降解苯酚效率的影响

2）Mn^{2+}对游离菌株降解苯酚效率的影响　由图3-78可知，随着Mn^{2+}浓度的增加，苯酚降解效率逐渐增加。由于本研究所用菌株是由锰氧化菌系经过苯酚分离纯化得到，菌株保留了一部分锰氧化功能，锰氧化菌在寡营养条件下可以利用Mn^{2+}合成生物氧化锰，因此溶液中Mn^{2+}浓度越大，菌株利用苯酚产生生物氧化锰的能力越大，对苯酚降解的促进效果越明显，但由于Mn^{2+}毒性的限制，更高的Mn^{2+}浓度可能造成微生物损伤，而使苯酚降解效率降低。Ⅴ类地下水要求的最小Mn^{2+}浓度为1.5mg/L，在此条件下游离菌株表现出良好的苯酚降解性能，因此本菌株可以应用于锰浓度为1.5mg/L及以下的Ⅴ类地下水环境。

3）Na^{+}对游离菌株降解苯酚效率的影响　由图3-79可知，随着Na^{+}浓度的增加，菌株降解苯酚的效率逐渐增加，对苯酚降解效率的促进作用越明显，但苯酚完全降解所需要的时间并未表现出明显变化，促进效果小于Mn^{2+}。钠是微生物生长繁殖的必需元素，Na^{+}存在可促进菌株利用苯酚，但由于苯酚毒性较大，使促进效果稍大于苯酚对菌株的毒害作用。溶液中Na^{+}浓度增大会导致溶液中电解质含量升高，从而促进苯酚进入微生

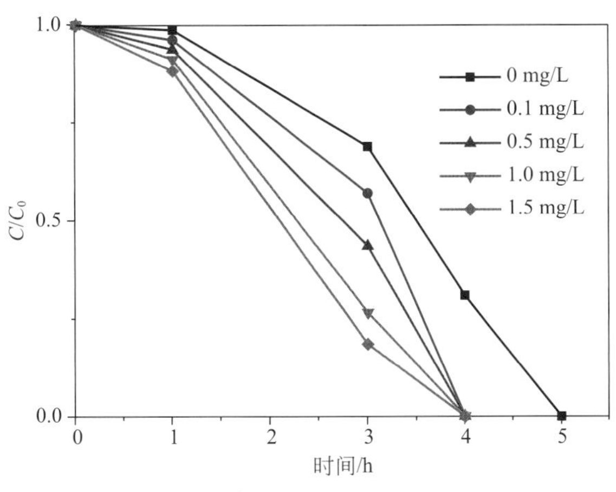

图3-78 Mn^{2+}对菌株降解苯酚效率的影响

物体内，使微生物能更快地利用苯酚，促进自身生长繁殖。但是过高的Na^+浓度可能会使微生物体内的酶失活或者变性，从而降低苯酚降解效率。由于V类地下水要求的最小Na^+浓度为400mg/L，在此条件下，游离菌株表现出良好的苯酚降解能力，因此本菌株可以应用于Na^+浓度为400mg/L及以下的V类地下水环境。

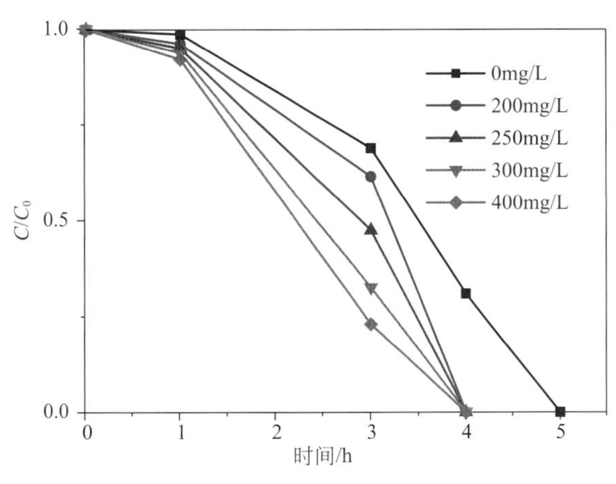

图3-79 Na^+对菌株降解苯酚效率的影响

3.5.3.3 固定化菌株降解苯酚效率及环境影响因素

（1）固定化菌株降解苯酚性能

由图3-80可知，随着初始苯酚浓度的提高，苯酚降解效率逐渐降低，高浓度苯酚反应后期降解速率降低。4h内可完全降解浓度为2mg/L的苯酚，13h内可完全降解浓度为20mg/L的苯酚。与相同条件下，游离苯酚降解菌的苯酚降解效率相比，固定化之后，微生物可适应浓度更高的苯酚，提高苯酚的降解效率。说明固定化之后，固定化

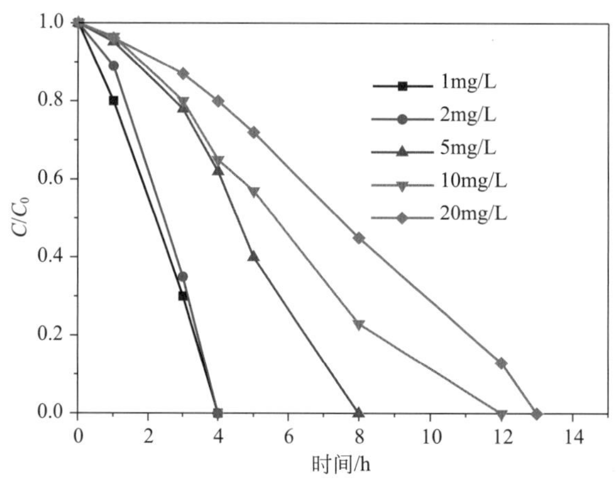

图3-80 苯酚浓度对固定化菌株苯酚降解效率的影响

小球提供一个缓冲空间，同时也为细菌提供了必要的保护，使空间内部的苯酚浓度稍低于外界环境，微生物避免直接面对有毒的苯酚环境，微生物面对更高浓度的苯酚时，调整期缩短，微生物可更大程度地利用苯酚合成自身生长繁殖所需要的物质，从而加速苯酚的降解。

（2）pH值对固定化菌株苯酚降解效率的影响

由图3-81可知，固定化小球对苯酚的降解效率由大到小分别为：pH=6 > pH=7 > pH=8 > pH=9 > pH=5 > pH=4 > pH=12 > pH=3。pH=3时，固定化苯酚降解菌反应13h时的苯酚降解效率达到21.5%，pH=12，反应时间为13h时，固定化苯酚降解菌可降解50%的苯酚。pH值在6～8范围内，固定化菌株反应4h内可完全降解浓度为2mg/L的苯酚。通过与相同条件下游离苯酚降解菌的苯酚降解效率相比，苯酚的降解效率有不同程度的提高，原因可能是固定化小球为菌株的生长提供了一个保护环境，阻止H^+和OH^-进入小球内部，在小球内部形成了pH值相对稳定的环境。同时，固定化小球阻止大量

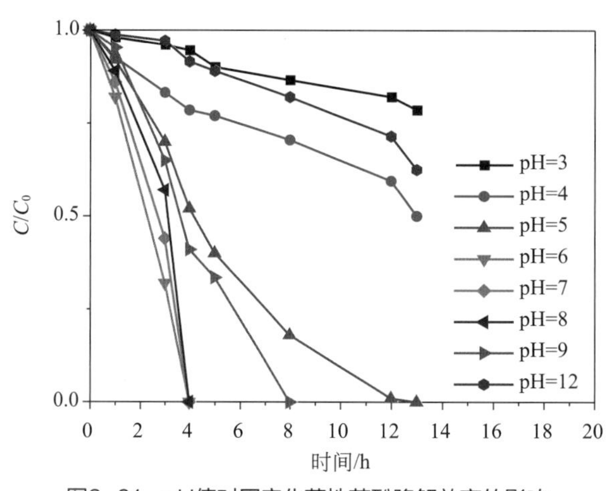

图3-81 pH值对固定化菌株苯酚降解效率的影响

苯酚进入小球，使微生物直接接触高浓度苯酚环境的机会减少，减少不良环境条件对微生物的损害。强酸强碱性条件（pH=3、pH=4、pH=12）下，由于外界环境过于极端，海藻酸钠小球被腐蚀，破坏了固定化小球的整体结构，导致大部分微生物直接暴露于恶劣环境下，从而使大部分细菌死亡，只有部分苯酚被降解，但与游离菌株相同条件下的降解效果相对比，苯酚降解效率提高。另外，实验结果显示，强酸性条件对固定化小球的破坏作用强于强碱性条件。因此，相较于游离苯酚降解菌，固定化菌株更适合应用于地下水环境中苯酚污染的修复。

（3）温度对固定化菌株苯酚降解效率的影响

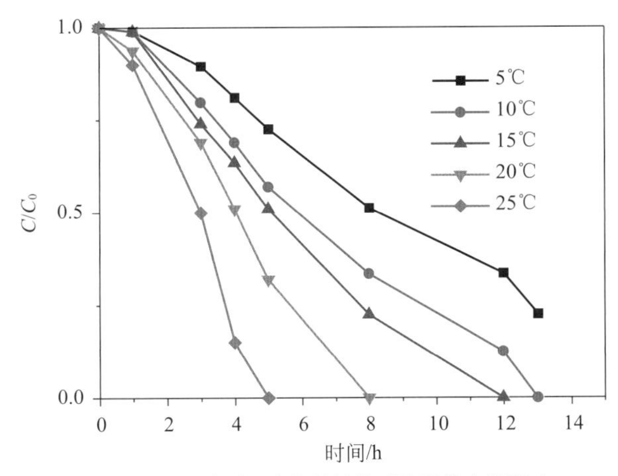

图3-82　温度对固定化菌株苯酚降解效率的影响

由图3-82可知，随着温度的升高，固定化小球对相同浓度苯酚的降解效率逐渐提高。15℃时，固定化苯酚降解菌可于12h内完全降解浓度为2mg/L的苯酚；10℃时，固定化苯酚降解菌可于13h内完全降解浓度为2mg/L的苯酚；5℃时，固定化苯酚降解菌反应13h对2mg/L的苯酚的降解率为77.5%。与相同条件下，游离菌株的苯酚降解效率相比，固定化降低了温度对苯酚降解的影响，可能是固定化小球内部由于小球的封闭包裹作用，使小球内部局部温度提高，对外界的低温环境起到缓冲的作用，从而提高菌株体内酶的活性，加速利用苯酚。固定化后的菌种更能适应地下水的低温环境，提高了苯酚的降解效率。

（4）溶解氧浓度对固定化菌株苯酚降解效率的影响

由图3-83可知，随着溶液中溶解氧浓度的降低，固定化苯酚降解菌对苯酚的降解效率呈现先减小后增加的趋势。溶解氧浓度为2.68～2.81mg/L时，反应13h，固定化菌株可完全降解浓度为2mg/L的苯酚，溶解氧浓度为0mg/L和8.15～8.40mg/L时，完全降解2mg/L的苯酚时间缩短，5h即可完全降解苯酚。与相同条件下游离菌株的苯酚降解效率相比，固定化菌株提高了苯酚降解菌的降解效率，但提高幅度较小，主要原因是，虽然

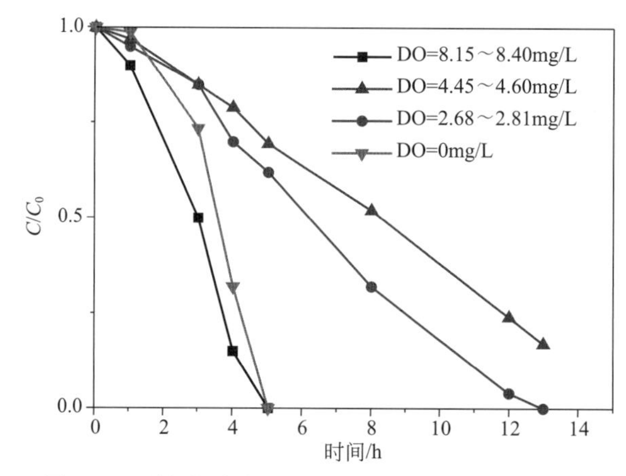

图3-83　溶解氧浓度对固定化菌株苯酚降解效率的影响

小球内部氧气浓度稍高于外部环境，但由于海藻酸钠透气性良好，与环境中气体交换频繁，导致小球内部氧气含量与外界环境大致相同。但是，固定化小球降低了苯酚降解菌的流动性，使菌株可以更加集中地处理苯酚污染，便于处理后小球的更换，避免了由于微生物的扩散而导致的地下水环境问题。地下水环境条件为中度厌氧状态，说明固定化菌株有应用于地下水中苯酚降解的可行性。

3.5.4　小结

本节以一株苯酚降解菌为研究对象，研究了苯酚降解菌的最佳培养条件、降解苯酚性能，环境因子和固定化对菌株降解苯酚效率的影响，为苯酚降解菌应用于地下水中苯酚的处理提供理论支持，主要得出以下结论。

① 苯酚降解菌的最佳培养条件：在pH=6、环境温度为25℃、溶解氧浓度为8.15～8.40mg/L、浓度为1%的TSB培养基中，苯酚降解菌表现出良好的生长繁殖能力，0～12h苯酚降解菌即可进入对数生长期，此时，菌液OD_{600}值范围为0.1～1.0，对数生长期后，苯酚降解菌可继续生长，OD_{600}值由1.0缓慢增长至1.5左右。

② 在pH=6、环境温度为25℃、游离菌株投加量为1%时，游离苯酚降解菌可在5h完全降解浓度为2mg/L的苯酚，游离菌株投加量为4%时，3h内可完全降解浓度为2mg/L的苯酚，缩短苯酚的降解时间，具有较大的苯酚降解潜力。采用吸附+包埋的方式将游离苯酚降解菌固定化后，固定化菌株内苯酚降解菌含量约为1%时，4h内可完全降解浓度为2mg/L的苯酚，大幅度提高了苯酚降解菌的降解效率。

③ 地下水环境因素对游离苯酚降解菌的降解效率影响差异明显，其中，pH值对苯酚的降解影响最大，pH值通过影响微生物体内酶的活性，影响苯酚降解速率，pH=6时，

苯酚降解速率最快，4h内可完全降解浓度为2mg/L及以下的苯酚。温度通过影响苯酚降解菌体内酶的活性影响苯酚降解效率，25℃时，反应5h时，游离菌株可完全降解浓度为2mg/L的苯酚；15℃时，13h内对浓度为2mg/L的苯酚的降解率达到100%；低温条件对苯酚降解菌的苯酚降解效率影响不大。溶解氧通过影响菌株的呼吸方式影响苯酚降解效率，溶解氧浓度为2.68～2.81mg/L时，13h内游离菌株可完全降解浓度为2mg/L的苯酚。Fe^{2+}是微生物生长繁殖过程中需要的元素之一，但其具有强还原性以及一定的毒性，因此随着Fe^{2+}浓度的增加，苯酚降解效率呈现先增加后减小的趋势，高浓度的Fe^{2+}抑制微生物的生长繁殖。由于苯酚降解菌保留了一部分锰氧化功能，在寡营养条件下可以利用Mn^{2+}合成生物氧化锰，实验范围内Mn^{2+}浓度较低，未对微生物的生长繁殖产生危害，0～1.5mg/L范围内，Mn^{2+}存在促进苯酚降解。钠是微生物生长繁殖的必需元素，Na^{+}浓度增大，促进苯酚进入微生物体内，使微生物能更快地利用苯酚，促进自身生长繁殖，0～400mg/L范围内Na^{+}浓度较低，未对微生物的生长繁殖产生危害，Na^{+}存在均促进苯酚的降解。

④ 与游离苯酚降解菌相比，地下水环境因素对固定化苯酚降解菌降解苯酚的效率影响较小，固定化菌株可以大幅提高相同pH值条件下游离菌株的苯酚降解效率，pH=6～8范围内，固定化菌株反应4h内可完全降解浓度为2mg/L的苯酚，缩短反应时间；强酸强碱性条件下，固定化菌株对2mg/L苯酚的降解率最低可由原来的1%提高至20%。由于固定化小球的包裹，15℃时，固定化菌株即可于12h内完全降解浓度为2mg/L的苯酚。溶解氧对固定化菌株降解苯酚效率有所提升，但提升幅度较小，溶解氧浓度为2.68～2.81mg/L时，反应13h，固定化菌株可完全降解浓度为2mg/L的苯酚。

综上所述，苯酚降解菌在中性、低温、低氧条件下具有良好的苯酚降解效果，可以应用于地下水环境中苯酚的降解。

参考文献

[1] Krumbein W E, Altmann H J. A new method for the detection and enumeration of manganese oxidizing and reducing microorganisms [J]. Helgoland Marine Research, 1973, 25(2): 347-356.

[2] Litter M I, Morgada M E, Bundschuh J. Possible treatments for arsenic removal in Latin American waters for human consumption [J]. Environmental Pollution, 2010, 158(5): 1105-1118.

[3] Francis C A, Tebo B M. *cumA* multicopper oxidase genes from diverse Mn(Ⅱ)-oxidizing and non-Mn(Ⅱ)-oxidizing pseudomonas strains [J]. Applied & Environmental Microbiology, 2001, 67(9): 4272-4278.

[4] Tebo B M, Bargar J R, Clement B G, et al. Biogenic manganese oxides: Properties and mechanisms of formation [J]. Annual Review of Earth & Planetary Sciences, 2004, 21(32): 287-328.

[5] Geszvain K, Tebo B M. Identification of a two-component regulatory pathway essential for Mn(Ⅱ) oxidation in

Pseudomonas putida GB-1［J］. Applied & Environmental Microbiology, 2010, 76(4): 1224-1231.

［6］Larsen E I, Sly L I, Mcewan A G. Manganese(Ⅱ) adsorption and oxidation by whole cells and a membrane fraction of *Pedomicrobium* sp. ACM 3067［J］. Archives of Microbiology, 1999, 171(4): 257-264.

［7］Aly, Osman M. Chemistry of Water Treatment［M］. Boston: Butterworth, 1983.

［8］Rosson R A, Nealson K H. Manganese binding and oxidation by spores of a marine bacillus［J］. Journal of Bacteriology, 1982, 151(2): 1027-1034.

［9］周娜娜. 生物氧化锰的形成及其对砷锑的吸附氧化作用［D］. 西安：西安建筑科技大学, 2014.

［10］Gouzinis A, Kosmidis N, Vayenas D V, et al. Removal of Mn and simultaneous removal of NH_3, Fe and Mn from potable water using a trickling filter［J］. Water Research, 1998, 32(8): 2442-2450.

［11］Su J, Deng L, Huang L, et al. Catalytic oxidation of manganese(Ⅱ) by multicopper oxidase CueO and characterization of the biogenic Mn oxide［J］. Water Research, 2014, 56(1): 304-313.

［12］Tuutijärvi T, Lu J, Sillanpää M, Che, G. As(Ⅴ) adsorption on maghemite nanoparticles［J］. Journal of Hazardous Materials, 2009, 166(2-3):1415-1420.

［13］Yavuz C T, Mayo J T, William W Y, et al. Low-field magnetic separation of monodisperse Fe_3O_4 nanocrystals［J］. Science, 2006, 314(5801):964-967.

［14］于振云. 具有不同形貌的介孔材料SBA-15的制备研究［D］. 东营：中国石油大学（华东），2012.

［15］Lapkin A, Bozkaya B, Mays T, et al. Preparation and characterisation of chemisorbents based on heteropolyacids supported on synthetic mesoporous carbons and silica［J］. Catalysis Today, 2003, 81(4):611-621.

［16］Van Grieken R, Escola J M, Moreno J, et al. Direct synthesis of mesoporous M-SBA-15 (M＝Al, Fe, B, Cr) and application to 1-hexene oligomerization［J］. Chemical Engineering Journal, 2009, 155(1):442-450.

［17］Dai P, Wang Y, Wu M, et al. Optical and magnetic properties of γ-Fe_2O_3 nanoparticles encapsulated in SBA-15 fabricated by double solvent technique［J］. Iet Micro & Nano Letters, 2012, 7(3):219-222.

［18］Salameh Y, Allagtah N, Ahmad M N M, et al. Kinetic and thermodynamic investigations on arsenic adsorption onto dolomitic sorbents［J］. Chemical Engineering Journal, 2010, 160(2):440-446.

［19］Ben I N, Rajaković-Ognjanović V N, Jovanović B M, et al. Determination of inorganic arsenic species in natural waters—benefits of separation and preconcentration on ion exchange and hybrid resins［J］. Analytica Chimica Acta, 2010, 673(2):185-193.

［20］Randhawa N S, Murmu N, Tudu S, et al. Iron oxide waste to clean arsenic-contaminated water［J］. Environmental Chemistry Letters, 2014, 12(4):517-522.

［21］Meng X, Korfiatis G P, Bang S, et al. Combined effects of anions on arsenic removal by iron hydroxides［J］. Toxicology Letters, 2002, 133(1):103-111.

［22］Zhang Y, Yang M, Dou X M, et al. Arsenate adsorption on an Fe-Ce bimetal oxide adsorbent: role of surface properties［J］. Environmental Science & Technology, 2005, 39(18):7246-7253.

［23］Sarkar S, Blaney L M, Gupta A, et al. Arsenic removal from groundwater and its safe containment in a rural environment: validation of a sustainable approach［J］. Environmental Science & Technology, 2008, 42(12):4268-4273.

［24］Pena M, Meng X, Korfiatis G P, et al. Adsorption mechanism of arsenic on nanocrystalline titanium dioxide［J］. Environmental Science & Technology, 2006, 40(4):1257-1262.

［25］刘炳晶，金朝晖，李铁龙，等. 包覆型纳米铁的制备及对三氯乙烯的降解研究［J］.环境科学，2009, 30(1):140-145.

［26］夏宏彩，金朝晖，李铁龙，等. 纳米铁系材料与反硝化细菌组合去除地下水硝酸盐氮研究［J］. 环境科学学报，2010, 30 (12):2439-2444.

［27］Han Yi, Li Wei, Zhang Minghui, et al. Catalytic dechlorination of monochlorobenzene with a new type of nanoscale Ni(B)/Fe(B) bimetallic catalytic reductant［J］. Chemosphere, 2008, 72(1):53-58.
［28］An Yi, Li Tielong, Jin Zhaohui, et al. Decreasing ammonium generation using hydrogenotrophic bacteria in the process of nitrate reduction by nano scale zero-valent iron［J］. Science of the Total Environment, 2009, 407(21): 5465-5470.
［29］唐次来，张增强，孙西宁. 不同阳离子对Fe^0还原硝酸盐的影响［J］. 环境工程学报，2010, 4(4): 108-116.
［30］李培峰，李文帅，刘春颖，等. 水体中亚硝酸盐的光降解［J］. 环境化学，2011, 30(11): 1883-1888.
［31］Yang G C C, Lee H L. Chemical reduction of nitrate by nano sized iron: kinetics and path ways［J］. Water Research, 2005, 39(5): 884-894.
［32］Li X, Shang C. The effects of operational parameters and common an ions on the reactivity of zero-valent iron in bromate reduction［J］. Chemosphere, 2007, 66(9): 1652-1659.
［33］李卉，赵勇胜，杨玲，等. 蔗糖改性纳米铁降解硝基苯影响因素及动力学研究［J］.吉林大学学报，2012, 42(增刊3):245-251.
［34］Wang Wei, Zhou Minghua, Jin Zhaohui. Reactivity characteristics of poly (methyl methacrylate) coated nanoscale iron particles for trichloroethylene remediation［J］. Hazard Mater, 2010, 173(1-3):724-730.
［35］Üzüm Ç, Shahwan T, Eroğlu A E, et al. Synthesis and characterization of kaolinite-supported zero-valent iron nanoparticles and their application for the removal of aqueous Cu^{2+} and Co^{2+} ions［J］. Applied Clay Science, 2009, 43(2):172-181.
［36］Gómeza M A, Hontoria E, González-López J. Effect of dissolved oxygen concentration on nitrate removal from groundwater using a denitrifying submerged filter［J］.Journal of Hazardous Materials, 2002, 90(3):267-278.
［37］Li H, Wan J, Ma Y, et al. Influence of particle size of zero-valent iron and dissolved silica on the reactivity of activated persulfate for degradation of acid orange 7［J］. Chemical Engineering Journal, 2014, 237(2):487-496.
［38］Osgerby IT. ISCO technology overview: do you really understand the chemistry? // Contaminated Soils, Sediments and Water［M］. US: Springer, 2006: 287-308.
［39］Yang S, Yang X, Shao X, et al. Activated carbon catalyzed persulfate oxidation of Azo dye acid orange 7 at ambient temperature［J］. Journal of Hazardous Materials, 2011, 186(1): 659-666.
［40］Huang H H, Lu M C, Chen J N, et al. Catalytic decomposition of hydrogen peroxide and 4-chlorophenol in the presence of modified activated carbons［J］. Chemosphere, 2003, 51(9):935-943.
［41］Rao Y F, Qu L, Yang H, et al. Degradation of carbamazepine by Fe(Ⅱ)-activated persulfate process［J］. Journal of Hazardous Materials, 2014, 268(6):23-32.
［42］Oh S Y, Kang S G, Chiu P C. Degradation of 2, 4-dinitrotoluene by persulfate activated with zero-valent iron［J］. Science of the Total Environment, 2010, 408: 3464-3468.
［43］Furman O S, Teel A L, Watts R J. Mechanism of base activation of persulfate［J］. Environmental Science & Technology, 2010, 44(16):6423-6428.
［44］Liu Y, Zhou A, Gan Y, et al. Variability in carbon isotope fractionation of trichloroethene during degradation by persulfate activated with zero-valent iron: Effects of inorganic anions［J］. Science of the Total Environment, 2016, s 548-549:1-5.
［45］Bennedsen L R, Muff J, Søgaard E G. Influence of chloride and carbonates on the reactivity of activated persulfate［J］. Chemosphere, 2012, 86(11): 1092-1097.
［46］Ahmad S R, Reynolds D M. Monitoring of water quality using fluorescence technique: prospect of on-line

process control [J]. Water Research, 1999, 33(9):2069-2074.
[47] Lai B, Zhou Y, Yang P, et al. Degradation of 3,3'-iminobis-propanenitrile in aqueous solution by Fe(0)/GAC micro-electrolysis system [J]. Chemosphere, 2013, 90(4):1470-1477.
[48] Krehula S, Musić S. Influence of aging in an alkaline medium on the microstructural properties of α-FeOOH [J]. Journal of Crystal Growth, 2008, 310(2):513-520.
[49] Singh U, Arora N K, Sachan P. Simultaneous biodegradation of phenol and cyanide present in coke-oven effluent using immobilized *Pseudomonas putida* and *Pseudomonas stutzeri* [J]. Brazilian Journal of Microbiology, 2018, 49(1):38-44.
[50] Meng X, Zhang Z. Synthesis and characterization of plasmonic and magnetically separable Ag/AgCl-Bi_2WO_6@Fe_3O_4@SiO_2, core-shell composites for visible light-induced water detoxification [J]. Journal of Colloid & Interface Science, 2017, 485:296-307.
[51] Na J G, Lee M K, Yun Y M, et al. Microbial Community Analysis of Anaerobic Granules in Phenol-Degrading UASB by Next Generation Sequencing [J]. Biochemical Engineering Journal, 2016, 112:241-248.
[52] Zhao H P, Wu Q S, Wang L, et al. Degradation of phenanthrene by bacterial strain isolated from soil in oil refinery fields in Shanghai China [J]. Journal of Hazardous Materials, 2009, 164(2): 863-869.

第4章

垃圾填埋场地下水污染修复技术

地下水污染修复技术包括异位修复技术、原位修复技术和自然衰减监测技术。异位修复和原位修复技术处理污染物的位置是不同的，但两者原理相同。自然衰减监测技术是利用地下水的稀释、弥散、沉淀和生物降解等作用使污染物衰减，并定期进行人工监测相关指标的技术。异位修复和原位修复技术属于主动修复，而自然衰减监测技术属于被动修复。本章选取目前垃圾填埋场地下水污染修复中具有代表性的强化监测自然衰减技术、抽出-处理技术和非连续渗透反应墙技术，以及集物理、化学、生物及水力调控于一体的创新性多级强化地下水污染修复技术，详细介绍了技术原理、关键技术环节以及应用示范。

4.1 地下水污染修复技术简介

一般而言，地下水污染修复技术按照修复原理和处置场所的不同，有多种分类方法。按照修复技术原理，地下水修复可分为生物修复、物理修复、化学修复和物理化学修复等。按照处置场所，可分为原位修复（in-situ）技术和异位修复（ex-situ）技术。在原位修复技术中，减少了地下水中污染物暴露，针对性较强，对周边环境的干扰较小，修复效果明显，具有良好的应用前景。目前较为典型的是渗透反应墙技术、地下水监控自然衰减、原位化学氧化/还原技术和原位生物通风技术等。异位修复技术相较于原位修复技术，应用范围相对较大，且针对地下水污染位置较深，但是异位修复技术存在较大的局限性，如常见的抽出-处理技术，在不能完全去除地下水污染源的情况下，该技术对地下水污染修复的效果不彻底，地下水中的污染物存在反弹和拖尾现象。结合现有技术的具体情况，对选择的修复技术进行了优缺点的对比，如表4-1所列。

表4-1 地下水污染常用修复技术

技术	优点	缺点
监控自然衰减	对地下水环境扰动小；无二次污染；监控管理成本低	修复时间长；不适用于难以自然降解的污染物
抽出-处理技术	对含水层破坏性低；可直接移除地下水环境中污染物并同时控制污染物的扩散；可灵活与其他技术联用	修复时间长；不适用于渗透性较差以及含NAPL（非水相液体）含水层；对吸附能力较强的污染物处理效果较差
渗透反应墙技术	造价低；不需要额外地面设施；修复效果好	墙体易堵塞；地下水的氧化还原电位等天然环境条件遭破坏；应用深度受到限制，一般不会超过30m
原位化学氧化/还原技术	适用于大部分有机污染物；修复成本低；修复效率高	在渗透性差的地区药剂传输速率慢；受pH值影响较大；反应过程可能会发生产热、产气等不利影响

地下水监控自然衰减（groundwater monitored natural attenuation, MNA技术）是通过实施有计划的监控策略，依据场地自然发生的物理、化学及生物作用，包含生物降解、

扩散、吸附、稀释、挥发、放射性衰减以及化学性或生物性稳定等，使得地下水和土壤中污染物的数量、毒性、移动性降低到风险可接受水平。该技术施工便捷且对周围环境的影响程度较小，修复成本相对较低，但污染适用针对性狭隘，针对区域污染物的自然衰减能力要求高，并且依靠自然衰减所需要的时间成本高。

抽出-处理技术（pump and treat, P&T技术）是指通过在污染场地布设一定数量的抽水井，利用抽水井将含污染物的地下水抽取到地表，通过地表污染处理设备的净化，将达到排放标准的地下水重新注回地下水或者用作其他用途的一项技术。该技术可以使地下水污染物的浓度迅速降低，因而受到了广泛应用。但是该技术并不适用于渗透性较差以及含NAPL（非水相液体）含水层，且对吸附能力较强的污染物处理效果较差；即使进行长时间的处理也很难将污染物彻底去除。

渗透反应墙技术（permeable reactive barrier, PRB技术）是指在地下安装透水的活性材料墙体拦截污染羽状体，当污染羽状体通过反应墙时，污染物在渗透反应墙内发生沉淀、吸附、氧化还原、生物降解等作用得以去除或转化，从而实现地下水净化的目的。该技术在国外发达国家得到了广泛应用，有着良好的发展前景[1]。然而，该技术不适用于承压含水层，不宜用于含水层深度超过10m的非承压含水层，对反应墙中沉淀和反应介质的更换、维护、监测要求较高。

原位化学氧化/还原技术（in situ chemical oxidation & reduction, ISCO或ISCR技术）是指通过向土壤或地下水的污染区域注入氧化剂或还原剂，通过氧化或还原作用，使土壤或地下水中的污染物转化为无毒或相对毒性较小的物质[2]。然而，在土壤或地下水中存在腐殖酸、还原性金属等物质，会消耗大量氧化剂，在渗透性较差的区域（如黏土），药剂传输速率可能较慢，反应过程可能会发生产热、产气等不利影响，同时受pH值影响较大。

4.2 抽出-处理技术

4.2.1 抽出-处理技术简介

地下水抽出-处理技术是抽取已污染的地下水至地表，然后用地表污水处理技术进行处理的方法。通过不断地抽取污染地下水，使污染羽的范围和污染程度逐渐减小，并使含水层介质中的污染物通过向水中转化而得到清除（见图4-1）。水处理方法可以是物理法（包括吸附法、重力分离法、过滤法、反渗透法、气吹法等）、化学法（混凝沉淀法、氧化还原法、离子交换法、中和法)，也可以是生物法(包括活性污泥法、生物膜法、厌氧消化法和土壤处置法)等。

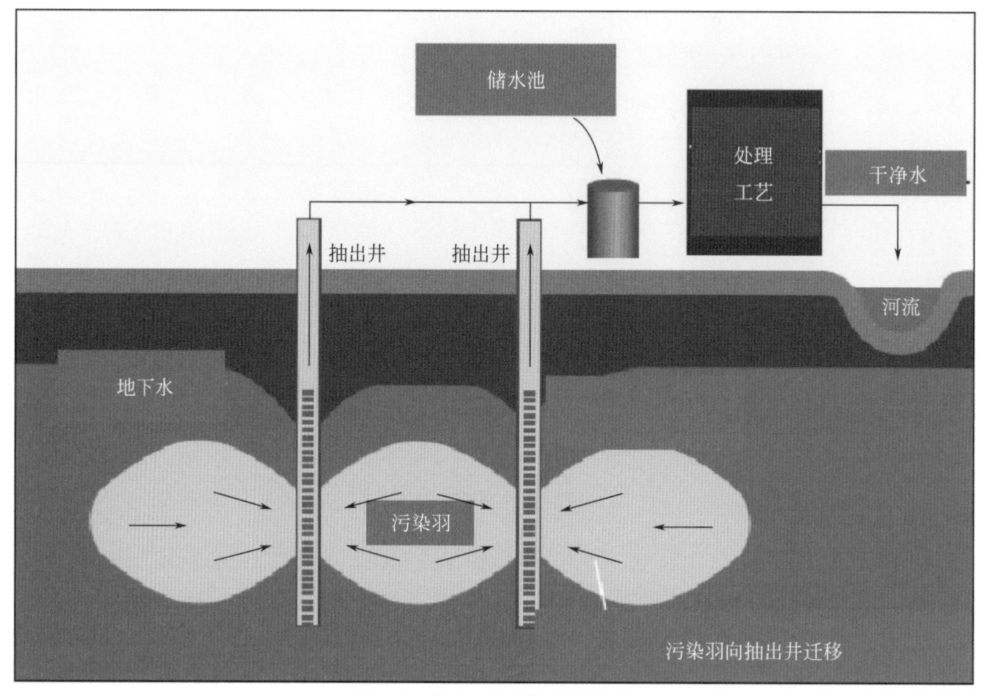

图4-1 抽出-处理技术示意图

此技术在应用时需要构筑一定数量的抽水井(必要时还需构筑注水井)和相应的地表污水处理系统。抽水井一般位于污染羽状体中(水力坡度小时)或羽状体下游(水力坡度大时)，利用抽水井将污染地下水抽出地表，采用地表处理系统将抽出的污水进行深度处理，因此，抽出-处理技术既可以是物化-生物修复技术的联合，也可以是不同物化技术的联合，主要取决于后续处理技术的选择，而后续处理技术的选择应用则受到污染物特征、修复目标、资金投入等多方面的制约。此技术工程费用较高，且由于地下水的抽提或回灌，影响治理区及周边地区的地下水动态；若不封闭污染源，当工程停止运行时，将出现严重的拖尾和污染物浓度升高的现象；需要持续的能量供给，确保地下水的抽出和水处理系统的运行，还要求对系统进行定期的维护与监测。此技术可使地下水的污染水平迅速降低，但由于水文地质条件的复杂性以及有机污染物与含水层物质的吸附/解吸反应的影响，在短时间内很难使地下水中的有机物含量达到环境风险可接受水平。另外，由于水位下降，在一定程度上可加强包气带中所吸附有机污染物的好氧生物降解。然而，抽出-处理技术主要用于去除地下水中溶解的有机污染物和浮于潜水面上的油类污染物。抽出-处理技术对于低渗透性的黏性土层和低溶解度、高吸附性的污染物效果不理想，通常需借助表面活性剂增强含水介质吸附的污染物的溶解性能，强化抽出-处理的速度。污染地下水中存在NAPL类物质时，由于毛细作用使其滞留在含水介质中，明显降低抽出-处理技术的修复效率。

4.2.2 关键技术环节

4.2.2.1 技术要求

地下水抽出-处理修复技术应用需要首先控制或去除地下水污染源；地下水抽出-处理修复技术要求含水层介质渗透系数$K>5\times10^{-4}$cm/s，可以是粉砂至卵砾石等不同介质类型；地下水抽出-处理修复技术修复目标可设定为对污染羽实现水力控制和/或水质恢复；地下水抽出-处理修复技术关键参数包括渗透系数、含水层厚度、井间距、井群数量、井群布局和抽出速率等；地下水抽出-处理修复技术运行为动态过程，参照地下水污染羽的变化动态调整技术各方面运行；地下水抽出-处理修复技术修复周期较长，必要时可以组合其他修复技术。

4.2.2.2 工作流程

污染地下水抽出-处理技术工作程序如图4-2所示。

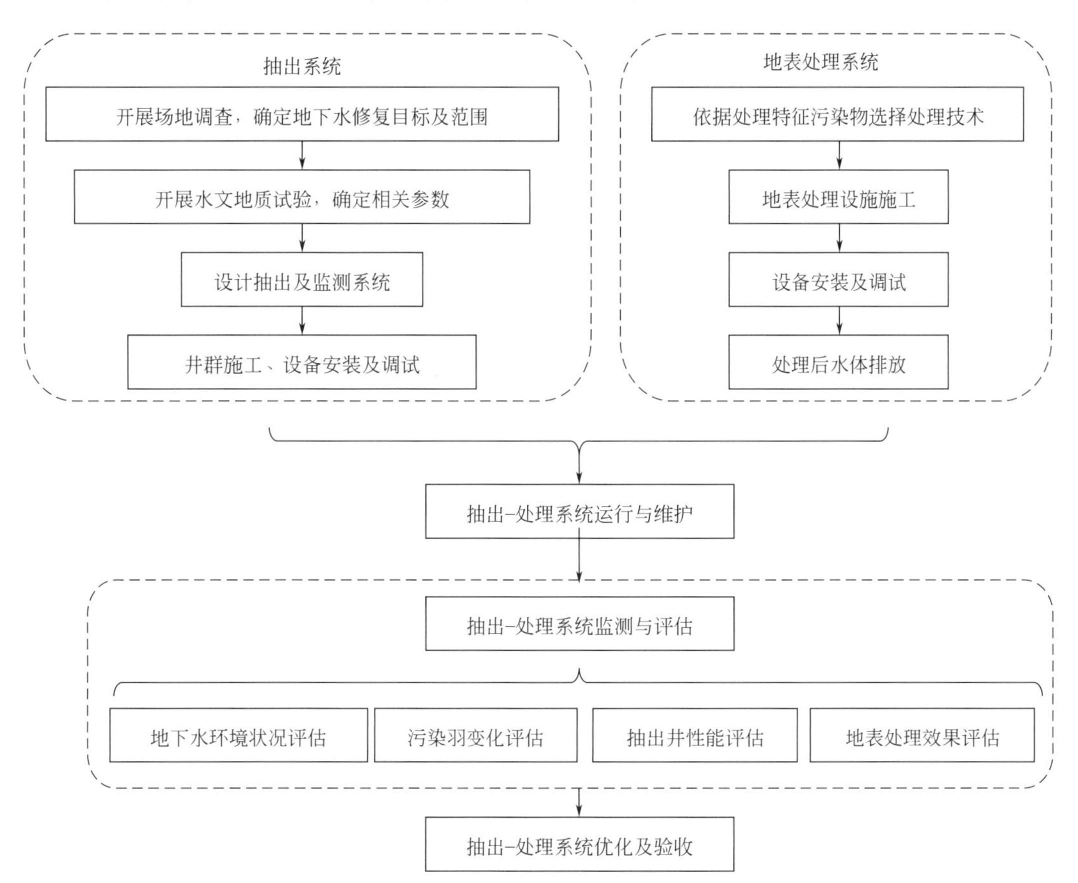

图4-2 污染地下水抽出-处理技术工作程序

4.2.2.3 抽出系统

开展场地地下水环境调查，建立污染场地地下水概念模型，确定地下水污染羽范围，布设抽出井群和监测井群，进行抽水试验获取渗透系数、抽水影响半径、水流量、捕获区等相关参数。抽出系统设计主要包括抽出井、监测井、工程施工、井管结构以及必要时的注入井。

抽出井可用来观测地下水水位和污染物浓度。利用抽出井进行相关水文地质试验，如微水试验、抽水试验、注水试验、渗水试验等，可获得场地水文地质参数，如渗透系数、给水度（潜水含水层）、储水率（承压含水层）、水力梯度、含水层厚度等。在条件不允许进行水文地质试验的情况下，可根据实际水文地质条件参考已有资料或取用常见水文地质参数的经验值。

当采用抽出井进行地下水污染修复时，确定抽出井的捕获区是抽出-处理的关键因素。以下介绍常用的、较为简便的单井和多井抽出捕获区的计算和设计方法[3-5]。

（1）单井抽出捕获区计算

假设含水层为等厚、均质、各向同性，单井抽出达稳定状态后，该井的捕获区如图4-3所示，根据含水层类型其计算公式分别如下。

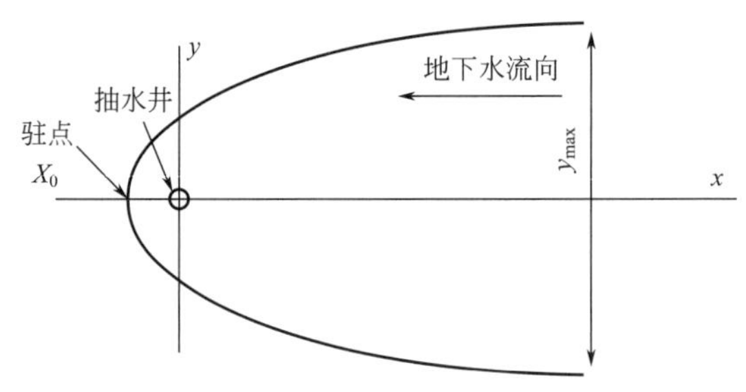

图4-3 单井抽水的地下水捕获区

1）承压含水层

① 按下式计算捕获区最大宽度y_{max}（见图4-3）。

$$y_{max}=\pm\frac{Q}{2KBi} \tag{4-1}$$

式中 Q——抽出量，m^3/d；

K——渗透系数，m/d或（m/s）；

B——含水层厚度，m；

i——水力梯度，无量纲。

② 按下式计算驻点（x_0）的坐标。

$$x_0=\frac{-Q}{2\pi KBi} \tag{4-2}$$

③ 分别将一组小于y_{max}的y值代入下式，计算相应x值。

$$x=\frac{-y}{\tan(2\pi KBiy/Q)} \tag{4-3}$$

④ 用以上所得x、y值绘制捕获区。

2）潜水含水层（计算步骤与承压含水层相似）

① 按下式计算捕获区最大宽度y_{max}（见图4-3）。

$$y_{max}=\pm\frac{QL}{K(h_1^2-h_2^2)} \tag{4-4}$$

式中 h_1 —— 天然水流条件下x_1处的地下水水头，m；

h_2 —— 天然水流条件下x_2处的地下水水头，m；

L —— h_1和h_2之间的距离；

其他参数同前。

② 按下式计算驻点的坐标（x_0）。

$$x_0=\frac{-QL}{\pi K(h_1^2-h_2^2)} \tag{4-5}$$

③ 分别将一组小于y_{max}的y值代入下式，计算相应x值。

$$x=\frac{-y}{\tan[\pi K(h_1^2-h_2^2)y/(QL)]} \tag{4-6}$$

④ 用以上所得x、y值绘制捕获区。

（2）直线排列多井抽水捕获区计算

通常，受含水层渗透性、厚度和边界条件等限制，单井最大抽出量及其捕获区有限，可能难以覆盖或捕获整个污染羽[6]。在这种情况下，需要布置两口或更多口井同时抽出，以形成更大的捕获区。在布设两口或多口井时，若井间距离过小，各井的捕获区重叠过多，便会造成浪费、增加成本；若井距过大，各井的捕获区互不重叠，则污染物可能从两口井之间逃逸，影响修复效果。因此，需要进行抽出井的数目和井距优化设计。

直接采用复变函数理论，采用多井抽出捕获污染羽的最优设计方法。该理论曲线含有3个重要参数，即单井抽水量（Q）、含水层厚度（B）和天然地下水流速（U）。这种方法分为以下5个步骤：

① 在与理论曲线比例相同的图纸上，绘制污染羽分布图，并标明天然地下水流向。

② 将单井抽水的理论曲线叠放在污染羽分布图上。注意将理论曲线的x轴与天然地下水流向保持一致，x轴的位置应在污染羽的中间部位。抽出井应位于地下水流下游污染羽的顶端。最后，读得能够囊括污染羽的理论曲线的$Q/(BU)$或TCV值。

③ 根据读得的TCV值，采用下式计算单井抽水量：

$$Q = B \cdot U \cdot \text{TCV} \tag{4-7}$$

④ 根据此流量以及地下水污染修复所需要的时间，采用泰斯公式计算单井抽水所产出的降深。若计算降深足够小于该井的允许降深，则可采用单井抽水，计算结束。否则，进入下一步。

⑤ 利用两口、三口或四口井的理论曲线，重复以上②、③、④步，直至确定出含水层能够支撑的抽水量。最后，采用下式计算最优井距：

两口井抽水的井距为：$d = Q/(\pi BU)$ （4-8）

三口井抽水的井距为：$d = 1.26Q/(\pi BU)$ （4-9）

四口井抽水的井距为：$d = 1.2Q/(\pi BU)$ （4-10）

注意：若采用多井，在计算降深时，需要考虑多井抽水的干扰。

（3）不规则分布群井抽水捕获区计算

在实际修复方案设计中，由于含水层的非均质性以及污染羽的不规则形态等复杂因素，往往需要布置不规则分布的群井抽出方能达到最佳捕获效果。不规则分布群井抽出的最优方案设计需统筹考虑污染羽及其所在场地的水文地质条件，建立相应概念模型和数学模型，确定数值模拟方法，选择或编写相应模拟软件，如MODFLOW、MT3D等，通过计算机模拟，对抽出井群进行优化设计，以达到经济高效捕获污染羽的目的。

监测井群的布设应与抽出井群的布设同时进行。监测井群的数量和布设应由监测目的来确定。一般至少应布设三口井（图4-4），其中1#井布设在地下水流上游，用来检测背景值；2#井布设在污染羽中心部分，用来监测地下水水质和水量的变化，检验抽出效果；3#井位于污染羽的下游，用来监测地下水水质的变化和污染羽的运行情况。

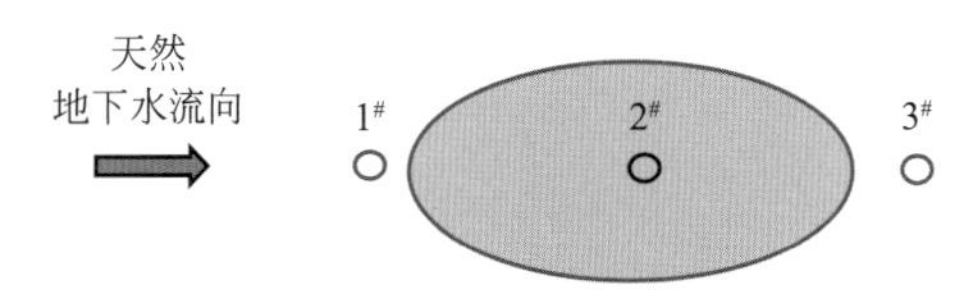

图4-4 典型监测井群的布设方式

抽出井成井质量对采用抽出系统修复地下水污染至关重要，必须对抽出井工程施工的各个环节严格把关，保证成井质量。

1）建井 建井主要包括钻进、护壁与冲洗、岩土样采取、井管安装、填砾及封闭，需综合考虑地层岩性、井身结构、钻进工艺等，及时调整现场施工过程。建井施工过程中需特别注意严格封闭处理污染地下水目标含水层，防止地下水含水层之间出现越层污染。

2）洗井及抽水试验 建井结束后需及时洗井。洗井方法应根据含水层特性、井管结构和钻探工艺等因素确定。可采用活塞、空气压缩机或水泵等交替或联合方法进行。同时注意对洗井过程中产生污水的安全回收和处理。一般洗井后需进行抽水试验，进一步确定井管实际抽出水量。

3）设备安装　应包括抽水管道、流量计、泵、电线、开关等设备安装。结合地下水抽出-处理系统设计要求进行设备型号选择和附属设施安装。

4）口径　抽出井口径较大，一般在110mm以上。监测井口径通常为50mm。注入井口径一般介于监测井与抽出井口径之间。

5）井管材质　井管管材主要有PVC管、钢管、铸铁管、钢筋混凝土管等。井管管材选择主要考虑地下水污染物特征、管材强度和经济成本等因素。

6）筛管　抽水井筛管的长度和位置，应根据设计抽水量、含水层岩性特征、地下水水位和变化幅度确定。监测井筛管的长度和位置，应根据监测的目标含水层位置，对于NAPLs类污染物，监测井筛管的长度应扩展到整个目标含水层。

7）止水材料　成井时应在套管和钻孔壁之间填充密封材料，常见材料有膨润土泥浆、水泥泥浆或膨润土与水泥的混合物等。

4.2.2.4　地表处理系统

地表处理系统技术筛选以技术有效性、经济合理性和可实施性作为原则，根据污染地下水水质和污染物的特征，选择常规的水质净化技术及出水的排放方式[7-9]。

1）技术有效性原则　选择的地表处理系统应能够有效降低地下水中特征污染物毒性或浓度，经处理后可达到修复目标值。

2）经济合理性原则　选择的地表处理系统应具有经济合理性和建设成本的可承受性。

3）可实施性原则　选择的地表处理系统应具有许可及施工、运行、维护等技术和管理方面的可实施性。应根据污染地下水的水质和污染物的特征，选择常规的水质净化技术。

（1）地表处理技术选择

1）有机污染物　有机污染物常分为挥发性有机污染物（VOCs）、半挥发性有机污染物（SVOCs）和难挥发性有机污染物。有机污染水体常规地表处理技术如表4-2所列。

表4-2　有机污染水体常规地表处理技术

技术	适用性	局限性
气提法	适用于去除大部分的VOCs和某些SVOCs；运行管理成本低	不适于处理某些SVOCs和难挥发性有机污染物；需处理产生的尾气
颗粒活性炭法	适用于去除大部分有机污染物；可以去除某些重金属和其他无机污染物；运行管理成本相对较低	不适于处理某些有机污染物（通常是低分子量的VOCs）；需要预处理
聚合树脂法	适用于处理活性炭不能有效去除的有机污染物；有效去除高浓度的有机污染物；可以再生	适于去除单一组分的有机污染物，不适于去除多组分；运行管理成本高
生物法	适用于气提法和活性炭法难以去除的有机污染物；固定膜组分减少了微生物营养物质的损失	成本高；需处置产生的固体废物
高级氧化法	适用于原位去除所有类型的有机污染物；没有废气的产生	成本高；运行管理费用高；需要预处理

2）无机污染物　去除地下水中无机污染物（以重金属为主），主要是通过化学沉淀、化学稳定化、过滤或离子交换等。无机污染水体常规地表处理技术如表4-3所列。

表4-3　无机污染水体常规地表处理技术

技术	适用性	局限性
过滤法	运行管理成本低；易于管理	去除效率相对低；滤袋或滤膜需经常更换和处置
沉淀法	去除效率高，可有效去除各种无机污染物	人工成本高；运行管理成本高；需处置产生的固体废物
离子交换法	人工成本低；去除效率高，可有效去除各种无机污染物	去除高浓度无机污染物，经济成本高；不适于去除地下水中多种无机污染物

（2）出水排放方式选择

污染地下水经抽出-处理技术处理后，常见的出水的排放方式如表4-4所列。根据出水的排放方式可选择合适的出水验收标准。

表4-4　抽出-处理后可选择的出水排放方式

出水应用	潜在优点	潜在缺点
排放到地表水体	水体的排放不受流量费用的约束；雨水管道可能会收取一定的费用	排放标准基于环境水体标准，与饮用水标准对比甚至更严格；与其他排放选择相比，上报更严谨，可能需要环境毒理学测试；可能需要去除地下水中某些天然成分；排放到附近地表水体或雨水管道需要铺设管道；公众可能会有负面看法
出水回灌到地下	排放标准通常类似于饮用水标准；不需要去除地下水中某些天然组分；可以用来增强水力控制或者冲洗污染源；保护地下水源，尤其是地下水是单一的饮用水源	回注到污染羽可能影响污染羽的捕获；回注井和渗透结构需要更多的维护；可能存在地表处理技术难以去除的污染物，回灌到地下会分散污染羽增加去除成本
排放到污水处理厂	相对较低的排放标准和监测要求，特别对有机污染物；抽出-处理技术难以处理的某些污染物，污水处理厂可以处理；污水处理厂可以进一步处理某些组分，避免对地表水体的危害	对污水处理厂处理能力具有一定的要求；污水处理厂可能不愿接收某种成分的地下水或出水水质较好的地下水；大流量出水排放到污水处理厂，治理成本高
出水再利用	出水再利用可减少或消除设备或单位使用其他水源的需要，从而节约水自然资源，并潜在地降低使用成本；成本相对较低；有很好的应用前景	需要满足相关法规和标准，可能需要更多的测试和监测；回用于工业生产过程中，需要进一步的处理，处理回用水满足设备标准或下游排放标准；出水利用设备是间歇性运行，而抽出-处理系统可能需要持续的运转，如果连续抽出与批处理在安排时间上不可用，回用是不可行的；需要准备一个备用排放点；当前的分析手段无法检测的污染物，如地表处理技术无法去除则会存在潜在的风险

4.2.2.5　运行与维护

抽出-处理系统设备应选用性能稳定、能效高、维修简单且维护成本低的设备。现场人员应掌握技术工艺流程和设备运行要求，按规程进行操作，定期维护，并做好运行与维护记录，随时掌握各工艺系统运行情况，保证抽出-处理系统的正常运行。在技术要求上，要求系统设备应选用性能稳定、能效高、维修简单且维护成本低的设备。

同时要求现场人员应掌握技术工艺流程和设备运行要求，按规程进行操作，定期做好运行记录、分析运行状态，随时掌握各工艺系统运行变化情况，保证抽出-处理系统的正常运行。

1）井群　井群应设置专门的固定点标志和空口保护帽。建立井群基本情况表，定期监测出水量与水位降深的变化情况，实时掌握井群的运行及维护状况。一旦出现塌陷、损坏、堵塞或腐蚀，造成出水速率降低，必须及时进行维修或重建。抽出井静水位下降或由于其他井的干扰导致出水量下降，可采用降低水泵吸水口、清洗水井以及安装套管修整器或衬管等方法。

2）水泵　水泵运行应严格按照设备使用说明进行操作，合理制订工作计划，防止出现过载过热的情况。建立水泵运行维护情况表，定期检查水泵运行情况。水泵运转产生振动或噪声异常、输出水量水压下降或电能消耗显著上升时，应立即停机检修。定期检查抽水井的水位变化，防止出现抽干的现象。定期检查与水泵相关的电缆线有无破裂或折断现象，保证运行安全。严禁频繁开启/关闭水泵。

3）管道　设置输水管道标记，明确管道的位置与走向。制订管道维护日程表，做好运行维护记录。定期检修管道运行情况。管道出现泄漏或断裂等故障，必须及时进行维修或更换；管道堵塞时，应及时进行清淤。

4）地表处理设备　地表处理技术的选择需考虑污染物类型及处理费用等因素，因此污水处理设备组成需根据实际情况而定，污水处理设备的运行及维护等操作，可根据设备生产厂家提供的使用手册和维护保养手册来进行作业。

4.2.2.6 监测与评估

对抽出-处理系统开展监测与评估，主要对象包括污染羽、地表处理系统、地下水环境状况和抽出井性能，定期完善系统设计、建设、运行、监测和维护，并判断是否达到地下水污染修复目标及是否有效控制地下水污染羽的扩散[10]。

1）污染羽　监测污染羽的捕获以评估实际捕获区与目标捕获区是否一致。定期开展相关参数监测，如抽出速率、水力梯度、渗透系数。

评估地下水实际捕获区，主要包括：借助流量估算和模型分析，计算捕获区的范围；在各种地层单元，使用测定的水位绘制的水位等势线面图，分析地下水流线；在捕获区边界，监测两个或多个地下水水位，评估捕获区地下水流向；监测捕获区下游特征污染物浓度随时间的变化；结合实际监测的地下水水位评估捕获区的变化。

2）地表处理系统　场地的条件影响污染地下水污染修复成本和修复效率。监测地表处理系统设计参数与实际参数，评估以改进地表处理技术的效率及减少运行与管理的成本。

定期监测与评估地表处理系统设计参数，主要包括：地表处理系统的进水流速、流量；特征污染物的进水浓度；进入地表处理系统污染物的总质量；地表处理系统的去除效率。

3）各处理单元　定期监测与评估地表处理单元运行参数，主要包括地表处理系统的进出水流量、进出水污染物浓度和污染物总质量，地表处理系统的有机负荷及水力负荷，评估去除效率。

4）出水水质　定期开展地表处理系统的进水和出水的采样分析，以评估地表处理系统的效率、影响处理效率的进水化学性质及目标污染物浓度的变化趋势。依据地下水污染现状确定水质检测指标。开展监测频率、采样及分析方法、样品管理及监测数据分析等工作。监测频率建议每月一次，具体可根据项目特点和要求确定。

5）地下水环境状况　开展地下水水位监测。系统运行前必须测量其静水位，测量单位精确到厘米，系统运行时必须监测动水位。监测频率应每天一次，绘制水位等势线面图，实时掌握地下水水位的变化趋势。开展地下水水质监测。依据地下水污染现状确定水质检测指标。采样及分析方法、样品管理及监测数据分析，参考《地下水环境监测技术规范》（HJ/T 164—2004）。监测频率建议每月一次，绘制污染羽分布图，实时掌握污染羽变化趋势。开展下游的井群或其他位置井群中特征污染物浓度变化趋势分析，在地下水污染较重的区域可适当提高监测井数量和监测频率，评估污染羽的捕获程度和污染物的性质，判断是否会产生拖尾和反弹的现象。

6）抽出井性能　在实际捕获区内，分析抽出井群污染物浓度和抽出速率的变化情况。当污染羽范围逐步缩小，污染浓度持续降低至修复目标时，可逐步关停抽出-处理系统，但仍需开展长期监测工作，一旦出现地下水污染反弹情况，则需及时启动抽出-处理系统或采用其他地下水污染修复技术；地下水污染出现拖尾现象时，必须及时调整抽出系统的运行方案，提高抽出效率。

4.2.2.7　系统优化及验收

系统运行过程中，必须定期优化调整系统的设计、建设、运行、监测和维护，评估性能，明确验收标准。系统运行结束后，监测井群仍需开展监测，制订相应的应急处置方案，实时宣布修复结束或开展其他技术继续进行修复。

抽出-处理系统的监测与评估是一个动态的过程，必须定期优化完善系统的设计、建设、运行、监测和维护，评估抽出-处理系统的性能，以确定修复目标和系统的设计是否相一致。如不一致，对抽出-处理系统展开优化调整措施，如重新设计井群、增加抽出井、改变抽出速率、脉冲式抽提等。

抽出-处理系统验收标准应包括：一是出水的验收，应根据地表处理系统处理后出水的利用方式确定出水验收标准；二是地下水污染羽处理效果验收，即应达到修复方案确定的地下水处理目标值。

抽出-处理系统关闭后，监测井群仍需开展2～5年的特征污染物的监测，制订相应的应急处置方案，保证抽出-处理系统终止后地下水污染物浓度达到或低于修复方案确定的地下水处理目标值。

宣布污染场地地下水抽出-处理技术修复结束或开展其他技术继续进行修复。

4.2.3 案例分析

某电子企业由于化学品泄漏和污水不正当排放，造成厂区内土壤和地下水受到了总石油烃类化合物（TPH）的污染，利用抽出-处理技术对污染场地进行治理。

（1）主要污染物及污染程度

土壤和地下水中的污染物为总石油烃烷基苯类组分（C_{15} ～ C_{28}），污染范围调查期间，在监测井中发现有8mm厚的轻非水相液体（LNAPL）污染物和石油类气味，涉及区域面积约150m^2。

（2）工艺流程

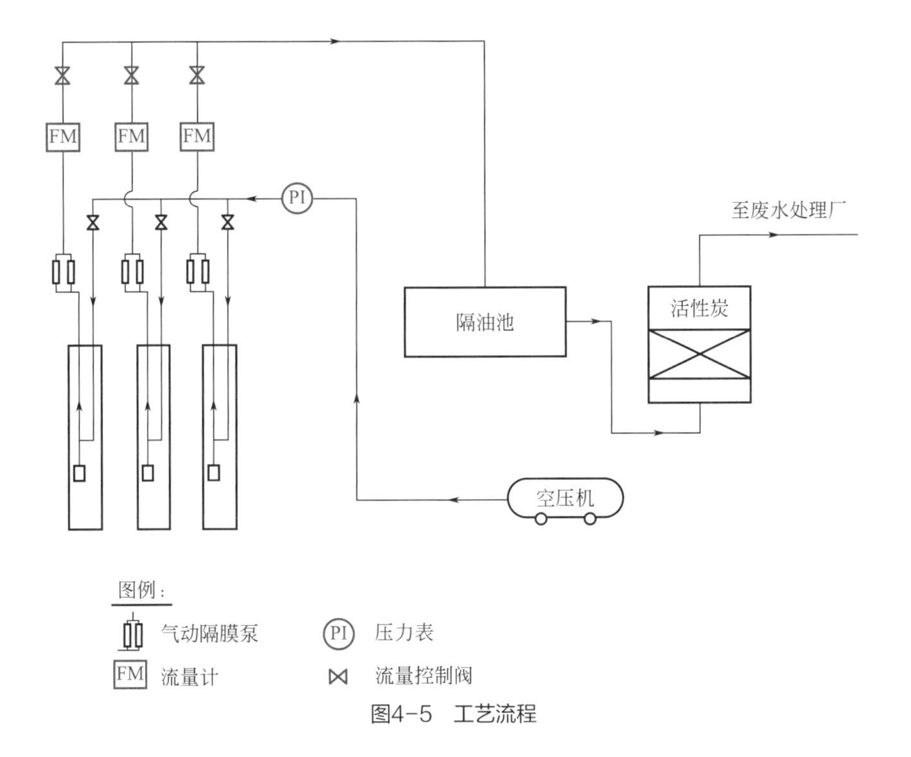

图4-5　工艺流程

利用抽出-处理技术进行污染场地修复的具体工艺流程（图4-5）为：设置10口井径100mm、井深5.0m的UPVC材质的抽提井，并将其筛管置于地下1 ～ 4m的位置。设备运行后，抽提井中的LNAPL污染物和污染地下水首先会通过气动隔膜泵和空压机组成的装置被抽出地面；抽出后的LNAPL污染物和地下水会在隔油池内进行分离，分离出的LNAPL污染物作为危险废物外运处置，分离出的地下水通过活性炭吸附处理后外运至有资质的废水处理厂处理。其中，每个抽提井每天的抽提时间为8h。

（3）修复效果评估

在180d的运行时间内，抽出-处理系统从10口井中总共抽出约130m^3流体（LNAPL和受污染的地下水），其中去除LNAPL污染物0.2m^3，修复完成后，监测井中没有观察到LNAPL污染物。由结果可知，抽出-处理技术对场地LNAPL污染物的去除有较好的效果。

4.3 非连续渗透反应墙技术

4.3.1 非连续渗透反应墙技术简介

渗透反应墙技术（permeable reactive barrier，PRB）是20世纪90年代发展起来的一项新技术[11]。PRB是一个填充有活性反应介质材料的被动反应区，当被污染的地下水通过渗透反应墙时，污染物质能被降解或固定。污染物质依靠自然水力运输通过预先设计好的反应介质时，介质可对溶解的有机物、金属、核素及其他污染物进行降解、吸附、沉淀或去除[12]。PRB一般安装在地下蓄水层中，垂直于地下水流方向。当地下水流在自身水力梯度作用下通过渗透性反应墙时，从污染源释放出来的污染物质在向下渗透过程中，形成一个污染羽[13]。PRB就是在污染羽流动路径的横截面上设置一道墙体，墙体内填充不同的介质材料。当污染羽流经墙内，与墙体介质材料接触时，经过墙体材料的还原反应、降解、吸附、淋滤等一系列物理、化学、生物过程，污染羽中的污染组分得到降解，或者滞留在墙体中，从而达到对地下水环境修复的目的[14,15]。渗透性反应墙一旦安装完毕，几乎不需要其他运行和维护费用。但是可渗透性反应墙最主要的问题是墙中介质失活更换困难，墙体堵塞问题难以解决。此外，上述可渗透性反应墙难以实现对超过一定深度的污染地下水的修复[16]。

非连续式渗透反应墙地下水污染修复技术是利用高压泵将修复药剂以一定压力注入井中，使得修复药剂从注入井的出水孔喷出并向四周均匀扩散，并且与从相邻各注入井喷出的修复药剂的扩散范围相互叠加，形成一道垂直于地下水流向的类似墙体的修复反应带，使得通过该修复反应带的地下水得到修复[17]。

非连续式渗透反应墙修复污染地下水的系统由注入单元和注入井群组成。注入单元设置于地表，注入单元包括修复药剂储罐和高压泵，修复药剂储罐的出液口与高压泵的入口通过管道连通，修复药剂储罐内的修复药剂经高压泵加压后输出。注入井群设置于地下，注入井群包括一排或多排均匀分布的注入井，注入井的入口与高压泵的出口通过管道相连通，注入井的中下部贯通设有出水孔；注入井为竖井，从井口至井底，填料层依次包括混凝土浇注段、混凝土和膨润土混合浇注段、膨润土浇注段以及石英砂段，石英砂段以石英砂作为井管外填料，石英砂段位于地下蓄水层，在位于石英砂段内侧的井管上设置出水孔；在注入井群的上下游均设有监测井[18,19]。

非连续渗透墙技术克服了渗透反应墙（PRB）在运行过程中性能损失以及流量和污染物浓度变化的问题，弥补了PRB不适用于处理埋深较大的污染地下水的缺点。非连续式渗透反应墙修复污染地下水的系统施工简单，方便更换修复材料，不存在修复盲区，对污染地下水的修复效率大大提高[20]。

4.3.2 关键技术环节

4.3.2.1 移动式药剂制备-原位注入一体化系统

乳化油是场地原位修复地下水中硝酸盐氮的常用修复材料，但实验室制备乳化油的效率较低，所制得的量难以大规模用于场地修复中，故有必要将实验室的研究成果进行工程放大，且如何进行科学合理的工程化，需要进行研究。同时考虑到修复材料需要注入饱和含水层中，简单的注入方式并不能确保顺利注下，故考虑研发一套配合高压注入设备的一体化设备，将乳化油制备与高压注入集成，达到使用效率高、运输方便的目的[21,22]。

（1）药剂制备设备研发

工程应用上制备乳化剂时，高转速和高剪切力是必不可少的条件。并且采用乳化油作为现场注入药剂时，用量较大，因此需要研发一套大量制备乳化油的设备，经过调研，高剪切分散乳化机具有高转速和高剪切力，能够保证乳化油的制备。

高剪切分散乳化机采用定-转子型结构均质器，在变频电机高速驱动下（最高转速可达2900r/min），转子高速旋转所产生的高切线速度在转子与定子间的狭窄间隙中形成极大的速度梯度，以及由于高频机械效应带来的强劲动能，使物料在定-转子的间隙中受到强烈的液力剪切、离心挤压、液层摩擦、撞击撕裂和湍流等综合作用，瞬间均匀精细地分散均质，再经过高频的循环往复而使分散相颗粒或液滴破碎，从而达到符合要求的乳化效果。其核心部件主要由定子和同心高速旋转的转子组成，定子和转子的间隙可以非常小，一般为0.2～1.0mm，间隙的大小是保证这一空间的速度场和剪切力场的关键因素。高剪切分散乳化机的主要参数如表4-5所列。

表4-5　高剪切分散乳化机参数表

项目	参数
功率	15kW
电机类型	变频电机
电源	380V, 50Hz
转速范围	0 ～ 2900r/min
调速方式	变频调速
工作压力	常压
工作温度	常温
处理量	300 ～ 800L
出料方式	底部出料
材质	接触物料部分材质：304不锈钢；其他部分材质：碳钢喷塑

高剪切分散乳化机现场乳化效果试验显示，制得的乳化油的乳化效果可以满足项目要求的乳化效果和稳定性。

（2）药剂注入设备研发

本系统选用高压柱塞泵作为注入设备的动力，通过变频电机驱动可以改变注入压力，最高注入压力16MPa，满足药剂注入的要求。高压柱塞泵主要由工作部件、柱塞和吸入、压出阀门组成，活塞在外力推动下作往复运动，由此改变工作腔内的容积和压强，在工作腔内形成负压，则储槽内液体经吸入阀进入工作腔内。当柱塞往复地运动打开和关闭吸入、压出阀门时，工作腔内液体受到挤压，压力增大，由排出阀排出达到输送液体的目的。高压柱塞泵的主要参数如表4-6所列。

表4-6　高压柱塞泵参数表

项目	参数
流量	48L/min
压力	16MPa
柱塞直径	Φ50mm
柱塞行程	95mm
泵冲次	405min^{-1}
转速	1480r/min
温度	常温
入口压力	0.3 ～ 0.5MPa
电机	变频电机：18.5kW，380V，50Hz
材质	304不锈钢

同时，通过自主改进与创新，本项目中高压柱塞泵与地下水定深注入设备联用可实现定深注入。地下水定深注入设备具有上下两个封隔器（图4-6），封隔器由天然橡胶内嵌两层螺旋状钢纤维加固层构成。钢纤维一层沿顺时针方向螺旋，另一层沿逆时针方向螺旋，两层钢纤维可以有效地抵抗内部和外部压力。在注入井相对狭小的空间里钢纤维层可提供机械加固和平衡内外压力的作用。将地下水定深注入设备下到注射井筛管预定位置，通过注入水使上下封隔器膨胀后完成封隔作用，将注射区与上下水面分隔，药剂通过内管到达指定深度实现定深注入。

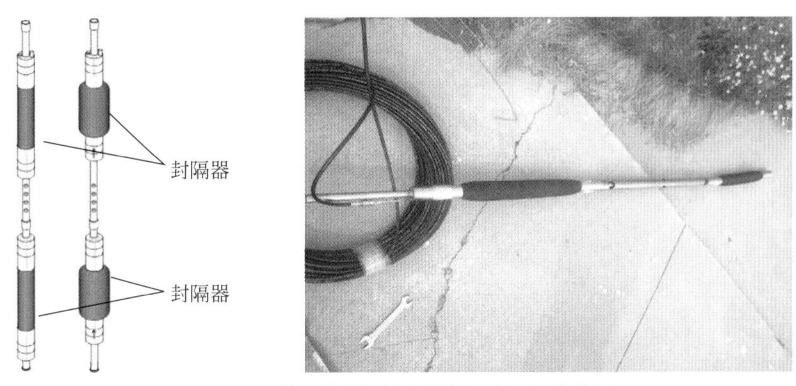

图4-6　地下水定深注入设备示意图及实物图

同时高压柱塞泵与现场药剂制备模块、注射井及Geoprobe钻机设备实现兼容联用，易于拆卸和组装，具有快速、可移动的优点。在注入过程中，需实时注意注入压力与注入速率，注入压力不宜过大，如周边已经发生涌浆现象应减小注入速率后再进行注射。其中，药剂注入装备与注射井联用的示意如图4-7所示。

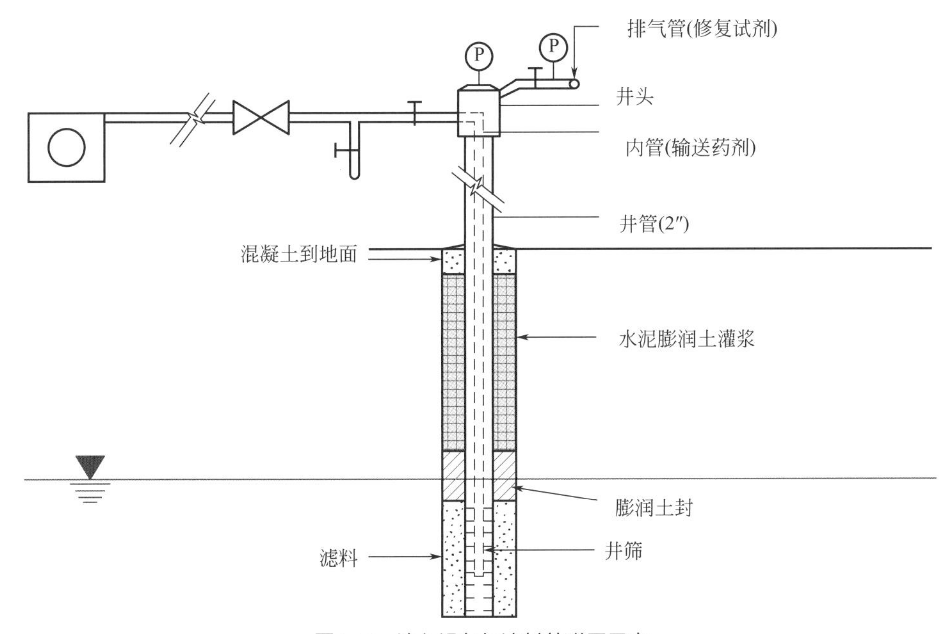

图4-7　注入设备与注射井联用示意

（3）药剂制备-原位注入一体化集成

该设备均为野外使用，为方便放置及调整位置，将其设计为集装箱一体化集成设备，并将所有的控制集中于一个中控系统上，通过PLC系统即可控制整个过程。

移动式药剂制备-原位注入一体化系统效果如图4-8所示。

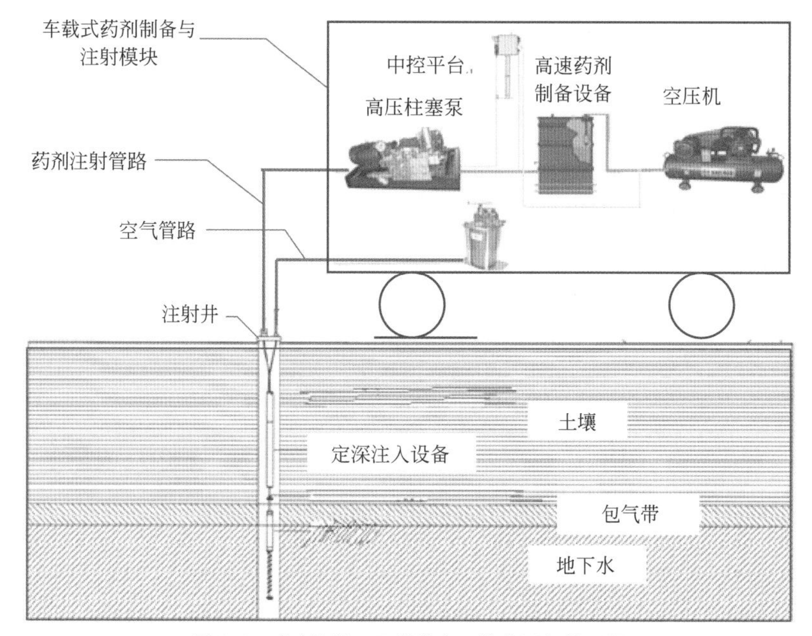

图4-8 药剂制备-原位注入一体化设备效果图

整个系统的工作流程如下：

① 通过泵将乳化油制备的三种原料（植物油、乳化剂和水）以预设定的比例打入乳化剪切罐中；

② 乳化剪切罐按预设定的转速及混合时间将植物油乳化；

③ 通过高压柱塞泵将乳化油从注入管道注入注射井中，注入管道在集装箱内部为高强度不锈钢管，而在集装箱外部为液压管。整个系统安装在密闭的集装箱内，保证在室外天气恶劣的条件下依然能正常工作。

现场示范工程中，药剂制备模块、原位注入模块及注射井群可实现联用，形成移动式药剂制备-原位注入一体化系统。其中，井群建立采用Geoprobe设备完成；药剂制备与注射模块可实现车载集装箱式，便于野外作业实施；原位注入模块具备与注射井体及Geoprobe设备的兼容性，注射压力及注射深度完全可控，可克服场地条件的限制。

移动式药剂制备-原位注入一体化系统功能模块划分如下。

① 药剂制备模块：3个加药罐、3台加药泵，1台高剪切分散乳化机。

② 原位注入模块：高压柱塞泵。

③ 发电模块：柴油发电机（或采用外部发电设备）。

④ 接驳模块：进出液体接驳器。

⑤ 控制模块：电气控制柜、传感器、分析记录仪表等。

⑥ 防护模块：灭火器、急救箱、防护用具等。

⑦ 其他模块：物料存储区等。

其中，发电模块提供药剂制备和原位注入的动力，或者采用外部发电设备提供动力；药剂制备模块分为自动控制加药系统和高剪切分散乳化机，通过加药系统向乳化机中加入定量的药剂，乳化机可以现场快速制备出所需的药剂；药剂通过原位注入模块经过管路直接注入注射井，其注射动力来源于高压柱塞泵，可实现注入压力不低于12MPa；高压柱塞泵通过接驳模块与药剂管路相连接，接驳模块设计不同孔径的接头，可以实现与不同设备和注射井之间的快速切换，同时，通过与定深注入设备相连接，实现特定深度的药剂精准注入；另外，车载式系统内安装有中控平台，可实现对加药系统、高剪切分散乳化机、高压柱塞泵的可视化操作。

4.3.2.2 场地含水层连通性

为研究地下含水层的连通性，并以水作为注入介质模拟乳化油的注入，来确定注入压力及注入流速，进行清水注入试验。在试验区内，对M8井选用不同的注入参数持续注水，并在M1、M2、M3、M4、M6井中放入自动水位记录仪，校准各水位仪的内置时间，设置记录间隔为10s，以记录同时间点各监测井中水位的变化。

（1）连通性

图4-9为试验区井群布置图，图4-10为现场实施图片，图4-11为各监测井水位随注入时间的变化图（图中标识监测井编号后括号内数值为该监测井至注入井的直线距离）。

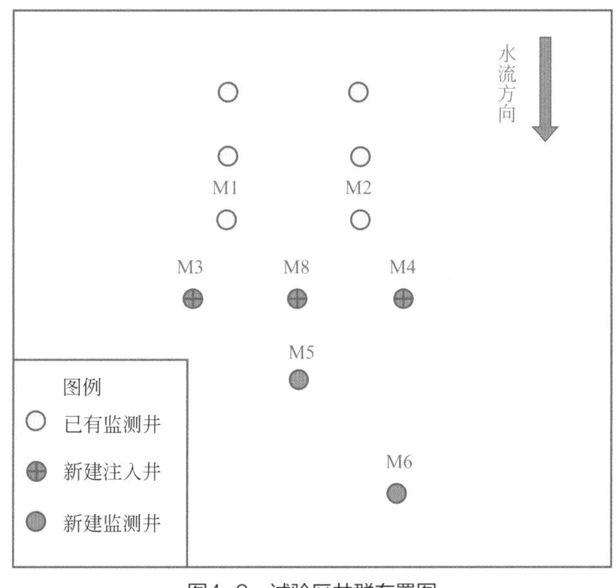

图4-9 试验区井群布置图

图4-10　现场实施图

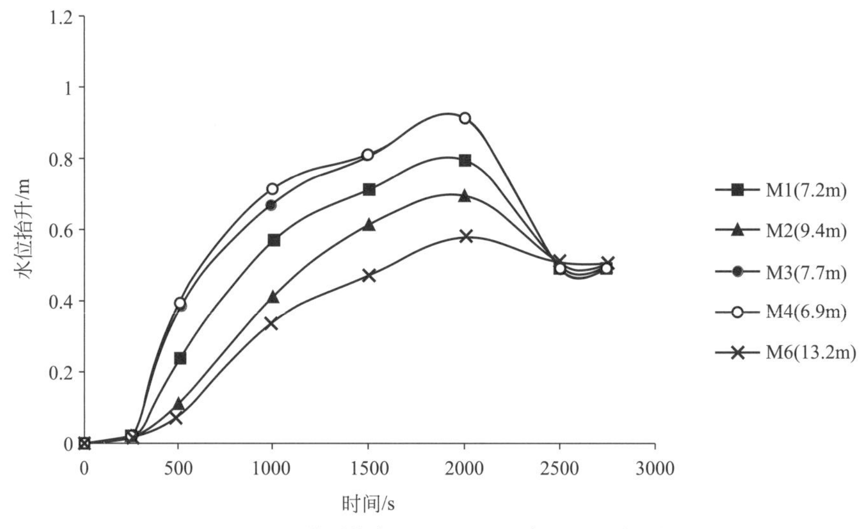

图4-11　不同监测井（M1~M4, M6）水位随时间变化

从图4-11中可得出，在注入井的周边各方向的监测井中水位均出现了抬升，说明该注入井周边各方向上水位连通性都较好，无阻隔层；距注入井的距离影响其水位抬升的幅度，离注入井最近的M4监测井，其水位抬升接近1m，而离得最远的M6监测井，其水位抬升仅为0.65m；同时，距注入井的距离也影响着其水位变化响应的快慢，离得最近的M4井响应最快，比响应最慢的M6井快了60s。如图4-12所示。

（2）不同注入参数条件下各监测井水位的变化

采用不同注入压力及注入速率，向注入井中分别注入0.5m^{3}的水，注入完成后停泵10min，再开始下一组注入试验。

注入试验所选的参数见表4-7。

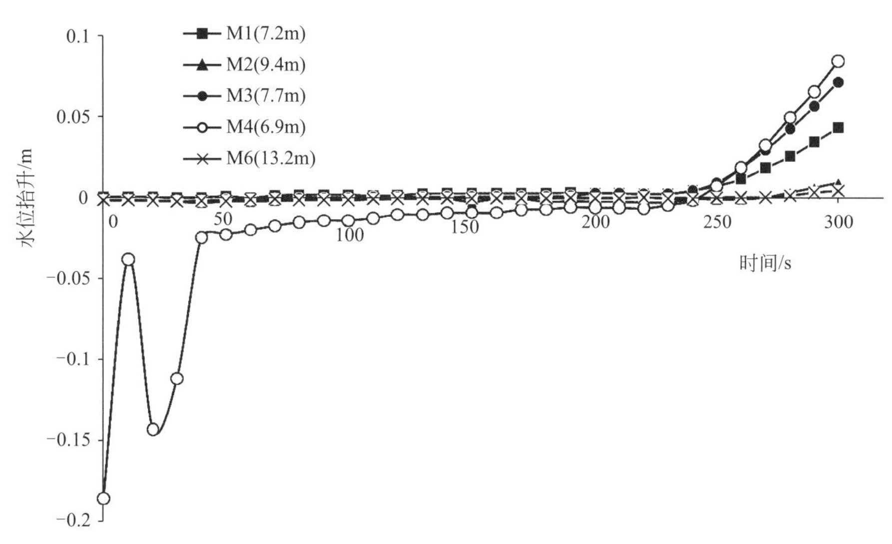

图4-12　各监测井水位变化响应速率

表4-7　注入试验参数

组号	注入压力/MPa	注入速率/（m^3/h）
1	3.71	2.22
2	1.48	1.37
3	0.54	0.55

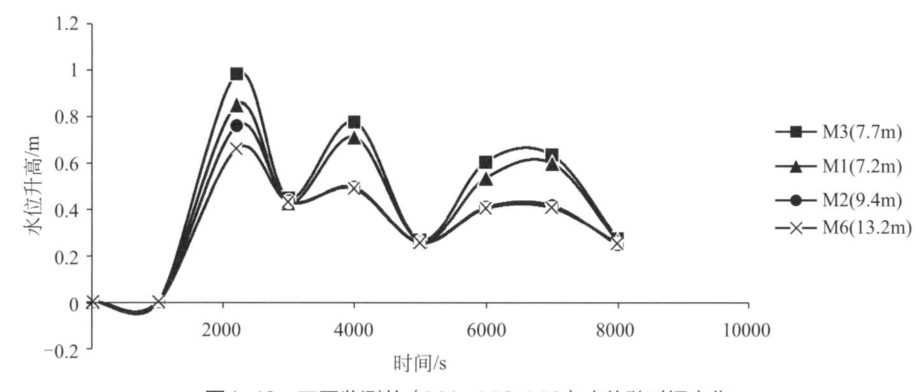

图4-13　不同监测井（M1~M3, M6）水位随时间变化

从图4-13可以看出，不同的注入参数对周边监测井中水位的变化影响较大，以压力3.71MPa、流速2.22m^3/h进行注入时，M3监测井的水位抬升接近1m。而以压力0.54MPa、流速0.55m^3/h进行注入时，M3监测井中的水位抬升只有0.65m左右，下降了0.35m。其余各井规律也都类似，但距离注入井越远，水位的变化差距则越小，M6井的水位变化仅为0.22m。

但在现场注入时，采用第1、第2组注入参数进行注入时，均出现了不同程度的涌浆现象，而采用第3组低压力、小流速进行注入时，则未出现涌浆现象，考虑药剂注入效率，其后的注入示踪试验采用第3组注入参数，即注入压力0.54MPa、注入速率0.55m^3/h。

4.3.2.3 注入药剂影响半径

（1）溴离子示踪

通过注入试验，可知中心注入井周边各方向的含水层连通性都较好，但是注入药剂能扩散到什么范围，上述试验并不能揭示，故有必要进行下述的注入示踪试验，以获得药剂的注入扩散范围，从而指导后续注入井群的建立。

各监测井溴离子浓度见表4-8，利用反距离插值法，得到的试验区含水层中溴离子浓度见图4-14和图4-15。

表4-8 各监测点溴离子浓度

<table>
<tr><th>监测点编号</th><th>监测点距注入井距离/m</th><th>监测时间</th><th>监测点浓度/（mg/L）</th><th>监测时间</th><th>监测点浓度/（mg/L）</th></tr>
<tr><td>M1</td><td>7.2</td><td rowspan="7">注入完成后</td><td>3.12</td><td rowspan="7">注入后
24h</td><td>2.54</td></tr>
<tr><td>M2</td><td>9.4</td><td>0.11</td><td>0.23</td></tr>
<tr><td>M3</td><td>7.7</td><td>2.21</td><td>1.67</td></tr>
<tr><td>M4</td><td>6.9</td><td>0.96</td><td>0.87</td></tr>
<tr><td>M5</td><td>4.5</td><td>11.06</td><td>12.27</td></tr>
<tr><td>M6</td><td>13.2</td><td><0.01</td><td>0.12</td></tr>
<tr><td>注入井</td><td>0</td><td>956</td><td>157</td></tr>
<tr><td>背景值</td><td></td><td></td><td><0.01</td><td></td><td><0.01</td></tr>
</table>

通过图4-15可以看出，在注入完成后，溴离子在含水层中就已经扩散了一定距离，距注入井距离为4.5m的M5监测井中溴离子浓度达到了11.06mg/L，已超过了背景值3个数量级，表明其来源是注入井；而距注入井7～8m的监测井M1和M3中溴离子浓度也都超过了背景值2个数量级，表明其也受到了注入井中溴的注入的影响；距注入井6.9m的M4监测井中溴离子浓度为0.96mg/L，较M1、M3都相对低，可能与其与注入井中间的连通性相对较差有关；与注入井距离超过9m的各监测井中溴离子浓度就相对较低，表明此次注入过程对其影响不大；注入24h后，试验区的溴离子浓度有了明显的降低，但下游的监测井M5及较远的M6中溴离子浓度都有微小增加，是因为溴离子在含水层中沿地下水流向的扩散、弥散作用，但受地下水流速限制，其扩散、弥散范围并不是很大。综合以上各因素考虑，判断在注入压力0.54MPa、注入流速0.55m^3/h条件下，注入扩散范围大致在6～7m之间。

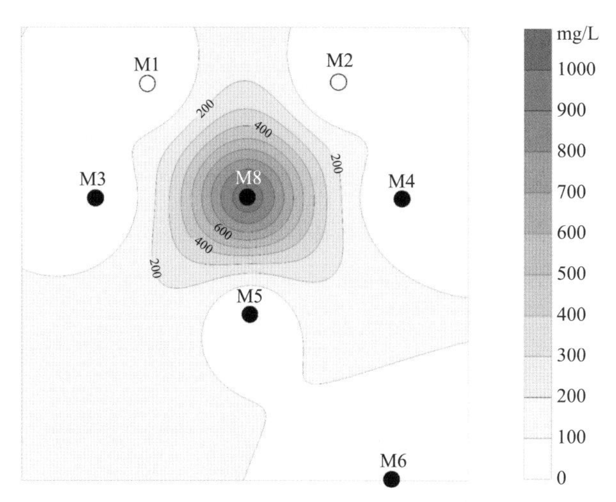

图4-14　注入完成后试验区含水层溴离子浓度分布

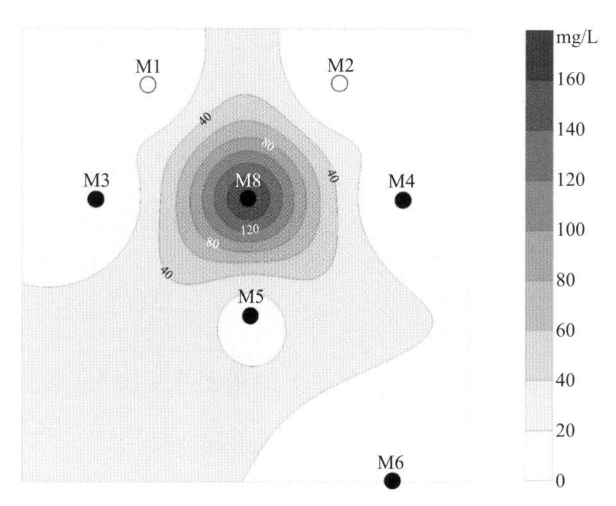

图4-15　注入完成后24h试验区含水层溴离子浓度分布

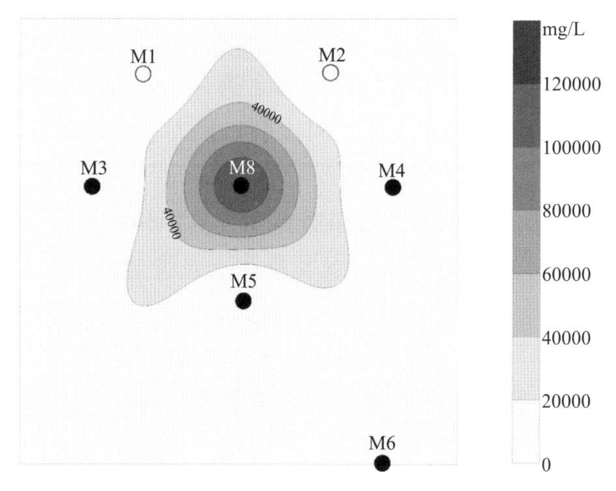

图4-16　注入完成后试验区含水层COD浓度分布

（2）乳化油示踪

因制得的乳化油流动性较好，其黏度与水接近。故采用与上一节试验中相同的注入参数进行注入示踪试验，获取注入乳化油的影响半径。因COD指标与乳化油浓度成正相关，故可用COD指标表征地下水中乳化油浓度。

与上节溴离子注入示踪试验结果类似，如图4-16所示乳化油注入后，其在含水层中就已经扩散了一定距离，距注入井距离为4.5m的M5监测井中COD浓度达到了232mg/L，已超过了背景值1个数量级，表明其来源是注入井；而距注入井7～8m的监测井M1和M3中COD浓度也都超过了背景值1个数量级，表明其也受到了注入井中乳化油注入的影响；距注入井6.9m的M4监测井中COD浓度为48mg/L，较M1、M3都相对低，可能与其与注入井中间的连通性相对较差有关，结论与溴离子注入示踪结果类似；与注入井距离超过9m的各监测井中COD浓度就相对较低，表明此次注入过程对其影响不大；注入24h后，试验区的COD浓度有了明显的降低，但下游的监测井M5中COD浓度有增加（见表4-9，图4-17），是因为乳化油在含水层中沿地下水流向的扩散、弥散作用，但受地下水流速限制，其扩散、弥散范围并不是很大。综合以上各因素考虑，判断在注入压力0.54MPa、注入流速0.55m^3/h条件下，注入扩散范围大致在6m左右。

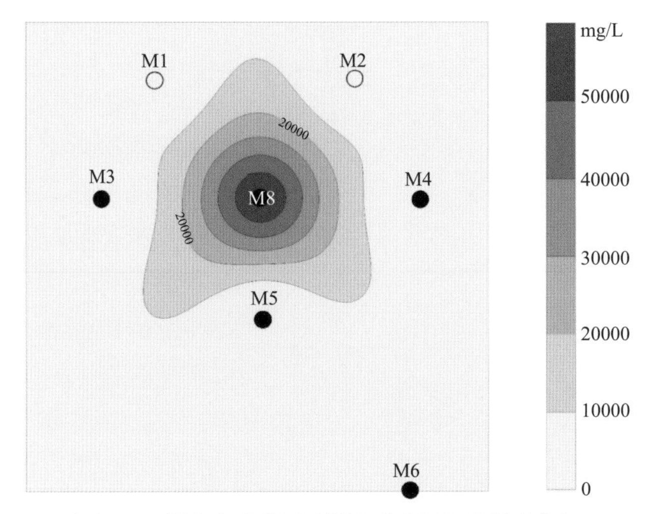

图4-17　注入完成后24h试验区含水层COD浓度分布

表4-9　不同监测点COD浓度

监测点编号	监测点距注入井距离/m	监测时间	监测点浓度/（mg/L）	监测时间	监测点浓度/（mg/L）
M1	7.2	注入完成后	159	注入后24h	144
M2	9.4		36		30
M3	7.7		114		121
M4	6.9		48		40
M5	4.5		232		459
M6	13.2		15		10
注入井	0		120626		57643
背景值			12		12

综合以上各试验，判断在试验区水文地质条件下，采用注入压力0.54MPa、注入流速0.55m³/h的注入参数，其注入乳化油的扩散范围为半径6m，为保证非连续渗透反应墙的厚度，建立一排共5口注入井，井间距为9m。

4.3.2.4　非连续渗透反应墙建立

为建立非连续渗透反应墙，阻断硝酸盐氮污染羽的扩散，在M3、M4、M7、M8、M9注射井进行乳化油注入，通过该井群的联合作用，拟形成宽度不小于35m、厚度不小于9m的PRB非连续式渗透性反应墙（图4-18）。

在上述各注入井中以注入压力0.54MPa、注入流速0.55m³/h为注入参数，分别注入乳化油原液1m³，并在注入后0、24h、72h、120h取水样测COD值，以表征注入后含水层中乳化油的分布状况，评价非连续式渗透反应墙的构建效果。

药剂用量的计算主要根据地下水浓度，拟修复地下水的体积、需要达到的修复目标来决定，通过实验室小试实验已经得出的药剂最佳配比量，计算出现场注射药剂用量。

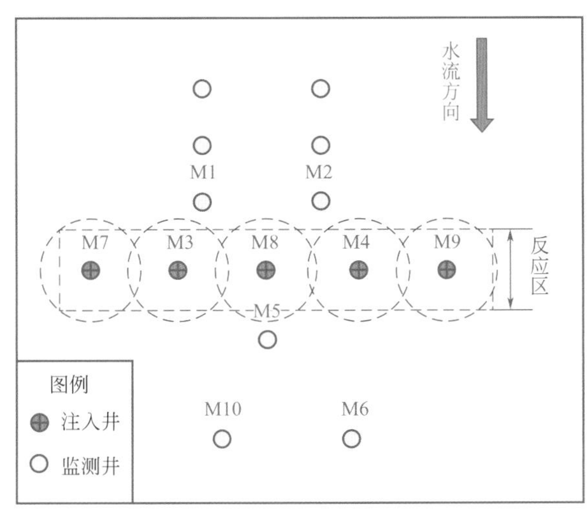

图4-18 非连续式反应墙效果图

药剂用量可用下式计算得出。

$$W=(C_0-C)nVa \tag{4-11}$$

式中 W——所需药剂用量，m^3；

C_0——地下水硝酸盐的初始浓度，mg/L；

C——经修复后的硝酸盐达标浓度，mg/L；

V——拟修复的地下水体积，m^3；

n——药剂反应最佳投加量，L/mg；

a——保险系数，此处取5。

各时间点监测数据见表4-10。利用反插值法绘制的乳化油浓度分布见图4-19～图4-22。

表4-10 不同时间点试验区COD浓度

监测点编号	监测时间	监测点浓度/(mg/L)	监测时间	监测点浓度/(mg/L)	监测时间	监测点浓度/(mg/L)	监测时间	监测点浓度/(mg/L)
M1	注入完成后	354	注入后24h	332	注入后72h	294	注入后120h	287
M2		297		281		301		289
M3		119874		68654		22860		9812
M4		123245		71002		19876		8607
M5		1297		1404		1308		1261
M6		33		52		49		41
M7		109897		59124		14769		6021
M8		116532		60604		20560		8890
M9		117528		63879		15123		6288
M10		18		21		20		18
背景值		12		12		12		12

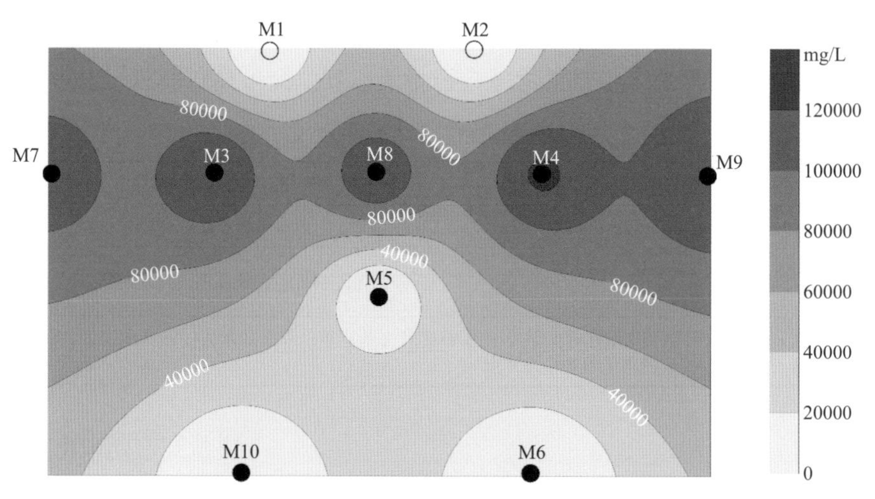

图4-19　注入完成后试验区含水层COD浓度分布

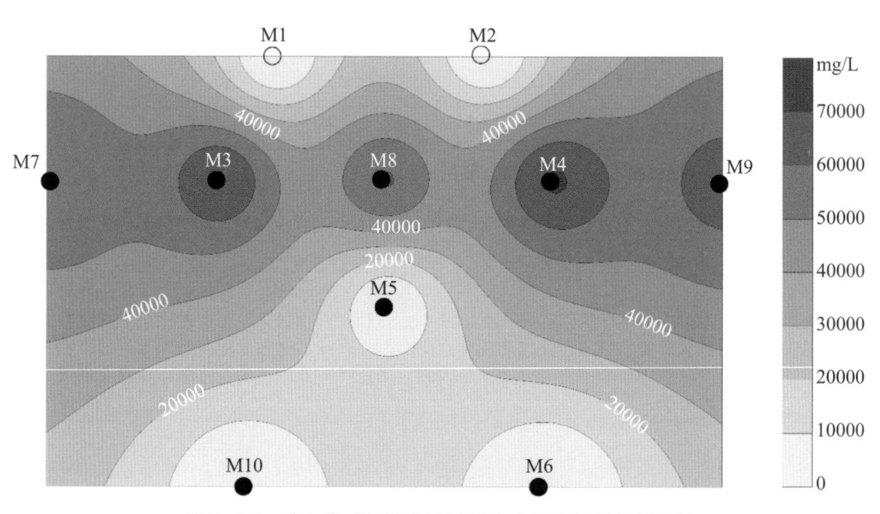

图4-20　注入完成后24h试验区含水层COD浓度分布

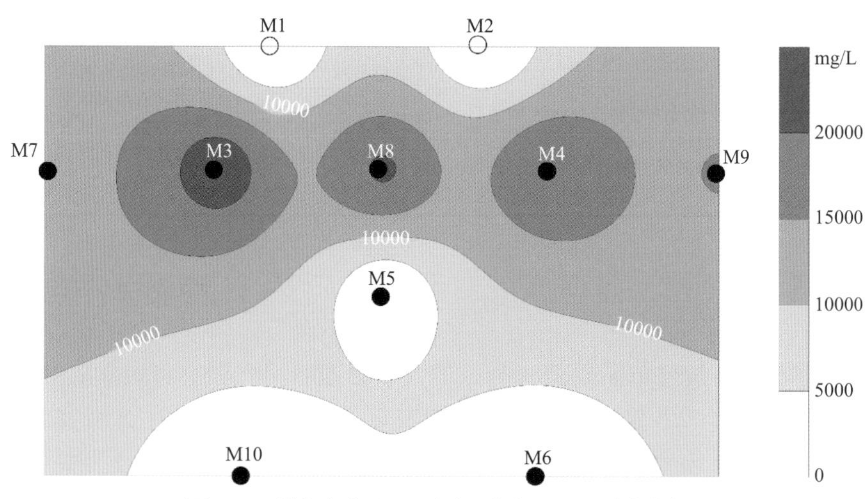

图4-21　注入完成后72h试验区含水层COD浓度分布

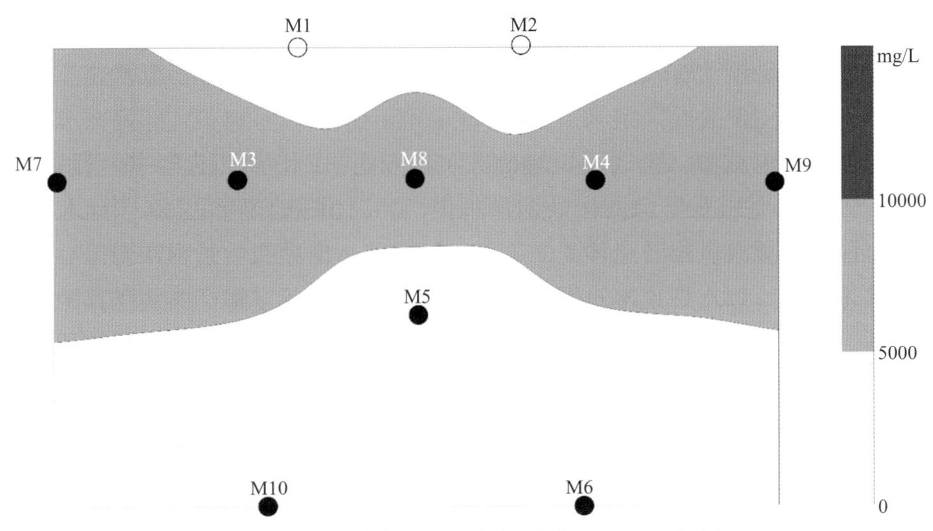

图4-22　注入完成后120h试验区含水层COD浓度分布

通过以上图表可看出，各注入井在完成注入120h后乳化油已较均匀扩散开，其到达范围与前述预测范围基本一致，形成的渗透反应墙体厚度超过10m，宽度超过35m。根据乳化油反硝化硝酸盐的半衰期及地下水流速计算，反应墙的厚度能保证流过的地下水在反应区内被充分反硝化。

4.3.3　案例分析

在北京市顺义区赵全营镇白庙村膜非正规垃圾填埋场实施非连续渗透反应墙中试示范工程。

（1）示范工程运行

为更详细地监测示范工程的运行效果，在示范区域共建了12口监测井，深度均为28m，开筛位置为第三含水层。建井位置如图4-23所示。

同时制订了详细的监测计划，监测各井中的COD及“三氮”，为分析修复技术的效果提供充实的数据支持。

（2）示范工程效果评估

1）监测井中乳化油浓度变化　注入井及监测井群布置如图4-25所示。M13、M5、M15监测井位于注入井M8的下游，与M8的距离分别为2m、4.5m和9m，3口监测井中COD的浓度变化如图4-26所示。可以看出离M8最近的监测井M13中COD浓度最高，M15监测井虽然位于注入井有效半径之外，但上游乳化油通过扩散、弥散作用也有少量到达该区域。

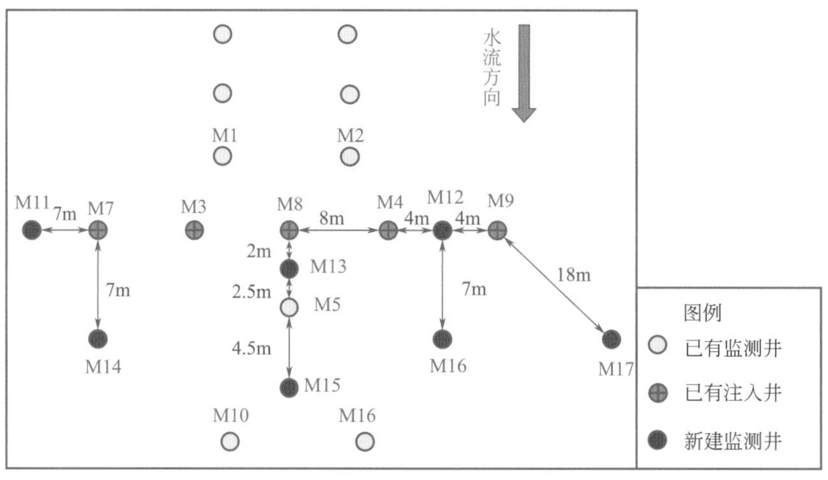

图4-23　井群建立示意

图4-24　完整的现场井群布置图

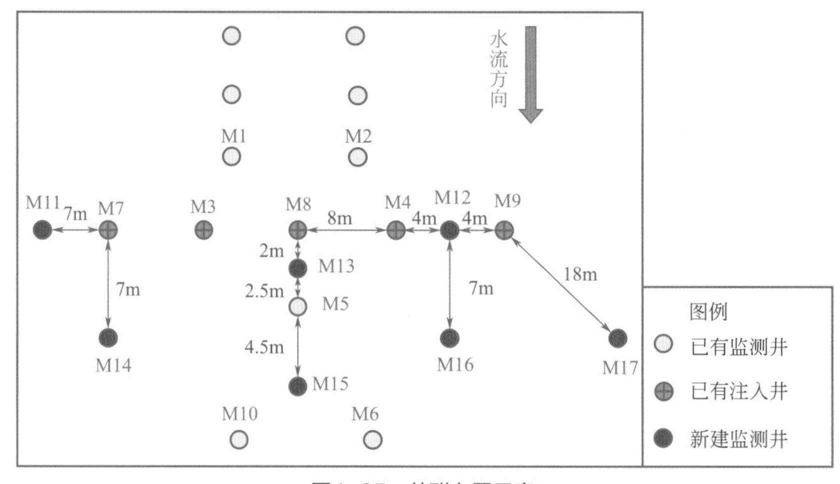

图4-25　井群布置示意

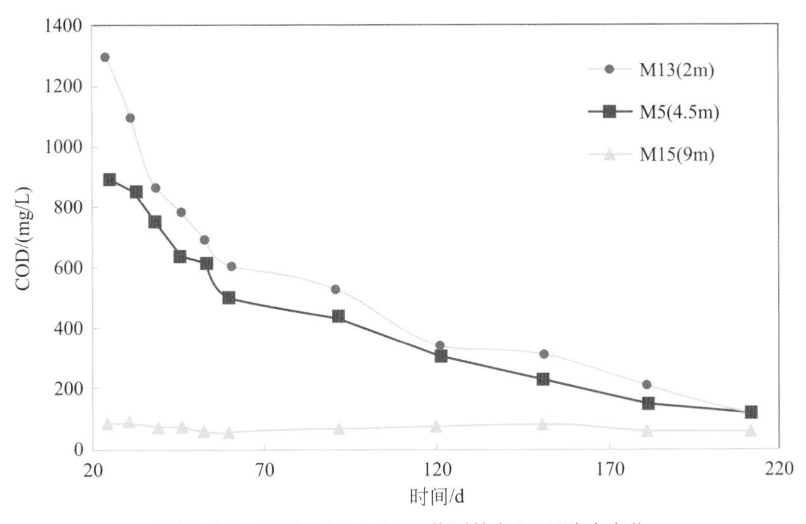

图4-26　M13、M5、M15监测井中COD浓度变化

监测井M1、M2、M5、M6和M10进行了COD浓度的连续监测，如图4-27所示。监测数据表明：在注入井有效半径范围之内，距离注入井越近，乳化油浓度越高。M5监测井距离M8注入井4.5m，COD最高浓度达到1400mg/L，59d后仍残余约500mg/L，210d后各井中COD浓度均降到了200mg/L以下，但依旧高于背景值。M1和M2监测井距离M8注入井约7～8m，但因为M1和M2位于M8上游，在刚注入时COD浓度为300mg/L左右，随着反应进行逐步降至背景水平。M6和M10作为背景监测井距离M8注入井最远，COD浓度表现为随着反应的进行缓缓升高，M6中COD浓度由33mg/L升高到83mg/L，M10中COD浓度由18mg/L升高到47mg/L，这是由于M6和M10位于井群的最下游，且距离较远，注入的乳化油虽然不能第一时间到达该区域，但随着水流及扩散、弥散作用，有少量的乳化油也到达该区域，COD缓慢升高。

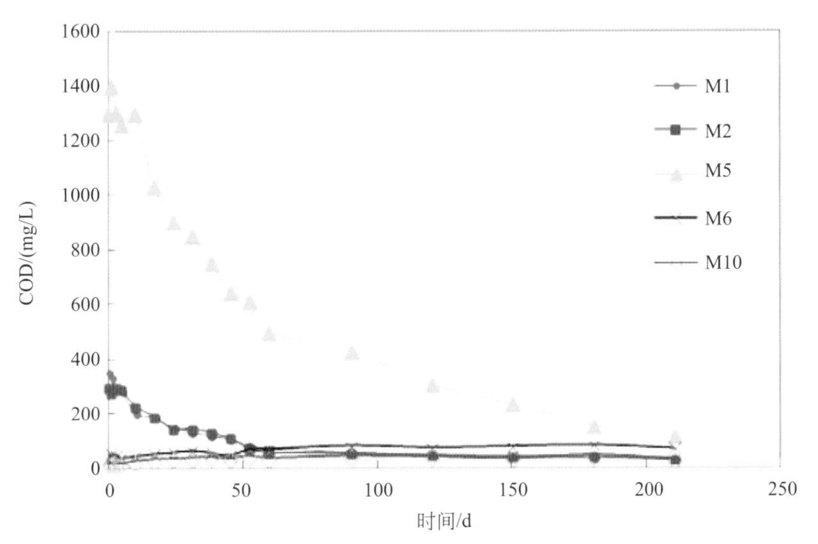

图4-27　不同距离监测井中COD浓度变化

2）影响半径范围内地下水中硝酸盐浓度变化　以M5监测井为例，监测了不同时间段地下水中NO_3^-、NO_2^-和NH_4^+的变化，如图4-28所示。乳化油注入后NO_3^-浓度随着反应的进行逐步下降，此时碳源充足，有利于反硝化菌的大量生长，反应速率较快，NO_3^-浓度由初始的7.98mg/L逐步下降到1.00mg/L以下。10d后NO_3^-浓度变化趋于平稳，其后NO_3^-浓度略有升高，可能是前期注入的乳化油被逐步消耗，碳源不足，导致反应速率下降，NO_3^-浓度升高，但直至210d的监测数据，其硝酸盐的去除率依旧高于75%。

随着反应的进行，在开始阶段，NO_2^-和NH_4^+的浓度有一个累积的过程，但是随着反应的进行，NO_2^-和NH_4^+的浓度逐步下降并趋于平稳，并未出现长时间的累积。总氮浓度表现为随着时间的推移逐步下降。

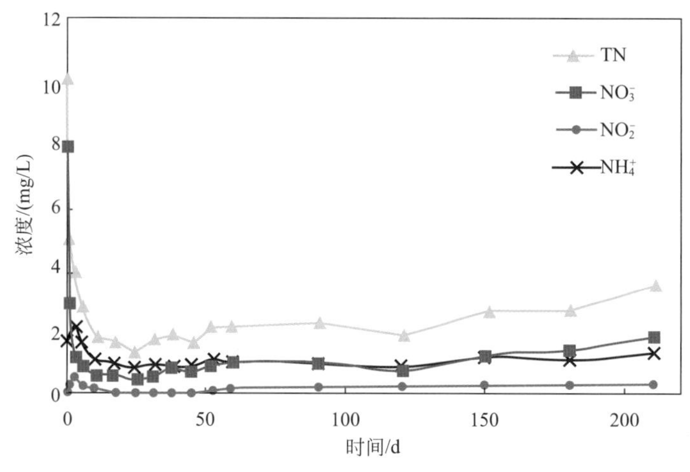

图4-28　M5监测井中“三氮”及总氮变化

3）上下游监测井中地下水中硝酸盐浓度变化　M1和M2监测井位于注入井M8上游，M6和M10监测井位于注入井M8下游。上下游监测井中NO_3^-浓度变化如图4-29所示，M1和M2监测井中NO_3^-浓度先下降后升高，开始阶段由于乳化油注入，M1和M2监测井位于有效半径范围内，受到了乳化油的作用，NO_3^-得到降解，由于地下水流作用，M1和M2监测井中乳化油浓度越来越低，使得NO_3^-不能被充分地反硝化，NO_3^-浓度在下降后逐步回升至初始浓度水平。

M6和M10监测井中NO_3^-浓度先下降后逐步趋于平稳，但是反应速率明显低于M5，这是因为M6和M10位于监测井群最下游，监测的地下水为上游经过非连续渗透反应墙处理后的地下水，目的是监测经过非连续渗透反应墙的地下水是否合格。通过接近210天的持续监测，下游M6和M10监测井中硝酸盐的浓度达到2mg/L左右，乳化油依旧有一定的处理效果。

如图4-30、图4-31所示，NO_2^-和NH_4^+为反应的副产物，总体趋势变化不大，M1、M2监测井中由于乳化油不充足，反硝化不完全，使得NO_2^-和NH_4^+浓度呈缓慢上升趋势，但这部分NO_2^-和NH_4^+在通过反应墙体后浓度会迅速降低，故不会引起二次污染。

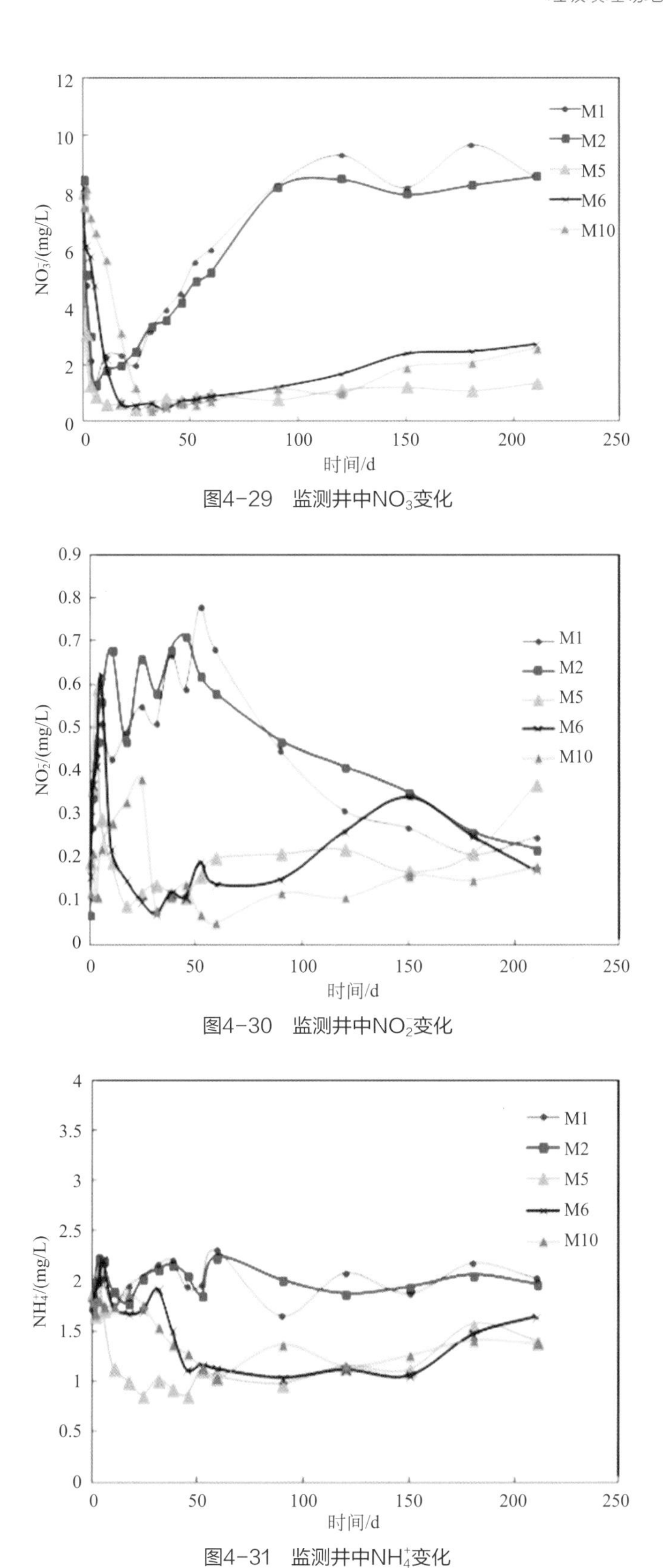

图4-29　监测井中NO_3^-变化

图4-30　监测井中NO_2^-变化

图4-31　监测井中NH_4^+变化

NO_3^-、NO_2^-和NH_4^+相加构成的总氮（TN）变化趋势与NO_3^-浓度变化趋势相似（图4-32），M1和M2监测井中TN浓度先下降后升高，M6和M10监测井中TN浓度先下降后逐步趋于平稳，后缓慢上升。因为项目场地地下水中NO_3^-浓度在“三氮”中所占比例最高，NO_2^-和NH_4^+作为副产物的影响较小。

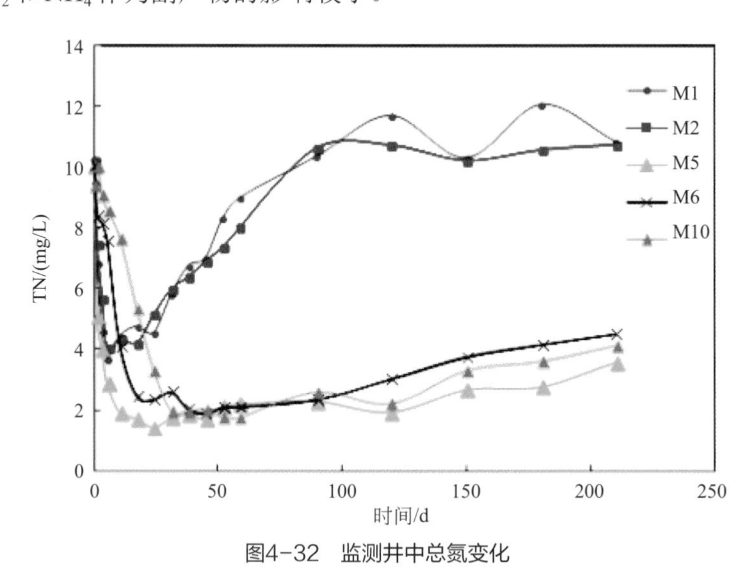

图4-32　监测井中总氮变化

（3）经济性评估

利用非连续渗透性反应墙技术修复污染地下水的工程，其成本主要在建井、药剂及运行费用上。评价其经济性，主要考量的是修复单位体积地下水所需的成本，故先计算修复的地下水量。

利用下式计算：

$$Q=whvnd \tag{4-12}$$

式中　Q——通过修复反应区的总水量，m^3；

w——修复反应区的宽度，m；

h——修复含水层厚度，m；

v——地下水流速，m/d；

n——含水层孔隙率；

d——修复天数，d。

本示范工程通过往5口注入井中各注入$1m^3$的乳化油，形成的渗透反应墙的宽度为35m，含水层厚度为6m，已经累计完成了200d的地下水处理，各注入井区域的乳化油依旧维持在一定的浓度，下游监测井中的硝酸盐浓度不超标。根据前文的叙述，地下水流速在0.97～1.37m/d之间，取中间值1.17m/d，孔隙率取30%。整个运行周期按5年计算，则经过反应墙体修复的水量为$134520.75m^3$。

建井成本：建井成本又可细分为注入井建立成本和监测井建立成本。本项目中建立注入井5口，上下游监测井各1口（多建立的监测井主要用于过程研究，非必需监测井），共2口，深度均为28m。建井造价计算方法如下式：

$$T_{建井}=plq \tag{4-13}$$

式中　$T_{建井}$ —— 注入井或监测井的建立总造价，元；

p —— 注入井或监测井的建立单价，元/m；

l —— 注入井或监测井的建井深度，m；

q —— 注入井或监测井的建井数量。

注入井的建立造价为500元/m（含井管及建井材料），监测井的建立造价为400元/m（含井管及建井材料），则根据上式计算，本工程所用注入井的建立总造价为70000元，监测井的建立总造价为22400元，合计92400元。

修复单位体积污染地下水的建井成本如下：

$$A_{建井}=T_{建井}/Q \tag{4-14}$$

式中　$A_{建井}$——修复单位体积污染地下水所需的建井成本，元/m^3；根据计算得$A_{建井}=$0.69元/m^3。

需要指出的是，非连续渗透反应墙技术可以在不建井的条件下进行，即直接通过钻探，将药剂注入到地下，这样又可节约大量的建井费用，大大降低工程造价。同时利用注入井注入药剂的优势在于可以多次注入，利于长久性的修复。

药剂成本：通过前文分析，单位体积乳化油去除硝态氮的质量在5.5～13.96g/L之间，且初始硝酸盐浓度越高，乳化油的处理效率越高。可算得处理1g硝态氮需乳化油的药剂成本在0.21～0.55元，相对较高。但实际工程中，药剂成本计算如下：

$$T_{药剂}=bmqc \tag{4-15}$$

式中　$T_{药剂}$ —— 所用药剂总价，元；

b —— 单位体积乳化油价格，元/m^3；

m —— 每口注入井注入的乳化油量，m^3；

q —— 注入井数量；

c —— 注入次数。

在示范工程实施过程中，向5口注入井中各注入1m^{3}的乳化油，每立方米乳化油的药剂成本为3000元，根据前文叙述，每次注入1m^{3}的乳化油保守估计可运行200d，则运行5年共需注入10次乳化油，通过上式计算得$T_{药剂}=150000$元。

$$A_{药剂}=T_{药剂}/Q \tag{4-16}$$

式中　$A_{药剂}$——修复单位体积污染地下水所需的药剂成本，元/m^3；根据计算得$A_{药剂}=$1.12元/m^3。

运行成本：因注入过程半天内即可完成，所消耗的水、电、人力成本和建井、药剂成本相比可忽略不计，且该技术无持续运行成本，故其经济性评估主要评估其建井、药剂成本即可。

因此该技术运行5年的运行成本为0.69+1.12＝1.81（元/m^3）。

4.4 多级强化技术（MET）

4.4.1 多级强化地下水污染修复技术简介

目前，我国地下水污染修复技术主要有抽出-处理异位修复技术和渗透反应墙原位修复技术。抽出-处理技术的优点在于简便易行，对地下水污染做出快速反应，能使地下水污染水平迅速降低等。但是抽水治理技术也有局限性，主要表现在以下几个方面：

① 抽水治理的时间很长，难以在较短时间内将污染物彻底去除；

② 影响半径有限；

③ 应用于吸附作用较强的含水层时，需要消耗更长的时间和成本，且易出现浓度“回弹”现象；

④ 处理过后的地下水如何处置也是一个关键问题，处置不慎将造成二次污染；

⑤ 抽取大量地下水，治理成本高。

因此，通过合理的抽出-处理系统设计和优化才能使得该技术得到更好的应用。

渗透反应墙原位修复技术是指在基本不破坏土体和地下水自然环境条件下，对受污染对象不做搬运或运输，而在原地进行修复的方法。原位修复技术适用于地下水污染范围小，污染羽埋藏浅的污染场地，原位修复技术处理费用低，还可减少地表处理设施的使用，最大限度地减少污染物的暴露和对环境的扰动，但该技术不适用于水位深、流速小或者污染物浓度高的地下水污染场地，同时原位修复技术施工和填料的更换难度大，影响了其推广与应用。

针对上述两种常用地下水污染修复技术存在的问题，笔者课题组自主研发了一套以生物化学法联用为基础，安全高效去除地下水污染物，并解决渗透反应墙原位修复技术法和抽出-处理异位修复技术投资大、工程难改动等问题的新型地下水污染修复技术——多级强化地下水污染修复技术（multi-layer enhance groundwater remediation technology, MET）。

多级强化地下水污染修复技术是一种由抽水系统、布水系统、修复填料层、覆土层、导气管、修复植物以及监测系统组成的新型地下水污染修复技术工艺。抽水系统包括抽水井、抽水泵、抽水管、过滤网。抽水井井深至目标含水层，抽水泵设置于井口，抽水管取水点位于筛管中间位置，过滤网安装于抽水管取水口处。布水系统由1根导水管和2根布水管组成，导水管一端接入抽水泵，另一端接入有微孔的布水管，形成三角形布水系统，将其置于修复填料层顶部，并在布水系统上面覆盖土层。修复填料层可以装填对有机污染物、重金属和“三氮”等地下水中污染物有吸附和降解效果的专用材料。覆土层为一定厚度的土壤；在覆土层上种植对地下水中污染物具有降解、吸收或者富集功能的植物。监测系统包括水位监测和水质取样监测。

多级强化地下水污染修复技术的特点是：a.工艺简单，无需地面设施，仅有小功率抽水泵需要动力，建设与运行成本低；b.易施工，避免了深挖建设渗透反应墙的施工难度，同时具有填料易更换的优点；c.地下水扰动小，减少污染物的暴露以及对地下水环境的扰动；d.灵活性强，可改变填料层的介质材料，实现对不同污染物的修复；e.修复功能强，集成植物修复、吸附降解和回灌技术为一体，强化了地下水污染物的修复效果；f.适应性强，克服渗透反应墙仅适用于地下水埋深较浅的局限性。

4.4.2 关键技术环节

多级强化地下水污染修复技术主要由抽水系统、布水系统、反应区域、在线监测系统和地表植被覆盖等组成。工艺流程如图4-33所示，抽水系统可调控自动抽水装置将污染地下水由抽水井抽出后经过布水系统均匀分散至反应槽内，且利用槽内布设隔挡板延长反应时间，经过多道反应介质后渗入地下含水层以达到修复效果。地表辅助植物修复还可实现绿化景观的作用。设置多级采样管，同时安装在线监测装置，可随时监测地下水污染修复前后地下水常规指标和特定监测指标。

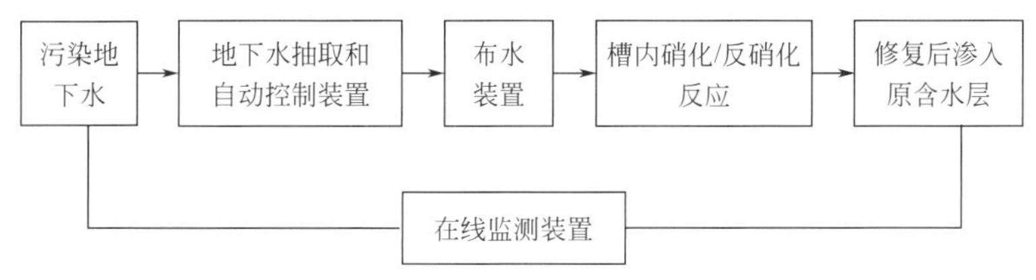

图4-33　多级强化地下水修复工艺流程图

（1）抽水系统

该系统主要为抽水井及地下水抽取和自动控制装置（图4-34）。抽水井均严格按照打井规范建设（图4-35）。井筛设于目标含水层，井管和置于水位下设备均采用高稳定性材质。回填用滤料选用优质砾石，细小颗粒物含量小于1%。

地下水抽取和自动控制装置的试制充分考虑示范工程抽水井地下水补给能力。它可调控抽水电机工作抽水量、抽水频次，达到持续抽水效果，可通过远程压力表和流量计读取参数。

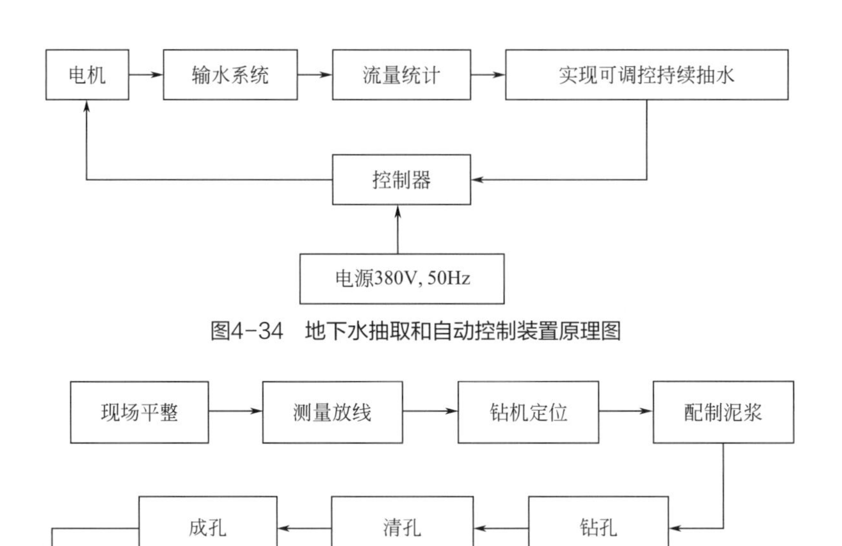

图4-34　地下水抽取和自动控制装置原理图

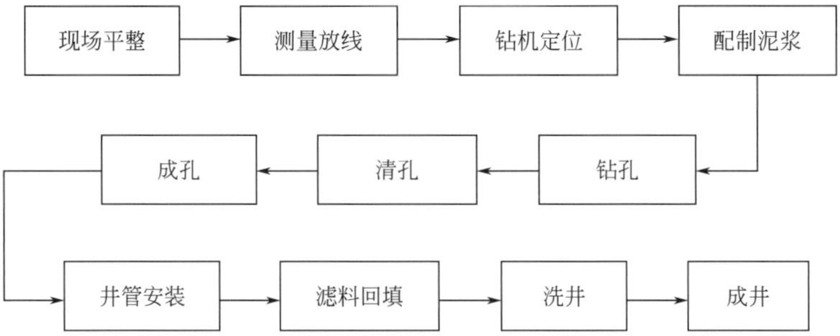

图4-35　成井施工工序

1）钻孔　在进行完现场平整，测量放线确定钻孔位置后，利用SH-30钻机开始井孔的钻探工作。

2）井管安装　安装井管需多人同时进行，一根管放下后立即将接头和第二根管安装，固定好后再安装下一根管。同时，在接头处安装扶正器，以利于井管垂直且处于中心位置放下。如此往复，托盘下到孔底，井管安装完毕，校核无误后，将管身固定，使其不摇晃，然后将兜底绳放松，即可起拔出钢丝绳，再次检查无误后即可回填滤料。

3）抽水系统安装　安装转换头、滤网、钢丝绳、扣和电缆线。滤网为双层80目，不锈钢箍扣紧，保证不会滑落。钢丝绳与泵固定用两个大钢丝扣扣紧；在井管上端开口，3个开口直径略大于钢丝绳、电缆和导水管即可；潜水泵下放至预计位置后固定钢丝绳、电缆，缝隙用热熔枪密封。

（2）布水系统

布水系统由“L”形和“T”形两部分管组成，“L”形主要作用为疏导水流，“T”形管主要将水流均匀分散至反应槽内。

1）防渗膜　反应槽底和侧面铺盖高密度聚乙烯膜，铺设前根据实际情况剪裁膜，同时还需将4个钻孔位置在膜上标记并开口。清扫并全面平整，4个角落由于褶皱严重，采用切开再粘接的方式。

2）挡板　板材质为有机玻璃，隔板高0.4m，用专用机器切磨隔板两端与槽两侧接触面使其平滑接触，底和两侧与膜接触用专用胶密封。挡板为0.25m高，该板距底

0 ～ 0.125m作筛孔，筛孔率约为5%，板底和两侧密封和固定。

3）导水布水系统　布水系统直接通过抽水系统抽出地下水后导入补水筛管中均匀分散至槽内。“L”形导水管上游为在线监测系统抽水预留出口，下游安装流量计探头。“T”形管为均匀布满筛孔的筛管，缠双层80目滤网后用尼龙扣紧。

（3）在线监测系统

利用井筛将多级管和在线监测装置放置于槽内不同取样点，装置安装于邻近工程处搭建的设备防护内，地下埋设电缆和输水管道。

目前，地下水污染修复装置难以有效地实时监控修复效果，并依据监控数据实现反馈调节。MET技术采用的实时在线监测，可实现实时监控MET修复装置的进、出口水样污染物浓度，起到在线监控地下水关键指标数值变化的作用。

在线监测可监测pH值、电导率、溶解氧、氧化还原电位以及氨氮硝酸盐、亚硝酸盐及总氮等污染指标，以便于掌控修复装置的修复效果，及时反馈调控修复装置的布水速率和抽水速度。示范工程MET装置的在线监测具备功能可实现：野外现场多参数指标监测，且可视化；监测频率可控化；设置的监测设备方便拆卸、维护；数据远程传输与远程监控。

4.4.3 案例分析——多级强化修复地下水中硝酸盐污染

4.4.3.1 多级强化地下水污染修复技术小试

图4-36为多级强化地下水污染修复技术（MET）小试装置。装置为有机玻璃材质，尺寸为1000mm×900mm×700mm。其中修复区由一级填料和二级填料串联组成，针对地下水氨氮去除，分别填充沸石和陶粒。

MET装置搭建完毕并运行后，通过蠕动泵Ⅰ将蓄水桶内污染地下水输送至模拟含水层，调节出水阀，使地下水流速稳定。开动蠕动泵Ⅱ，以一定水力负荷将模拟含水层污染地下水输送至布水管，透过布水管上的微孔（φ= 3mm）渗流至修复区沸石部分。在地下水向下渗流的过程中，氨氮被吸附至沸石表面，一部分被植物根系吸收利用；另一部分在微生物硝化作用下转化为硝态氮，此间导气管为微生物硝化作用提供充足DO。随后，氨氮在转化为硝态氮后会从沸石吸附表层脱离，其占用的吸附位点重新释放，沸石得到再生。脱离后的硝态氮继续渗流至修复区陶粒部分，在微生物的反硝化作用下转化为游离态氮，实现硝态氮的有效去除，至此在修复反应区充分反应后的模拟污染地下水渗流回模拟含水层。

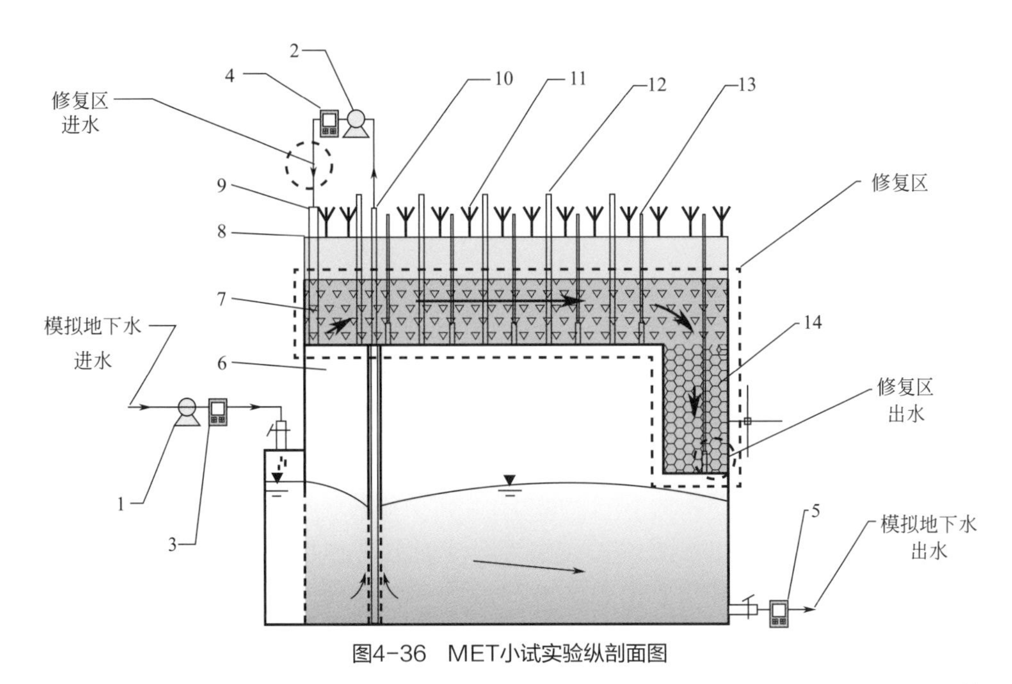

图4-36　MET小试实验纵剖面图

1，2—蠕动泵Ⅰ，Ⅱ；3～5—流量计Ⅰ～Ⅲ；6—模拟含水层；7——级填料沸石；8—覆土层；9—布水管；10—抽水管；11—修复植物；12—导气管；13—取样管；14—二级填料陶粒

实验进水共分两个时期，第一阶段进水为模拟污染地下水阶段，第二阶段进水为实际污染地下水阶段，进水水质见表4-11。系统运行后，调节出水阀，使地下水流速稳定在1.49m/d，并以14.68m^3/（m^2・d）的水力负荷将模拟含水层污染地下水输送至布水管，之后每隔24h通过修复区进水口、修复区出水口和修复区取样管取样监测污染地下水处理前后及过程中的pH值、DO、ORP、电导率及“三氮”、总氮的变化情况。

表4-11　实验期间MET进水水质

项目	氨氮/（mg/L）	硝态氮/（mg/L）	pH值	*T*/℃
模拟污染地下水	25	0	7.62～7.78	22.0～26.0
实际污染地下水	10.53～13.79	2.81～4.8	7.41～7.84	14.8～18.4

（1）模拟污染地下水进水时MET长期运行效率分析

MET修复区沸石作为反应介质在吸附氨氮的同时，又可作为微生物生长的载体，在沸石的物理吸附及微生物共同作用下可以实现沸石再生[23]。修复区陶粒具有质地轻、表面粗糙易挂膜、耐冲洗、不堵塞等优点，是微生物生长附着的良好载体[24]。随着MET运行时间的延长，附着于沸石修复区填料表面的生物膜会定期脱落[25]，随水流流至下游陶粒区域，并以陶粒为载体生长繁殖。因此修复区沸石和陶粒对氨氮去除的叠加效果可以反映MET对于氨氮的总去除效果。

MET模拟污染地下水进水氨氮浓度保持在25mg/L，在连续运行45d期间，分析MET中氨氮去除率及“三氮”浓度随时间的变化可以发现（图4-37），MET在运行期间对氨氮

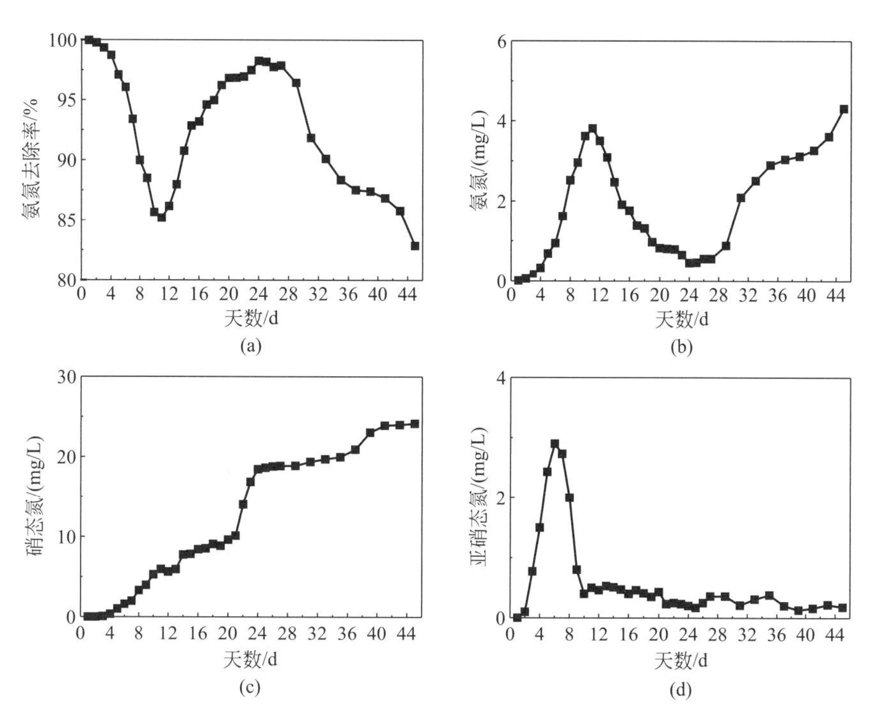

图4-37 模拟污染地下水实验MET中氨氮去除率及“三氮”浓度随时间的变化

一直具有很高的去除能力，总体呈现先下降、后上升平稳、再下降的趋势，平均去除率达到90%以上。MET在利用沸石吸附氨氮的同时，又使其作为微生物生长的载体，设计的通气管向受污水体提供部分氧气，保证硝化细菌生存繁殖所需的DO环境，实现沸石吸附与微生物协同作用[13]。MET运行前11d，修复区出水亚硝态氮和硝态氮浓度出现了明显升高，某些时刻硝态氮浓度积累高于3.5mg/L，原因可能是硝酸菌利用了部分沸石已吸附的氨氮[26]。运行11d后，修复区出水硝态氮浓度持续升高。在一般天然水体中，亚硝酸菌相对于硝酸菌能更快、更好地适应周围环境，并以超过硝酸菌若干个数量级的优势，快速繁殖。因此，初期优势菌种是亚硝酸菌，修复体系出水亚硝态氮快速积累。

后期硝酸菌逐渐适应体系环境，硝化作用成为主导作用[27]。因此，运行11d后修复区出水亚硝态氮浓度没有升高可能是因为体系中硝酸菌已进入繁殖稳定期，亚硝化作用产生的亚硝态氮可以完全被转化为硝态氮。

（2）实际污染地下水进水时MET长期运行效率分析

有学者研究相同氨氮初始浓度，不同微生物培养方式对氨氮的去除情况，得出在低浓度氨氮（10mg/L）条件下，在培养初期，硝化细菌繁殖对营养元素的需求并不强烈，但足量的营养元素依然起到促进作用。在低营养条件下，微生物依然很适应，且生长很快，反而许多微生物受高浓度营养物质的渗透压影响，生长缓慢。因此，对于营养物质不特别丰富的天然地下水，在保证DO充足的情况下，自养型硝化细菌依然可以快速生长繁殖，并起到去除氨氮的作用。

在MET修复区中填充有可作为微生物载体的沸石和陶粒，二者的叠加效果可以反映MET对于氨氮的总去除效果。

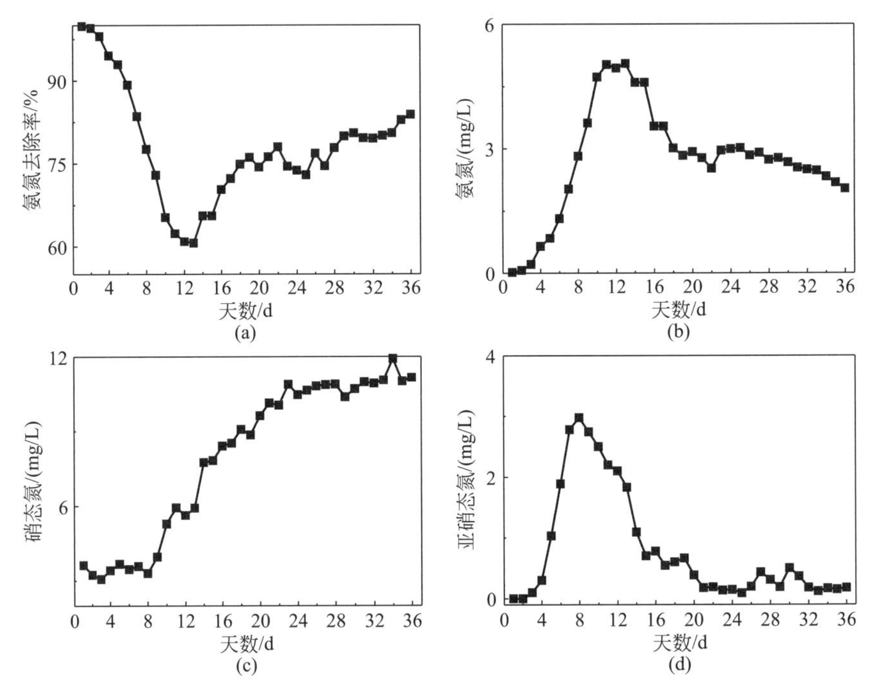

图4-38　实际污染地下水实验MET中氨氮去除率及“三氮”浓度随时间的变化

实际污染地下水进水氨氮浓度在10.53～13.79mg/L范围内波动，平均浓度为12.31mg/L，相较于模拟污染地下水进水阶段，MET对氨氮处理效果稳定较快（图4-38）。分析连续运行37d期间，MET对氨氮去除率及“三氮”浓度随时间的变化可以发现，MET在运行期间对氨氮去除能力较强，总体呈现先下降、后上升平稳的趋势，平均去除率在78%左右，低于模拟污染地下水时的氨氮去除率（90%以上），其可能是不同进水氨氮浓度和温度造成的[28,29]。MET运行前16d，修复区出水亚硝态氮浓度出现了明显升高，某些时刻硝态氮浓度积累达到3mg/L，同时间氨氮浓度也出现了明显升高，最高时达到5mg/L，原因可能是进水条件的改变导致亚硝酸菌优势繁殖，体系亚硝态氮出现积累，出水氨氮升高。运行17d后硝酸菌逐渐适应体系环境，因此，修复区出水氨氮和亚硝态氮稳定在较低水平，表明此时亚硝化作用产生的亚硝态氮可以完全被转化为硝态氮。

（3）MET对地下水氨氮去除机理分析

在进水为模拟污染地下水、MET连续运行45d期间，14～33d氨氮去除率在90%以上，且相对稳定；在进水为实际污染地下水、MET连续运行36d期间，14～33d氨氮去除率在90%以上，且相对稳定。因此取进水为模拟污染地下水阶段第14天、第21天、第33天数据和进水为实际污染地下水阶段第18d、25d和32d时数据，分析MET沿程“三氮”浓度、总氮及DO、氧化还原电位（ORP）、pH值、电导率的变化。

1）沿程“三氮”及总氮浓度变化　由图4-39分析可知模拟污染地下水时MET沿程氨氮浓度平均降幅达92.43%，但相应硝态氮浓度和亚硝态氮浓度分别增加10.24mg/L和0.28mg/L，仅占氨氮浓度降低量的44.79%；由图4-40分析可知实际污染地下水时MET沿程氨氮浓度平均降幅达75.73%，相应硝态氮浓度和亚硝态氮浓度分别增加6.89mg/L和0.22mg/L，占氨氮浓度降低量的79.76%；分析表明MET在利用沸石吸附氨氮的同时发生了硝化作用，氨氮转化为亚硝态氮，然后进一步转化为硝态氮，实现氨氮的生物去除。模拟污染地下水时MET对氨氮的去除效果要好与实际污染地下水时MET对氨氮的去除效果，分析其原因是进水氨氮浓度差异造成的，进一步表明进水氨氮浓度对MET去除氨氮有较大影响。在图4-40中沿程60～90cm（修复区沸石与陶粒的过渡段）处总氮浓度出现低谷，其原因可能是微生物附着载体不同[30]。

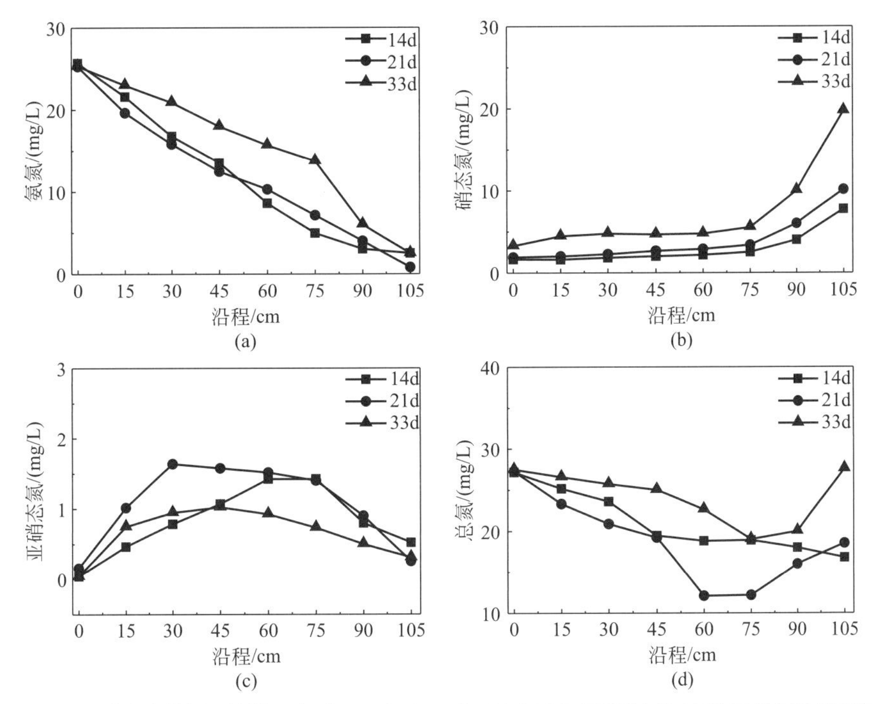

图4-39　进水为模拟污染地下水时MET运行14d、21d及33d时沿程“三氮”及总氮浓度变化

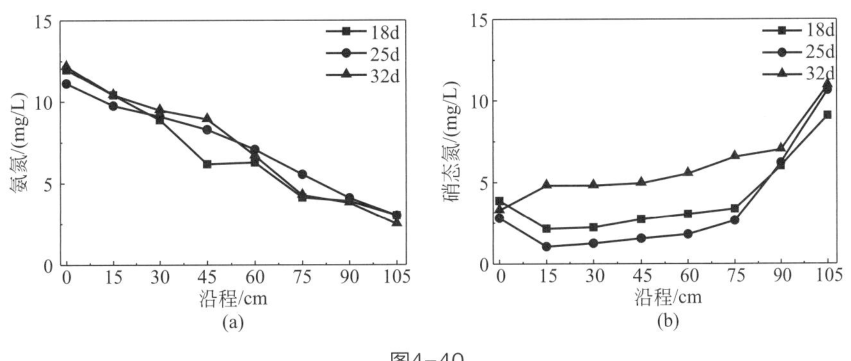

图4-40

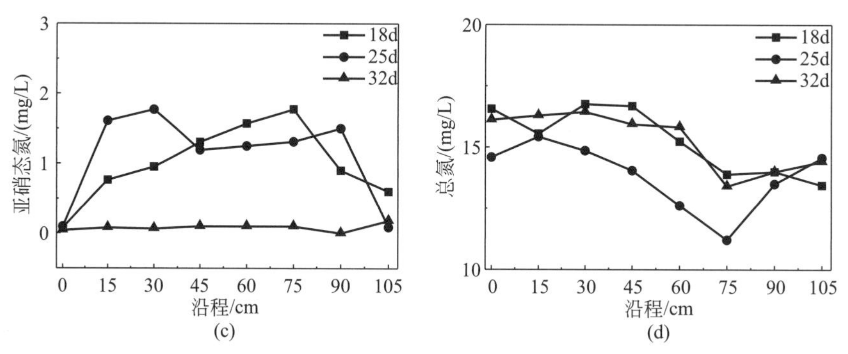

图4-40 进水为实际污染地下水时MET运行18d、25d及32d时沿程“三氮”及总氮浓度变化

2）沿程DO及ORP变化 通过模拟污染地下水时MET沿程DO变化可以看到，地下水体DO逐渐降低，但由于沸石物理吸附氨氮的过程中并不会消耗氧气，因此DO值的降低表明MET中存在微生物耗氧作用，结合图4-41和图4-42硝态氮和亚硝态氮的增加情况可进一步确认，MET中好氧微生物为硝酸菌和亚硝酸菌等可进行硝化作用的菌群。

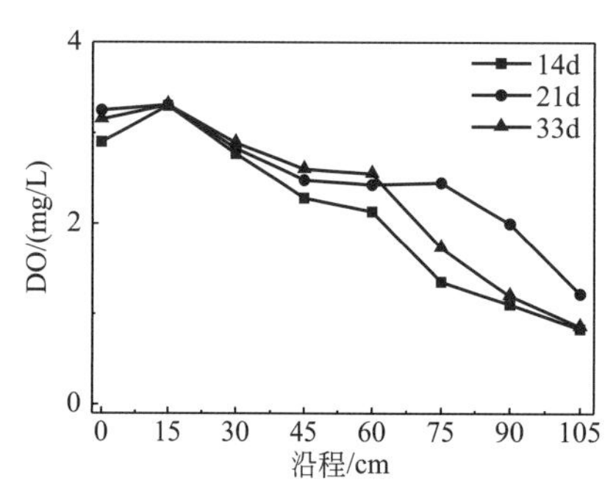

图4-41 进水为模拟污染地下水时MET运行14d、21d及33d时沿程DO浓度的变化

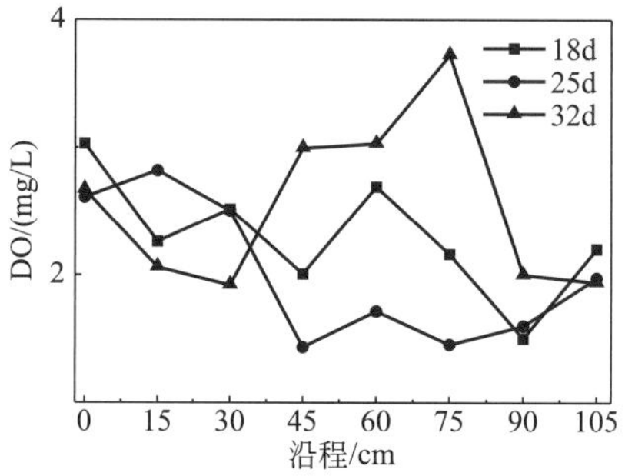

图4-42 进水为实际污染地下水时MET运行18d、25d及32d时沿程DO浓度的变化

由于微生物硝化作用去除1mg氨氮会消耗约4.57mg的DO，因此，模拟污染地下水MET运行期间，水体DO在经过修复区后有明显降低。一般天然地下水环境DO<3mg/L，微生物硝化作用难以达到最大，因此MET设计利用自然风力为修复区补充DO，以促进硝酸菌降解氨氮活动。由图4-43可知，MET通气设施能够为体系补充1mg/L以上的DO。在

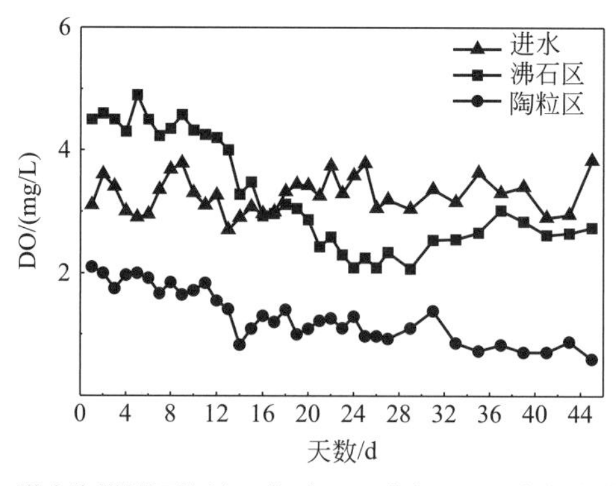

图4-43 进水为模拟污染地下水时MET修复区DO浓度随时间的变化

运行15d后，修复区水体DO降低至3mg/L左右，并持续低于进水DO（2.9～3.83mg/L），原因是微生物硝化作用强度增加，导致DO消耗速率大于通气设施补充DO的速率。在运行27d后，随着营养物质消耗殆尽，影响了微生物正常代谢繁殖，体系硝化作用强度下降，导致沸石区出水水体DO开始上升。

MET小试实验装置是一个微生物硝化处理系统，尺度较小，ORP的值易受微生物还原性代谢产物的影响，因此沿程DO值降低的同时ORP值也持续降低（图4-44、图4-45），进一步说明MET中存在微生物硝化作用。

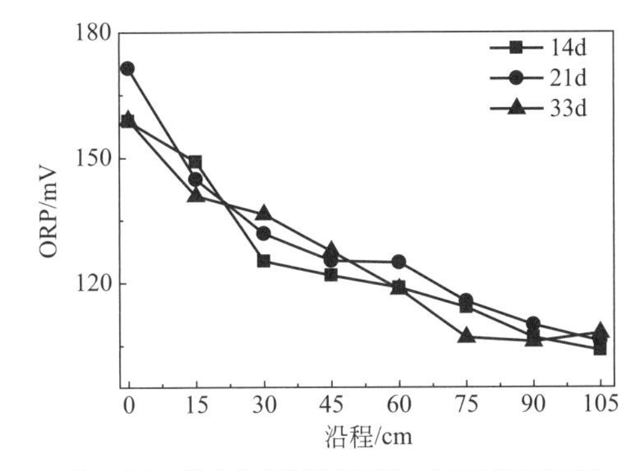

图4-44 进水为模拟污染地下水时MET运行14d、21d及33d时沿程ORP的变化

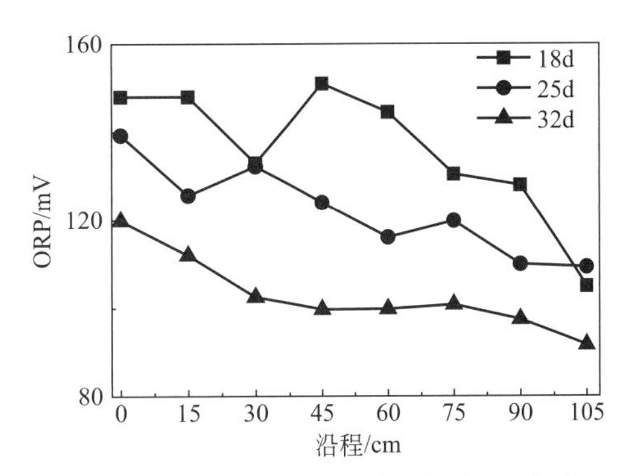

图4-45 进水为实际污染地下水时MET运行18d、25d及32d时沿程ORP的变化

3）沿程pH值及电导率变化　微生物硝化作用会受环境pH值影响，但其产物会也对水体pH值产生影响。

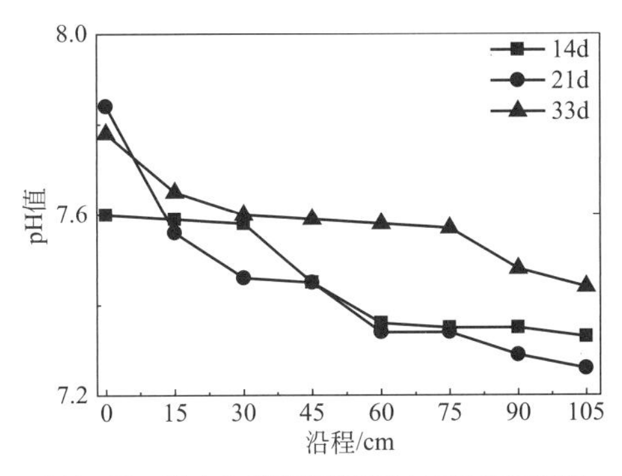

图4-46 进水为模拟污染地下水时MET运行14d、21d及33d时沿程pH值的变化

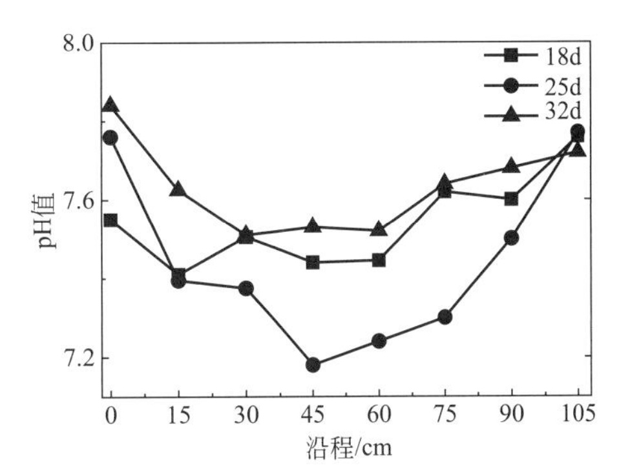

图4-47 进水为实际污染地下水时MET运行18d、25d及32d时沿程pH值的变化

如图4-46所示，模拟污染地下水MET沿程pH值呈现持续下降的趋势。分析认为是微生物硝化作用过程中释放的氢离子，导致体系pH值的降低。其中第21天时氨氮去除率要高于14d和33d，因此pH值相对于14d和33d时降得更低。图4-48中实际污染地下水MET沿程pH值呈现先下降后上升的趋势。其中第25d时氨氮去除率要高于18d和32d，因此pH值相对于18d和32d时，降得更低。

同样的，作为水体纯度的一个重要指标的电导率，其大小可反映水体含盐量的多少，含盐量越低，电导率越小。如图4-48和图4-49所示，MET沿程电导率均在后期呈现快速上升的趋势，与TN的变化趋势一致，从侧面说明在沿程60～90cm（修复区沸石与陶粒的过渡段）微生物附着载体发生了改变。

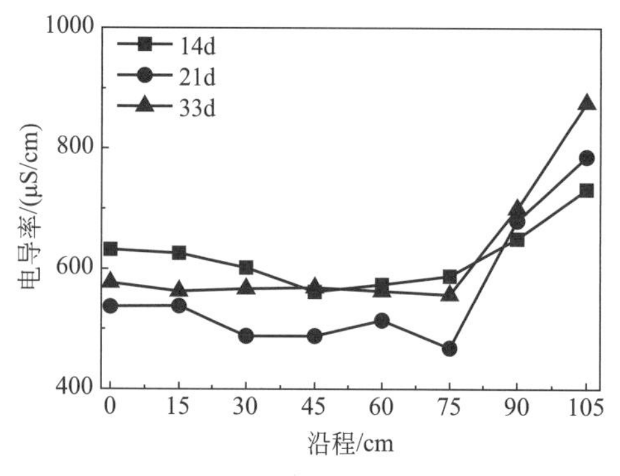

图4-48　进水为模拟污染地下水时MET运行14d、21d及33d时沿程电导率的变化

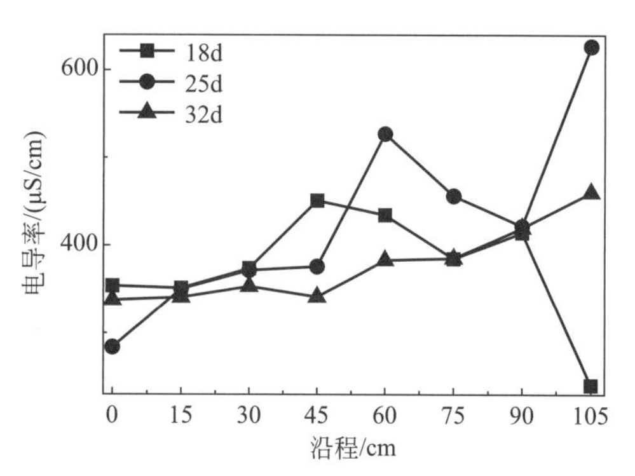

图4-49　进水为实际污染地下水时MET运行18d、25d及32d时沿程电导率的变化

综上所述，MET在利用沸石对氨氮吸附的基础上，与陶粒共同作为微生物生长的载体，通过通气设施向水体持续提供氧气，水体DO值增加1mg/L以上，保证了硝化细菌繁殖所需要的DO条件。MET可稳定高效去除地下水氨氮，模拟污染地下水总去除率在92%以上，实际污染地下水总去除率在72%以上。MET沿程氨氮浓度、DO浓度下降，亚硝态氮浓度和硝态氮浓度上升，ORP、pH值也有相应的下降，同样电导率有相应的上升。“三氮”、总氮、DO、ORP、pH值和电导率的变化，在验证微生物硝化作用存在的同时也进一步揭示了MET对去除氨氮的机理。

4.4.3.2　多级强化地下水污染修复技术中试示范

多级强化地下水污染修复技术（MET）中试示范工程建于某填埋场的东侧，距离填埋场边界约10m，具体位置如图4-50所示，实物图如图4-51所示。

图4-50　多级强化地下水污染修复技术（MET）中试示范工程位置图

（1）示范工程规模

本示范工程占地面积200m^2，修复设施主体占地占地面积60m^2，在线监测系统占地10m^2，其外设置的5眼地下水监测井占地约为130m^2，本中试示范工程日处理地下水120m^3。

图4-51 MET实物图

（2）示范工程运行效果

安装整套MET试验装备后，经运行调试后于2015年3月1日开始正式运行。示范工程开启4个MET梯形修复单元连续运行。系统运行之初，首先测定每个修复单元抽水井的初始水位，之后开启对应的潜水泵，并打开流量计，待其显示稳定后，将潜水泵调节至指定转速，维持进水流量稳定在25～30m^3/d。受污染地下水首先经由潜水泵先后通过抽水管、导水管以及布水管，通过布水管上的微孔（φ=3mm）进入一级填料区，经过填料区一定时间作用后，回渗至二级填料区，最后回流至地下水层。MET进水和出水水质由在线监测系统自动监测。

示范工程设置地下水污染修复效果监测井5眼，距离修复装置末端6m处等间距布设。第一排监测井共3眼，中间监测井位于整个修复装置中轴线的延长线上。距离第一排监测井下游6m处布设第二排监测井共2眼，2眼井监测间距与第一排监测井间距相等，在整个修复装置中轴线的延长线上对称分布。修复装置MET运行期间，第一个月每周取样一次，第二个月每半个月取样一次，从第三个月开始每个月取样一次。取样时间为上午9:00左右，每次取200mL，试验选择水温、pH值、DO、ORP、电导率、NH_4^+-N、TN、NO_3^--N、NO_2^--N等指标进行监测，水温用温度计测定，pH值、DO、ORP、电导率分别采用pH计、溶解氧仪、ORP计、电导仪现场测定。每个指标进行3个平行测定。

1）进出水常规指标分析　如图4-52所示为MET现场工程4#修复系统连续试运行42d时工程进出水DO、pH值、ORP、电导率随时间的变化。工程进水DO平均值为2.13mg/L，出水DO平均值为2.35mg/L，进出水DO平均值较为接近；进水电导率平均值为617μS/cm，出水电导率呈现先平稳小幅度下降，再快速上升的趋势；进水pH值较为稳定，其平均值为7.54，出水pH值呈现持续下降的态势，从7.98逐步降至7.29；进水ORP平均值为122.87mV，出水ORP呈现下降的趋势。通过分析整个实验过程可发现，初期仅存在沸石物理吸附氨氮过程，造成铵盐水解平衡左移，使修复区出水pH值高于进水pH值，同时硝化微生物活动基本为零，DO损耗极低，且在MET通气管作用下DO得到补充，造成出水ORP较高；中期，随着微生物生长繁殖，DO被大量消耗的同时还原性代谢产物产生，使出水pH值、ORP快速降低，但DO可通过MET通气管补充，DO降幅不大；后期，随着硝化反应与沸石吸附解吸达成平衡，出水DO、电导率基本稳定，出水pH值和ORP则稳定下降。

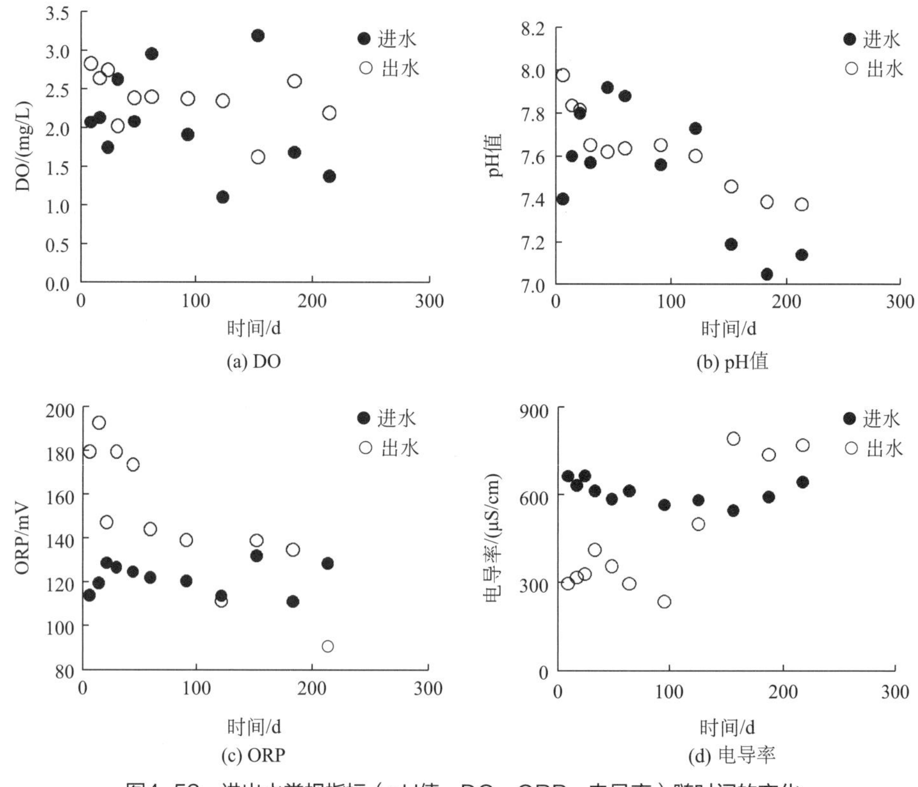

图4-52 进出水常规指标（pH值、DO、ORP、电导率）随时间的变化

2）进出水水质分析 如图4-53可知：氨氮的进水浓度在试验期间维持在3.06～3.52mg/L之间。连续进水运行214d，分析MET对氨氮去除率及进出水“三氮”浓度随时间的变化可以发现，MET在运行期间对氨氮一直具有很高的去除能力，呈现较为平稳的态势，平均去除率在99.48%。MET在运行期间对总氮的去除率呈现略微上升的态势，平均去除率在64.15%。由MET小试实验分析可知，MET在利用沸石吸附氨氮的同时，又作为硝化微生物生长的载体。因此MET运行前50d，出水亚硝态氮和硝态氮浓度出现了明显升高，随着硝化作用的稳定进行，出水硝态氮持续升高，亚硝态氮则快速回落。

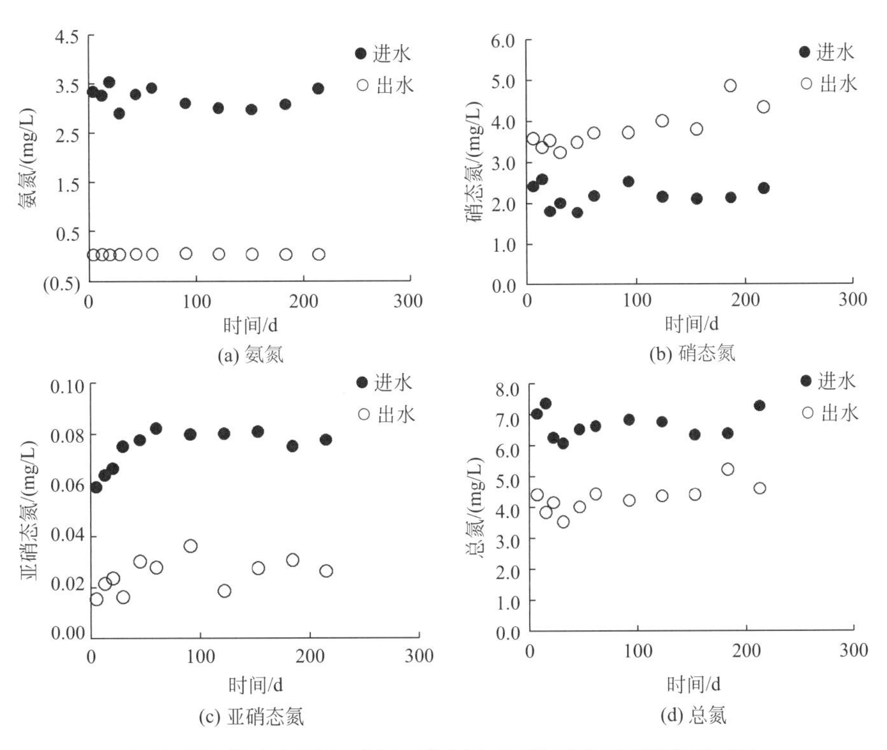

图4-53 进出水氨氮、总氮、硝态氮、亚硝态氮浓度随时间的变化

3）监测井地下水常规指标分析　如图4-54所示为MET现场工程修复系统连续运行214d，下游监测井地下水样品中DO、pH值、ORP、电导率随时间的变化。进水初始值DO值为2.75mg/L，两排监测井中DO平均值分别为2.36mg/L和2.25mg/L，与进水初始值DO相比有小幅降低；进水电导率初始值为649μS/cm，两排监测井中电导率值差异不明显，且均呈现先平稳小幅度下降，再快速上升的趋势；进水pH初始值为7.68，第二排监测井中pH值较第一排监测井pH值略低，但总体均保持在7～8之间，表明本系统运行对地下水pH值影响不大；进水ORP初始值为129.10mV，监测井中ORP先快速增加为170mV，随后呈现下降的趋势。

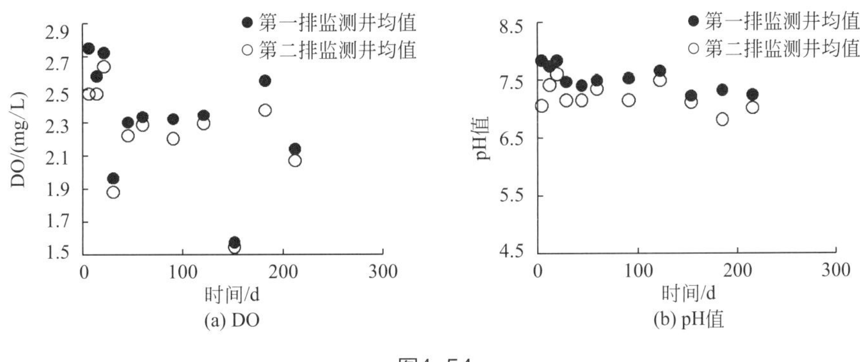

图4-54

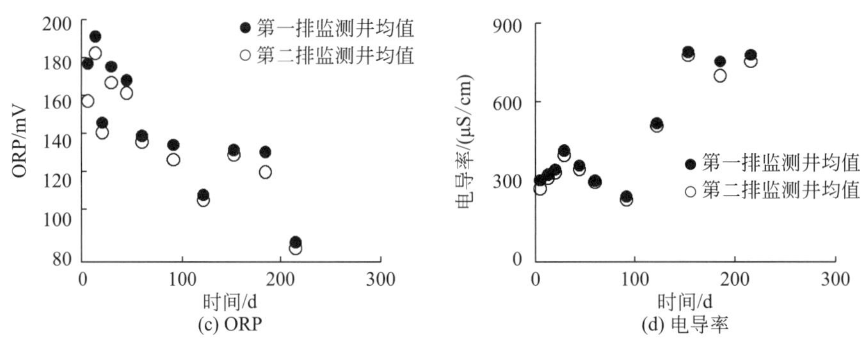

图4-54 监测井地下水常规指标（pH值、DO、ORP、电导率）随时间的变化

4）监测井地下水水质分析 氨氮的进水浓度为3.14mg/L，如图4-55可以看出，工程运行期间，两排监测井中氨氮浓度均维持在0.02mg/L左右，去除率达到99.36%，并且保持稳定。由于氨氮发生硝化反应，使得监测井中硝态氮的浓度较进水有所升高，但远远低于《地下水质量标准》（GB/T 14848—93）[1]三级标准。MET在运行期间，下游两排监测井中总氮的浓度分别为4.24mg/L和4.05mg/L，较进水浓度有所下降，去除率为40%左右。

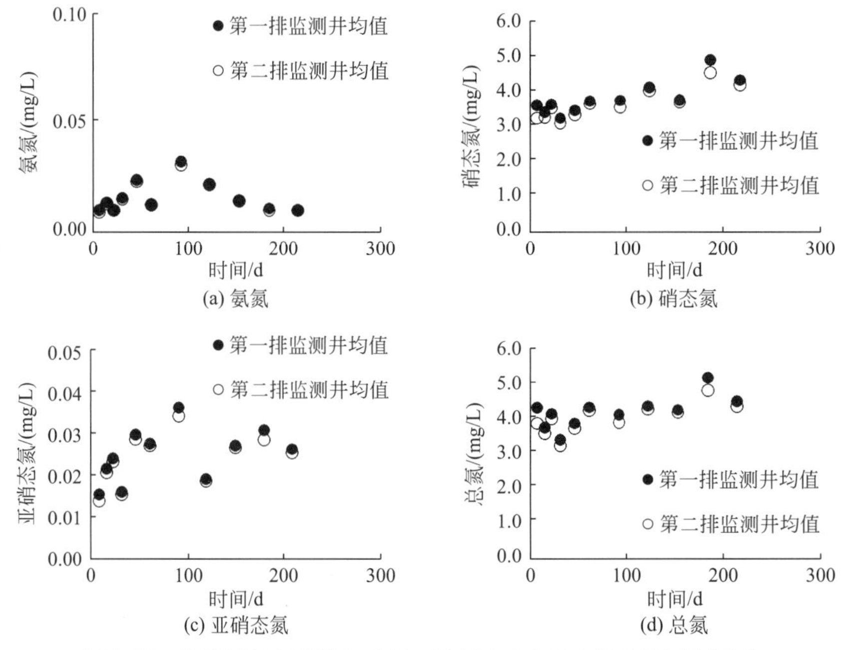

图4-55 监测井地下水氨氮、总氮、硝态氮、亚硝态氮浓度随时间的变化

（3）经济效益评估

利用多级强化地下水污染修复技术修复污染地下水的工程，其成本主要花在建井、布水系统布设、自动控制及监测、修复药剂及运行上。评价其经济性，主要考量的是修

[1] 现行版本为GB 14848—2017。

复单位体积地下水所需的成本，该技术中试示范工程日处理地下水120m³。

1）建井成本　建井成本又可细分为抽水井建立成本和监测井建立成本。本中试示范工程中建立抽水井4眼，井深为28m，监测井5眼，井深25m。建井造价计算方法如下式：

$$T_{建井}=plq \tag{4-17}$$

式中　$T_{建井}$——抽水井或监测井的建立总造价，元；

p——抽水井或监测井的建立单价，元/m；

l——抽水井或监测井的建井深度，m；

q——抽水井或监测井的建井数量。

抽水井的建立造价为500元/m（含井管及建井材料），监测井的建立造价为400元/m（含井管及建井材料），则根据上式计算，本工程所用抽水井的建立总造价为5.6万元，监测井的建立总造价为5.6万元，合计11.2万元。

2）布水系统布设成本　包括开挖土方、防渗层铺设以及布水管线布设，4个处理单元的布水系统布设成本共需约0.8万元。

3）自动控制及监测成本　本工程建立了抽水自动控制装置和地下水水质在线监测系统，共支出约5万元。

4）药剂成本　本工程在一级填料区填充沸石及氧化剂缓释材料，沸石填充量为20t，价格为500元/t，小计1.0万元；氧化剂缓释材料填充量为9t，价格为2000元/t，小计1.8万元；药剂共需2.8万元。

5）运行成本　本工程运行成本包括抽水泵及自动控制及监测系统的耗电量，4台抽水泵功率均为0.8kW，每天连续运行24h，每天的耗电量为76.8kW·h，每1kW·h电按照0.5元计算，共需电费38.4元/d，自动控制及在线监测系统按照每天耗电2kW·h计算，共需电费1元/d，合计39.4元/d。

按照该工程设计运行时间为5年，共处理水量为120m³/d×5×365d＝219000m³，修复单位体积地下水所需的成本＝（建井成本＋布水系统布设成本＋自动控制及监测成本＋药剂成本＋运行成本）/修复总水量＝（112000+8000+50000+28000+39.4×5×365）元/219000m³＝1.2元/m³。

4.4.4 案例分析——多级强化修复地下水中硝基苯污染

4.4.4.1 填充方式对铁/碳活化过硫酸盐缓释材料降解地下水中2,4-DNT的机制研究

块状过硫酸盐释放材料（PRM）是一种替代材料，因为质地较好的土壤不容易接

受过硫酸盐液体注射，因此开发了以水泥为缓释材料的PRM立方体，使其缓慢释放过硫酸盐离子[31]。本研究选取原生产加工企业附近土壤和地下水中常见的2,4-二硝基甲苯（2,4-DNT）作为目标污染物。在4种不同的填充方式下，分别用废铸铁（SI）、颗粒活性炭（GAC）和过硫酸盐缓释材料（PRM）填充4个柱子反应器。PRM+（SI/GAC）为FM-1，PRM+SI+GAC+GAC为FM-2，（SI/GAC）+PRM为FM-3, SI+GAC+PRM为FM-4。氧化预处理2,4-DNT（FM-1和FM-2）表示2,4-DNT先通过填充的填料层，然后依次通过填充的SI/GAC混合物层（FM-1）或填充的SI层和填充的GAC层（FM-2）。对2,4-DNT（FM-3和FM-4）的还原预处理表明，2,4-DNT首先通过填充SI/GAC混合物层（FM-3）或SI层（FM-4），然后再通过填充的PRM层。

因此，本研究的目的是研究2,4-DNT的氧化预处理和2,4-DNT的还原预处理的性能，比较和评价哪种预处理更适合去除2,4-DNT。采用液相色谱-质谱联用仪（LC-MS）对4个柱式反应器中2.4-DNT的中间产物进行了鉴定。提出了氧化预处理和还原预处理条件下2.4-DNT发生转化的可能机制。此外，还系统地分析了四柱反应器的pH值、氧化还原电位（ORP）、Fe^{2+}和$S_2O_8^{2-}$浓度等主要关键参数[32,33]。

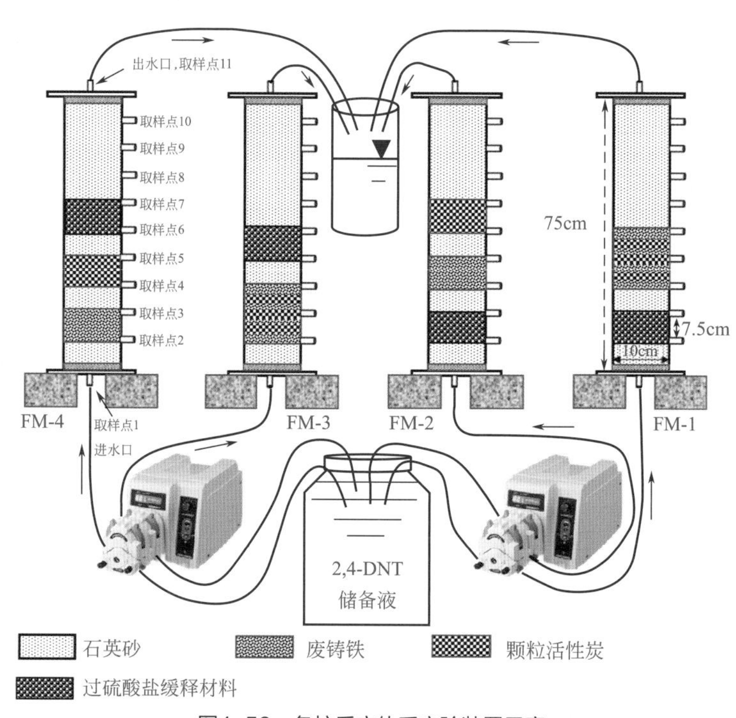

图4-56 各柱反应体系实验装置示意

ZVI、GAC、PRM四柱反应器在不同填充方式下模拟了2,4-DNT污染地下水的氧化预处理和还原预处理条件。每个有机玻璃柱的内径为10cm，长度为75cm。各反应柱上各有取样点（SP），距离进水口7.5cm、15cm、22.5cm、30cm、37.5cm、45cm、52.5cm、60cm、67.5cm。具体取样点（SP）如图4-56所示。图4-56给出了SI/GAC/PRM填充系统的示意图。第一填充模式柱（FM-1）由连续的PRM和SI/GAC混合物（4∶1）双层组成［PRM+（SI/GAC）］。第二填充模式柱（FM-2）是连续的PRM、SI、GAC三层（PRM+SI+GAC）相结合。第三填充模式柱（FM-3）由连续的SI/GAC混合物（4∶1）和PRM双层［（SI/GAC）+PRM］组成。第四填充模式柱（FM-4）由连续的SI、GAC和PRM三层（SI+GAC+PRM）组成。各柱体系参数详见表4-12。

方式一：10cm石英砂+10cm过硫酸盐缓释材料+10cm石英砂+20cm零价铁与活性炭混合物+10cm石英砂+15cm石英砂；

方式二：10cm石英砂+10cm过硫酸盐缓释材料+10cm石英砂+10cm零价铁+10cm石英砂+10cm活性炭+15cm石英砂；

方式三：10cm石英砂+20cm零价铁与活性炭混合物+10cm石英砂+10cm过硫酸盐缓释材料+10cm石英砂+15cm石英砂；

方式四：10cm石英砂+10cm零价铁+10cm石英砂+10cm活性炭+10cm石英砂+10cm过硫酸盐缓释材料+15cm石英砂。

表4-12　不同填充方式下各体系相关参数

编号	填充方式	装填PRM质量/g	装填ZVI质量/g	装填AC质量/g	装填总质量/g	孔隙度	空隙体积/mL	流速/(mL/min)
1#	方式一	631	50	12.5	8319	0.43	2512.07	3.46
2#	方式二	653	50	12.5	8454	0.49	2897.19	3.46
3#	方式三	647	50	12.5	8416	0.49	2881.1	3.46
4#	方式四	676	50	12.5	8615	0.45	2640.63	3.46

（1）不同填充方式下，pH值和ORP的变化

SI、GAC和PRM填充的4个柱式反应器在1PV❶、5PV、10PV和13PV不同填充模式下11个取样点（SP）的pH值变化如图4-57所示。可以看出，在SP2处，FM-1和FM-2的pH值从6.9急剧增加到约9，在SP3处增加到约11，在之后的采样点处pH值保持不变。然而，在SP6和SP7之前，FM-3和FM-4没有发现明显的变化。FM-3和FM-4的pH值从SP1处的约7逐渐增加到SP7和SP8处的约11，之后取样点的pH值保持不变。显然，4个柱式反应器中采样口的pH值（SP2在FM-1中，SP3在FM-2中，SP6在FM-3中，SP7在FM-4中）的变化主要是由于填充的PRM呈碱性[21]。而SP3填充SI/GAC混合物时，SP2、SP3和SP4的pH值变化不明显，SP2、SP3、SP4和SP5填充SI和GAC层时的pH值变化不明显。2,4-DNT原液先经过FM-3体系下的SI/GAC混合物层或FM-4体系下的ZVI层，导致还原反应和铁氧吸收腐蚀。因此，FM-3和FM-4体系的pH值增加。具有酸性和碱性含氧官能团的GAC表面可能导致pH值缓慢变化[34]。通过PRM层后，pH值迅速增加到约11。

与pH值的演变趋势相似，ORP值在13PV内从约+160mV急剧下降至约−40mV，如图4-58所示。在1PV、5PV、10PV和13PV四个柱式反应器中不同填充方式下的ORP值存在

❶ PV指溶液充满整个柱子空隙体积一次所需要的时间。

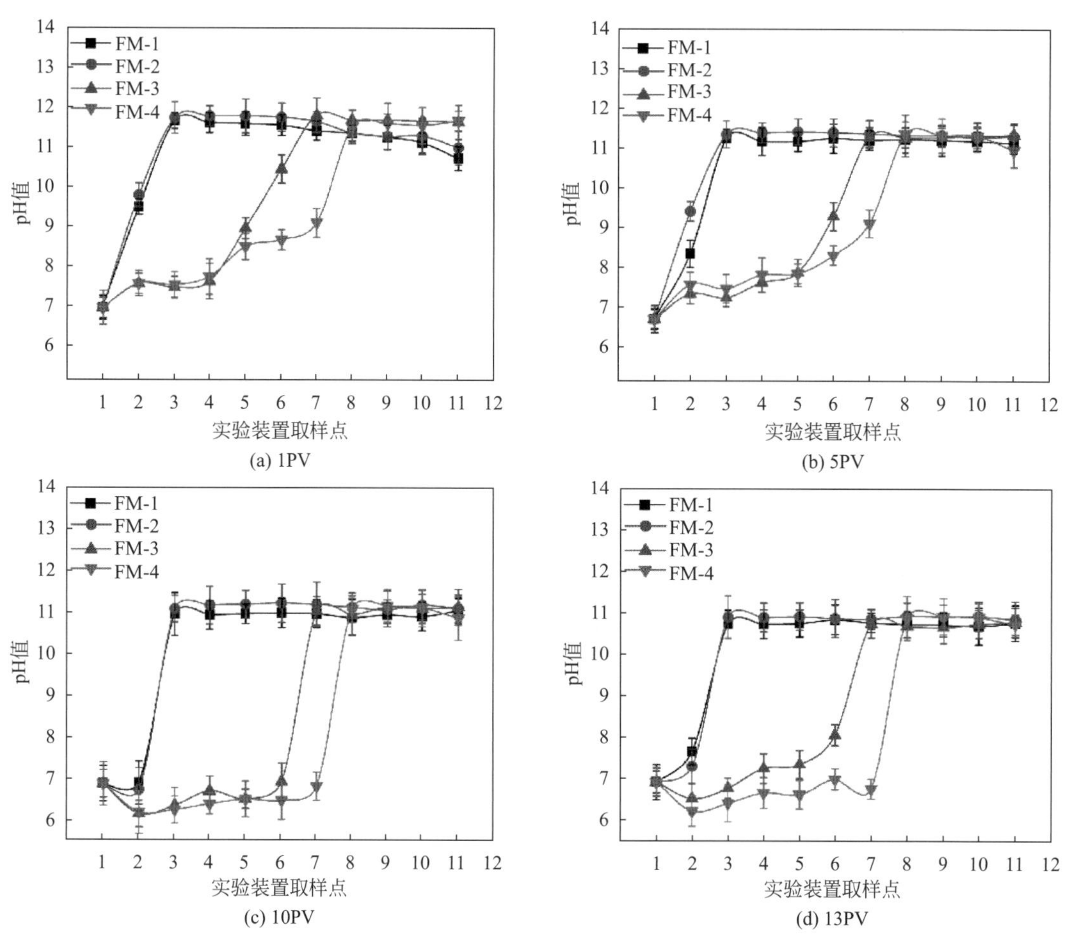

图4-57　SI、GAC和PRM填充柱反应器在不同填充方式下pH值的变化

（实验条件:流速3.46mL/min，FM-1中1PV＝2512mL；FM-2中1PV＝2897mL；FM-3中1PV＝2881mL；FM-4中1PV＝2640mL）

差异。很明显，ORP值从进水口至出水口沿柱不断下降。ORP值在FM-1和FM-2中急剧下降。这些归因于取样点2和取样点3的填充PRM。PRM中缓慢释放的过硫酸盐阴离子会与即将到来的2,4-DNT溶液发生部分反应，导致过硫酸盐阴离子浓度降低，FM-1和FM-2的ORP值急剧下降。在FM-3中，原始2,4-DNT溶液首先通过SI/GAC混合物，导致微电解产生氧化性物质和还原性物质[35]。随着2,4-DNT与氧化物质的反应，FM-3的ORP值逐渐下降。此外，在FM-4中，2,4-DNT溶液首先通过SI填充层，与2,4-DNT发生还原反应，使柱环境成为还原环境。通常，ORP主要由水相中的氧化剂/还原剂控制。因此，不同取样点下ORP值的不断下降进一步证实了过硫酸盐阴离子的消耗和沿柱的SI腐蚀。

（2）不同填充方式下，二价铁浓度变化

为了说明SI/GAC混合物或SI在不同填充方式下对PRM的活化效率，对4个柱式反应器中取样口Fe^{2+}和$S_2O_8^{2-}$浓度的变化进行了分析。从图4-59可以看出，FM-1、

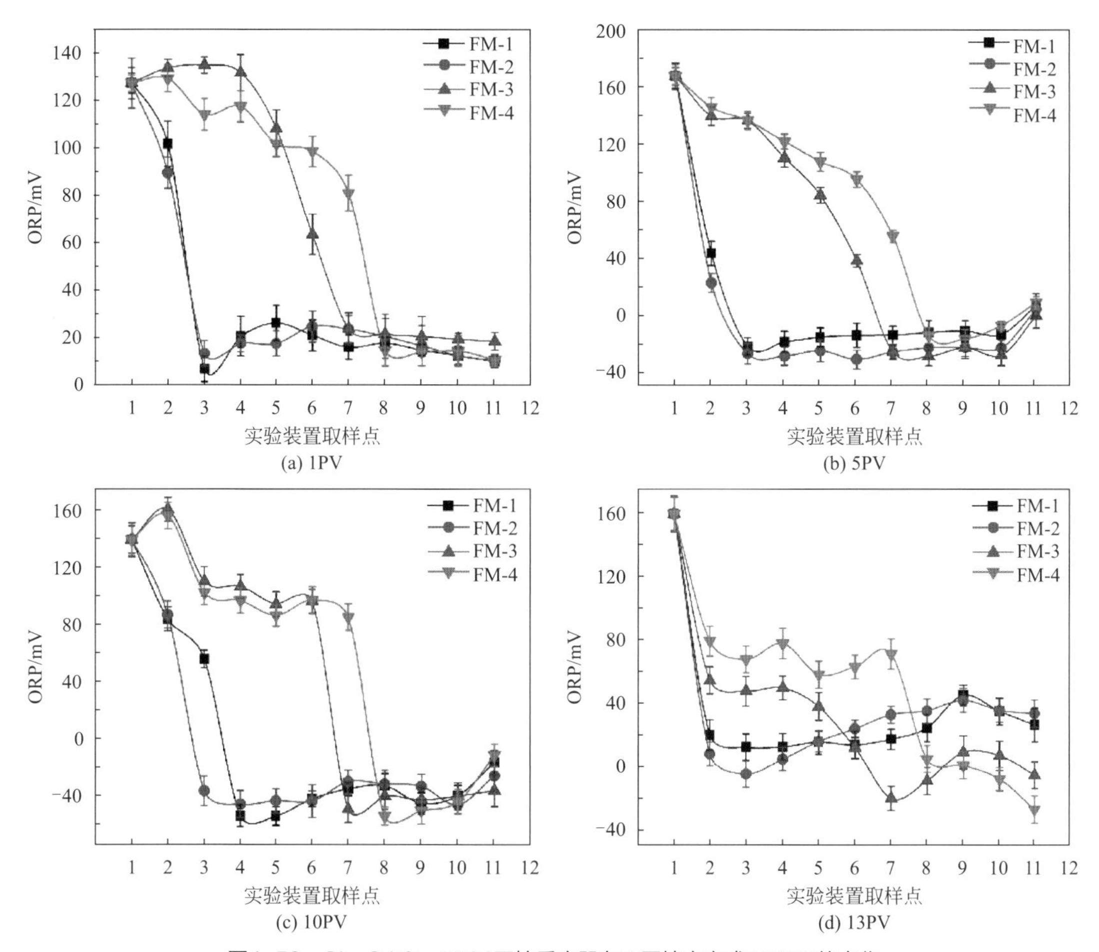

图4-58 SI、GAC、PRM四柱反应器在不同填充方式下ORP的变化

（实验条件:流速3.46mL/min；FM-1系统中1PV＝2512mL；FM-2系统中1PV＝2897mL；FM-3系统中1PV＝2881mL；FM-4系统中1PV＝2640mL）

FM-2、FM-3、FM-4取样点的Fe^{2+}浓度随运行时间的增大而显著变化。Fe^{2+}浓度在运行从1PV增加到5PV过程中持续升高，然后随着运行PV从5PV增加到13PV时显著降低。例如，在FM-1中，Fe^{2+}的最大浓度从1PV中SP5处的0.45mg/L增加到3PV中SP6处的0.68mg/L，再增加到5PV中的1.28mg/L。随后在7PV中SP6处降到0.52mg/L，到10PV中SP6处降到0.37mg/L，到13PV中SP5处降到0.28mg/L。同样，FM-2中5PV中SP5处的Fe^{2+}最大浓度为1.35mg/L，FM-3中5PV时SP3处的Fe^{2+}最大浓度为2.77mg/L，FM-4中5PV时中SP3处的Fe^{2+}最大浓度为1.75mg/L。在FM-1和FM-2中，2,4-DNT溶液首先通过PRM层，2,4-DNT被释放的$S_2O_8^{2-}$部分氧化。原始溶液pH值相当，同时增加到大约11，取样点3期间从1PV运行至13PV。在碱性环境中，铁表面的亚铁离子和羟基离子反应，沉淀的氢氧化亚铁在表面占领反应位点，这进一步阻碍了2,4-DNT和$S_2O_8^{2-}$的还原。这与Fe^0在反应开始时硝酸还原速度较快的研究结果一致[36]。这明显降低了FM-1和FM-2中Fe^{2+}的浓度。释放出的$S_2O_8^{2-}$通过FM-1的SI/GAC层和FM-2的

SI层。在FM-1和FM-2中，Fe^{2+}作为$S_2O_8^{2-}$的活化剂被消耗。然而，一些铁腐蚀产物如Fe^{2+}、$Fe(OH)^+$和$Fe(OH)_2$有很大的潜力来还原2,4-DNT和$S_2O_8^{2-}$[37]。尽管如此，在FM-3和FM-4中，2,4-DNT溶液在pH值约为7时首先通过SI/GAC混合物和SI。2,4-DNT溶液与SI或SI/GAC混合物发生还原反应生成Fe^{2+}，柱式反应器变为碱性环境。进入的溶液通过PRM层与Fe^{2+}作为激活剂消耗。在这里，FM-3和FM-4的pH值增加到11左右，产生氢氧化物沉淀。柱体系的碱性条件也可以激活过硫酸盐，进而降低过硫酸盐的浓度[38]。

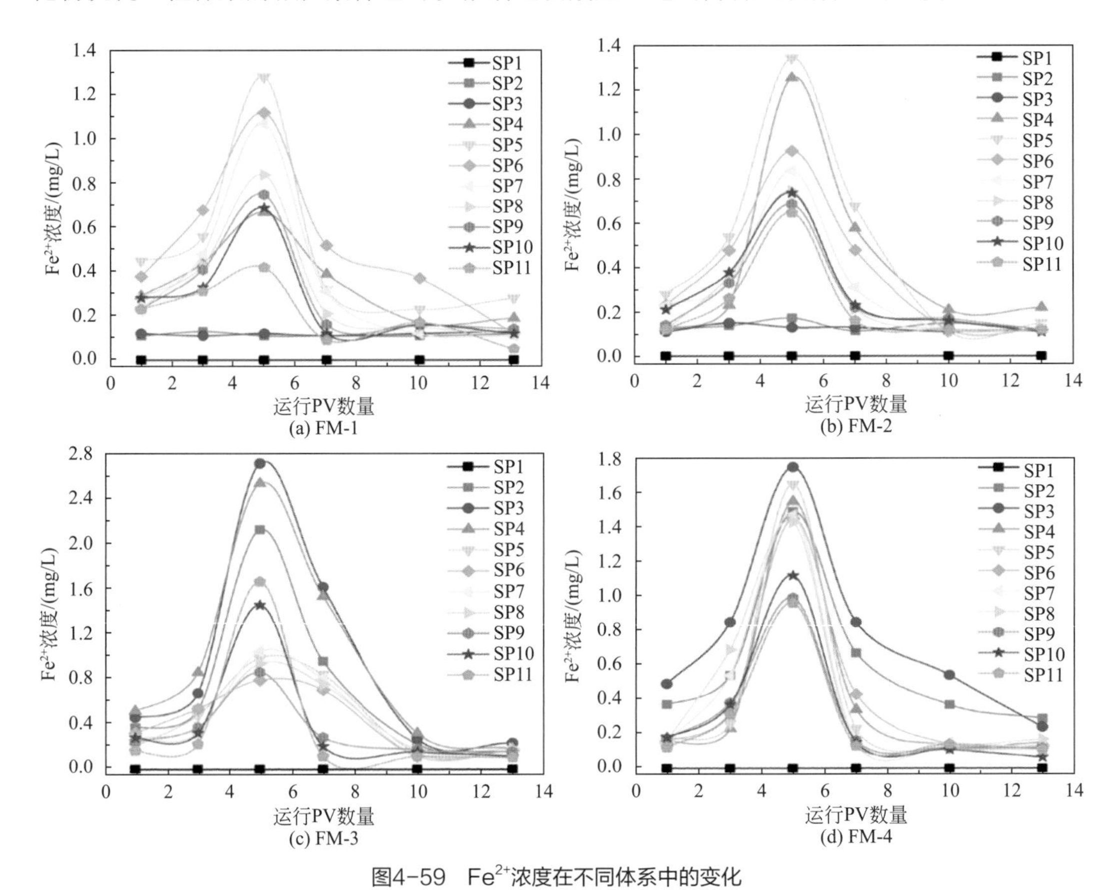

图4-59　Fe^{2+}浓度在不同体系中的变化

（实验条件：流速3.46mL/min；FM-1系统中1PV＝2512mL；FM-2系统中1PV＝2897mL；FM-3系统中1PV＝2881mL；FM-4系统中1PV＝2640mL）

从图4-60可以看出，不同填充方式下，4个柱式反应器中$S_2O_8^{2-}$浓度的变化随运行PV增大而明显减小，可以看出PRM层表现出明显的缓释性能。例如，$S_2O_8^{2-}$浓度在1PV时显著下降，FM-1从SP3处的688.9mg/L降低至SP11处的315.5mg/L，FM-2从SP3处的727.8mg/L降低至SP11处441.4mg/L，FM-3从SP6处578.8mg/L降低至SP11处423.4mg/L，FM-4从SP7处583.7mg/L降低至SP11处281.2mg/L。同样，在13PV时$S_2O_8^{2-}$浓度显著下降，FM-1从SP3处45.6mg/L降低至SP11处31.3mg/L，FM-2从SP3处54.3mg/L降低至SP11处33.8mg/L，FM-3从SP6处55.7mg/L降低至SP11处15.6mg/L，FM-4从SP7处75.6mg/L降低至SP11处33.4mg/L。在最近的文献中也发现了类似的

结果[31]。在FM-1和FM-2中，2,4-DNT溶液首先通过PRM层，释放出的$S_2O_8^{2-}$与2,4-DNT发生部分反应。然后溶液分别流过FM-1和FM-2的SI/GAC层和SI层。在FM-1中，SI/GAC层发生微电解，形成一个原电池，这进一步促进了$S_2O_8^{2-}$的还原。在微电流的作用下，铁电化学腐蚀的电子转移能力增强。微电解厌氧条件下产生活性氢［H］和Fe^{2+}，可能会大大提高过硫酸盐的活化[39]。FM-2中的铁层很容易被2,4-DNT和$S_2O_8^{2-}$氧化为亚铁。

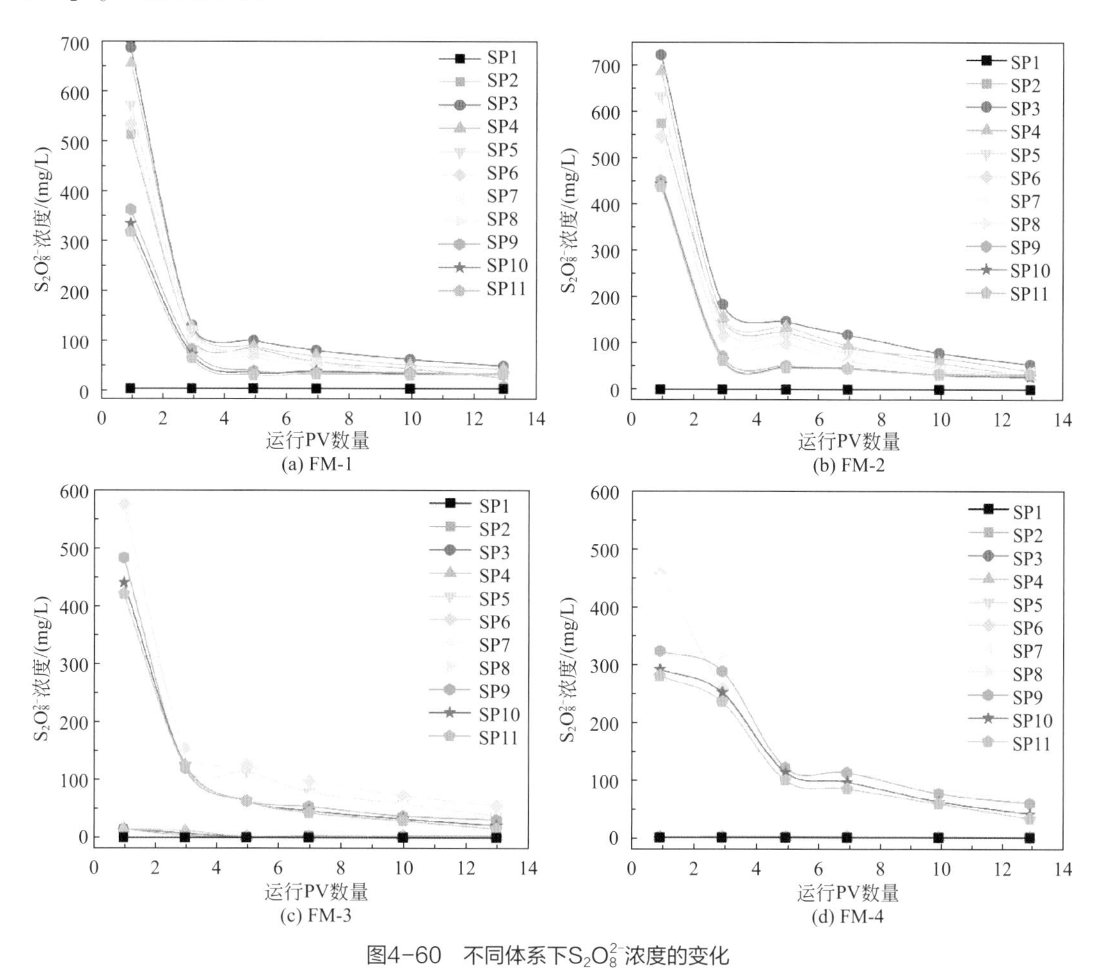

图4-60　不同体系下$S_2O_8^{2-}$浓度的变化

（实验条件：流速3.46mL/min；FM-1系统中1PV＝2512mL；FM-2系统中1PV＝2897mL；FM-3系统中1PV＝2881mL；FM-4系统中1PV＝2640mL）

然而，在FM-3和FM-4中，2,4-DNT溶液首先分别流经SI/GAC混合物和SI填充层。这使得2,4-DNT硝基还原转化为2-氨基-4-硝基甲苯（2A4NT）和4-氨基-2-硝基甲苯（4A2NT）的亚硝基和羟胺中间体[40]。在微电解体系中，通过电化学氧化腐蚀强化了SI与2,4-DNT之间的电子转移，提高了2,4-DNT的降解效率。同时，这些过程产生了大量的Fe^{2+}。随后的溶液通过PRM层，进一步激活释放的$S_2O_8^{2-}$，导致$S_2O_8^{2-}$浓度明显降低。但是，FM-3和FM-4中的pH逐渐变为强碱性，生成的Fe^{2+}产生了氢氧化铁沉淀，可能没有完全转移到后续的过硫酸盐氧化剂中[41]。

(3)不同填充方式下2.4-DNT的去除效果

研究不同的充填模式对2,4-DNT在4个柱式反应器FM-1、FM-2、FM-3和FM-4中被降解的影响研究。图4-61显示了4个柱式反应器中2,4-DNT的去除效率和去除效果。一般来说，2,4-DNT的去除率随着PV的增大而降低。图4-61（a）显示，对于FM-1、FM-2、FM-3和FM-4系统，1PV的2,4-DNT清除率分别约为70%、81%、81%和75%。此外，4个柱式反应器的2,4-DNT去除效率与拟一阶动力学吻合良好（R^2>0.9）。相应的，图4-62（a）中测定的表观速率常数（k_{obs}）分别为0.11min^{-1}、0.15min^{-1}、0.15min^{-1}和0.11min^{-1}。5PV后，观察到清除2,4-DNT［见图4-61（b）］的去除率分别增加到大约79%、88%、93%和79%。相应的k_{obs}［见图4-62（b）］分别增加到0.14min^{-1}、0.19min^{-1}、0.18min^{-1}、0.13min^{-1}。因此，在5PV时，FM-3表现出更明显的下降，说明FM-3更有利于2,4-DNT的降解。FM-3体系对2,4-DNT降解效率提高，主要是由于在PRM层上游引入SI/GAC混合物，导致大量微观原电池的形成和活化过硫酸盐[41,42]。此外，2,4-DNT在铁碳微电解后首先通过SI/GAC层进行脱氨基或转化为氨基苯。这改进了2,4-DNT的可降解性[43]。

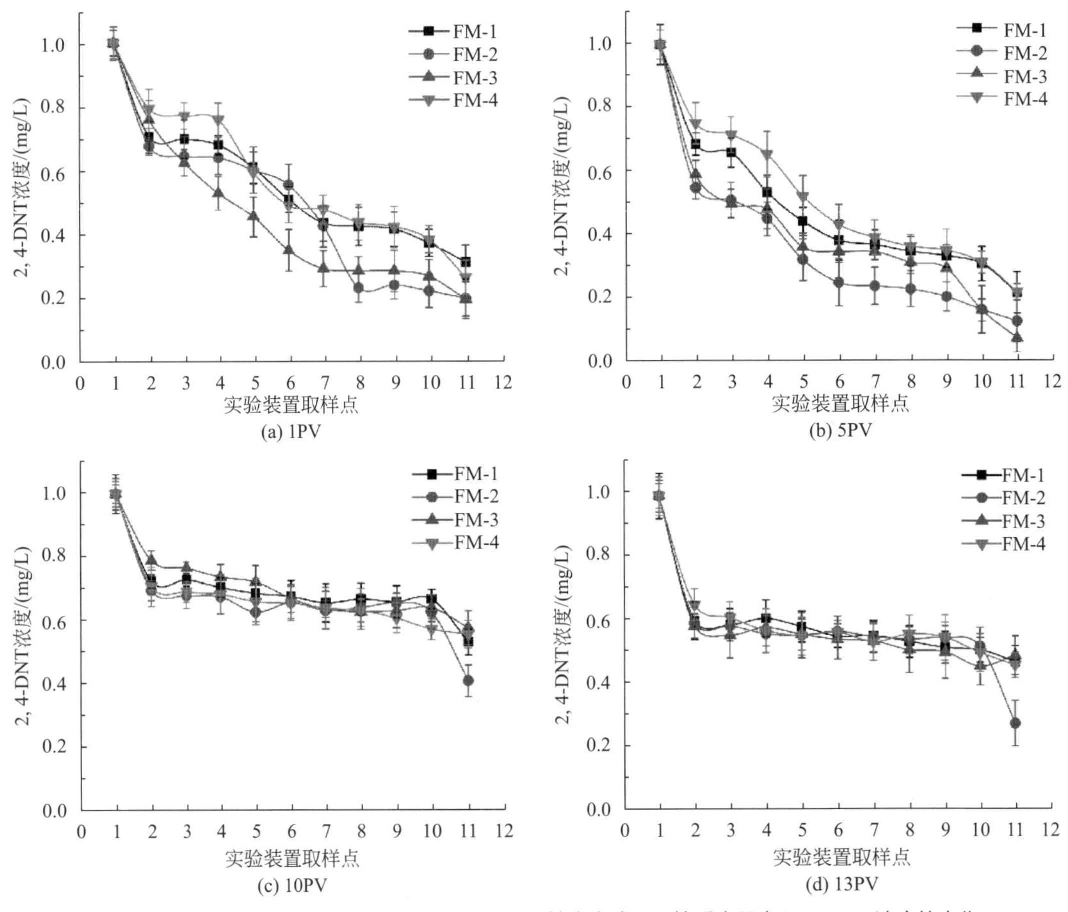

图4-61 运行不同周期，SI、GAC和PRM不同填充方式下四柱反应器中2,4-DNT浓度的变化

然而，10PV时的2,4-DNT去除率［见图4-61（c）］分别下降到大约47%、59%、43%和45%（分别为FM-1、FM-2、FM-3和FM-4）。k_{obs}［见图4-62（c）］分别降低为$0.06min^{-1}$、$0.07min^{-1}$、$0.06min^{-1}$和$0.06min^{-1}$。在13PV时，2,4-DNT去除率［见图4-61（d）］分别下降到大约48%、66%、46%和49%，分别为FM-1、FM-2、FM-3和FM-4。k_{obs}［见图4-62（c）］分别为$0.07min^{-1}$、$0.08min^{-1}$、$0.07min^{-1}$和$0.07min^{-1}$。结果表明，经过10PV后，FM-2的去除率仍然较高。这是由于微电解过程中形成的众多原电池的能力有限，且铁的腐蚀具有抑制作用[44]。钝化也大大降低了微电解的SI/GAC形成能力[45]。PRM中$S_2O_8^{2-}$的释放速率也明显降低，释放的$S_2O_8^{2-}$不能完全降解2,4-DNT。也可能是GAC对2,4-DNT有一定的吸附能力。4种填充方式下2,4-DNT的去除效果非常相似，但SI、GAC和PRM的填充方式在4个柱式反应器中存在显著差异。

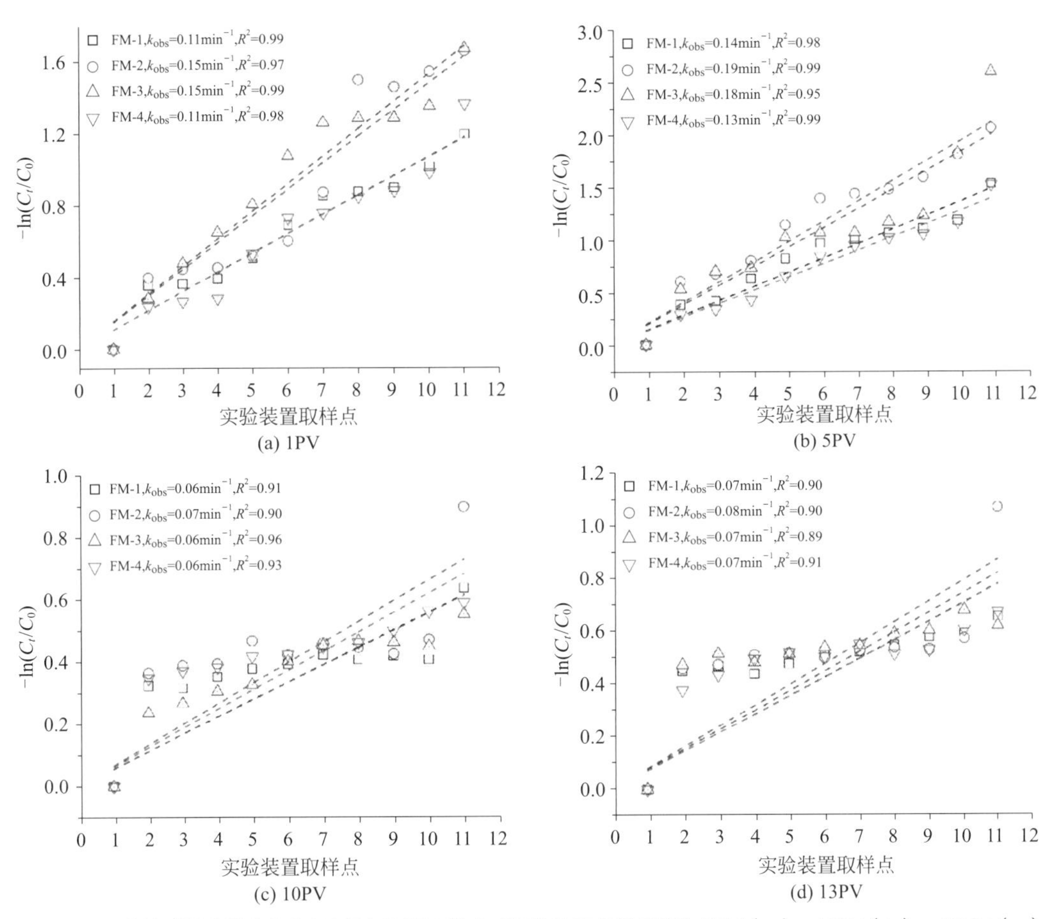

图4-62　四个柱式反应器中2,4-DNT在不同充注方式下的动态曲线分别为1PV（a）、5PV（b）、10PV（c）和13PV（d）

（4）2,4-DNT降解转化机制

进行了柱状试验，以评估应用SI/GAC/PRM屏障系统去除2,4-DNT的可行性和有效性。在本研究中，2,4-DNT分别经过氧化预处理（FM-1和FM-2）和还原预处理（FM-3

和FM-4）。特别是通过对四柱反应器的比较，分析了两种降解途径。

1）2,4-DNT的氧化预处理　第一列（FM-1）由PRM和SI/GAC混合物（4∶1）双层依次填充组成。2,4-DNT溶液首先经过PRM填充层作为预处理。2,4-DNT随后被PRM层释放的$S_2O_8^{2-}$部分氧化。从图4-63（a）和图4-64（a）可以看出，2,4-DNT的相对丰度明显较高，这表明当2,4-DNT溶液与释放的$S_2O_8^{2-}$单独存在时，痕量2,4-DNT被去除。显然，未完全降解的2,4-DNT仍然占据了溶液中的主要成分。因此，释放出的$S_2O_8^{2-}$、未反应的2,4-DNT和中间产物将在下一处理层结合。无论下一层是否填充SI或SI/GAC混合物，2,4-DNT的去除率均显著提高。如图4-63（b）和图4-64（b）所示，2,4-DNT的相对丰度明显降低，表明大部分2,4-DNT被转化为这些中间产物。这可能是因为SI或SI/GAC混合层可以激活释放出的$S_2O_8^{2-}$，通过产生活性氧自由基（HO•和SO_4^{-}•）进一步转化未反应的2,4-DNT和中间产物。

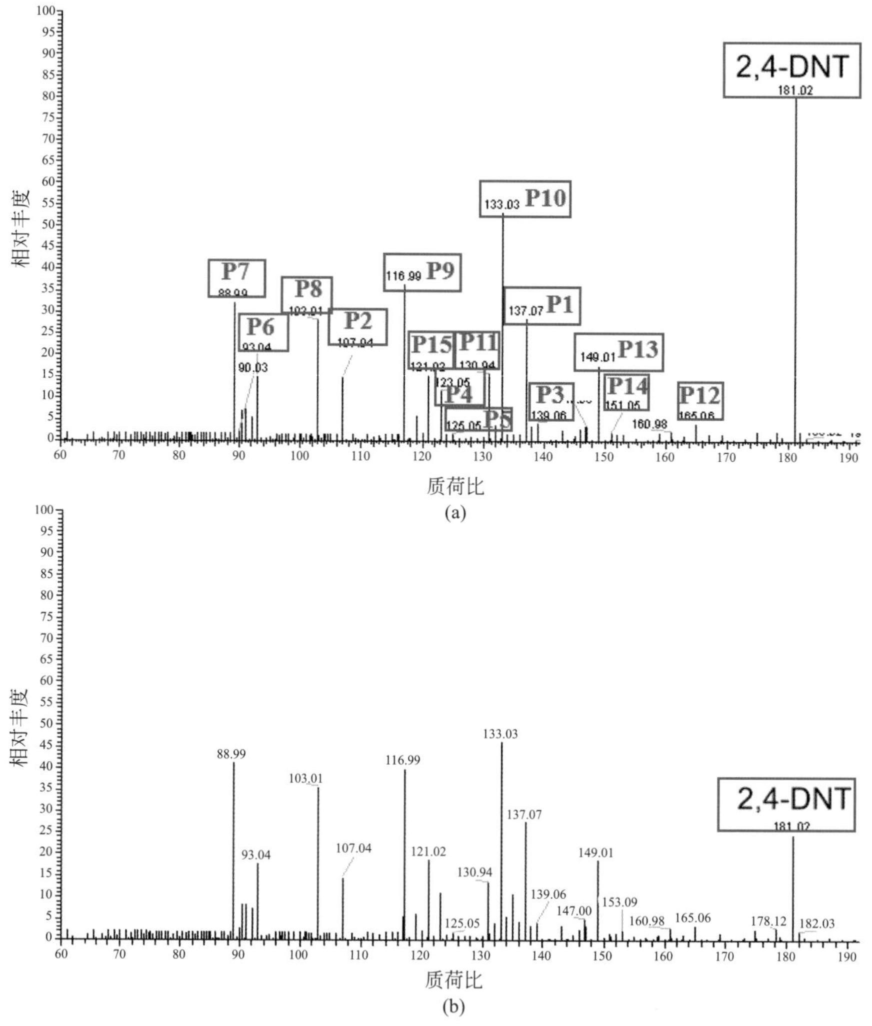

图4-63　全MS谱（*m/z* 60~190）:通过FM-1体系（a）中填充的PRM层和通过FM-1体系（b）中填充的SI/GAC混合层的水样

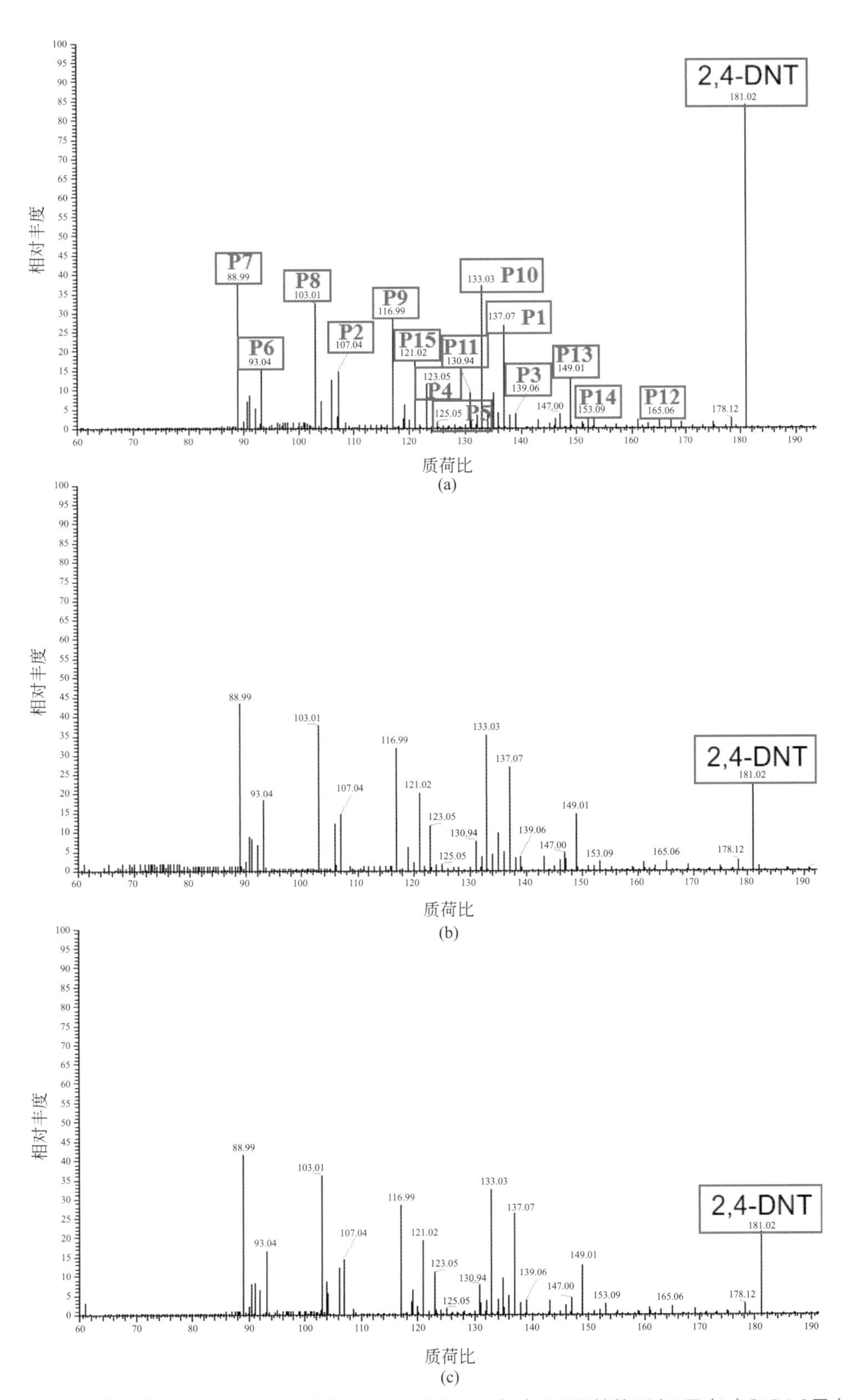

图4-64　完整的质谱（m/z60～190）：通过FM-2中PRM层（a）之后紧接着通过SI层（b）和GAC层（c）

在另一项研究中，加入MeOH和TBA作为自由基淬灭剂，以区分SI/GAC/PRM体系中生成的HO•和SO_4^-•的贡献。从图4-65可以看出，HO•和SO_4^-•是主要的活性氧种类。在FM-1和FM-2体系中，中间产物种类丰富，通过LC-MS检测这些中间产物的结构，即P1 ～ P15，15个中间化合物与峰值*m*/*z*137.07、*m*/*z*107.04、*m*/*z*139.06、*m*/*z*123.05、*m*/*z*125.05、*m*/*z*93.04、*m*/*z*88.99、*m*/*z*103.01、*m*/*z*116.99、*m*/*z*133.03、*m*/*z*130.94、*m*/*z*165.06、*m*/*z*149.01、*m*/*z*153.09和*m*/*z*121.05（图4-63和图4-64）。FM-1体系内降解中间体与FM-2体系内降解中间体是相同的。由于色谱柱分离性能差，残留浓度低，溶液中可能存在其他未检出的有机小分子。类似的结果可以在文献中找到[46-48]。

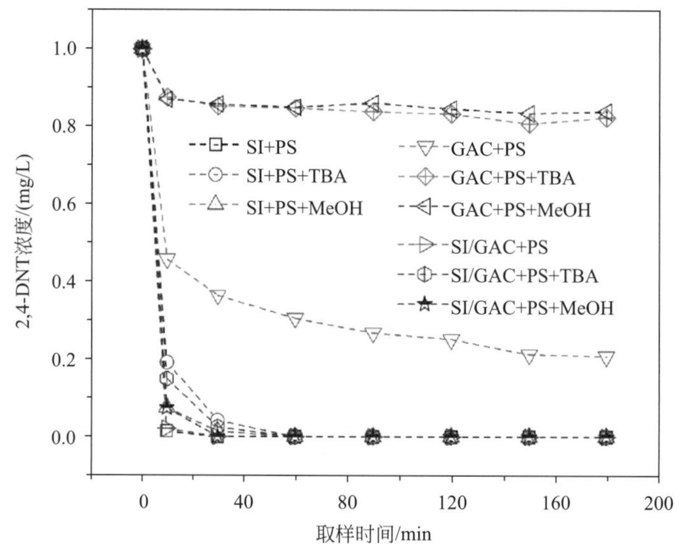

图4-65　自由基淬灭剂MeOH（0.1mol/L）和TBA（0.1mol/L）对SI+PS体系、GAC+PS体系和SI/GAC+PS体系2,4-DNT降解效率的影响

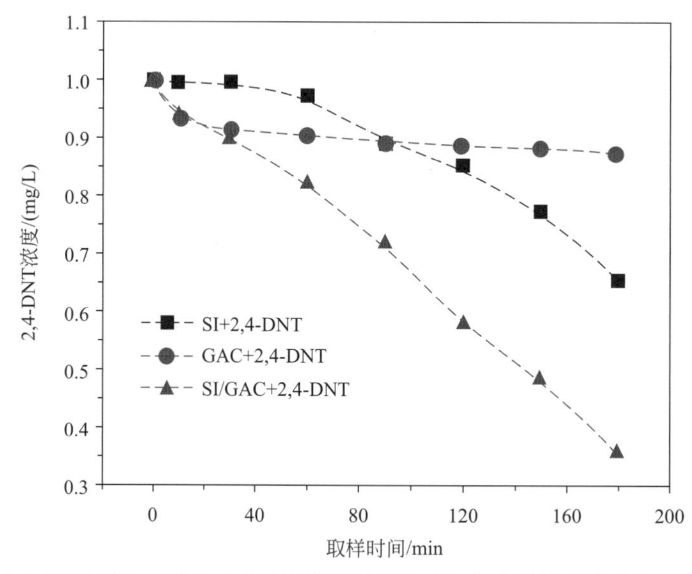

图4-66　SI+2,4-DNT系统、GAC+2,4-DNT系统和SI/GAC+2,4-DNT系统中2,4-DNT浓度的变化

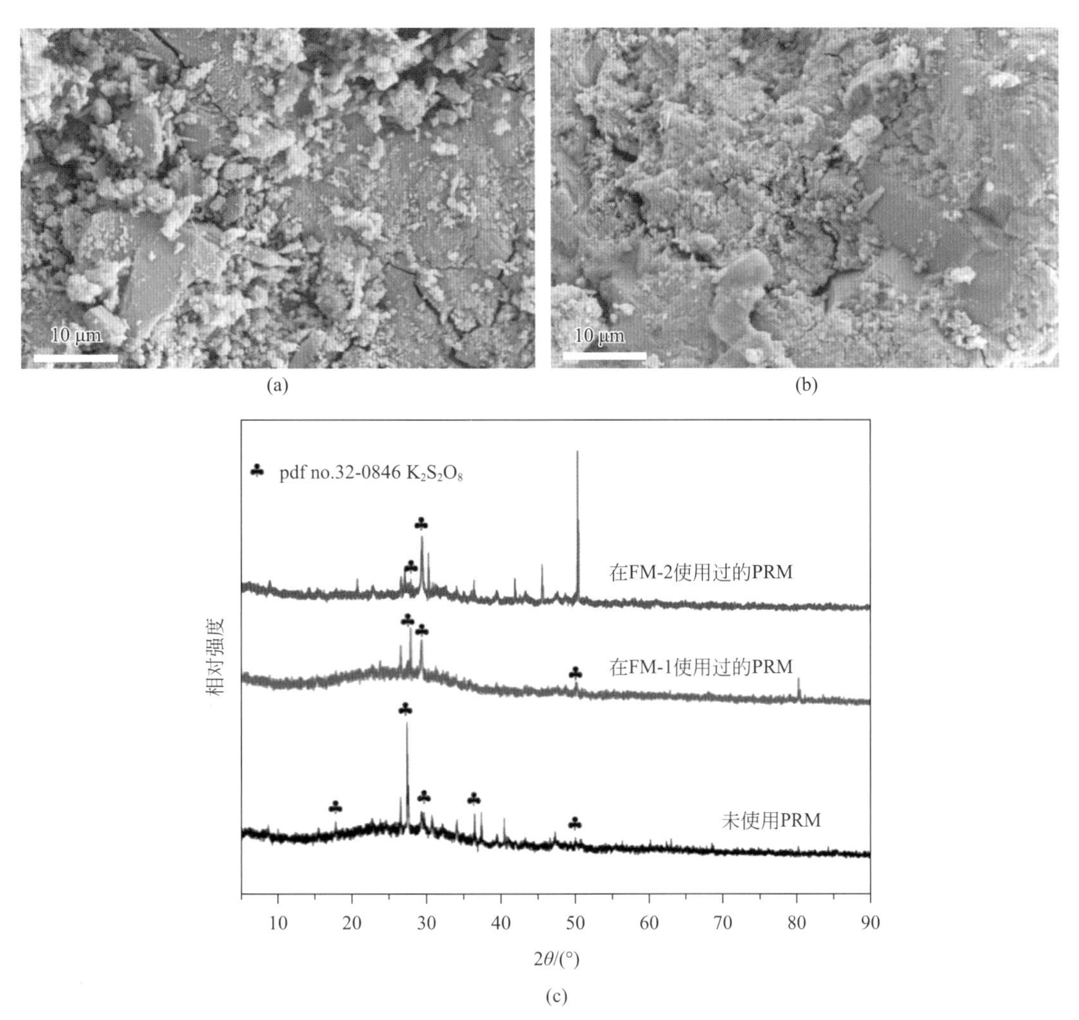

图4-67　通过2,4-DNT原液对使用过的PRM在FM-1（a）和FM-2（b）中的SEM图像和PRM前后的XRD（c）分析

在另一项研究中，研究了SI+2,4-DNT系统、GAC+2,4-DNT系统和SI/GAC+2,4-DNT系统中2,4-DNT浓度的变化（见图4-66）。GAC对2,4-DNT的去除率仅在10%左右，SI对其去除率在35%左右。分别用SEM和XRD对PRM经过2,4-DNT原液后的形貌和XRD分析进行了研究（见图4-67）。从图4-67（a）和图4-67（b）可以看出，PRM表面粗糙且有腐蚀性。XRD分析还发现，PRM（pdf no.32-0846）经过2,4-DNT原液后形成了弱晶体结构［见图4-67（c）］。结果表明，PRM与2,4-DNT之间发生了化学反应。

2）2,4-DNT的还原预处理　第三列（FM-3）由连续的SI/GAC混合物（4∶1）和PRM双层填充模式组成。2,4-DNT溶液首先通过SI/GAC混合层作为预处理，然后通过PRM层进行进一步处理。第四列（FM-4）包括一个连续的SI、GAC和PRM三层的填充模式。2,4-DNT先经过SI层预处理，然后依次经过GAC和PRM层处理。

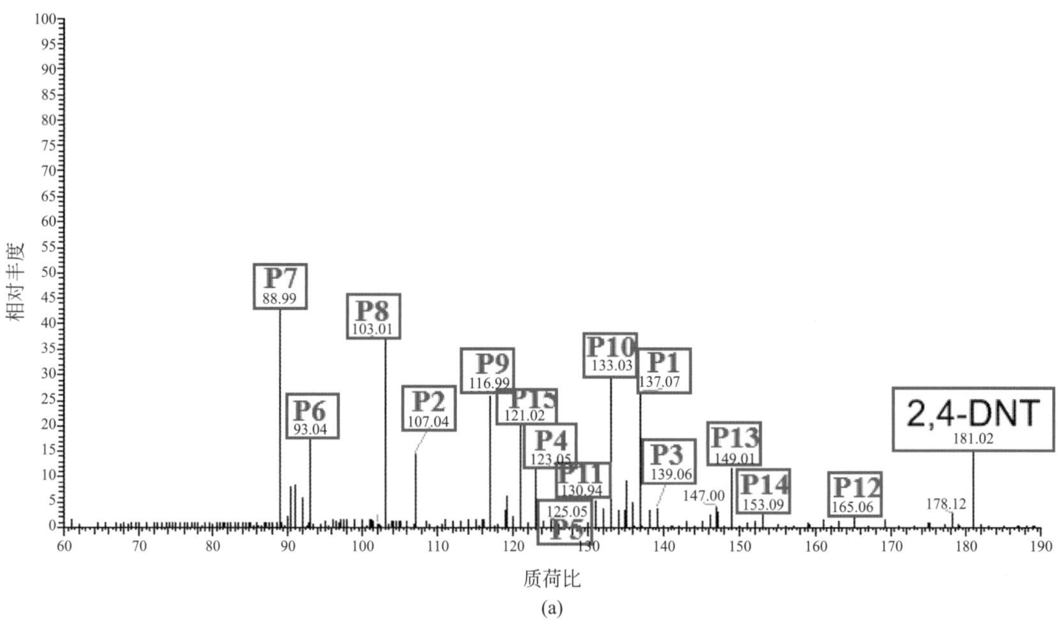

(a)

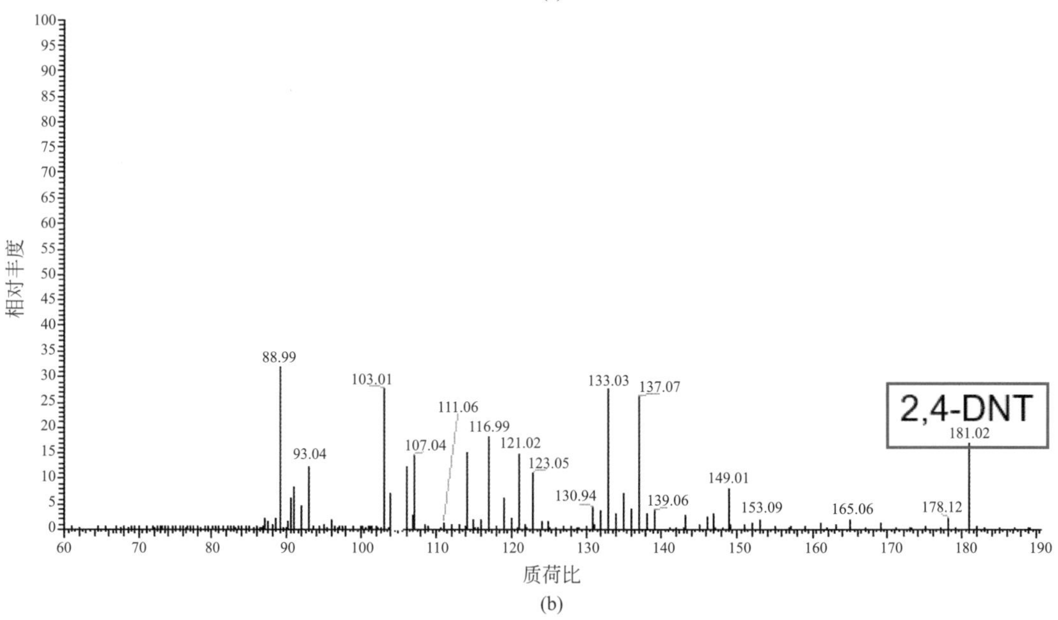

(b)

图4-68　全MS谱（*m*/*z* 60~190）：通过FM-3中填充的SI/GAC混合层（a）和通过FM-3中填充的PRM混合层（b）的水样

（实验条件:流速3.46mL/min, FM-3中1PV＝2881mL，运行5PV）

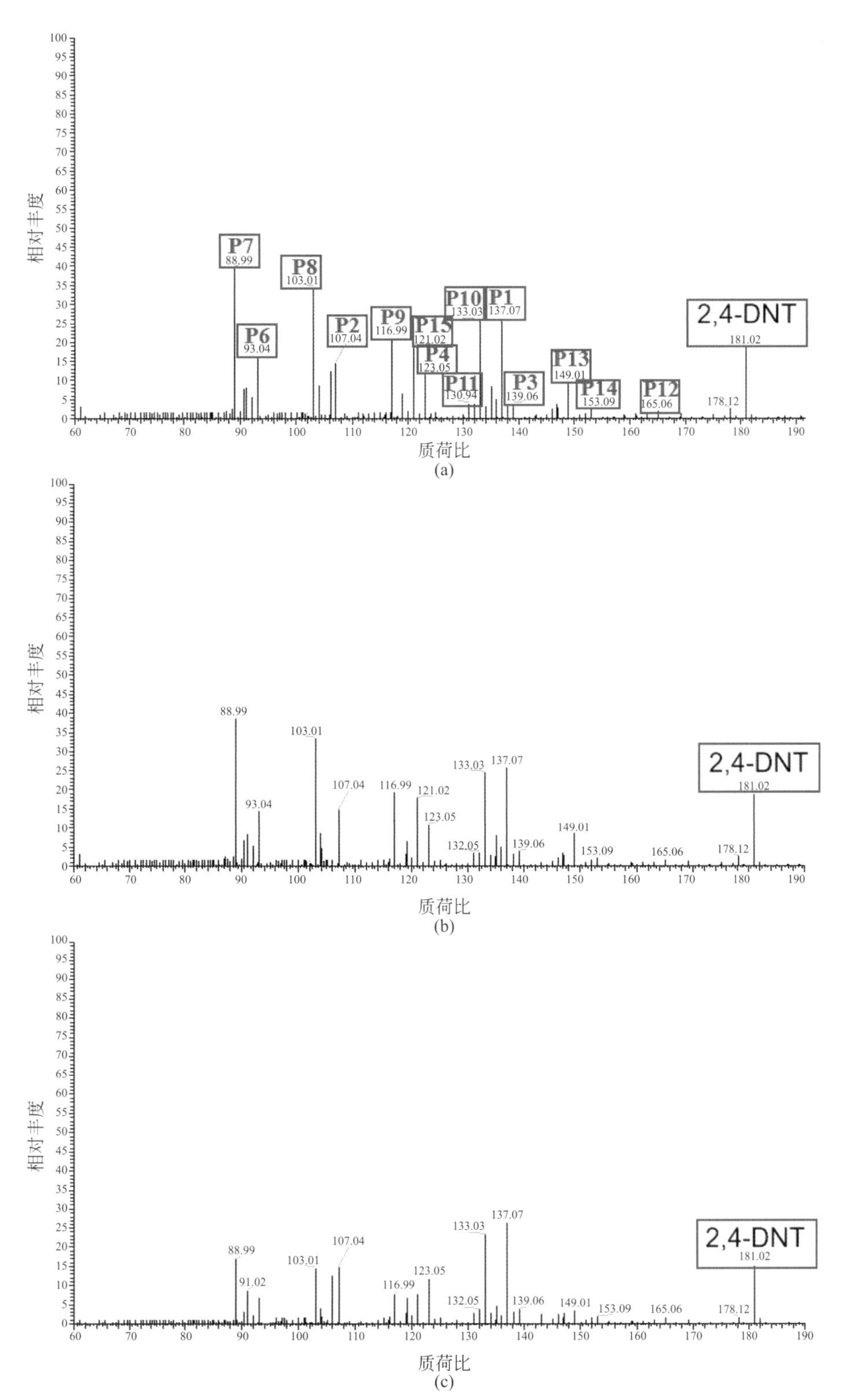

图4-69 全MS谱（*m/z* 60~190）：通过FM-4中填充的SI层（a），GAC层（b）和通过FM-3中填充的PRM层（c）的水样

（实验条件:流速3.46mL/min, FM-4中1PV＝2640mL，运行5PV）

2,4-DNT的预处理采用SI或SI/GAC混合物作为2,4-DNT的还原预处理，从而提高了其降解性，有利于后续催化活化过硫酸盐工艺。如图4-68（a）和图4-69（a）所示，2,4-DNT的相对丰度显著降低，说明2,4-DNT溶液首次通过SI或SI/GAC混合层时，大部分转化为这些中间产物。显然，这些中间产物占据了溶液中的主要成分。因此，释放的Fe^{2+}、未反应的2,4-DNT和这些中间产物将被结合在下一个处理层。这些研究表明，SI和SI/GAC混合物可以将2,4-DNT转化为中间产物。类似的结果可以在文献中找到[49, 50]。图4-69（a）中这些中间产物的相对丰度比图4-69（a）中的相对丰度强。SI/GAC混合物的2,4-DNT转化效率高于SI层。在另一项研究中，使用SI和SI/GAC混合物来还原2,4-DNT的实验（图4-68）。结果也证实了上述现象。通过SEM观察SI/GAC混合物和SI通过2,4-DNT原液后的形貌（图4-70）。从图4-70（a）可以看出，SI/GAC混合物的表面是多孔的，并附着块状的SI。在图4-70（b）中，SI经过2,4-DNT原液后的形貌呈针状结块。通过SI/GAC混合物，2,4-DNT很容易被还原为中间产物。XRD分析还发现，新鲜的SI（pdf no.06-0696）转变为磁铁矿（pdf no. 19-0629）具有弱晶体结构（见图4-71）。

在FM-3体系中，当下一层被PRM填充时2,4-DNT的转化效率进一步提高，各相对丰度显著降低［图4-68（b）］。而当下一层为FM-4体系的GAC层时，2,4-DNT的转化效率几乎没有变化，各相对丰度几乎没有变化［图4-69（b）］。这进一步说明了GAC的吸附能力可以忽略不计。下一步是在FM-4体系中通过PRM层，所有相对丰度都显著降低［图4-70（c）］。这说明在FM-4系统中，PRM层进一步提高了2,4-DNT的转换效率。这些研究还表明，SI和SI/GAC混合物中释放的亚铁可以有效地进入柱式反应器的下一层。用LC-MS检测了这些中间产物在FM-3和FM-4体系中的结构。相同的15个中间化合物的峰分别为*m*/*z*137.07、*m*/*z*107.04、*m*/*z*139.06、*m*/*z*123.05、*m*/*z*125.05、*m*/*z*93.04、*m*/*z*88.99、*m*/*z*103.01、*m*/*z*116.99、*m*/*z*133.03、*m*/*z*130.94、*m*/*z*165.06、*m*/*z*149.01、*m*/*z*153.09和*m*/*z*121.05（图4-68和图4-69）。此外，还研究了4个柱式反应器在5PV时TOC的变化（见图4-72）。从图4-72可以看出，FM-1、FM-2、FM-3和FM-4体系的TOC去除效率分别为22%、17%、30%和18%。在5PV时，四柱反应器中TOC有一小部分被还原。这表明，在四列反应器中大多数2,4-DNT被转化为这些中间产物。

图4-70 使用过的SI/GAC混合物（a）和SI（b）的SEM图像

（实验条件：流速3.46mL/min，FM-3中1PV＝2881mL，FM-4中1PV＝2640mL，运行5PV）

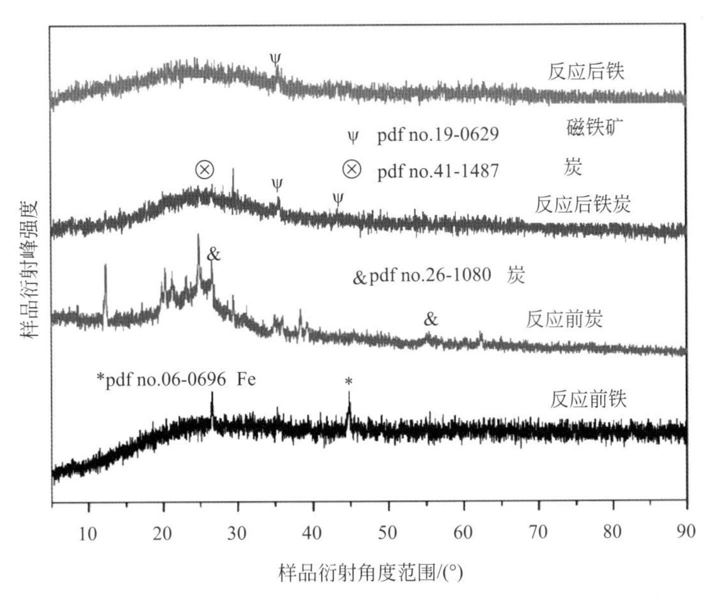

图4-71 反应前SI、反应前GAC、反应后的SI/GAC混合物和反应后的SI的XRD图像

（实验条件：流速3.46mL/min,1PV＝2881mL;1PV＝2640mL，在FM-4系统中，运行5PV）

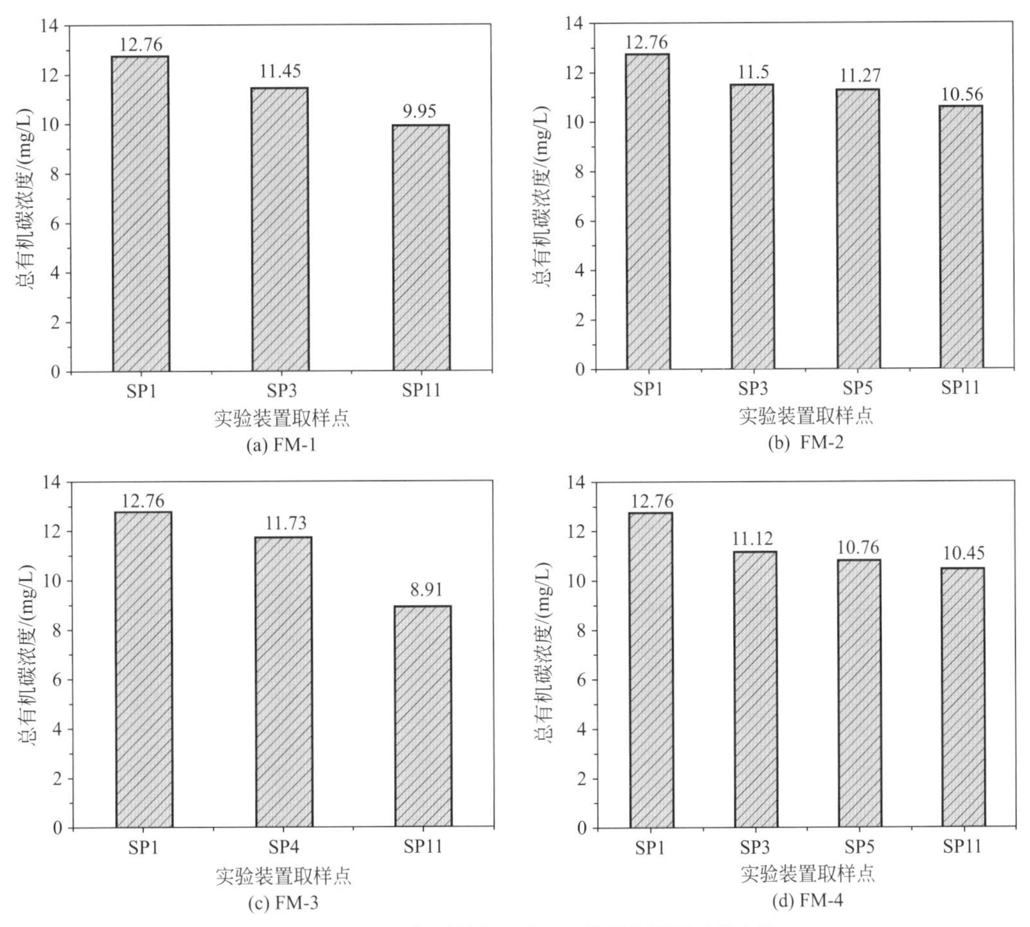

图4-72 5PV时4种填充方式下四柱反应器TOC的变化

基于这些结果，SI、GAC和PRM填充柱反应器中2,4-DNT在不同填充方式下可能的迁移路径如图4-73所示。研究结果表明，不同填方方式下硅、GAC、PRM的应用为2,4-DNT污染地下水的修复提供了一种可行、有效的替代方法，为其技术潜力提供了理论依据。

① 2,4-DNT的氧化预处理。在氧化预处理条件下，硝基（$—NO_2$）和甲基（$—CH_3$）对2,4-DNT的初始攻击导致硝基甲苯（$m/z=137.07$）、甲酚（$m/z=107.04$）、4-硝基儿茶酚（$m/z=139.06$）和苯酚（$m/z=93.04$）的形成[51]。亲电性•OH为优势活性物种，最初攻击缺电子芳香环，形成4-甲基儿茶酚（$m/z=123.05$）、苯三醇（$m/z=125.05$）、对羟基苯甲酸醌（$m/z=133.03$）和对醌（$m/z=130.94$）[52]。上述产物进一步羟基化，形成开环产物有机酸草酸（$m/z=88.99$）、丙二酸（$m/z=103.01$）、富马酸（$m/z=116.99$）[53]。

② 2,4-DNT的还原预处理。在还原预处理条件下，硝基（$—NO_2$）对2,4-DNT的初始攻击导致2,4-硝基甲苯（$m/z=165.06$）的形成。进一步还原生成2,4-羟基氨基甲苯（$m/z=153.09$），并转化为2,4-氨基硝基甲苯（$m/z=149.01$）[54]。几乎所有2,4-DNT都被转化，中间化合物最终被氢化为2,4-二氨基甲苯（$m/z=121.02$）。

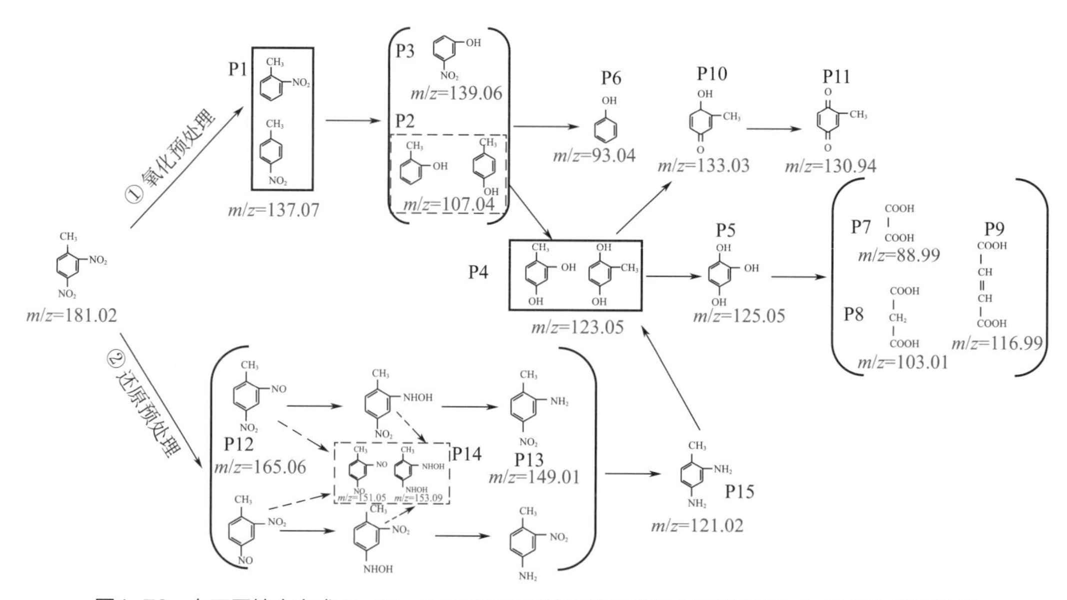

图4-73 在不同填充方式下，SI、GAC和PRM填充柱反应器中可能存在2,4-DNT的转换途径

4.4.4.2 多级强化原位地下水污染修复技术小试

图4-74所示为去除地下水难降解有机物的多级强化原位地下水污染修复技术小试装置。装置为有机玻璃材质，尺寸为1000mm×900mm×700mm。其中修复区由一级填料和二级填料串联组成，针对地下水难降解有机污染物去除，分别填充铁粉和过硫酸盐缓释材料。

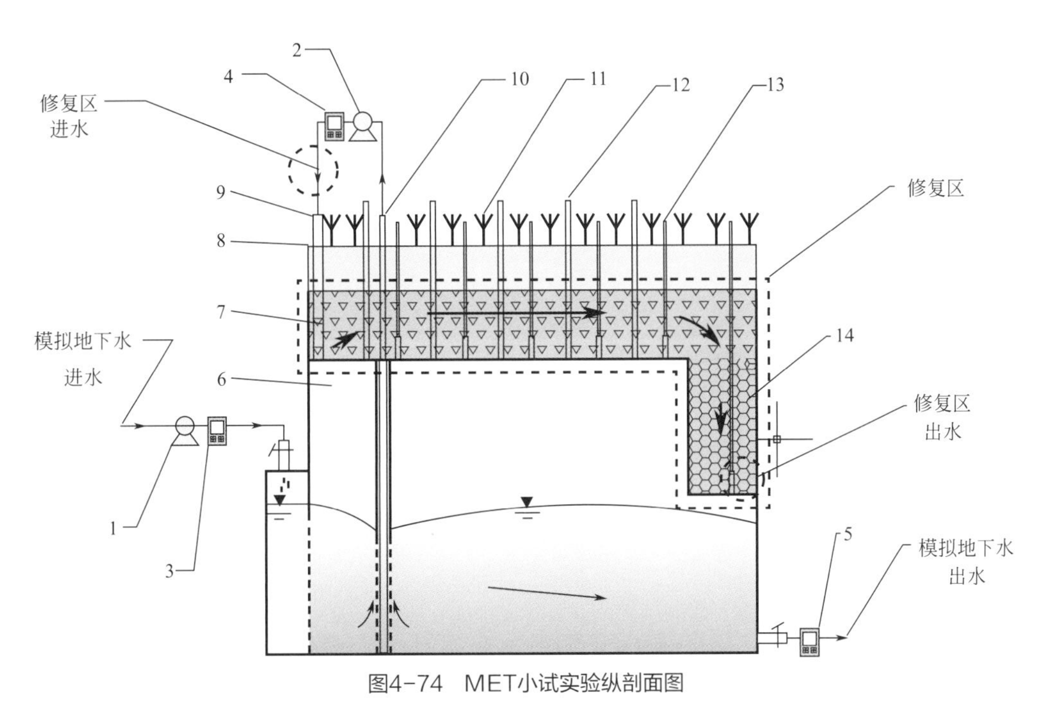

图4-74 MET小试实验纵剖面图

1，2—蠕动泵Ⅰ，Ⅱ；3～5—流量计Ⅰ～Ⅲ；6—模拟含水层；7—一级填料-铁粉；8—覆土层；9—布水管；10—抽水管；11—修复植物；12—导气管；13—取样管；14—二级填料-过硫酸盐缓释材料

多级强化原位地下水污染修复技术小试实验装置搭建完毕并运行后，通过蠕动泵Ⅰ将蓄水桶内污染地下水输送至模拟含水层，调节出水阀，使地下水流速稳定。开动蠕动泵Ⅱ，以一定水力负荷将模拟含水层污染地下水输送至布水管，透过布水管上的微孔（φ= 3mm）渗流至修复区铁粉部分。在地下水向下渗流的过程中，一部分有机物被植物根系吸收利用；另一部分有机物在铁粉作用下发生还原反应，同时生成Fe^{2+}，用于激活过硫酸盐。还原反应生成的还原产物、Fe^{2+}以及没有发生反应的原始有机物随地下水渗流至修复区的过硫酸盐缓释材料部分，在Fe^{2+}的激发作用下，由缓释材料释放出的过硫酸盐产生SO_4^-•（过硫酸根自由基）与有机物发生氧化反应，实现其矿化降解。至此，在修复反应区充分反应后的模拟污染地下水渗流回模拟含水层。

实验进水共分两个阶段，第一阶段进水为模拟污染地下水阶段，第二阶段进水为实际污染地下水阶段。实验运行后，调节出水阀，使地下水流速稳定在1.49m/d，并以14.68m^3/（m^2 • d）的水力负荷将模拟含水层污染地下水输送至布水管，之后每隔24h通过修复区进水口、修复区出水口和修复区取样管取样监测污染地下水处理前后及过程中的pH值、DO、ORP、电导率及目标有机物及其降解产物的变化情况。

（1）MET内一级填料区ZVI还原地下水中2,4-DNT长期运行效率分析

MET中一级填料区作为反应介质ZVI在将2,4-DNT还原为2,4-DAT的同时，自身被氧化为二价铁，之后产生的二价铁和2,4-DAT以及未完全反应2,4-DNT一起进入二级填料区——过硫酸盐缓释材料区，通过二价铁活化过硫酸盐产生硫酸根自由基（SO_4^-•），

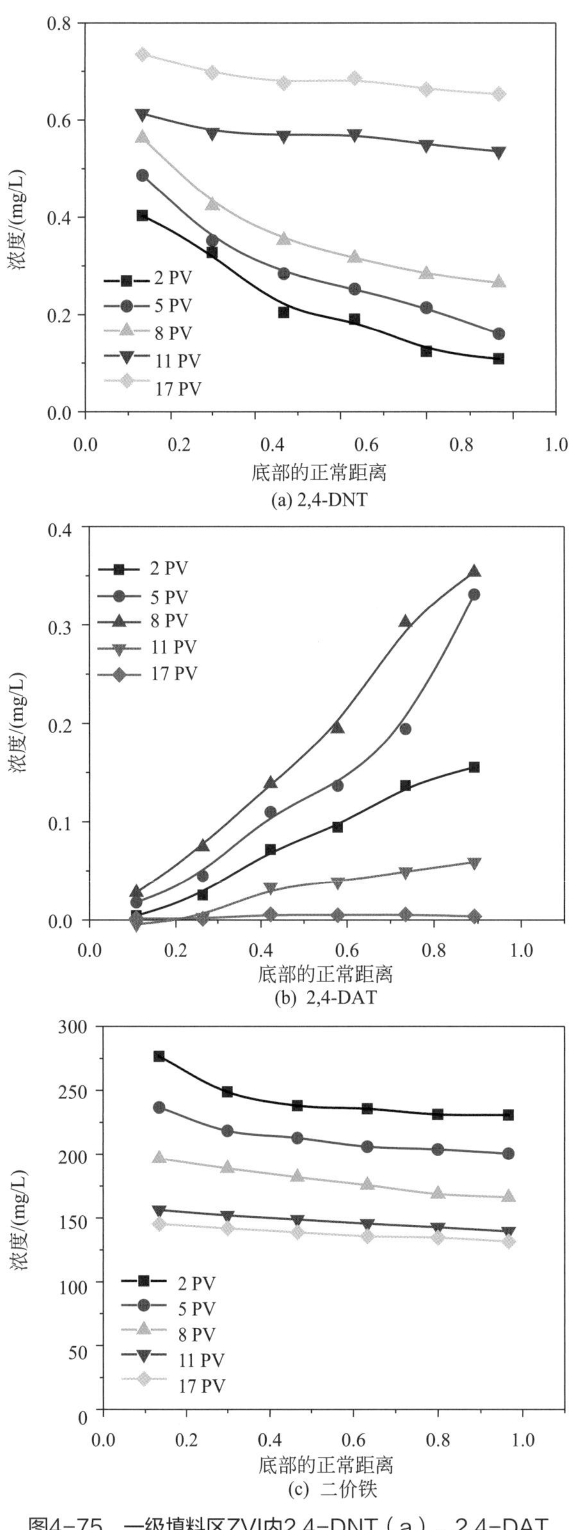

图4-75 一级填料区ZVI内2,4-DNT（a）、2,4-DAT（b）、二价铁（c）浓度随着不同PV的变化（1PV=3d）

（横坐标指以柱子底部为0基准，液面所在位置的高度占柱子总高度的比例）

利用其强氧化性实现对残留2,4-DNT和2,4-DAT的开环断裂矿化降解。

MET模拟污染地下水进水2,4-DNT浓度保持在1.0mg/L，在连续运行51d期间，为了研究一级填料区ZVI对2,4-DNT还原及二级填料区过硫酸盐缓释材料随后的氧化效率，在一级填料区内等距离设置了6个点分析2,4-DNT、2,4-DAT、二价铁的浓度变化。从图4-75中可以看出，在2PV内，2,4-DNT的浓度沿着进水口到出水口逐渐降低，从0.4mg/L降低至0.11mg/L。随着一级填料区体系的运行，5PV时，2,4-DNT浓度从进水口的0.49mg/L降低至出水口0.16mg/L；8PV时，从进水口的0.56mg/L降低至0.26mg/L；运行17PV后，2,4-DNT浓度从进水口的0.73mg/L降低至0.65mg/L。与此同时，为了进一步说明其还原最终产物浓度变化，实验还分析了2,4-DNT的最终产物2,4-DAT，从图4-75（b）中可以看出，在2PV时，2,4-DAT的浓度沿着一级填料区从进水口产生1% 2,4-DNT还原到出水口20%的还原。具体看，在5PV时，2,4-DAT浓度从进水口的0.02mg/L增加至0.36mg/L。通过图4-75（a）和（b）可以看出，一级填料区零价铁能够持续有效地还原2,4-DNT转化为2,4-DAT，随着体系运行时间的增加，一级填料区零价铁出现了钝化现象，降解效率明显降低[55]。从图4-75（c）中可以很明显看出，随着运行时间的延长，二价铁的浓度是在降低的，从2PV时的275mg/L

降低至17PV时的150mg/L，钝化现象很明显，但是很明显可以看出，在一级填料区反应后二价铁浓度从2PV时250mg/L降低至17PV时150mg/L。这说明一级填料区产生的二价铁可以有效地进入二级填料区过硫酸盐缓释区[56]。

（2）MET内二级填料区过硫酸盐缓释材料去除地下水中2,4-DNT、2,4-DAT长期运行效率分析

为了研究MET中二级填料区作为反应介质的过硫酸盐缓释材料对2,4-DNT、2,4-DAT的降解效率，实验采集了二级填料区不同位置（上部、中部、下部）水质进行测试分析，测试结果如图4-76所示。

从图中可以清楚地看出在运行17PV时间内，二级反应区（上部）的过硫酸盐缓释材料展现了良好的氧化能力，二级反应区（下部）的出水中2,4-DNT浓度低于0.01mg/L。随着运行时间的增加，从图4-76（a）中可以看出，残留的2,4-DNT浓度降低至0.2mg/L，说明二级反应（上部）内的过硫酸盐缓释材料在其顺梯度区域展示了良好的氧化能力；与此同时，作为2,4-DNT最终还原产物的2,4-DAT，经过氧化反应之后，浓度低于检测线，达到了完全催化氧化降解，同样的结果展现在图4-76（b）（c）中[57]。但是，随着系统的运行，在后期11PV、17PV时间内，发现2,4-DNT浓度出现一定的升高，但是幅度较小，这主要是与前面图4-75中2,4-DNT的还原

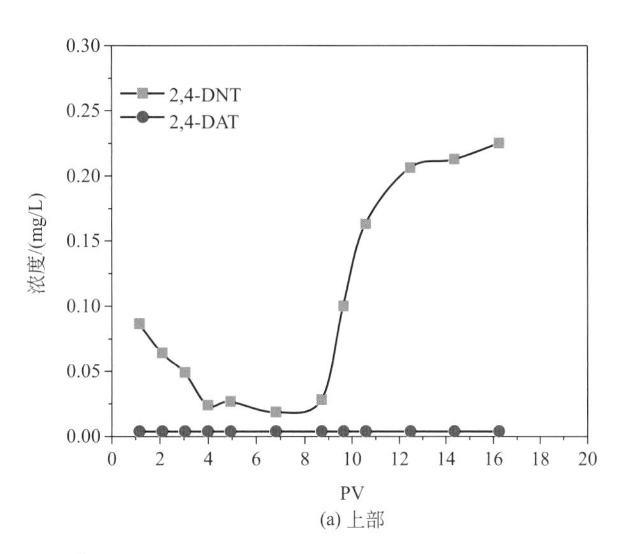

(a) 上部

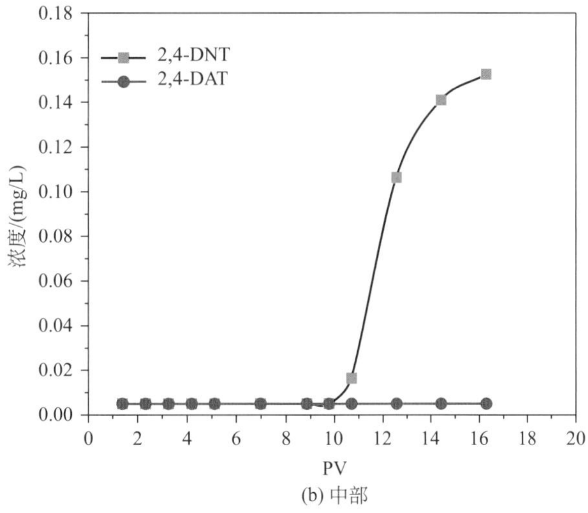

(b) 中部

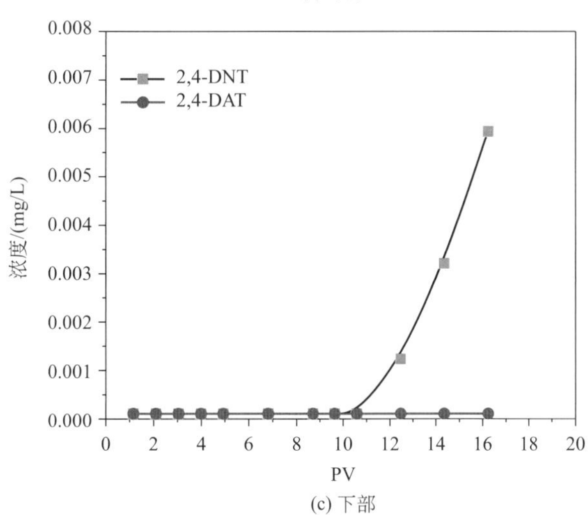

(c) 下部

图4-76　随着不同PV在二级反应区上部（a）、中部（b）、下部（c）残留的2,4-DNT、2,4-DAT的浓度变化

规律以及过硫酸盐缓释材料释放速率相对应，也进一步说明更高的过硫酸盐缓释材料将会达到更好的2,4-DNT降解效果[58]。

为了说明二级反应区运行后，二价铁和过硫酸根浓度是否符合排放标准，实验对二级反应区（下部）出水中的二价铁和过硫酸根进行了分析。分析结果如图4-77所示。结果显示，随着运行PV的增加，二级反应区（下部）出水中二价铁和过硫酸根浓度均符合排放标准，但其变化趋势是不同的。在运行前期5PV内，二价铁的浓度均为0，结合过硫酸盐缓释材料释放规律之一即前期释放速率较大，单位时间内大量过硫酸根进入溶液，说明前期二价铁完全被用来活化过硫酸根产生硫酸根自由基，但随着过硫酸盐缓释速率的降低，单位时间内释放的过硫酸盐浓度开始降低，结合图4-77（b）中过硫酸根浓度降低，进一步说明前期的二价铁被用于活化过硫酸根，揭示了一级反应区内还原2,4-DNT产生的二价铁能够进入二级反应区进而有效活化过硫酸根。之后随着过硫酸盐缓释材料缓释速率的降低，单位时间内产生的过硫酸根开始减少，伴随着二价铁源源不断地释放，致使过硫酸根迅速持续降低。另外，过量的二价铁也可能扮演淬灭剂的角色与产生的硫酸根自由基发生淬灭反应，引起硫酸根自由基的失效，进而2,4-DNT在后期有上升的趋势[59-61]。

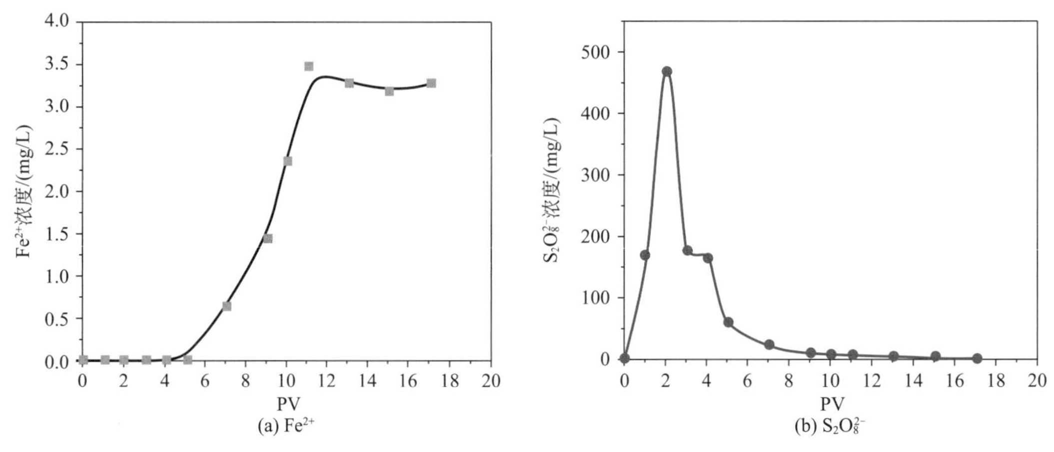

图4-77　随着运行PV的变化，二级反应内（下部）出水中二价铁和过硫酸根浓度变化

（3）MET去除地下水中2,4-DNT机理分析

在MET降解2,4-DNT研究中，2,4-DNT的去除主要是通过二阶段还原-氧化路径来实现。根据测定的产物，主要的二阶段降解机理被提出。具体来说两种可能的降解机理如下。

1）还原和氧化的结合方式[56，62，63]　在一级反应区ZVI内2,4-DNT直接被零价铁还原产生最终产物2,4-DAT，之后产生的2,4-DAT和二价铁进入二级反应区过硫酸盐缓释材料内，经二价铁活化过硫酸盐缓释材料释放的过硫酸根产生硫酸根自由基氧化，最终2,4-DAT被氧化降解为小分子的无机酸、二氧化碳和水[64]。

2）直接氧化方式　2,4-DNT未完全被一级反应区ZVI还原转化为2,4-DAT，残留的2,4-DNT、2,4-DAT以及二价铁一同进入二级反应区过硫酸盐缓释材料内，经硫酸根自由基和过硫酸根氧化为小分子的无机酸、二氧化碳和水。推断的潜在的降解机理示意如图4-78所示。本实验的结果数据进一步支撑了设置MET内一级反应区ZVI和二级反应区过硫酸盐缓释材料构建系统是一种可行且有效的修复硝基苯污染地下水的方法，对实际工程的设计开展具有一定的指导意义。

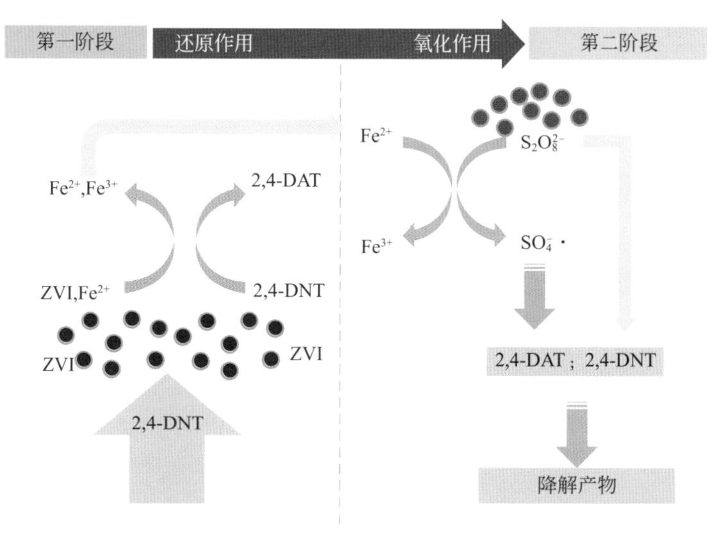

图4-78　MET内一级反应区ZVI和二级反应区过硫酸盐缓释材料构建系统潜在的两阶段还原-氧化降解机理示意

4.4.4.3　多级强化原位地下水污染修复技术野外现场中试实验

（1）技术野外现场中试工程建设

1）停留时间　地下水在MET修复系统中的停留时间t按照下式计算：

$$t=\frac{-\ln(C_T/C_0)}{K} \tag{4-18}$$

式中　C_T——MET修复目标污染物的最终浓度；

C_0——目标污染物的初始浓度；

K——过硫酸盐与目标污染物的反应速率常数。

根据预期修复效率得到$C_T/C_0=0.1$，过硫酸盐与2,4-DNT的反应速率常数为$0.05min^{-1}$，计算得到MET中水力停留时间为0.03d。

2）填料体积　MET修复主体部分体积按照下式计算：

$$V=\frac{tQ}{\varepsilon} \tag{4-19}$$

式中　t——水力停留时间，d；

Q——MET设计日处理量，m^3/d；

ε——填料孔隙率。

根据要求处理量为200m^3/d，填料孔隙率取0.25，计算得到MET修复主体部分体积为24m^3。

3）修复区面积　填料厚度按照0.5m设计，则MET修复主体占地面积为48m^2。修复主体分为两个平行的修复单元，每个修复单元的面积为24m^2，即每个MET修复区长6m、宽4m。

4）抽水井　抽水井内径按照30cm设计，根据水文地质调查结果，井深设计为40m，筛管位于地下埋深16～40m，即修复目标含水层，孔径为20mm，孔间距为50mm，按照30°圆心角均匀布设12排。按照100m^3/d的设计处理量，抽水速率为4～5m^3/h，扬程>20m，抽水泵选用潜水泵，型号为SP8A-T，$Q=10$m^3/h，$H=20$m，电机型号MS402，功率$N=0.15$kW。每个修复单元设置一眼抽水井，抽水井位于每个修复单元下游边界线中点。抽水井上部设置三通，一个通道与布水管连接将抽出的地下水均匀分布在填料区，另一个通道用于地下水样品的采集。

根据影响半径经验公式$R=10S\sqrt{K}$（R为影响半径，m；S为抽水时的水位降深，m；K为渗透系数，m/d），估算得到抽水井影响半径为$R=10\times0.25\times\sqrt{3}=4.3$(m)，因此两眼抽水井之间间隔为10m。

5）修复区　修复区由两个平行的修复单元组成，每个修复单元为6m×4m×0.5m的立方体，其中一个6m×0.5m的面为有机玻璃，除地表面外的其余平面均做水泥防渗，顶部由8块1.5m×2m的有机玻璃板无缝黏合组成。修复区的底面有一个1.7%的坡度（即远离抽水井的一侧底面距填料层上表面0.6m）。

填料主要为Fe^0、过硫酸盐缓释材料和活性炭，按照分段填充的方式进行修复材料填充，修复材料的填充分成两种不同的模式，来探索不同填充方式对污染物降解效果的影响。第一种填充方式：从靠近抽水井的一侧向渗水井一侧按照0.75m砂+0.75m的过硫酸盐缓释材料（过硫酸盐缓释材料∶砂＝1∶4）+0.75m砂+0.75mFe^0（Fe^0∶砂＝1∶4）+0.75m砂+0.75m活性炭（活性炭∶砂＝1∶4）+1.6m砂。第二种填充方式：从靠近抽水井的一侧向渗水井一侧按照0.75m砂+0.75m的过硫酸盐缓释材料（过硫酸盐缓释材料∶砂＝1∶4）+0.75m砂+1.5mFe^0和活性炭混合物（Fe^0和活性炭混合物：砂＝1∶4）+3.1m砂。填料填充高度为0.5m，每个修复单元填充宽度为2m，充满整个修复区。在两种不同填料区之间设置溢流挡板，挡板高度为0.4m，长2m，挡板固定于填料层底部。

6）抽水管与布水管　在每个修复单元中，抽水管与潜水泵连接从抽水井底伸出地面后与布水管连接，布水管以其与导水管的交点为中心两侧均匀布设（左右两侧各长2m）。布水管布设于填料上表面以下0.15m处，管径为10mm，布水管距离其与导水管的交点1m的部分向上成圆心角45°开两排孔开，孔径为2mm，孔间距18mm，1～2m的部分向下成圆心角45°开两排孔，孔径为2mm，孔间距为18mm。

7）取样装置　为测试MET系统的水处理效果，设计进水取样装置和出水取样装置。进水取样装置位于导水管与布水管的交叉点，设置三通阀。出水取样装置为28眼监测井，28眼监测井分为4排布设，监测井设置于每部分填料的三等分点处，分上下两层取样，取样深度分别为0.2m和0.4m，用于测试地下水经该部分填料修复后的效果，每排监测井共7眼，管径为10mm，井深0.5m，即井底部位于填料底部。

8）渗水井　每个修复单元设置两眼渗水井，渗水井位于修复单元上游边界，分别沿边界线以抽水井所在中位线对称布设，距离中位线距离为1m，抽水井内径按照30cm设计，井深设计为16m，筛管位于地下埋深10～16m，孔径为20mm，孔间距为50mm，按照30°圆心角均匀布设12排，即将修复后的地下水渗入目标含水层上部，经过底层的净化作用进一步修复目标污染物。渗水井的顶部设置渗水开关调节阀，以实现控制水力停留时间的目的。

9）参观廊道　围绕有机玻璃外侧设置参观廊道，参观廊道深2.5m，宽2m，周边砌水泥墙，整个廊道位于底面以下，顶部用预制板密封，在抽水井一侧地面设置参观廊道的入口，设置台阶进入地下，参观廊道顶部设置照明灯并在地面以上部分安装窗户用于通风。

工程图如图4-79～图4-82所示。

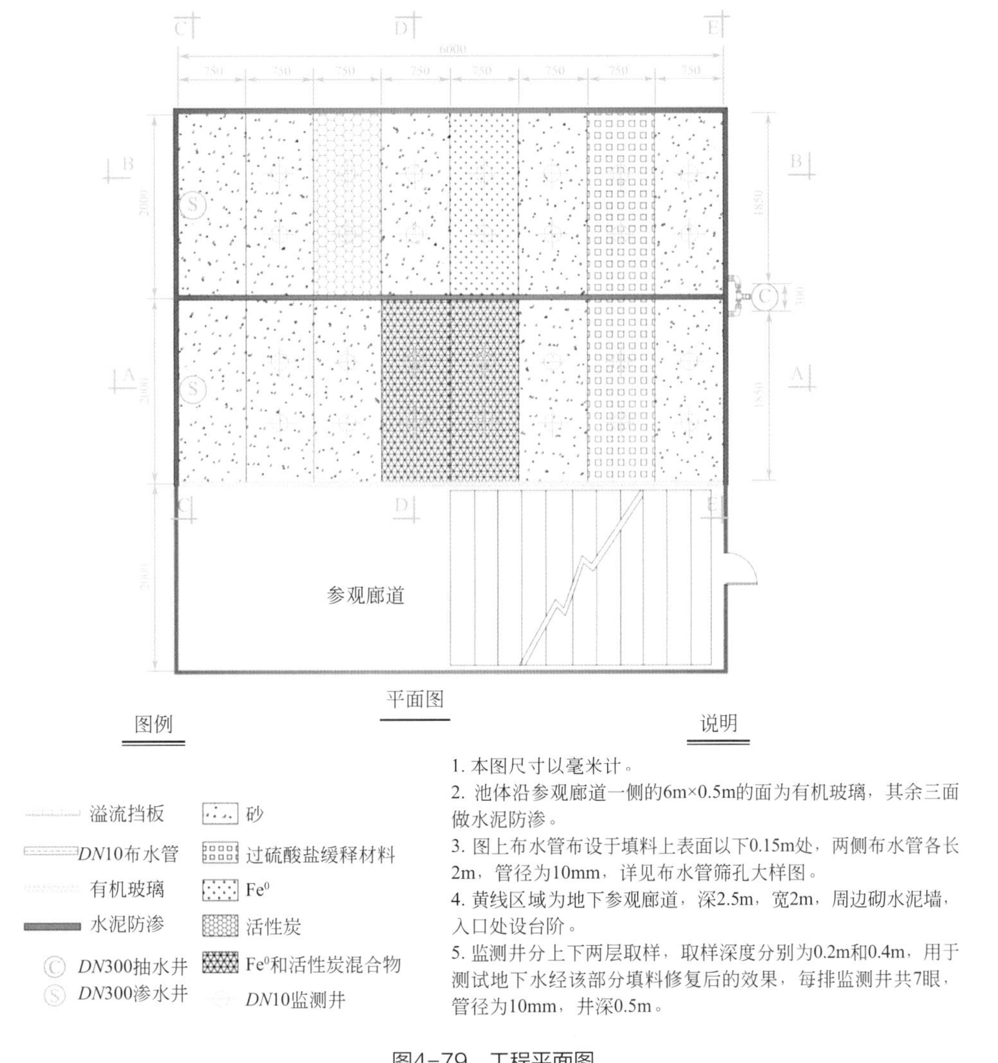

图4-79　工程平面图

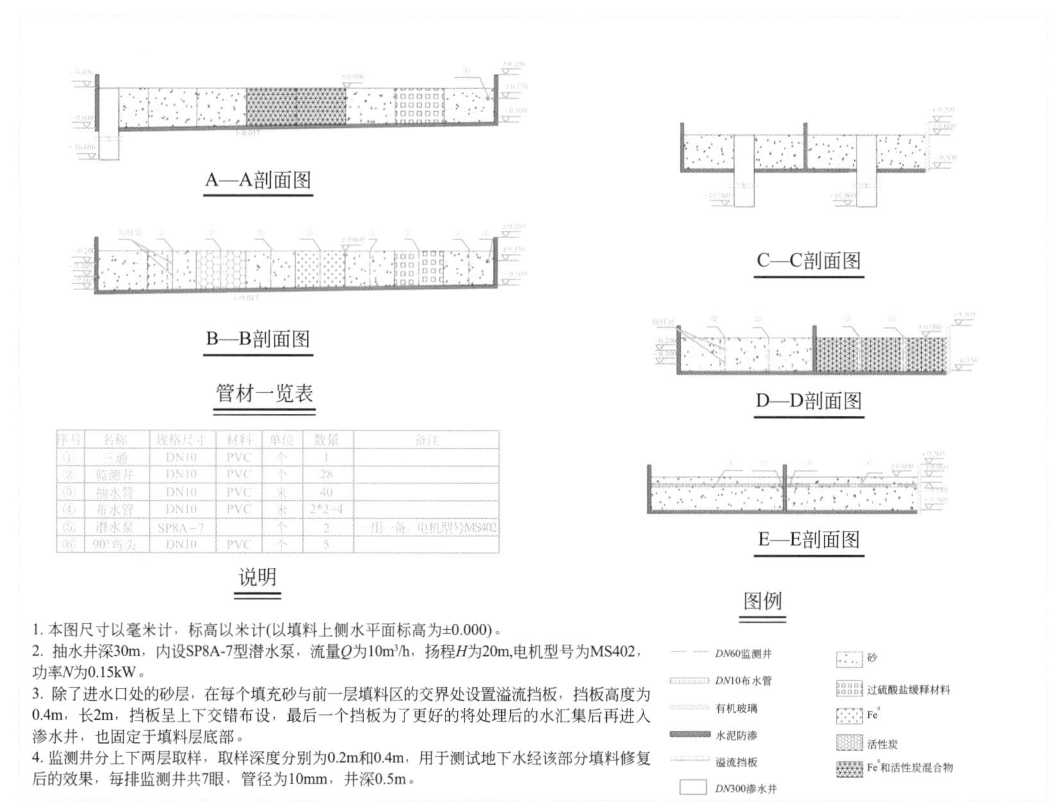

序号	名称	规格尺寸	材料	单位	数量	备注
①	三通	DN10	PVC	个	1	
②	监测井	DN10	PVC	个	28	
③	抽水管	DN10	PVC	米	40	
④	布水管	DN10	PVC	米	2*2=4	
⑤	潜水泵	SP8A−7		个	2	一用一备，电机型号MS402
⑥	90°弯头	DN10	PVC	个	5	

图4-80 管材一览表

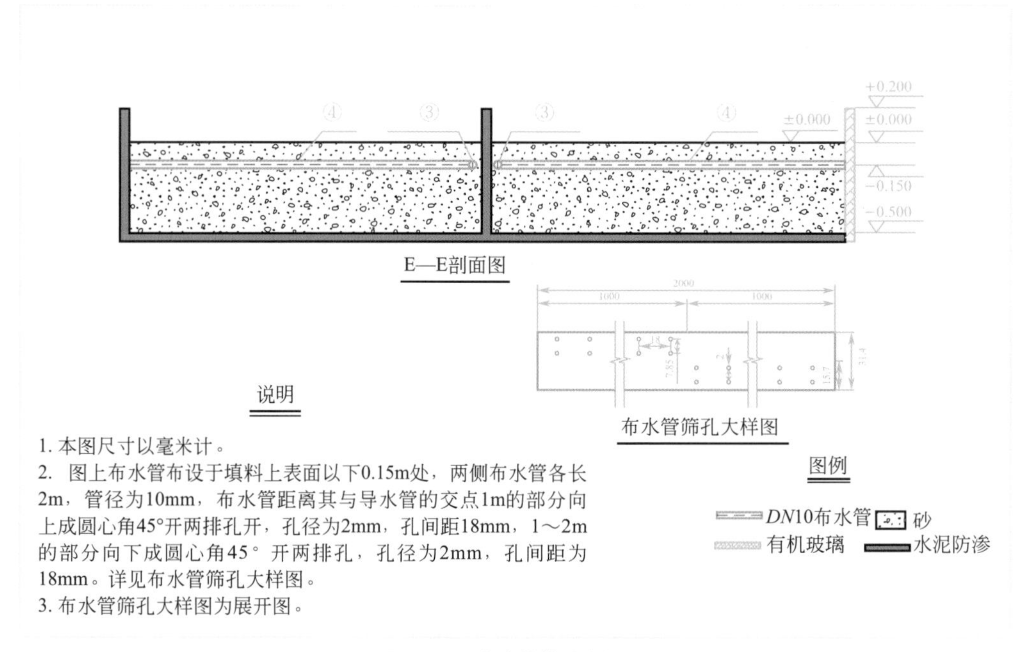

图4-81 布水管筛孔大样图

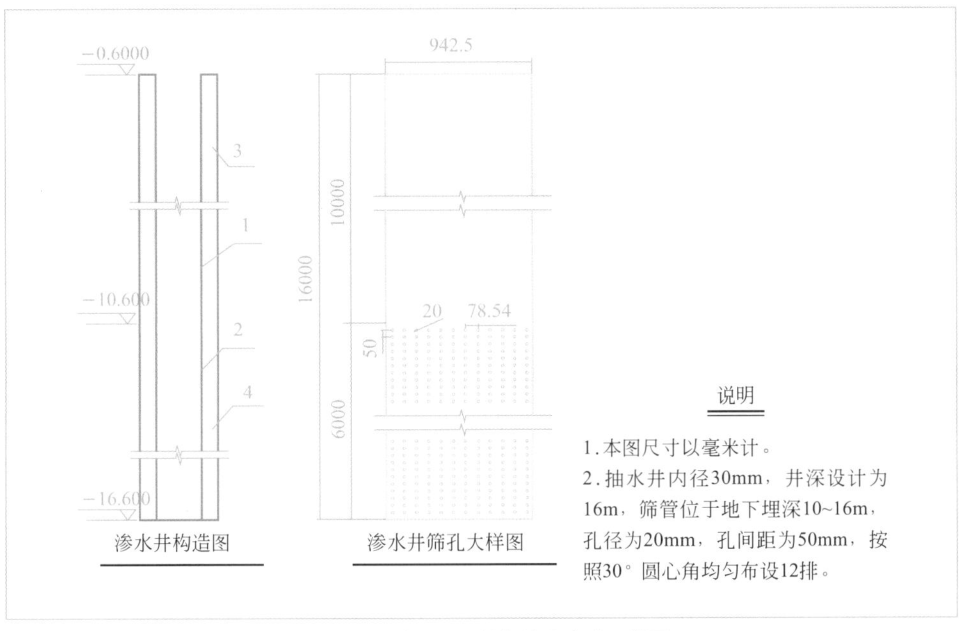

图4-82　多级强化修复技术中试设计图

1—井管壁；2—过滤器；3—膨润土；4—砾石

工程建设照片如图4-83所示。

图4-83

图4-83　多级强化修复技术中试建设图

（2）技术野外现场中试工程运行效果分析

1）不同填充方式下，构建的中试体系对地下水中2,4-DNT的去除效果　中试实验研究了在不同填充方式条件下，单独铁炭及混合铁炭材料填料与过硫酸盐缓释材料组合对地下水中2,4-DNT处理效果的影响，在每一种填充方式下，通过从14个位置设置的监测点定期取样分析，结果如图4-84和图4-85所示。对比图4-84（a）和图4-85（a），可

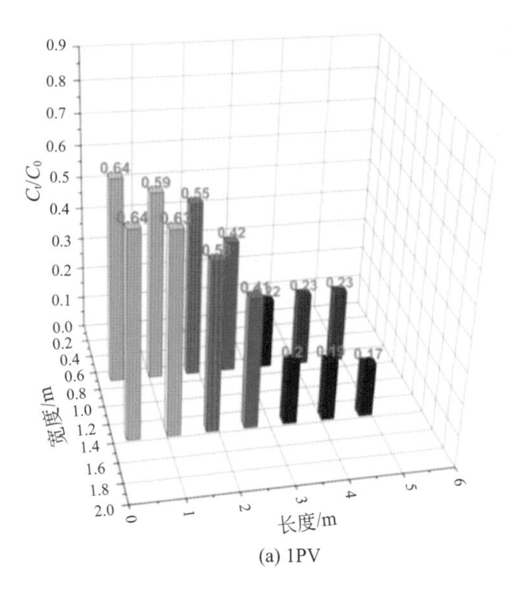

(a) 1PV

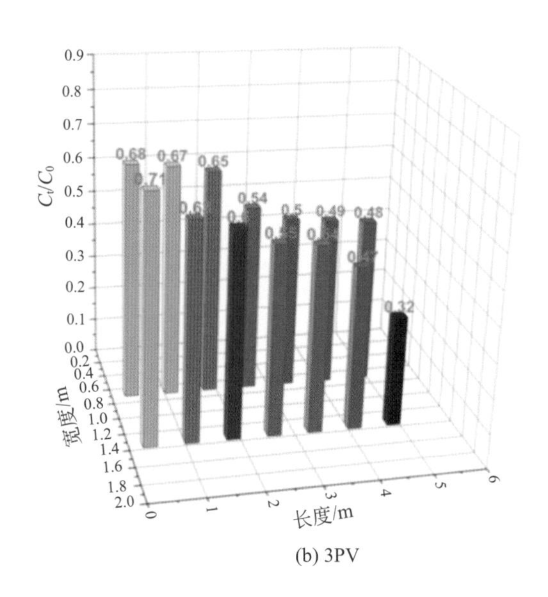

(b) 3PV

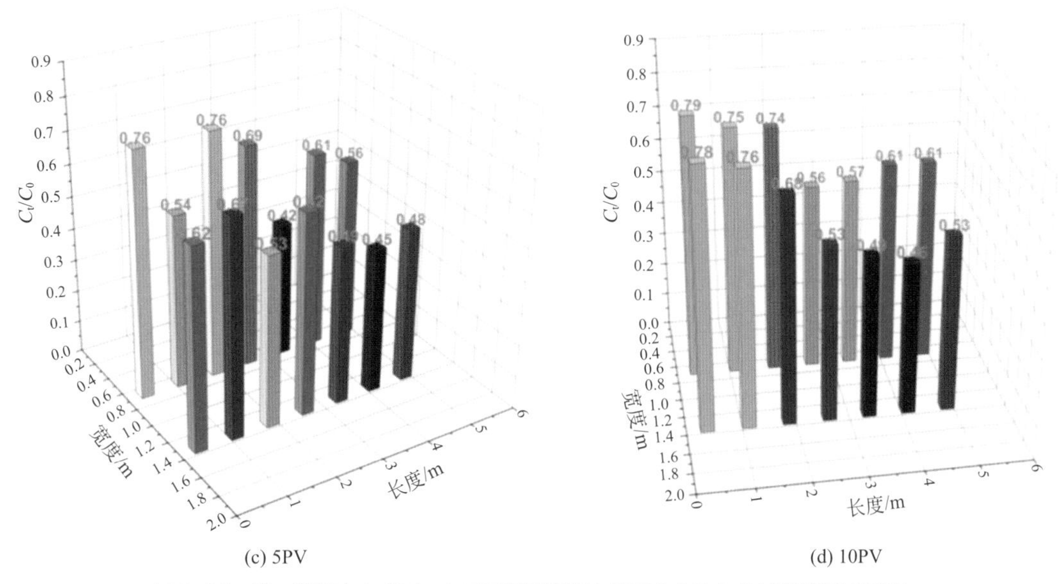

(c) 5PV　　(d) 10PV

图4-84　第一种填充方式下，在不同运行周期内地下水中2,4-DNT降解效果变化

以看出，在运行1PV内，两种填充方式对2,4-DNT均具有明显的去除效果，出水的去除率约90%，而且在第一种填充方式下，2,4-DNT浓度降低幅度更大，这可能由于后面填料区填充的活性炭具有巨大的吸附性能。随着运行至3PV、5PV、10PV，从图4-84和图4-85可以看出，中试体系内各填料区去除效果存在一定的变化，但去除效率保持在80%以上。所以，构建的过硫酸盐缓释材料和铁炭及铁炭混合材料体系，可以实现地下水中2,4-DNT的降解去除。

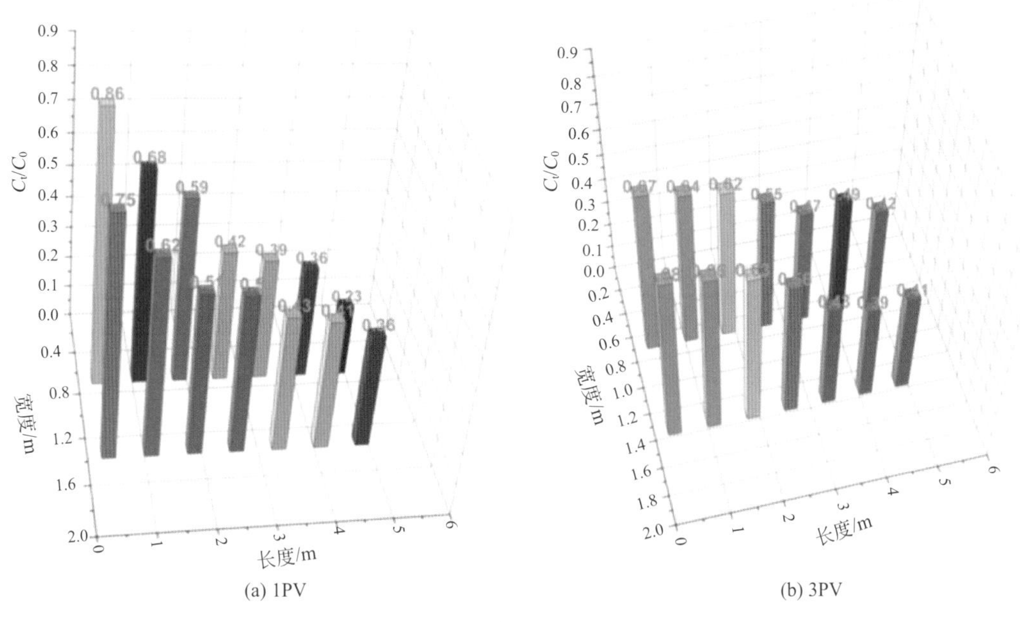

(a) 1PV　　(b) 3PV

图4-85

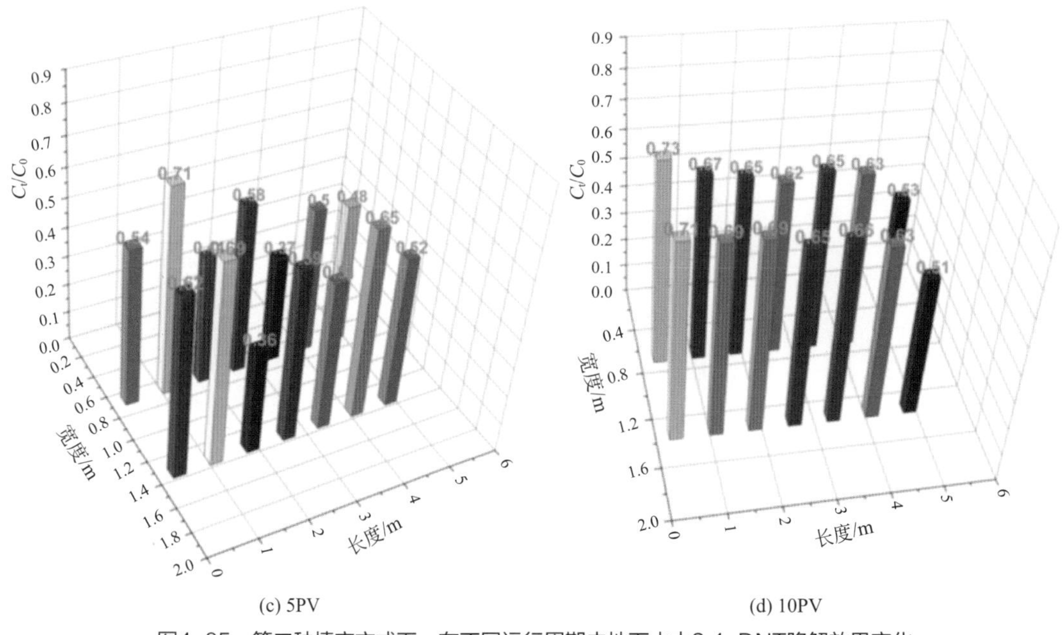

(c) 5PV (d) 10PV

图4-85　第二种填充方式下，在不同运行周期内地下水中2,4-DNT降解效果变化

2）不同填充方式下，构建的中试体系内pH值和ORP变化　pH值对于过硫酸盐氧化法来说也是一个重要的影响条件。关于在过硫酸盐降解有机污染物质的过程中pH值对反应的影响，人们对它的研究也比较多，只是还不是很成熟。在本次中试实验中，选取的两种不同填充方式下构建的中试体系内所形成的pH值和ORP是不同的。抽出的污染地下水在先经过过硫酸盐缓释材料的条件下，后续无论是先经过铁再经过炭或直接经过铁炭混合填充材料，中试体系的pH均为强碱性[31]，如图4-86和图4-87所示。具体来

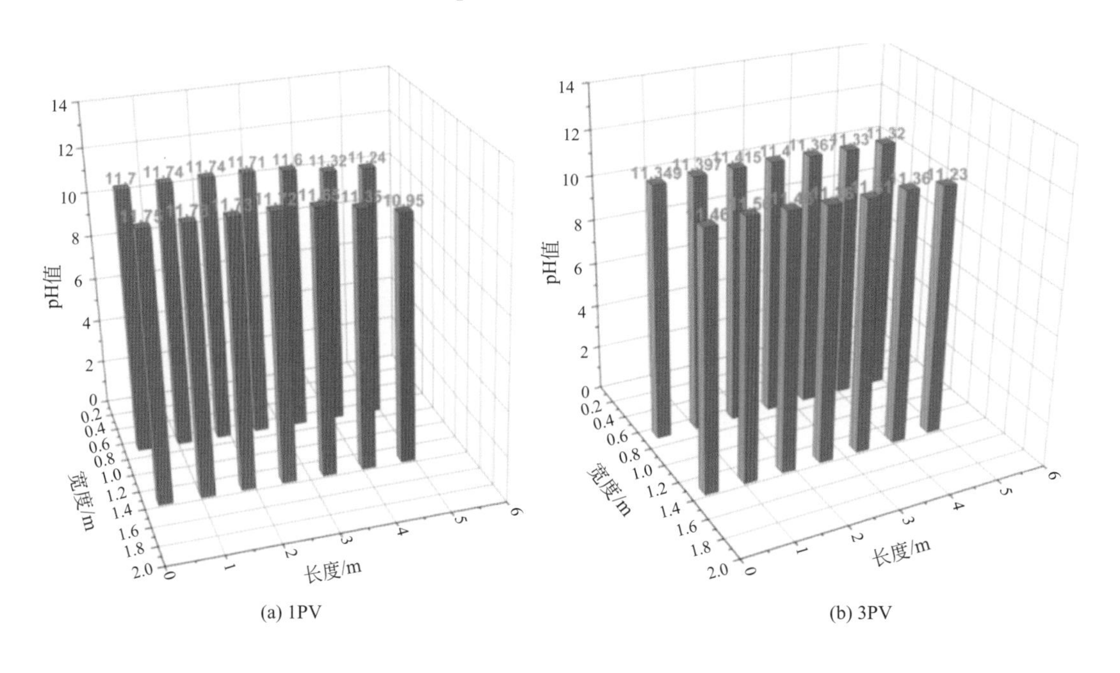

(a) 1PV (b) 3PV

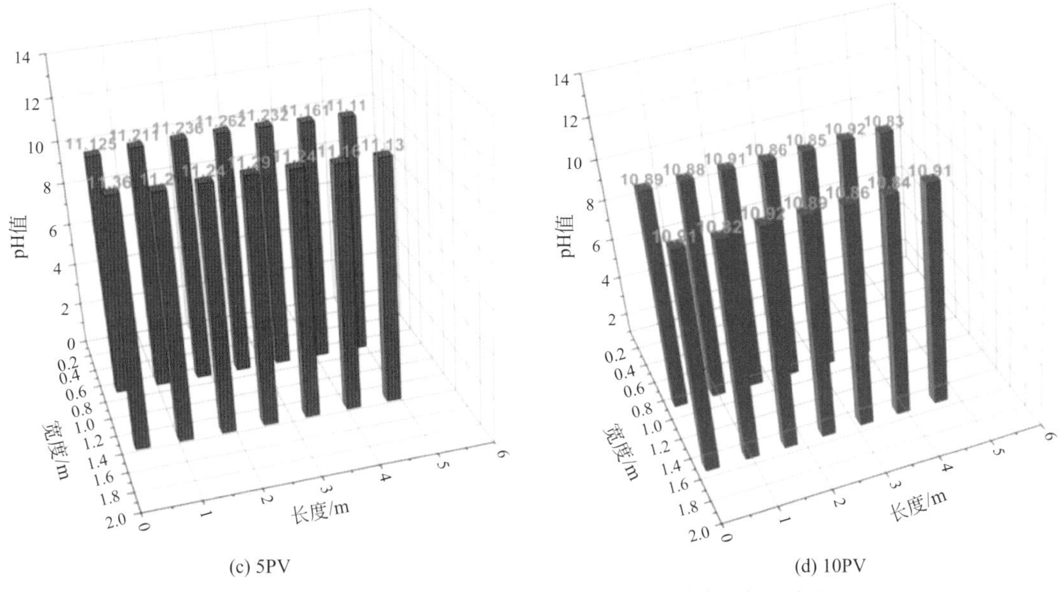

(c) 5PV　　(d) 10PV

图4-86　第一种填充方式下，在不同运行周期内体系内pH变化

说，所构建的中试体系pH值变化趋势一致，pH值均保持在10～12范围内。第一种填充方式和第二种填充方式的pH值的变化主要归结于抽出的地下水先经过的过硫酸盐缓释材料具有强碱性，使得经过的水体pH值增大，随后进入后面填充材料，填充方式的不同对于后面pH值影响也较小，pH值略有降低，但仍保持在11左右。当pH值过高时，体系内的Fe（Ⅱ）会形成Fe（OH）$_2$和Fe（OH）$_3$，附着在铁炭表面，阻碍活化反应的进行，使得2,4-DNT去除率下降。结合图4-84和图4-85，可以看出在构建体系下，体系pH值的变化影响铁炭活化过硫酸盐降解硝基苯的效率。

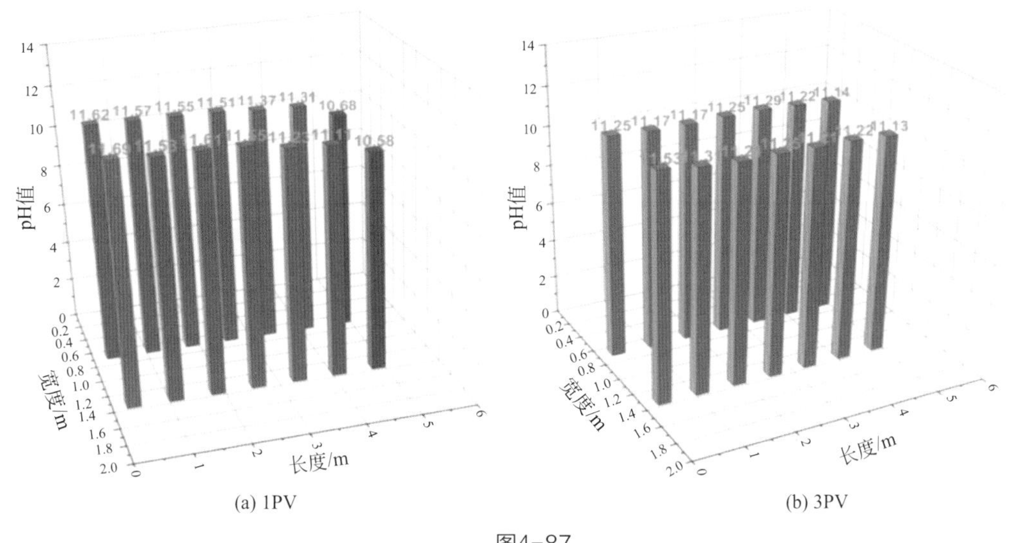

(a) 1PV　　(b) 3PV

图4-87

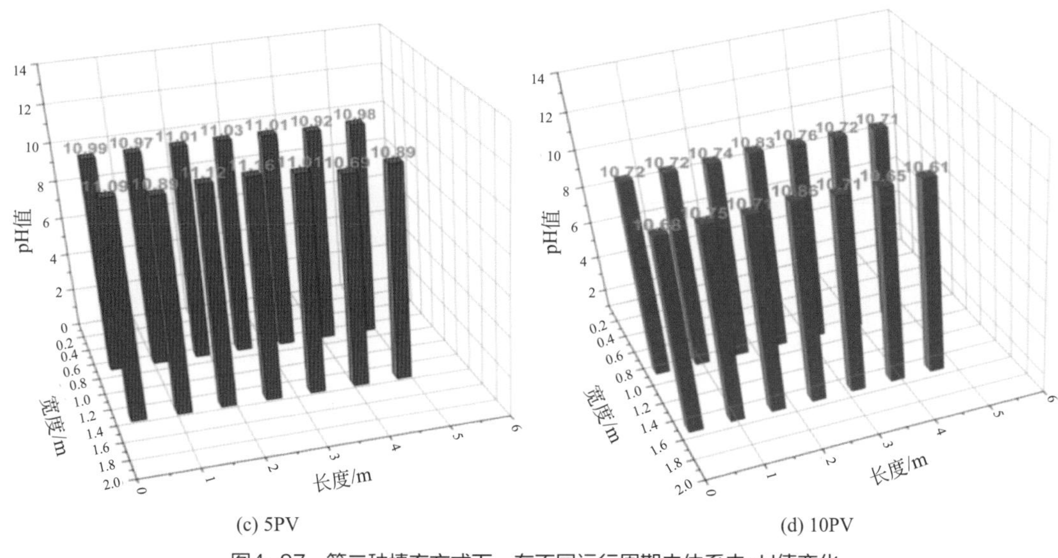

(c) 5PV　　(d) 10PV

图4-87　第二种填充方式下，在不同运行周期内体系内pH值变化

同样地，ORP在两种不同的填充方式下，也表现出一定的规律，具体如图4-88和图4-89所示。在第一种填充方式和第二种填充方式下，2,4-DNT水流先经过过硫酸盐缓释材料，与释放出来的过硫酸盐发生氧化反应，降低体系ORP，可以看出ORP先下降，之后经过后面填充材料又有一定的增加。这主要是后续发生铁炭活化过硫酸盐产生氧化性较强的硫酸根自由基[35]。

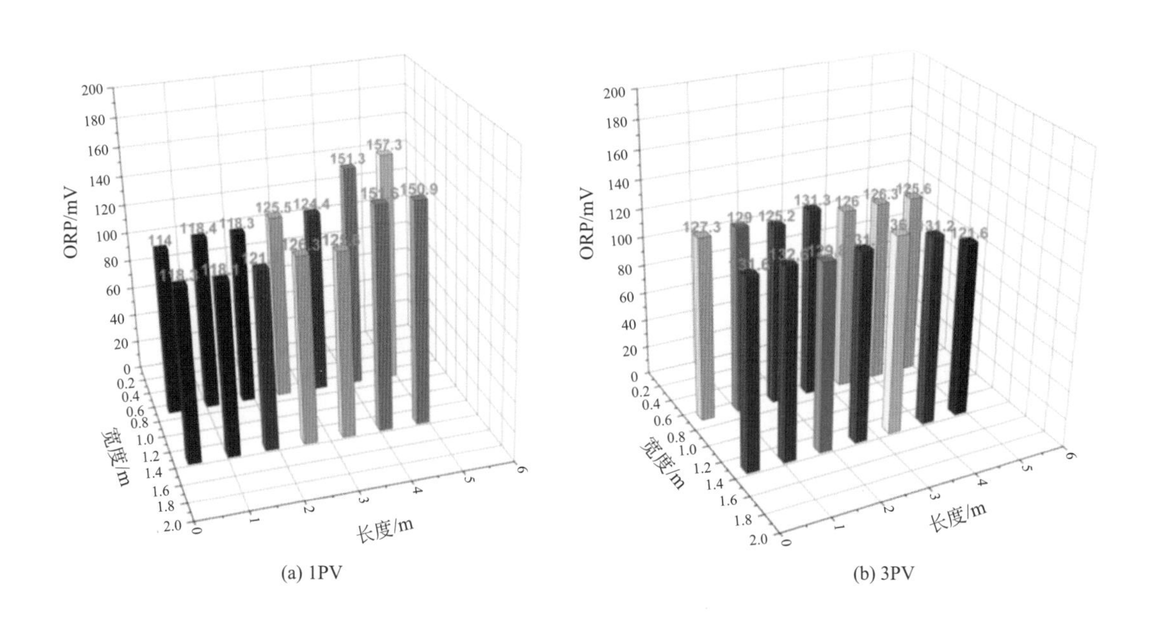

(a) 1PV　　(b) 3PV

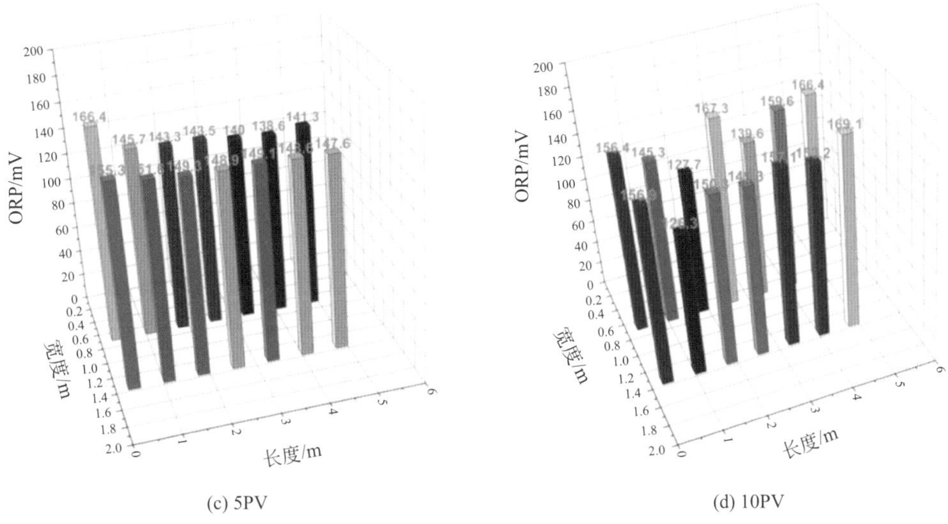

图4-88　第一种填充方式下，在不同运行周期内体系内ORP变化

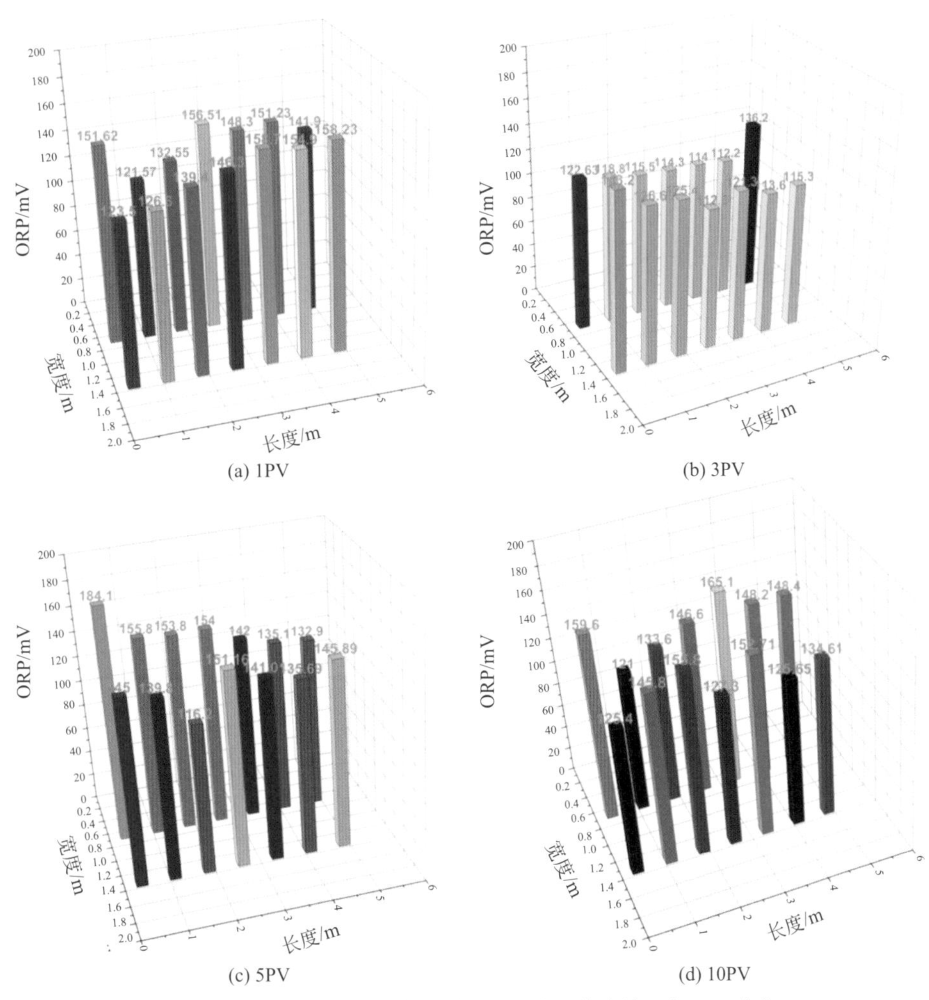

图4-89　第二种填充方式下，在不同运行周期内体系内ORP变化

3）不同填充方式下，构建的中试体系内Fe（Ⅱ）和过硫酸根浓度变化　为了说明不同填充方式下铁炭对过硫酸盐缓释材料活化效能，需对运行过程中中试体系内水流取样，分析不同PV时间内，Fe（Ⅱ）和过硫酸盐随着PV增加的变化。如图4-90和图4-91，不同填充方式，运行1PV、3PV、5PV、10PV内，第一种填充方式和第二种填充方式下，构建体系内Fe（Ⅱ）浓度变化。可以看出，随着运行PV的增加，Fe（Ⅱ）浓度呈现降低趋势。对比图4-91和图4-92，可以看出铁炭单独填充会使Fe（Ⅱ）浓度降低更明显。这主要是因为在第一种填充方式下，污染物先经氧化剂后，pH值增大至11，碱性条件下不利于后续ZVI吸氧腐蚀，产生的Fe（Ⅱ）迅速与OH^-反应，在其表面形成氢氧化物层附着在ZVI表面，进而堵塞反应体系[36]。而铁炭混合填充形成原电池，电极反应可有效避免堵塞问题，构成的铁炭微电解也可对2,4-DNT进行预处理，有利于后续的降解。

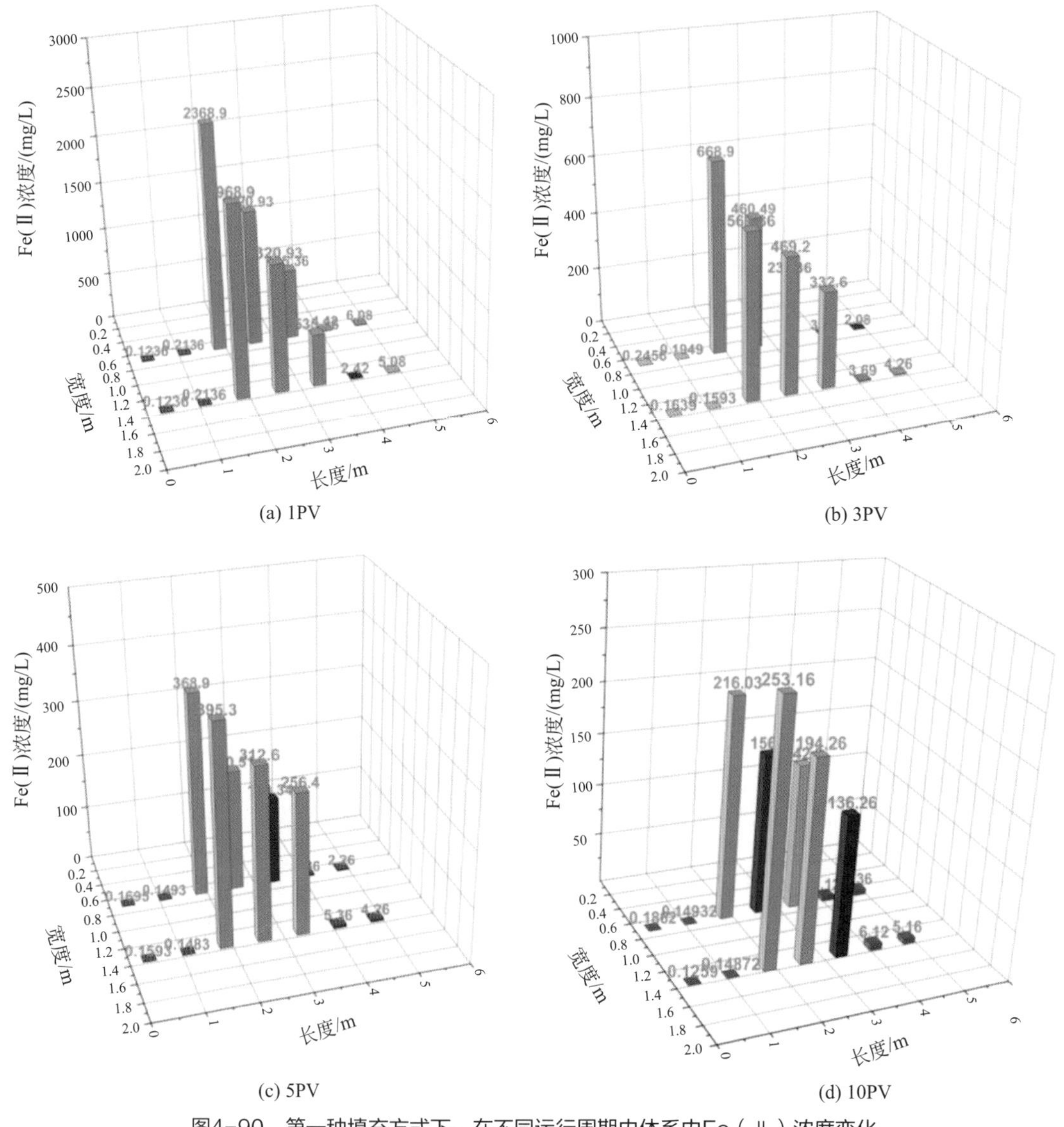

图4-90　第一种填充方式下，在不同运行周期内体系内Fe（Ⅱ）浓度变化

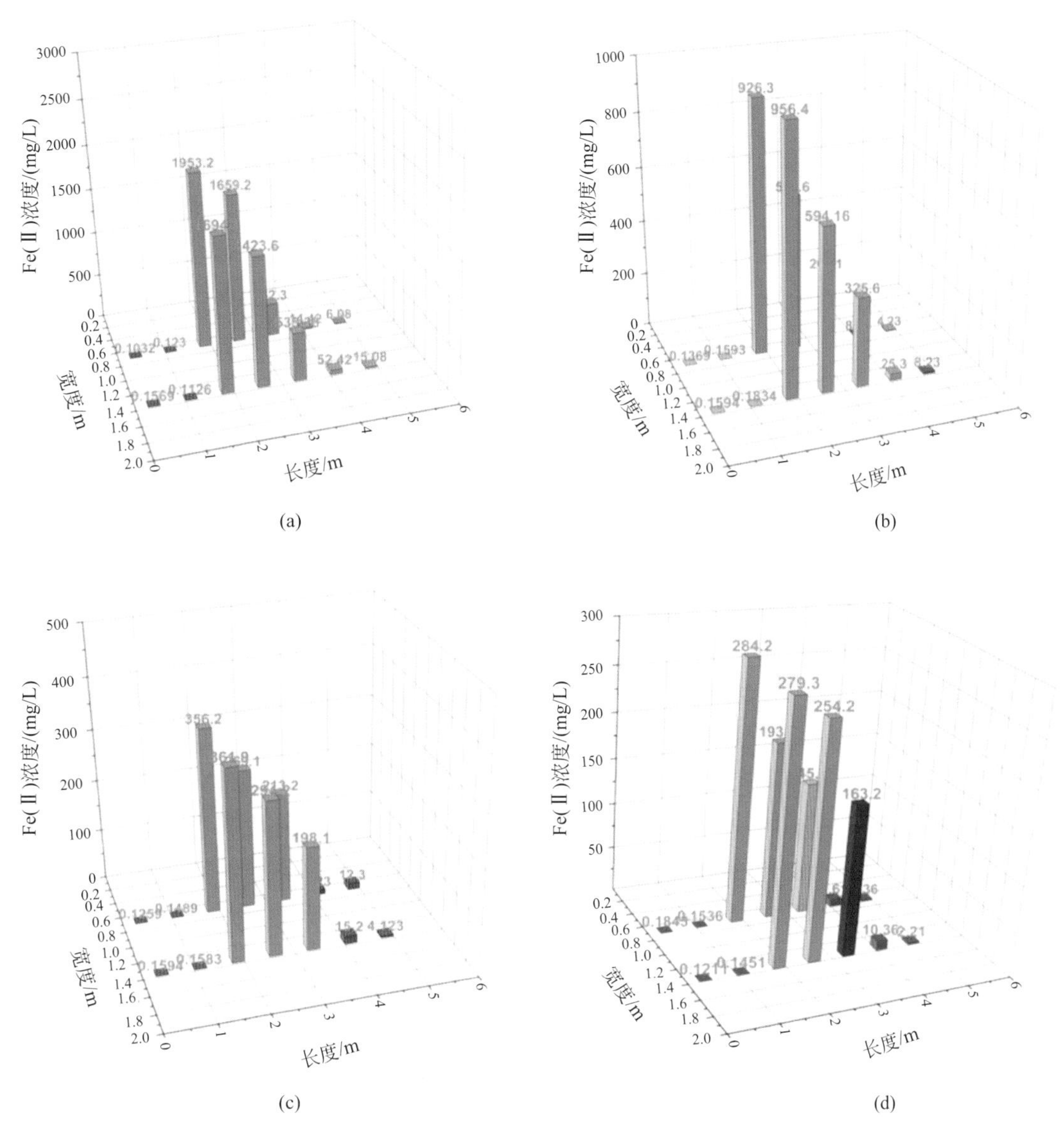

图4-91　第二种填充方式下，在1PV（a）、3PV（b）、5PV（c）、10PV（d）运行周期内体系内Fe（Ⅱ）浓度变化

如图4-92和图4-93，不同填充方式，运行1PV、3PV、5PV、10PV内，构建中试体系内过硫酸盐浓度变化。可以看出，随着构建中试体系运行PV增加，过硫酸盐释放浓度呈下降趋势，缓释效果显著[31]。在第一种填充方式和第二种填充对比，先经氧化剂，过硫酸盐释放后与铁炭反应被消耗，出现降低趋势，但后续水流经过的ZVI活性受pH值影响，无法进一步消耗过硫酸盐，而铁炭混合填充产生原电池发生微电解，可进一步降低过硫酸盐浓度。此外，构建的中试体系具有的碱性条件，也可活化过硫酸盐，进一步降低过硫酸盐浓度。

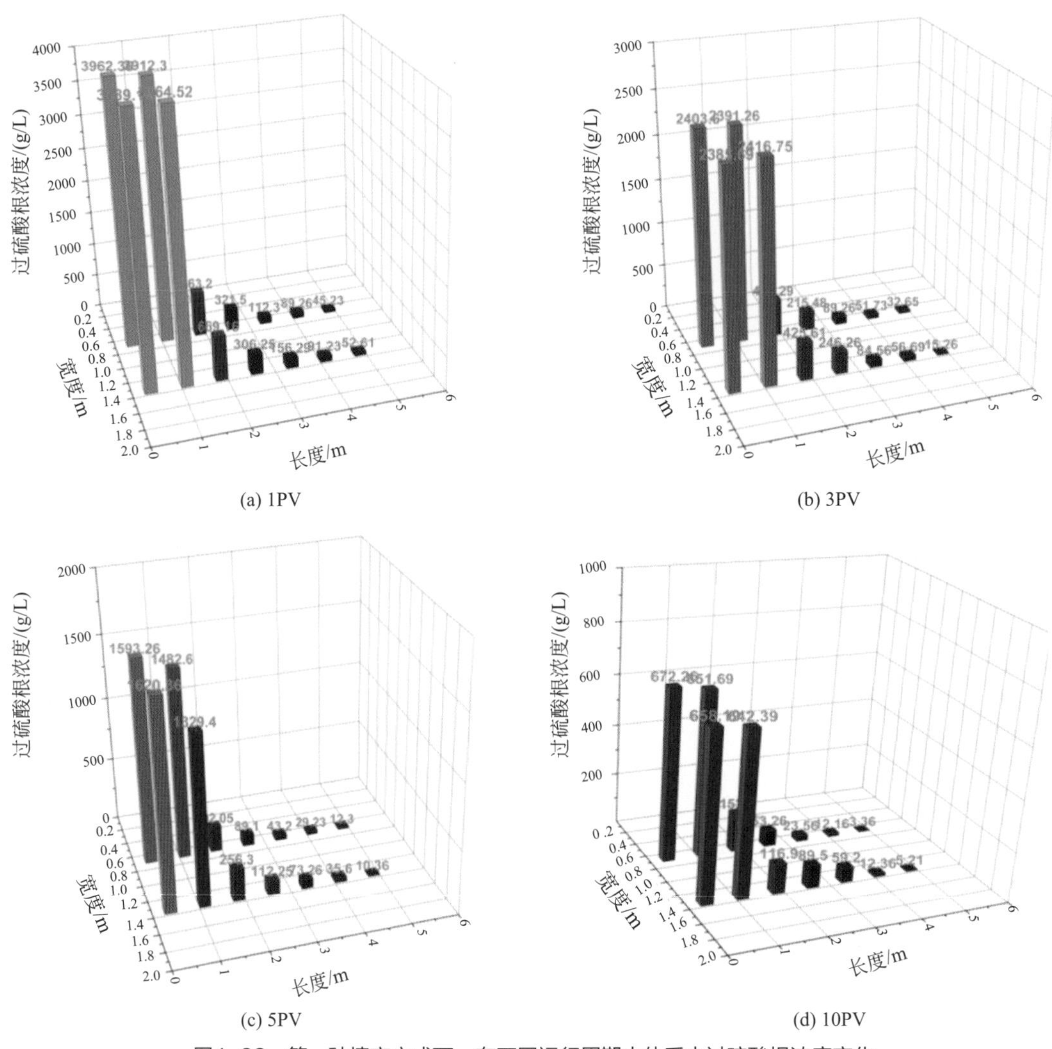

(a) 1PV　　(b) 3PV

(c) 5PV　　(d) 10PV

图4-92　第一种填充方式下，在不同运行周期内体系内过硫酸根浓度变化

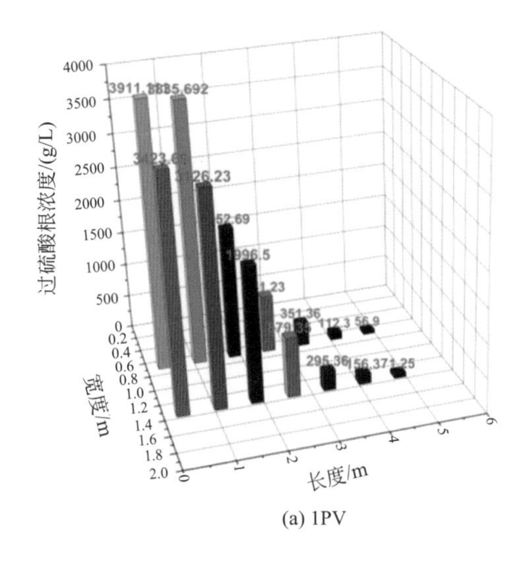

(a) 1PV

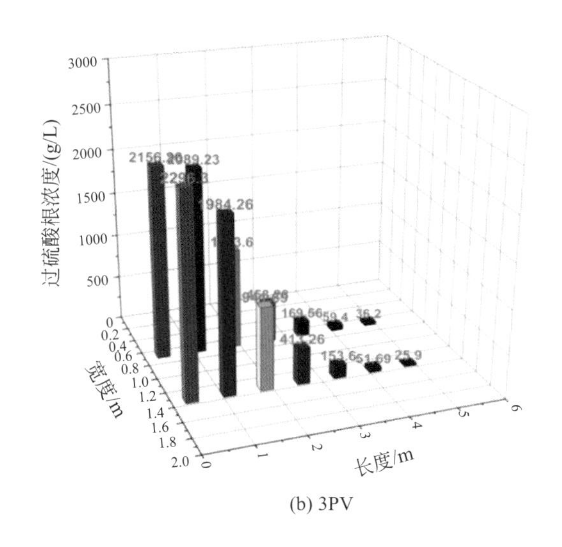

(b) 3PV

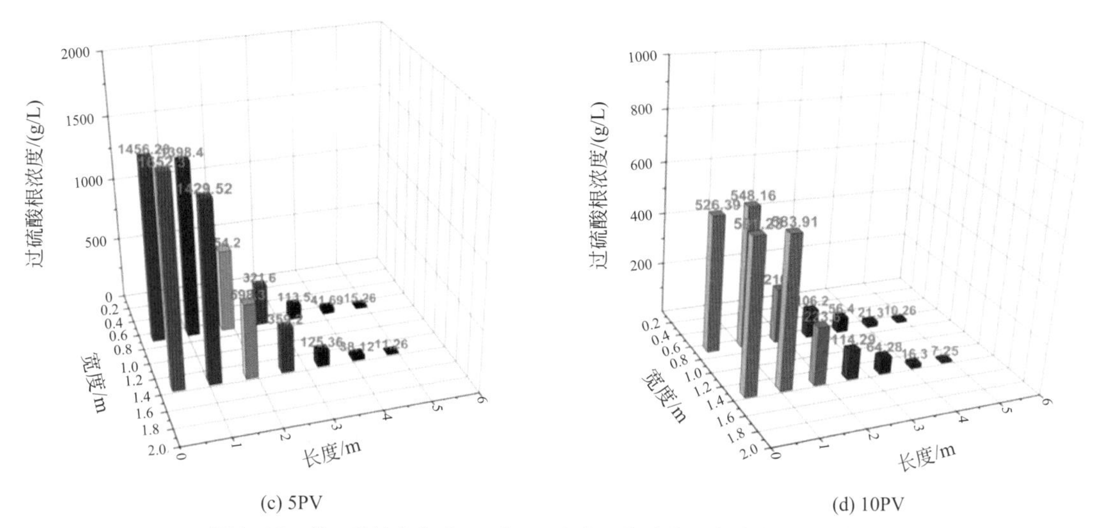

(c) 5PV (d) 10PV

图4-93 第二种填充方式下，在不同运行周期内体系内过硫酸根浓度变化

（3）经济效益评估

利用多级强化地下水污染修复技术修复污染地下水的工程，其成本主要花在建井、布水系统布设、自动控制及监测、修复药剂及运行上。评价其经济性，主要考量的是修复单位体积地下水所需的成本，该技术中试示范工程日处理地下水为200m³。

本工程建设的多级强化地下水污染修复中试工程的建设成本为35.226万元，包括抽水井12.31万元、修复区13.616万元、布水管0.04万元，取样装置1.6万元，渗水井6.72万元，参观廊道0.94万元，地面集装箱、灯饰、通风0.3万元；运行成本包括抽水泵及自动控制及监测系统的耗电量，3台抽水泵功率均为0.8kW，每天连续运行24h，每天的耗电量为57.6kW·h，每1kW·h电按照0.5元计算，共需电费28.8元/d，自动控制及在线监测系统按照每天耗电2kW·h计算，共需1元/d的电费，合计29.8元/d。

按照该工程设计运行时间为5年，共处理水量为200m³/d×5a×365d/a＝365000m³，修复单位体积地下水所需的成本＝（建设成本+运行成本）/修复总水量＝（352260+29.8×5×365）元/365000m³＝1.1元/m³。

4.5 监控自然衰减技术

4.5.1 监控自然衰减技术简介

美国国家研究委员会（National Research Council，NRC）在1993年首次对内在生物修复和工程生物修复做了界定。定义内在生物修复是仅依靠自然界内存在的微生物作用来修复污染地下水，而工程生物修复是利用人为干涉来促进地下水系统中生物作用。并将自然生物修复定义为：利用存在于自然环境中的微生物天然具有的能力促进污染物浓度衰减，且不需要透过任何工程方法来加强这个反应过程。1999年，美国环保总局（US EPA）将实施有计划的监控策略的自然衰减修复法称为监控自然衰减[65]（monitored natural attenuation，MNA），并将其定义为：能够有效降低污染物的毒性和数量、控制污染物的迁移，以达到保护人类健康和生态环境的生物降解、弥散、稀释、吸附、挥发、化学和生物化学作用。

监控自然衰减（MNA）是依据场地自然发生的物理、化学及生物作用，包含生物降解、扩散、吸附、稀释、挥发、放射性衰减，以及化学性或生物性稳定等，而使得土壤或地下水中污染物的质量、毒性、移动性、体积或浓度，降低到足以保护人体健康和自然环境的水平。根据对污染物的破坏程度，这些自然发生的过程可归为两大类：

① 非破坏性过程，指对流、弥散、稀释、吸附和挥发等，这些作用虽然可以改变污染物在地下水中的浓度，但对污染物在环境中的总量没有影响，污染物的危害仍然存在。

② 破坏性过程，包括生物降解、化学降解，这些作用使污染物不但浓度降低，而且结构破坏。其中化学降解不能彻底分解有机化合物，其产物的毒性有可能更大；而生物降解是唯一将污染物转化为无害产物的作用。对于有机污染物的自然衰减，其中最重要的是生物降解作用。

美国超级基金场地地下水污染修复技术统计结果显示，从1986年，监控自然衰减技术逐年增加。在2005～2008年实施修复的164个场地中，应用监控自然衰减技术的比例高达56%，其中单独使用的场地有21%。主动修复和被动修复（自然衰减技术）配套使用已成为地下水污染修复的发展趋势，与监控自然衰减配套使用的技术有抽出-处理和监控自然衰减联用（场地占10%），原位处理和监控自然衰减联用（场地占17%），原位处理、抽出-处理和监控自然衰减联用（场地占8%）。形成的监控自然衰减的技术规范涉及有机和无机污染物。在我国，目前还没有关于监控自然衰减技术实施的相应规程，但是发展速度很快。

相较于其他修复技术，自然监测衰减达到修复目标所需的时间较长。该技术无工程费用，主要成本为环境监测和场地管理费用，场地特征调查所需的时间较长；适用多种污染物类型，如烃类化合物、氢氧化物、氯代脂肪烃、氯代芳香烃、硝基芳香烃、重金属类、非金属类含氧阴离子等；以成本低，扰动小，无二次污染等特点受到越来越多的关注。

4.5.2 关键技术环节

监测自然衰减技术的主要实施过程主要分为四步：a.初步评价监控自然衰减的可行性；b.监测计划设计，一旦确定MNA被确定为可能有效，设计长期性能监测方案；c.评价监控自然衰减的效果，提供进一步的标准来确认是否监控自然衰减可能是有效的，完成效果评估后，需要审查监控数据、污染物的化学和物理参数及现场条件，确定场地组成特征；d.应急方案，在监控过程中，在合理时间框架下，若发现MNA无效，则需要执行应急方案。下面对具体的关键技术方法进行介绍。

4.5.2.1 监测井网系统

是否采用监控自然衰减作为修复方法或修复方法的一部分，必须全面且充分地分析特定场地现有及以往的地下水监测数据，建立物质浓度随时间变化的关系。这些地下水监测数据主要依靠于前期资料的收集与现有监测取样采集。监测自然衰减技术的可行性与效果主要依靠井网系统监测数据的分析与验证，由此可见监测井网系统在自然衰减技术中的作用重大。

监测井网系统的建设要求能够确定地下水中的污染物在纵向和垂向的分布范围，必须能够确定污染羽是否呈现稳定、缩小或扩大状态，确定自然衰减速率是否常数，对于敏感的受体所造成的影响有预警作用。监测井网中的井可以选取前期钻孔与民井或者后期开展的钻孔。井网建设原则：监测井网的井点的位置与数量要满足监测污染羽的范围以及描述污染物浓度随位置变化的要求。因此，监测井设置的密度（位置与数量）要根据场地地质条件、水文条件、整个污染羽大小、污染羽的范围、污染羽在空间上与时间上的分布而定，且能够满足统计分析上可信度要求所需要的数量。

4.5.2.2 监测计划

初步确定场地具备自然衰减的能力后，需要建立长期监测场地地下水水质状态的监测计划，为后期监测自然衰减性能评价与效果评估提供足够的证据。监测计划主要考虑的是监测物质种类与监测频率的确定，这两项计划可针对单个监测井制订不同的监测计划。污染源区可能因各种因素的不同而存在差异，对于描述某一种污染物污染羽行为十分重要的监测井，可能对描述另一种污染物的行为并不重要。这时需要对不同污染物设置不同的监测取样井和频率，即确定监测计划。

监测项目主要是依据污染物种类的不同而有所差异，主要的监测分析项目需集中在污染物及其降解产物上。在监测初期，所有监测区域均需要分析污染物、污染物的降解产物及完整的地球化学参数，以充分了解整个场地的水文地质特性与污染分布。后续监测过程中，则可以依据不同的监测区域与目的做适当的调整。

地下水监测频率在开始的前两年至少每季度监测一次，以确认污染物随着季节性变化的情形，但有些场地可能监测时间需要更长（＞2年）以建立起长期性的变化趋势；对于地下水文条件变化差异性大，或是易随着季节有明显变化的地区，则需要更密集的监测频率，以掌握长期性变化趋势；而在监测2年之后，监测的频率可以依据污染物移动时间以及场地其他特性做适当的调整。

4.5.2.3 自然衰减性能评估

评估监测分析数据结果，判定MNA程序是否如预期方向进行，并评估MNA对污染改善的成效。监控自然衰减性能评估依据主要来源于监测过程中所得到的检测分析结果。监控自然衰减性能评价主要根据监测数据与前一次（或历史资料）的分析结果做比对。

自然衰减性能评估是由监测结果判定污染羽的变化情况，以决定场地以MNA修复法作为场地修复方案的改善效果。主要包括：自然衰减是否如预期的正在发生；是否能监测到任何降低自然衰减效果的环境状况改变，包括水文地质、地球化学、微生物族群或其他改变；能判定潜在或具有毒性或移动性的降解产物；能够证实污染羽正持续衰减；能证实对于下游潜在受体不会有无法接受的影响；能够监测出新的污染物释放到环境中，且可能会影响到MNA修复的效果；能够证实可以达到修复目标。

（1）可行性评价

在利用监控自然衰减技术进行场地修复前，应进行相应的场地特征详细调查，目的在于评估监控自然衰减技术是否适合于特定场地的修复以及为监测井网设计提供基础参数，场地特征详细调查主要确认信息包括污染物特性、水文地质条件及暴露途径和潜在受体。US EPA监测自然衰减技术导则规定，监控自然衰减只能在对人类健康和环境起到保护作用，并且能在合理的期限内完成特定的修复目标的场地上使用。因此，评估监测自然衰减可行性成为实施自然衰减技术的前提条件。是否采用监控自然衰减作为修复方法或修复方法的一部分，必须全面且充分地分析特定场地现有及以往的地下水监测数据，建立物质浓度随时间变化的关系。一般认为，自然衰减有效发生的标志是污染物的总量下降或污染羽形态收缩[66]。

（2）监测自然衰减效率评估

2010年，美国材料实验协会（ASTM）[67]制定了用以评估石油烃泄漏场地的自然衰减效率的标准，采用了三层次证据法判断（表4-13）。EPA建议，确认场地发生自然衰减的3个依据为：a.地下水和土壤监测历史数据表明污染物总量和浓度表现出明显的降低趋势，且地下水污染羽浓度的降低不仅是污染羽迁移导致的结果；b.环境水文地球化学数据间接证实场地条件下发生的自然衰减过程；c.现场和微宇宙实验结果直接证实自然衰减过程的发生，以及自然衰减过程降解目标污染物的能力。实验方法主要有污染物浓度（总量）趋势分析法、环境水文地球化学指标分析法、微生物学方法、微宇宙实验、稳定同位素分析、溶质运移模型等。

表4-13　石油烃泄漏场地的ASTM MNA性能评价标准[67]

初级层次	确定羽流为收缩、稳定或扩展状态的污染物数据
中级层次	生物降解的地球化学指标
	估算衰减速率
	地下水溶质传输模型
可选层次	微生物研究
	同化能力的估算

地下水中污染物浓度的变化趋势是评估自然衰减能力首要的证据。根据地下水中污染物浓度的时间变化趋势可以评估溶解污染羽所处的状态。污染羽的状态分为扩张、稳定和收缩。地下水污染羽状态评估方法分为统计方法和图形法。统计方法基于同一监测井多期监测数据，利用统计方法分析检验污染物浓度的变化趋势，常用的统计方法有Mann-Kendall检验和Mann-Whitney U检验等。稳定性统计分析通常分为三种：第一种是利用单井监测到的污染物浓度变化趋势来进行分析；第二种方法是沿着污染物迁移的方向比较污染源位置和下游污染物浓度的差别；第三种方法为比较不同时期污染物浓度空间分布等值线图的变化规律。图形法通过对比多个时期污染羽的污染物等浓度分布图分析污染羽的状态，污染物浓度分布图包括整个污染羽的浓度分布图、单个监测井污染物浓度时间变化趋势、地下水流向上污染物浓度随迁移距离的变化趋势图等。

水文地球化学指标法的主要目的是分析地下水环境条件是否适宜目标污染物的生物

降解。根据地下水氧化还原条件、电子供受体的含量、降解产物的含量以及pH值和温度等变化，可以推测出污染物是否能发生生物降解。

生物降解是将污染物无害化的自然衰减过程。地下水中存在可降解目标污染物的微生物是证实生物降解的一个重要指标。鉴定地下水中存在可降解目标污染物的微生物是评价地下水生物降解能力的重要手段。实际场地地下水自然衰减评价结果表明，绝大部分场地微生物并不是自然衰减能力的限制因素，所以在相关的自然衰减能力评价指南中微生物手段只是辅助性的手段，只有当污染物浓度和水文地球化学指标分析结果存在较大的不确定性时才需用微生物学方法进一步证实。微生物学方法的主要局限是只能检测已成功分离出来的可降解目标污染物的微生物菌种，没有检测到可降解目标污染物的微生物，并不能排除污染物被其他微生物降解，因为这些微生物的降解能力在实验室没有被证实。

微宇宙实验利用场地获取的土壤和地下水，通过实验模拟研究污染物的自然衰减过程。微宇宙实验可以通过质量平衡定量估算生物降解的贡献率。由于微宇宙实验的条件与场地实际条件存在较大的差异，所以应用微宇宙实验主要是证实生物降解对污染物自然衰减的贡献。通常情况下，不能利用微宇宙实验估算场地条件下生物降解的速率。因此，微宇宙实验只能作为现场结果的佐证。

稳定同位素分析方法是利用有机污染物在生物降解过程中会发生同位素分馏现象来评价生物降解的过程。碳、氢、氮、氧和硫等是有机物的主要元素。利用地下水中污染物及降解过程产物的同位素组成情况可以指示污染物的生物降解过程。同位素分析技术是可定量评估有机物生物降解能力的方法，可定量计算生物降解速率。

自然衰减通过弥散、扩散、吸附、降解（生物降解或非生物过程如水解、挥发及稀释）等过程来控制污染源区域释放的污染物质。可以对污染物在地下水中的移动过程建立污染物运移模型，以此来量化自然衰减过程。定量计算场地修复的最大年限，评价衰减效率。

4.5.2.4 紧急备用方案

在MNA修复法无法达到预期目标，或是当场地内污染有恶化情形，污染羽有持续扩散的趋势时，作为土壤或地下水污染修复的备用方案。当地下水中出现下列情况时需启动紧急备案：a.地下水中污染物浓度大幅度增加，或监测井中出现新的污染物；b.污染源附近采样结果显示污染物浓度有大幅增加情形，表示可能有新的污染源释放出来；c.在原来污染羽边界以外的监测井发现污染物；d.影响到下游地区潜在的受体；e.污染物浓度下降速率不足以达到修复目标；f.地球化学参数的浓度改变，以至于生物降解能力下降；g.因土地或地下水使用改变，造成污染暴露途径。

紧急备用方案是在MNA修复法无法达到预期目标，或是当场地内污染有恶化情形，污染羽有持续扩散的趋势时，采用其他土壤或地下水污染修复工程，而不是仅以原有的自然衰减机制来进行场地的修复工作。

4.5.3 案例分析

本案例选自Dong等[68]在芦花岗垃圾填埋场的研究。调查了浅层含水层中1,2,4-三氯苯（1,2,4-TCB）的自然衰减。进行了批量自然衰减实验和分子生物学实验，分别研究了1,2,4-TCB的自然衰减特性，主要自然衰减过程的相对贡献和降解1,2,4-TCB的功能微生物。评价了该垃圾填埋场自然衰减的效果，表明本地微生物进行生物修复（生物强化和生物刺激）治疗该地点的1,2,4-TCB污染的可行性。

4.5.3.1 研究区概况

芦花岗垃圾填埋场位于开封市南郊，长305m，宽152m，面积约46000m^2，那里的废物包括生活垃圾、建筑垃圾、拆除垃圾和医疗废物。填埋场既没有衬砌也没有低渗透性土壤以防止或减轻渗滤液渗入下面的浅层地下水。更糟糕的是，废物场下方没有渗滤液收集系统。芦花岗垃圾填埋场采样点及水文地质截面分布如图4-94所示。

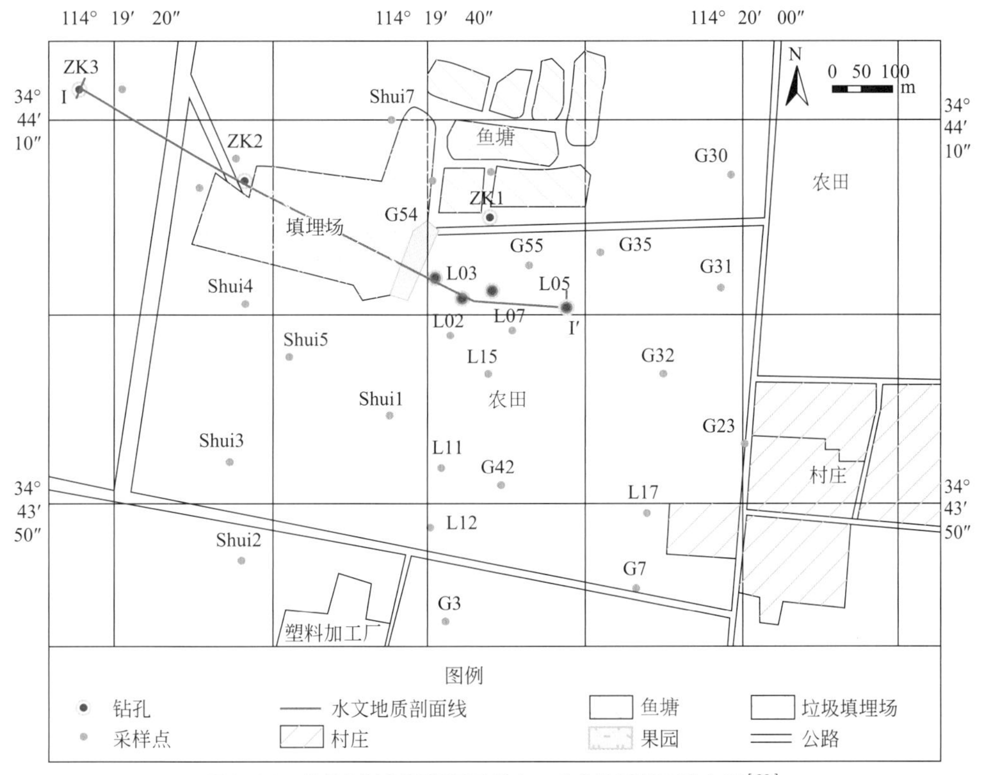

图4-94 芦花岗垃圾填埋场采样点，水文地质截面分布图[68]

根据水文地质剖面图（图4-95），该系统包括粉砂层、细砂层和中砂层。垃圾填埋场下方的黏土层厚5m，渗透系数为0.11m/d，地下水位位于6～8m的深度。

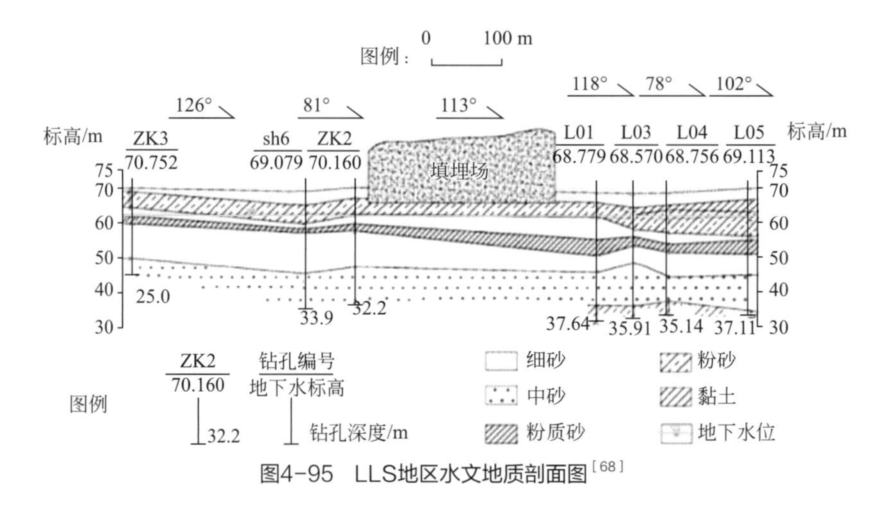

图4-95 LLS地区水文地质剖面图[68]

1,2,4-三氯苯（1,2,4-TCB）是研究现场地下水样品中鉴定出的一种卤代芳烃（HAH）之一。1,2,4-TCB的浓度超过了中国国家地下水水质标准（20μg/L）和US EPA的最大浓度（70μg/L）。以1,2,4-三氯苯（1,2,4-TCB）为特征污染物研究该垃圾填埋场渗滤液在地下水中自然衰减过程。

4.5.3.2 自然衰减的批实验

自然衰减过程的研究是评价环境污染最重要的步骤之一。此外，更好地理解污染物衰减的效率和机理对于场地修复至关重要。影响含水层有机污染物的主要自然衰减过程是挥发、吸附、生物降解、水解和光解。考虑到本研究浅层含水层上方存在5m厚的粉质层，1,2,4-TCB挥发的影响可以忽略。此外，在地下环境中水解法和光解法比其他过程更为常见。因此，在研究自然衰减时只考虑了吸附生物降解。

采用已知浓度的1,2,4-TCB溶液和填埋场下的土壤材料进行批量自然衰减的批实验。自然干燥灭菌后的土壤材料，包括100g粉砂、细砂和中砂，分别置于500mL的棕色烧瓶中，然后分别向每个烧瓶中加入pH=7.8、浓度为9.5mg/L的1,2,4-TCB溶液400mL。瓶子被存放在黑暗中10℃的恒温箱中。在整个实验过程和持续1d、3d、5d、7d、10d、12d、17d、22d后，从每个瓶中收集20mL的分批溶液，分析1,2,4-TCB的残留量。

分析有机化合物自然衰减过程的关键因素是确定具体的动力学模型、降解速率和影响降解速率的因素。底物消耗是一个常用的模型[68]，本研究也采用了底物消耗模型。该模型采用一阶衰减动力学模型，即指数速率模型。一阶衰减动力学假设有机物的降解速率常数与其浓度成正比:浓度越高，衰减速率越高。这种关系表示如下[69]：

$$C=C_0 e^{-\lambda t} \tag{4-20}$$

式中 C ——降解开始后t时刻底物浓度，mg/L；

C_0——底物的初始浓度，μg/L；

λ ——一阶衰减常数。

这种一级反应速率一般用化学物质衰变的半衰期$t_{1/2}$表示，如式（4-21）所示：

$$t_{1/2}=0.693/\lambda \tag{4-21}$$

4.5.3.3 分子生物学实验

自然衰减的过程通常分为两类，非破坏性过程和破坏性过程。非破坏性过程只能降低污染物的浓度，例如通过吸附到含水层介质上和扩散。除降低污染物浓度外，诸如生物降解之类的破坏性过程还会破坏污染物的结构。后者在污染物去除中起着更重要的作用。生物降解是地下水中有机污染物自然衰减的最重要破坏机制[70]。污染物可以转化为CO_2、H_2O或其他无毒物质。由于该方法具有更好的适应能力和始终如一的高处理效率，因此，最广泛使用的生物修复方法是对本地微生物进行生物强化和生物刺激[70,71]。按照该方法，鉴定降解1,2,4-TCB的微生物至关重要。

通过比较1,2,4-TCB在灭菌和未灭菌培养基中的自然衰减来计算生物降解对1,2,4-TCB自然衰减的贡献，并可以通过分子生物学实验获得功能性微生物的类型。采用市售试剂盒（美国PowerSoil DNA分离试剂盒）提取这三个样品的土壤微生物总DNA。通过保守侧翼引物对GC-338F（5'-CGC CCG CCG CGC GCG GCG GGC GGG GCG GGG GCA GGG CGG GGG GCC TAC GGG AGG CAG CAG-3'）和518R（5'-ATT ACC GCG GCT GCT GG-3'）进行聚合酶锻反应扩增。PCR混合物包含5μL 10×PCR缓冲液，4μL $MgCl_2$（25mmol/L），2μL dNTPs（10mmol/L），0.5μLTaq聚合酶，1.5μL正向引物，1.5μL反向引物，3μL DNA模板和足够的重蒸水以达到最终反应体积为50μL。PCR分析开始于在95℃下初始变性4min，然后在94℃下1min，在55℃下1min和72℃下1min进行35个循环，最后的变性步骤在72℃下进行2min。然后，将PCR产物用于变性梯度凝胶电泳（DGGE）以分离不同的DNA片段，然后将PCR产物加载到8%（质量/体积）聚丙烯酰胺凝胶上，变性梯度为40%～60%（其中100%变性剂，含有7mol/L的尿素和40%的甲酰胺）。每个选定的DGGE带均被切下并用商业凝胶提取试剂盒（Sangon Biotech，China）处理以获得DNA，并根据PCR产物将其用作模板。按照上述方法，将二级扩增产物送至上海某生物技术有限公司进行测序，使用默认程序默认值，利用BLAST程序进行基因同源性搜索。

4.5.3.4 自然衰减效果评价结果

（1）1,2,4-TCB在不同介质中的自然衰减

考虑到生物降解和吸附的批处理实验结果，绘制了1,2,4-TCB的自然衰减响应曲线。用一阶衰减动力学方程（4-20）拟合这些曲线，以确定粉砂、细砂和中砂中1,2,4-TCB的降解参数，如图4-96～图4-98所示。

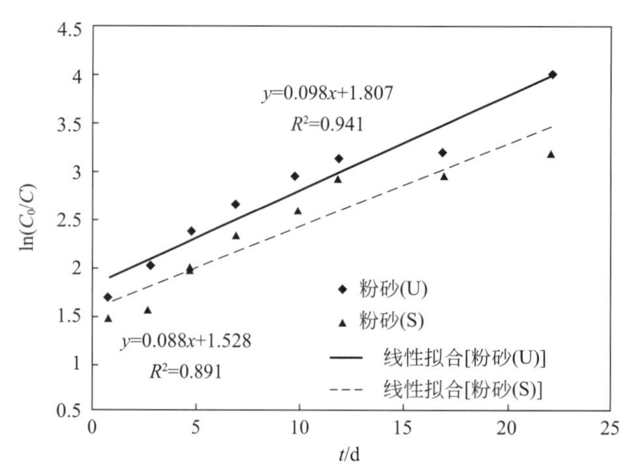

图4-96　未灭菌和灭菌粉砂中1,2,4-TCB一阶衰减动力学的拟合图[68]

注：U和S分别表示未灭菌和灭菌

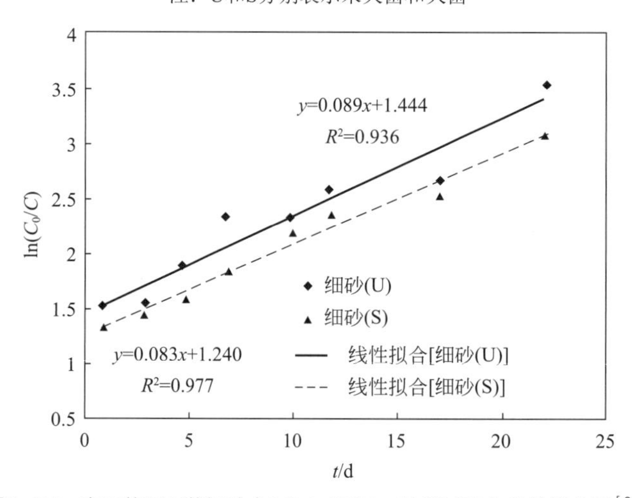

图4-97　未灭菌和灭菌细砂中1,2,4-TCB一阶衰减动力学的拟合图[68]

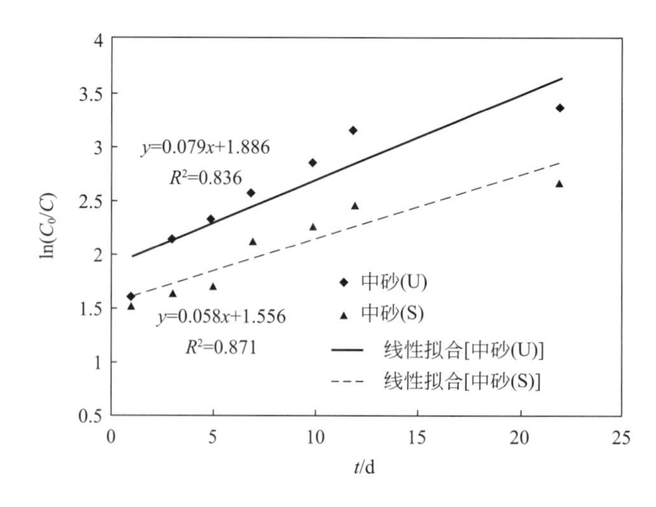

图4-98　未灭菌和灭菌中砂中1,2,4-TCB一阶衰减动力学的拟合图[68]

如表4-14所列，自然衰减率和1,2,4-TCB浓度在低浓度的1,2,4-TCB时呈线性关系，而这三种土壤材质中1,2,4-TCB的自然衰减率介质依次为粉砂>细砂>中砂。此外，未灭菌的粉砂、细砂和中砂中的1,2,4-TCB的自然衰减率始终略高于灭菌介质。这种现象可以通过在未灭菌的培养基中代谢1.2,4-TCB的土著微生物的存在来解释。

表4-14　粉砂、细砂和中砂中1,2,4-TCB一级衰减动力学方程参数表[68]

土壤材质	状态	一级衰减动力学方程	$\lambda(d-1)$	R^2	$t_{1/2}(d)$
粉砂	未灭菌	$\ln(C_0/C)=0.098t+1.807$	0.098	0.941	7.07
	灭菌	$\ln(C_0/C)=0.088t+1.528$	0.088	0.891	7.88
细砂	未灭菌	$\ln(C_0/C)=0.089t+1.444$	0.089	0.936	7.79
	灭菌	$\ln(C_0/C)=0.083t+1.240$	0.083	0.977	8.35
中砂	未灭菌	$\ln(C_0/C)=0.079t+1.886$	0.079	0.836	8.77
	灭菌	$\ln(C_0/C)=0.058t+1.556$	0.053	0.871	13.08

（2）1,2,4-TCB自然降解和吸附的贡献

吸附和生物降解是研究现场1,2,4-TCB衰减的主要过程。实验第22天，1,2,4-TCB对未灭菌粉砂、细砂和中砂的去除率分别达到98.2%、97.1%和97.2%。吸附率分别为97.7%、98.2%和95.7%，生物降解率仅为2.3%、1.8%和4.3%（表4-15、图4-99）。

表4-15　第22天未灭菌的粉砂，细砂和中砂介质中的降解率比较表[68]

土壤材质	自然衰减/%	吸附/%	生物降解/%	A/N	B/N
粉砂	98.2	96.0	2.2	97.7	2.3
细砂	97.1	95.4	1.7	98.2	1.8
中砂	97.2	93.0	4.2	95.7	4.3

注：A/N—吸附率/自然衰减率；B/N—生物降解率/自然衰减率。

通过比较1,2,4-TCB在未灭菌和灭菌的粉砂、细粉和介质中的自然衰减率，发现生物降解对自然衰减的影响远小于吸附。在自然条件下，微生物生物量较小，降解菌的数量也较低，生物降解对自然衰减的作用较弱。然而，生物降解可以通过生物强化和生物刺激等生物修复程序来增强。

生物降解和吸附的相对贡献与污染物的特性和受污染地点的特定条件有关，例如含水层介质和微生物群落的特性。例如，根据含水层渗流柱模拟实验，在中国东北的一个油污点，三氯甲烷、二氯甲烷和苯的生物降解对污染物衰减的相对贡献分别为3%、2%和3%。吸附的贡献率分别为87%、85%和94%[72]；该地点的含水层主体为粉砂，夹有细砂层。在室内模拟土壤柱实验的基础上，同一地点的生物降解对甲基苯和二甲苯衰减的贡献分别为41.50%和8.49%[73]。在伊通河附近的渗流带中，生物降解对柴油自然衰减的贡献为10.9%，那里的土壤介质主要是细砂[74]。

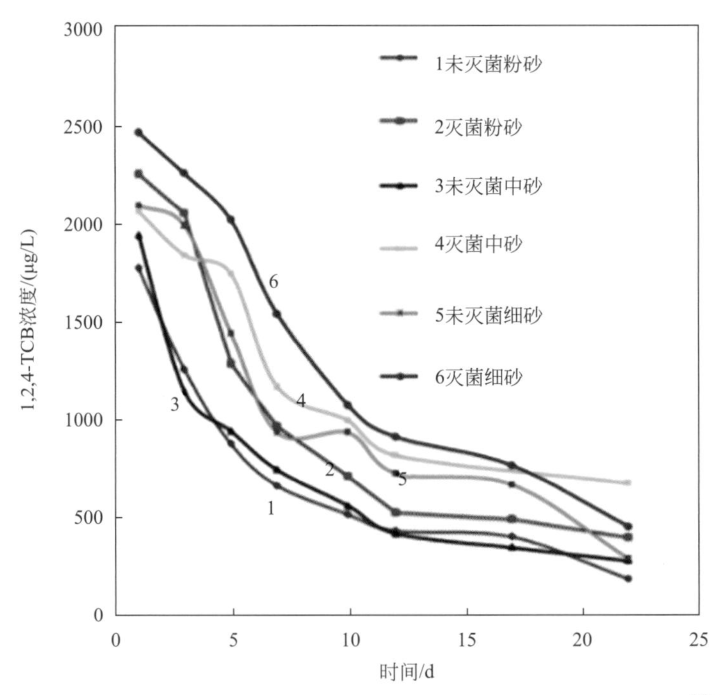

图4-99　1,2,4-TCB在未灭菌和灭菌粉砂、细砂和中砂中的自然衰减曲线[68]

（3）微生物评价结果

用PCR-DGGE分析来自天然土壤样品的结果如图4-100所示。选择12条典型的电泳抗性条带进行克隆测序，并将测序结果与GenBank中已知的序列进行比较。带5的序列与假单胞菌最相似，其基因组同源性为97%。通过报告表明，这种菌株有能力降解作为唯一碳源的1,2,4-TCB。

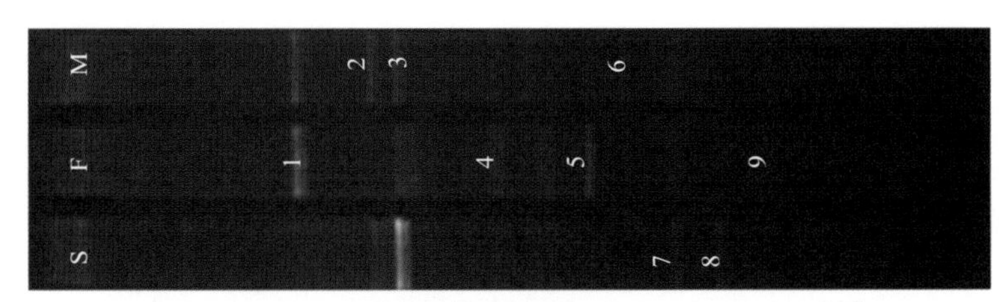

图4-100　三种土壤样品细菌群落的PCR-DGGE结果[68]

注：S、F、M分别代表粉砂、细砂、中砂。

利用1,2,4-TCB作为碳和能源的细菌已从污染环境中分离出来，被描述为假单胞菌属（*Pseudomonas*）、伯克霍尔德氏菌（*Burholderia*）、去卤虫属（*Dehalococcoides*）、产碱杆菌属（*Alcaligenes*）等[75-78]。据报道，将假单胞菌P51接种到一个填充了莱茵河沙子的渗滤柱中，可降解1,2,4-TCB，阈值浓度为(20±5)μg/L[79]。表明，该试验点的功能性微生物主要为假单胞菌，利用本地微生物进行1,2,4-TCB污染的生物修复（生物强化和生物刺激）是可行的。

参考文献

[1] 王寅. 污染场地地下水修复技术筛选方法综述［J］. 中国市政工程，2018, 200(5): 25-27.
[2] 胡宏涛，龙明策. 加油站场地调查及污染土壤和地下水修复方法研究［J］. 中国资源综合利用，2018, 36(4): 86-87.
[3] Design Guidelines for Conventional Pump-and-Treat Systems［S］. EPA/540/S-97/504.
[4] Basics of Pump-and-Treat Ground-Water Remediation Technology［S］. EPA/600/8-90/003.
[5] Pump-and-Treat Ground-Water Remediation—A Guide for Decision Makers and Practitioners［S］. EPA/625/R-95/005.
[6] A Systematic Approach for Evaluation of Capture Zones at Pump and Treat Systems［S］. EPA 600/R-08/003.
[7] Elements for Effective Management of Operating Pump and Treat Systems［S］. EPA 542-R-02-009.
[8] Optimization Strategies for Long-Term Ground Water Remedies (with Particular Emphasis on Pump and Treat Systems)［S］. EPA 542-R-07-007.
[9] Options for Discharging Treated Water from Pump and Treat Systems［S］. EPA 542-R-07-006.
[10] Methods for Monitoring Pump-and-Treat Performance［S］. EPA/600/R-94/123.
[11] Thiruvenkatachari R, Vigneswaran S, Naidu R. Permeable reactive barrier for groundwater remediation［J］. Journal of Industrial and Engineering Chemistry, 2008, 14(2): 145-156.
[12] Lu X, Li M, Deng H, et al. Application of electrochemical depassivation in PRB systems to recovery FeO reactivity［J］. Frontiers of Environmental Science & Engineering, 2016, 10(4):33-41.
[13] Wilkin R T, Acree S D, Ross R R, et al. Fifteen-year assessment of a permeable reactive barrier for treatment of chromate and trichloroethylene in groundwater［J］. Sci Total Environ, 2014, 468: 186-194.
[14] Hou D, Al-Tabbaa A, Luo J. Assessing effects of site characteristics on remediation secondary life cycle impact with a generalized framework［J］. J Environ Plan Manag, 2014, 57(7):1083-1100.
[15] Obiri-Nyarko F, Grajales-Mesa S J, Malina G. An overview of permeable reactive barriers for in situ sustainable groundwater remediation［J］. Chemosphere, 2014, 111: 243-259.
[16] 陈亮. 零价铁渗透反应格栅中铁的微生物钝化效应及电活化技术［D］. 北京：中国地质大学（北京）,2012.
[17] 王泓泉. 污染地下水可渗透反应墙(PRB)技术研究进展［J］. 环境工程技术学报，2020, 10(2):251-259.
[18] Junchao Ma,Yong Wang,Geoffrey W, et al. Hydrocarbon adsorption performance and regeneration stability of diphenyldichlorosilane coated zeolite and its application in permeable reactive barriers: Column studies［J］. Elsevier Inc.,2020: 294.
[19] Liana Carolina Carvalho Rocha,Lazaro Valentin Zuquette. Evaluation of zeolite as a potential reactive medium in a permeable reactive barrier (PRB): batch and column studies［J］. MDPI,2020,10(2): 59.
[20] Gholami Fatemeh,Shavandi Mahmoud,Dastgheib Seyed Mohammad Mehdi, et al. The impact of calcium peroxide on groundwater bacterial diversity during naphthalene removal by permeable reactive barrier (PRB).［J］. Environmental Science and Pollution Research, 2019,26(34): 35218-35226.
[21] Rad Peyman Rahimi,Fazlali Ali. Optimization of permeable reactive barrier dimensions and location in groundwater remediation contaminated by landfill pollution［J］. Elsevier Ltd,2019: 35.
[22] Torregrosa Martin,Schwarz Alex,Nancucheo Ivan, et al. Evaluation of the bio-protection mechanism in diffusive exchange permeable reactive barriers for the treatment of acid mine drainage.［J］. Sci Total Environ, 2019: 655.
[23] 张晟瑀，林学钰，周兰影，等. 沸石联合微生物固定化去除微污染水体中氨氮的研究［J］. 环境污染与防治，2009(4):14-17, 20.

［24］周浩晖. 生物陶粒滤池去除水源水中氨氮的试验研究［J］. 华北科技学院学报，2007, 4(4):61-64.
［25］肖鸿，杨平，郭勇，等. 生物膜反应器中生物膜脱落的机理及数学模型［J］. 化工环保，2005,25(1):23-28.
［26］孔祥科，马剑飞，杨应钊，等. 渗透反应格栅去除地下水中铵的化学生物联合柱研究［J］. 环境科学与技术，2012(12):1-5.
［27］胡细全，李兆华. 生物沸石滤池处理富营养化水体的挂膜试验［J］. 环境工程学报，2010,4(3):552-556.
［28］李娟英，赵庆祥. 氨氮生物硝化过程影响因素研究［J］. 中国矿业大学学报，2006,35(1):120-124.
［29］Kim J H, Guo X, Park H S. Comparison study of the effects of temperature and free ammonia concentration on nitrification and nitrite accumulation［J］. Process Biochemistry, 2008, 43(2):154-160.
［30］徐金兰，董玉华，黄廷林，等. 沸石和陶粒挂膜前后脱除氨氮的特性研究［J］. 西安建筑科技大学学报(自然科学版)，2012, 44(1):132-136.
［31］Xi B, Jiang Y, Yu Y, et al. Double-layer persulfate sustained-release material and its preparation method［R］. US 2015 0021251.
［32］American Public Health Association, AWWA, Water Environment Federation. Standard Methods for the Examination of Water and Wastewater［M］. Washington, DC: American Public Health Association, 2012.
［33］Pu M, Guan Z, Ma Y, et al. Synthesis of iron-based metal-organic framework MIL-53 as an efficient catalyst to activate persulfate for the degradation of Orange G in aqueous solution［J］. Applied Catalysis A: General, 2018, 549: 82-92.
［34］He Y, Zhang Y, Li X et al. Capacitive mechanism of oxygen functional groups on carbon surface in supercapacitors［J］. Electrochimica Acta, 2018， 282: 618-625.
［35］Zhang L, Yue Q, Yang K et al. Enhanced phosphorus and ciprofloxacin removal in a modified BAF system by configuring Fe-C micro electrolysis: investigation on pollutants removal and degradation mechanisms［J］. Journal of Hazardous Materials, 2018, 342: 705-714.
［36］Hwang Y H, Kim D G, Shin H S. Mechanism study of nitrate reduction by nano zero valent iron［J］. Journal of Hazardous Materials, 2011, 185(2-3): 1513-1521.
［37］Ma Z, Yang Y, Jiang Y, et al. Enhanced degradation of 2, 4-dinitrotoluene in groundwater by persulfate activated using iron-carbon micro-electrolysis［J］. Chemical Engineering Journal, 2017, 311: 183-190.
［38］Furman O S, Teel A L, Watts R J. Mechanism of base activation of persulfate［J］. Environmental Science & Technology, 2010, 44(16): 6423-6428.
［39］Li P, Liu Z, Wang X, et al. Enhanced decolorization of methyl orange in aqueous solution using iron-carbon micro-electrolysis activation of sodium persulfate［J］. Chemosphere, 2017, 180: 100-107.
［40］Fan J H , Wang H W, Wu D L, et al. Effects of electrolytes on the reduction of 2, 4 - dinitrotoluene by zero - valent iron［J］. Journal of Chemical Technology & Biotechnology, 2010, 85(8): 1117-1121.
［41］Zhang W, Li X, Yang Q, et al. Pretreatment of landfill leachate in near-neutral pH condition by persulfate activated Fe-C micro-electrolysis system［J］. Chemosphere, 2019, 216: 749-756.
［42］Li X, Zhou M, Pan Y. Enhanced degradation of 2, 4-dichlorophenoxyacetic acid by pre-magnetization Fe-C activated persulfate: Influential factors, mechanism and degradation pathway［J］. Journal of Hazardous Materials, 2018, 353: 454-465.
［43］Jiao W, Yu L, Liu Y, et al. Degradation behavior and kinetics of dinitrotoluene in simulated wastewater by iron-carbon microelectrolysis［J］. Desalination and Water Treatment, 2016, 57(42): 19975-19980.
［44］Ling R, Chen J, Shao J, et al. Degradation of organic compounds during the corrosion of ZVI by hydrogen peroxide at neutral pH: Kinetics, mechanisms and effect of corrosion promoting and inhibiting ions［J］. Water Research, 2018, 134: 44-53.
［45］Han Y, Li H, Liu M, et al. Purification treatment of dyes wastewater with a novel micro-electrolysis reactor［J］. Separation and Purification Technology, 2016, 170: 241-247.
［46］Monti M R, Smania A M, Fabro G, et al. Engineering Pseudomonas fluorescens for biodegradation of 2,

4-dinitrotoluene [J]. Appl. Environ. Microbiol., 2005, 71(12): 8864-8872.
[47] Valli K, Brock B J, Joshi D K, et al. Degradation of 2, 4-dinitrotoluene by the lignin-degrading fungus Phanerochaete chrysosporium [J]. Appl. Environ. Microbiol., 1992, 58(1): 221-228.
[48] Xu X, Yang Y, Jia Y, et al. Heterogeneous catalytic degradation of 2, 4-dinitrotoluene by the combined persulfate and hydrogen peroxide activated by the as-synthesized Fe-Mn binary oxides [J]. Chemical Engineering Journal, 2019, 374: 776-786.
[49] Agrawal A, Tratnyek P G. Reduction of nitro aromatic compounds by zero-valent iron metal [J]. Environmental Science & Technology, 1995. 30(1): 153-160.
[50] Mantha R, Taylor K E, Biswas N, et al. A continuous system for Fe0 reduction of nitrobenzene in synthetic wastewater [J]. Environmental Science & Technology, 2001, 35(15): 3231-3236.
[51] Zhao L, Ma J, Sun Z Z. Oxidation products and pathway of ceramic honeycomb-catalyzed ozonation for the degradation of nitrobenzene in aqueous solution [J]. Applied Catalysis B: Environmental, 2008, 79(3): 244-253.
[52] Zhang S J, Wang S, Chai C J,et al. Kinetics and mechanisms of radiolytic degradation of nitrobenzene in aqueous solutions [J]. Environmental Science & Technology, 2007, 41(6): 1977-1982.
[53] Lu H, Sui M, Yuan B, et al. Efficient degradation of nitrobenzene by Cu-Co-Fe-LDH catalyzed peroxymonosulfate to produce hydroxyl radicals [J]. Chemical Engineering Journal, 2019, 357: 140-149.
[54] Hung H M, Ling F H, Hoffmann M R. Kinetics and mechanism of the enhanced reductive degradation of nitrobenzene by elemental iron in the presence of ultrasound [J]. Environmental Science & Technology, 2000, 34(9): 1758-1763.
[55] Oh S Y, Seo Y D, Ryu K S. Reductive removal of 2, 4-dinitrotoluene and 2, 4-dichlorophenol with zero-valent iron-included biochar [J]. Bioresource Technol, 2016, 216: 1014-1021.
[56] Thomas J M, Hernandez R, Kuo C H. Single-step treatment of 2, 4-dinitrotoluene via zero-valent metal reduction and chemical oxidation [J]. J. Hazard. Mater, 2008, 1: 193-198.
[57] Tsitonaki A, Petri B, Crimi M L, et al. In situ chemical oxidation of contaminated soil and groundwater using persulfate: a review [J]. Crit. Rev. Environ. Sci. Technol, 2010, 40: 55-91.
[58] Li B, Zhu J. Removal of *p*-chloronitrobenzene from groundwater: effectiveness and degradation mechanism of a heterogeneous nanoparticulate zero-valent iron (NZVI)-induced Fenton process [J]. Chem. Eng. J, 2014, 255: 225-232.
[59] Chen K F, Kao C M, Wu L C, et al. Methyl tert-butyl ether (MTBE) degradation by ferrous ion-activated persulfate oxidation: feasibilityand kinetics studies [J]. Water Environ Res,2009, 81(7): 687-694.
[60] Oh S Y, Kim H W, Park J M, et al. Oxidation of polyvinyl alcohol by persulfate activated with heat, Fe^{2+}, and zero-valent iron [J]. J. Hazard. Mater, 2009, 168(1): 346-351.
[61] Liang C J, Bruell C J, Marley M C, et al. Persulfate oxidation for in situ remediation of TCE. I. Activated by ferrous ion with and without a persulfate thiosulfate redox couple [J]. Chemosphere, 2004, 55 (9): 1213-1223.
[62] Li J, Liu Q, Qing J Q, et al. Degradation of *p*-nitrophenol (PNP) in aqueous solution by Fe^0-PM-PS system through response surface methodology (RSM) [J]. Appl Catal B: Environ, 2017, 200: 633-646.
[63] Tan L, Lu S, Fang Z, et al. Enhanced reductive debromination and subsequent oxidative ring-opening of decabromodiphenyl ether by integrated catalyst of nZVI supported on magnetic Fe_3O_4 nanoparticles [J]. Appl. Catal. B: Environ, 2017, 200: 200-210.
[64] Oh S Y, Kang S G, Chiu P C. Degradation of 2,4-dinitrotoluene by persulfate activated with zero-valent iron [J]. Sci. Total Environ, 2010, 408: 3464-3468.
[65] US EPA. Technical protocol for evaluating natural attenuation of chlorinated solvents in ground water(EPA 600 R-98 128) [R]. Washington DC:US EPA，1998.
[66] Christensen J B, Christensen T H. The effect of pH on the complexation of Cd, Ni and Zn by dissolved organic

carbon from leachate-polluted groundwater [J]. Water Res, 2000, 34:3743-3754.

[67] ASTM.Standard Guide for Remediation of Ground Water by Natural Attenuation at Petroleum Release Sites (E1943-98: reapproved 2010) [R]. Philly: American Society for Testing and Materials，2010.

[68] Dong W H, Zhang P, Lin X Y, et al. Natural attenuation of 1,2,4-trichlorobenzene in shallow aquifer at the Luhuagang's landfill site, Kaifeng, China [J]. Science of the Total Environment, 2015, 505: 216-222.

[69] Zeng A P, Deckwer W D. A kinetic model for substrate and energy consumption of micro-bial growth under substrate-sufficient conditions [J]. Biotechnol Prog, 1995;11(1):71-79.

[70] Sawyer C N, McCarty P L, Parkin G F, et al. Chemistry for environmental engineering and science [M]. New York: McGraw Hill, 2003.

[71] Bento F M, Camargo F A O, Okeke B C, et al. Comparative bioremediation of soils contaminated with diesel oil by natural attenuation, biostimulation and bioaug-mentation [J]. Bioresour Technol, 2005, 96(9):1049-1055.

[72] Achal V, Pan X L, Zhang D Y. Remediation of copper-contaminated soil by Kocuria flava CR1,based on microbially induced calcite precipitation [J]. Ecol Eng, 2011, 37(10):1601-1605.

[73] Wang W. Research on the migration and transformation mechanism of petroleum characteristic contaminant in shallow groundwater [D]. Changchun: Jilin University, 2012.

[74] Zhou R, ZhaoY S, Ren H J, et al.Natural attenuation of BTEX inthe under ground environment [J]. Environ Sci, 2009,30(9):2804-2808.

[75] Zhao Y S, Wang B, Qu Z H, et al. Natural attenuation of diesel pollution in sand layer of vadose zone [J]. J Jilin Univ (Earth Sci Ed), 2010, 40(2):389-393.

[76] Hölscher T, Görisch H, Adrian L. Reductive dehalogenation of chlorobenzene congeners in cell extracts of *Dehalococcoides* sp. strain CBDB1 [J]. Appl Environ Microbiol, 2003, 69(5): 2999-3001.

[77] Ogawa N, Miyashita K. The chlorocatechol-catabolic transposon Tn5707 of Alcaligenes eutrophus NH9, carrying a gene cluster highly homologous to that in the 1,2,4-trichlorobenzene-degrading bacterium *Pseudomonas* sp. strain P51, confers the ability to grow on 3-chlorobenzoate [J]. Appl Environ Microbiol, 1999, 65(2):724-731.

[78] Van der Meer J R, EeegnR I, Zehnder A J, et al. Sequence analysis of the *Pseudomonas* sp. strain P51tcb gene cluster, which encodes metabolism of chlorinated catechols:evidence for specialization of catechol 1,2-dioxygenases for chlorinated substrates [J]. J Bacteriol, 1992, 173(8):2425-2434.

[79] Van der Meer J R, Roelofsen W, Schraa G, et al. Degradation of low concentrations of dichlorobenzenes and 1,2,4-trichlorobenzene by *Pseudomonas* sp. strain P51 in nonsterile soil columns [J]. FEMS Microbiol Lett, 1987, 45(6):333-341.

附录

附录1 地下水质量标准（GB/T 14848—2017）（节选）

1 范围

本标准规定了地下水质量分类、指标及限值，地下水质量调查与监测，地下水质量评价等内容。

本标准适用于地下水质量调查、监测、评价与管理。

2 规范性引用文件

下列文件对于本文件的应用是必不可少的。凡是注日期的引用文件，仅注日期的版本适用于本文件。凡是不注日期的引用文件，其最新版本（包括所有的修改单）适用于本文件。

GB 5749—2006 生活饮用水卫生标准

GB/T 27025—2008 检测和校准实验室能力的通用要求

3 术语和定义

下列术语和定义适用于本文件。

3.1 地下水质量 groundwater quality

地下水的物理、化学和生物性质的总称。

3.2 常规指标 regular indices

反映地下水质量基本状况的指标，包括感官性状及一般化学指标、微生物指标、常见毒理学指标和放射性指标。

3.3 非常规指标 non-regular indices

在常规指标上的拓展，根据地区和时间差异或特殊情况确定的地下水质量指标，反映地下水中所产生的主要质量问题，包括比较少见的无机和有机毒理学指标。

3.4 人体健康风险 human health risk

地下水中各种组分对人体健康产生危害的概率。

4 地下水质量分类及指标

4.1 地下水质量分类

依据我国地下水质量状况和人体健康风险，参照生活饮用水、工业、农业等用水质量要求，依据各组分含量高低（pH除外），分为五类。

Ⅰ类：地下水化学组分含量低,适用于各种用途；

Ⅱ类：地下水化学组分含量较低，适用于各种用途；

Ⅲ类：地下水化学组分含量中等，以GB 5749—2006为依据，主要适用于集中式生活饮用水水源及工农业用水；

Ⅳ类：地下水化学组分含量较高，以农业和工业用水质量要求以及一定水平的人体健康风险为依据，适用于农业和部分工业用水，适当处理后可作生活饮用水；

Ⅴ类：地下水化学组分含量高，不宜作为生活饮用水水源，其他用水可根据使用目的选用。

4.2 地下水质量分类指标

地下水质量指标分为常规指标和非常规指标，其分类及限值分别见表1和表2。

表1　地下水质量常规指标及限值

序号	指标	Ⅰ类	Ⅱ类	Ⅲ类	Ⅳ类	Ⅴ类
感官性状及一般化学指标						
1	色（铂钴色度单位）	≤5	≤5	≤15	≤25	>25
2	嗅和味	无	无	无	无	有
3	浑浊度/NTU①	≤3	≤3	≤3	≤10	>10
4	肉眼可见物	无	无	无	无	有
5	pH	6.5≤pH≤8.5			5.5≤pH<6.5 8.5<pH≤9.0	pH<5.5或 pH>9.0
6	总硬度（以$CaCO_3$计）/(mg/L)	≤150	≤300	≤450	≤650	>650
7	溶解性总固体/（mg/L）	≤300	≤500	≤1000	≤2000	>2000
8	硫酸盐/（mg/L）	≤50	≤150	≤250	≤350	>350
9	氯化物/（mg/L）	≤50	≤150	≤250	≤350	>350
10	铁/（mg/L）	≤0.1	≤0.2	≤0.3	≤2.0	>2.0
11	锰/（mg/L）	≤0.05	≤0.05	≤0.10	≤1.50	>1.50
12	铜/（mg/L）	≤0.01	≤0.05	≤1.00	≤1.50	>1.50
13	锌/（mg/L）	≤0.05	≤0.5	≤1.00	≤5.00	>5.00
14	铝/（mg/L）	≤0.01	≤0.05	≤0.20	≤0.50	>0.50
15	挥发性酚类（以苯酚计）/（mg/L）	≤0.001	≤0.001	≤0.002	≤0.01	>0.01
16	阴离子表面活性剂/（mg/L）	不得检出	≤0.1	≤0.3	≤0.3	>0.3

续表

序号	指标	Ⅰ类	Ⅱ类	Ⅲ类	Ⅳ类	Ⅴ类
感官性状及一般化学指标						
17	耗氧量(COD_{Mn}法，以O_2计)/(mg/L)	≤1.0	≤2.0	≤3.0	≤10.0	>10.0
18	氨氮（以N计）/(mg/L)	≤0.02	≤0.10	≤0.50	≤1.50	>1.50
19	硫化物/(mg/L)	≤0.005	≤0.01	≤0.02	≤0.10	>0.10
20	钠/(mg/L)	≤100	≤150	≤200	≤400	>400
微生物指标						
21	总大肠菌群/(MPN②/100mL或CFU③/100mL)	≤3.0	≤3.0	≤3.0	≤100	>100
22	菌落总数/(CFU/mL)	≤100	≤100	≤100	≤1000	>1000
毒理学指标						
23	亚硝酸盐（以N计）/(mg/L)	≤0.01	≤0.10	≤1.00	≤4.80	>4.80
24	硝酸盐（以N计）/(mg/L)	≤2.0	≤5.0	≤20.0	≤30.0	>30.0
25	氰化物/(mg/L)	≤0.001	≤0.01	≤0.05	≤0.1	>0.1
26	氟化物/(mg/L)	≤1.0	≤1.0	≤1.0	≤2.0	>2.0
27	碘化物/(mg/L)	≤0.04	≤0.04	≤0.08	≤0.50	>0.50
28	汞/(mg/L)	≤0.0001	≤0.0001	≤0.001	≤0.002	>0.002
29	砷/(mg/L)	≤0.001	≤0.001	≤0.01	≤0.05	>0.05
30	硒/(mg/L)	≤0.01	≤0.01	≤0.01	≤0.1	>0.1
31	镉/(mg/L)	≤0.0001	≤0.001	≤0.005	≤0.01	>0.01
32	铬（六价）/(mg/L)	≤0.005	≤0.01	≤0.05	≤0.10	>0.10
33	铅/(mg/L)	≤0.005	≤0.005	≤0.01	≤0.10	>0.10
34	三氯甲烷/(μg/L)	≤0.5	≤6	≤60	≤300	>300
35	四氯化碳/(μg/L)	≤0.5	≤0.5	≤2.0	≤50.0	>50.0
36	苯/(μg/L)	≤0.5	≤1.0	≤10.0	≤120	>120
37	甲苯/(μg/L)	≤0.5	≤140	≤700	≤1400	>1400
放射性指标④						
38	总α放射性/(Bq/L)	≤0.1	≤0.1	≤0.5	>0.5	>0.5
39	总β放射性/(Bq/L)	≤0.1	≤1.0	≤1.0	>1.0	>1.0

① NTU为散射浊度单位。
② MPN表示最可能数。
③ CFU表示菌落形成单位。
④ 放射性指标超过指导值，应进行核素分析和评价。

表2　地下水质量非常规指标及限值

序号	指标	Ⅰ类	Ⅱ类	Ⅲ类	Ⅳ类	Ⅴ类
毒理学指标						
1	铍/（mg/L）	≤0.0001	≤0.0001	≤0.002	≤0.06	>0.06
2	硼/（mg/L）	≤0.02	≤0.10	≤0.50	≤2.00	>2.00
3	锑/（mg/L）	≤0.0001	≤0.0005	≤0.005	≤0.01	>0.01
4	钡/（mg/L）	≤0.01	≤0.10	≤0.70	≤4.00	>4.00
5	镍/（mg/L）	≤0.002	≤0.002	≤0.02	≤0.10	>0.10
6	钴/（mg/L）	≤0.005	≤0.005	≤0.05	≤0.10	>0.10
7	钼/（mg/L）	≤0.001	≤0.01	≤0.07	≤0.15	>0.15
8	银/（mg/L）	≤0.001	≤0.01	≤0.05	≤0.10	>0.10
9	铊/（mg/L）	≤0.0001	≤0.0001	≤0.0001	≤0.001	>0.001
10	二氯甲烷/（μg/L）	≤1	≤2	≤20	≤500	>500
11	1, 2-二氯乙烷/（μg/L）	≤0.5	≤3.0	≤30.0	≤40.0	>40.0
12	1, 1, 1-三氯乙烷/（μg/L）	≤0.5	≤400	≤2000	≤4000	>4000
13	1, 1, 2-三氯乙烷/（μg/L）	≤0.5	≤0.5	≤5.0	≤60.0	>60.0
14	1, 2-二氯丙烷/（μg/L）	≤0.5	≤0.5	≤5.0	≤60.0	>60.0
15	三溴甲烷/（μg/L）	≤0.5	≤10.0	≤100	≤800	>800
16	氯乙烯/（μg/L）	≤0.5	≤0.5	≤5.0	≤90.0	>90.0
17	1, 1-二氯乙烯/（μg/L）	≤0.5	≤3.0	≤30.0	≤60.0	>60.0
18	1, 2-二氯乙烯/（μg/L）	≤0.5	≤5.0	≤50.0	≤60.0	>60.0
19	三氯乙烯/（μg/L）	≤0.5	≤7.0	≤70.0	≤210	>210
20	四氯乙烯/（μg/L）	≤0.5	≤4.0	≤40.0	≤300	>300
21	氯苯/（μg/L）	≤0.5	≤60.0	≤300	≤600	>600
22	邻二氯苯/（μg/L）	≤0.5	≤200	≤1000	≤2000	>2000
23	对二氯苯/（μg/L）	≤0.5	≤30.0	≤300	≤600	>600
24	三氯苯（总量）/（μg/L）①	≤0.5	≤4.0	≤20.0	≤180	>180
25	乙苯/（μg/L）	≤0.5	≤30.0	≤300	≤600	>600
26	二甲苯（总量）/（μg/L）②	≤0.5	≤100	≤500	≤1000	>1000
27	苯乙烯/（μg/L）	≤0.5	≤2.0	≤20.0	≤40.0	>40.0
28	2, 4-二硝基甲苯/（μg/L）	≤0.1	≤0.5	≤5.0	≤60.0	>60.0
29	2, 6-二硝基甲苯/（μg/L）	≤0.1	≤0.5	≤5.0	≤30.0	>30.0
30	萘/（μg/L）	≤1	≤10	≤100	≤600	>600
31	蒽/（μg/L）	≤1	≤360	≤1800	≤3600	>3600
32	荧蒽/（μg/L）	≤1	≤50	≤240	≤480	>480
33	苯并［*b*］荧蒽/（μg/L）	≤0.1	≤0.4	≤4.0	≤8.0	>8.0

续表

序号	指标	Ⅰ类	Ⅱ类	Ⅲ类	Ⅳ类	Ⅴ类
毒理学指标						
34	苯并［*a*］芘/（μg/L）	≤0.002	≤0.002	≤0.01	≤0.50	＞0.50
35	多氯联苯（总量）/（μg/L）③	≤0.05	≤0.05	≤0.50	≤10.0	＞10.0
36	邻苯二甲酸二（2-乙基己基）酯/（μg/L）	≤3	≤3	≤8.0	≤300	＞300
37	2, 4, 6-三氯酚/（μg/L）	≤0.05	≤20.0	≤200	≤300	＞300
38	五氯酚/（μg/L）	≤0.05	≤0.90	≤9.0	≤18.0	＞18.0
39	六六六（总量）/（μg/L）④	≤0.01	≤0.50	≤5.00	≤300	＞300
40	γ-六六六（林丹）/（μg/L）	≤0.01	≤0.20	≤2.00	≤150	＞150
41	滴滴涕（总量）/（μg/L）⑤	≤0.01	≤0.10	≤1.00	≤2.00	＞2.00
42	六氯苯/（μg/L）	≤0.01	≤0.10	≤1.00	≤2.00	＞2.00
43	七氯/（μg/L）	≤0.01	≤0.04	≤0.40	≤0.80	＞0.80
44	2, 4-滴/（μg/L）	≤0.1	≤6.0	≤30.0	≤150	＞150
45	克百威/（μg/L）	≤0.05	≤1.40	≤7.00	≤14.0	＞14.0
46	涕灭威/（μg/L）	≤0.05	≤0.60	≤3.00	≤30.0	＞30.0
47	敌敌畏/（μg/L）	≤0.05	≤0.10	≤1.00	≤2.00	＞2.00
48	甲基对硫磷/（μg/L）	≤0.05	≤4.00	≤20.0	≤40.0	＞40.0
49	马拉硫磷/（μg/L）	≤0.05	≤25.0	≤250	≤500	＞500
50	乐果/（μg/L）	≤0.05	≤16.0	≤80.0	≤160	＞160
51	毒死蜱/（μg/L）	≤0.05	≤6.00	≤30.0	≤60.0	＞60.0
52	百菌清/（μg/L）	≤0.05	≤1.00	≤10.0	≤150	＞150
53	莠去津/（μg/L）	≤0.05	≤0.40	≤2.00	≤600	＞600
54	草甘膦/（μg/L）	≤0.1	≤140	≤700	≤1400	＞1400

① 三氯苯（总量）为1, 2, 3-三氯苯、1, 2, 4-三氯苯、1, 3, 5-三氯苯3种异构体加和。
② 二甲苯（总量）为邻二甲苯、间二甲苯、对二甲苯3种异构体加和。
③ 多氯联苯（总量）为PCB28、PCB52、PCB101、PCB118、PCB138、PCB153、PCB180、PCB194、PCB206 9种多氯联苯单体加和。
④ 六六六（总量）为*α*-六六六、*β*-六六六、*γ*-六六六、*δ*-六六六4种异构体加和。
⑤ 滴滴涕（总量）为*o*, *p*’-滴滴涕、*p*, *p*’-滴滴伊、*p*, *p*’-滴滴滴、*p*, *p*’-滴滴涕4种异构体加和。

5 地下水质量调查与监测

5.1 地下水质量应定期监测。潜水监测频率应不少于每年两次（丰水期和枯水期各1次），承压水监测频率可以根据质量变化情况确定，宜每年1次。

5.2 依据地下水质量的动态变化，应定期开展区域性地下水质量调查评价。

5.3 地下水质量调查与监测指标以常规指标为主，为便于水化学分析结果的审核，应补充钾、钙、镁、重碳酸根、碳酸根、游离二氧化碳指标；不同地区可在常规指标的基础上，根据当地实际情况补充选定非常规指标进行调查与监测。

5.4 地下水样品的采集参照相关标准执行，地下水样品的保存和送检按附录A执行。

5.5 地下水质量检测方法的选择参见附录B，使用前应按照GB/T 27025—2008中5.4的要求，进行有效确认和验证。

6 地下水质量评价

6.1 地下水质量评价应以地下水质量检测资料为基础。

6.2 地下水质量单指标评价，按指标值所在的限值范围确定地下水质量类别，指标限值相同时，从优不从劣。

示例：挥发性酚类Ⅰ、Ⅱ类限值均为0.001mg/L，若质量分析结果为0.001mg/L时，应定为Ⅰ类，不定为Ⅱ类。

6.3 地下水质量综合评价，按单指标评价结果最差的类别确定，并指出最差类别的指标。

示例：某地下水样氯化物含量400mg/L，四氯乙烯含量350μg/L，这两个指标属Ⅴ类，其余指标均低于Ⅴ类。则该地下水质量综合类别定为Ⅴ类，Ⅴ类指标为氯离子和四氯乙烯。

附录2 生活垃圾卫生填埋场环境监测技术要求（GB/T 18772—2017）

1 范围

本标准规定了生活垃圾卫生填埋场大气污染物监测、填埋气体监测、渗沥液监测、外排水监测、地下水监测、地表水监测、填埋堆体渗沥液水位监测、场界环境噪声监测、填埋物监测、苍蝇密度监测、封场后监测的内容和方法。

本标准适用于生活垃圾卫生填埋场。

2 规范性引用文件

下列文件对于本文件的应用是必不可少的。凡是注日期的引用文件，仅注日期的版本适用于本文件。凡是不注日期的引用文件，其最新版本（包括所有的修改单）适用于本文件。

GB/T 3785.1 电声学 声级计 第1部分：规范

GB/T 5750.4 生活饮用水标准检验方法 感官性状和物理指标

GB/T 5750.5 生活饮用水标准检验方法 无机非金属指标

GB/T 5750.6 生活饮用水标准检验方法 金属指标

GB/T 5750.7 生活饮用水标准检验方法 有机物综合指标

GB/T 5750.12 生活饮用水标准检验方法 微生物指标

GB 6920 水质 pH值的测定 玻璃电极法

GB 7466 水质 总铬的测定

GB 7467　水质　六价铬的测定　二苯碳酰二肼分光光度法
GB 7469　水质　总汞的测定　高锰酸钾-过硫酸钾消解法　双硫腙分光光度法
GB 7470　水质　铅的测定　双硫腙分光光度法
GB 7471　水质　镉的测定　双硫腙分光光度法
GB 7475　水质　铜、锌、铅、镉的测定　原子吸收分光光度法
GB 7477　水质　钙和镁总量的测定　EDTA滴定法
GB 7480　水质　硝酸盐氮的测定　酚二磺酸分光光度法
GB 7484　水质　氟化物的测定　离子选择电极法
GB 7485　水质　总砷的测定　二乙基二硫代氨基甲酸银分光光度法
GB 7493　水质　亚硝酸盐氮的测定　分光光度法
GB/T 8538　饮用天然矿泉水检验方法
GB/T 8984　气体中一氧化碳、二氧化碳和碳氢化合物的测定　气相色谱法
GB 9801　空气质量　一氧化碳的测定　非分散红外法
GB/T 10410　人工煤气和液化石油气常量组分气相色谱分析法
GB/T 11828.1　水位测量仪器　第1部分：浮子式水位计
GB/T 11828.2　水位测量仪器　第2部分：压力式水位计
GB/T 11828.4　水位测量仪器　第4部分：超声波水位计
GB/T 11828.6　水位测量仪器　第6部分：遥测水位计
GB 11892　水质　高锰酸盐指数的测定
GB 11893　水质　总磷的测定　钼酸铵分光光度法
GB 11896　水质　氯化物的测定　硝酸银滴定法
GB 11899　水质　硫酸盐的测定　重量法
GB 11901　水质　悬浮物的测定　重量法
GB 11903　水质　色度的测定
GB 11905　水质　钙和镁的测定　原子吸收分光光度法
GB 11911　水质　铁、锰的测定　火焰原子吸收分光光度法
GB 11914　水质　化学需氧量的测定　重铬酸盐法
GB 12348—2008　工业企业厂界环境噪声排放标准
GB/T 13486　便携式热催化甲烷检测报警仪
GB/T 14675　空气质量　恶臭的测定　三点比较式臭袋法
GB/T 14678　空气质量　硫化氢、甲硫醇、甲硫醚和二甲二硫的测定　气相色谱法
GB/T 15432　环境空气　总悬浮颗粒物的测定　重量法
GB 15562.1　环境保护图形标志　排放口（源）
GB/T 15959　水质　可吸附有机卤素（AOX)的测定　微库仑法
GB/T 16157　固定污染源排气中颗粒物测定与气态污染物采样方法
GB/T 16489　水质　硫化物的测定　亚甲基蓝分光光度法

GB 16889—2008　生活垃圾填埋场污染控制标准

CJ/T 313—2009　生活垃圾采样和分析方法

CJ/T 428　生活垃圾渗沥液检测方法

HJ/T 38　固定污染源排气中非甲烷总烃的测定　气相色谱法

HJ/T 55—2000　大气污染物无组织排放监测技术导则

HJ/T 56　固定污染源排气中二氧化硫的测定　碘量法

HJ/T 57　固定污染源排气中二氧化硫的测定　定电位电解法

HJ/T 60　水质　硫化物的测定　碘量法

HJ/T 83　水质　可吸附有机卤素（AOX）的测定　离子色谱法

HJ/T 84　水质　无机阴离子的测定　离子色谱法

HJ/T 86　水质　生化需氧量（BOD）的测定　微生物传感器快速测定法

HJ/T 91—2002　地表水和污水监测技术规范

HJ/T 164—2004　地下水环境监测技术规范

HJ/T 194—2005　环境空气质量手工监测技术规范

HJ/T 195　水质　氨氮的测定　气相分子吸收光谱法

HJ/T 197　水质　亚硝酸盐氮的测定　气相分子吸收光谱法

HJ/T 198　水质　硝酸盐氮的测定　气相分子吸收光谱法

HJ/T 199　水质　总氮的测定　气相分子吸收光谱法

HJ/T 200　水质　硫化物的测定　气相分子吸收光谱法

HJ/T 341　水质　汞的测定　冷原子荧光法（试行）

HJ/T 342　水质　硫酸盐的测定　铬酸钡分光光度（试行）

HJ/T 347　水质　粪大肠菌群的测定　多管发酵法和滤膜法（试行）

HJ/T 399　水质　化学需氧量的测定　快速消解分光光度法

HJ 479　环境空气　氮氧化物（一氧化氮和二氧化氮）的测定　盐酸萘乙二胺分光光度法

HJ 482　环境空气　二氧化硫的测定　甲醛吸收-副玫瑰苯胺分光光度法

HJ 483　环境空气　二氧化硫的测定　四氯汞盐吸收-副玫瑰苯胺分光光度法

HJ 484　水质　氰化物的测定　容量法和分光光度法

HJ 487　水质　氟化物的测定　茜素磺酸锆目视比色法

HJ 488　水质　氟化物的测定　氟试剂分光光度法

HJ 501　水质　总有机碳的测定　燃烧氧化-非分散红外吸收法

HJ 503　水质　挥发酚的测定　4-氨基安替比林分光光度法

HJ 505　水质　五日生化需氧量（BOD_5）的测定　稀释与接种法

HJ 533　环境空气和废气　氨的测定　纳氏试剂分光光度法

HJ 534　环境空气　氨的测定　次氯酸钠-水杨酸分光光度法

HJ 535　水质　氨氮的测定　纳氏试剂分光光度法

HJ 536　水质　氨氮的测定　水杨酸分光光度法
HJ 537　水质　氨氮的测定　蒸馏-中和滴定法
HJ 597　水质　总汞的测定　冷原子吸收分光光度法
HJ 629　固定污染源废气　二氧化硫的测定　非分散红外吸收法
HJ 636　水质　总氮的测定　碱性过硫酸钾消解紫外分光光度法
HJ 637　水质　石油类和动植物油类的测定　红外分光光度法
HJ 659　水质　氰化物等的测定　真空检测管-电子比色法
HJ 665　水质　氨氮的测定　连续流动-水杨酸分光光度法
HJ 666　水质　氨氮的测定　流动注射-水杨酸分光光度法
HJ 667　水质　总氮的测定　连续流动-盐酸萘乙二胺分光光度法
HJ 668　水质　总氮的测定　流动注射-盐酸萘乙二胺分光光度法
HJ 671　水质　总磷的测定　流动注射-钼酸铵分光光度法
HJ 694　水质　汞、砷、硒、铋和锑的测定　原子荧光法
HJ 744　水质　酚类化合物的测定　气相色谱-质谱法
HJ 755　水质　总大肠菌群和粪大肠菌群的测定　纸片快速法
HJ 776　水质　32种元素的测定　电感耦合等离子体发射光谱法

3　术语和定义

下列术语和定义适用于本文件。

3.1　填埋物　landfill waste

进入生活垃圾卫生填埋场的生活垃圾及其他具有生活垃圾属性的一般固体废弃物。

3.2　无组织排放大气污染物监测　fugitive emission monitoring of air pollutants

对填埋场中无组织排放源（填埋区、生产车间低于15m的排气筒等）排放的大气污染物进行的监测。

3.3　固定污染源大气污染物监测　stationary source monitoring of air pollutants

对填埋场中燃煤、燃油、燃气的锅炉和其他生产车间排气筒排放的大气污染物进行的监测。

3.4　外排水　drainage

填埋场中的渗沥液经过渗沥液处理设施处理后由排放口排出的水。

（略。）

5.3　采样方法

5.3.1　填埋气体安全性监测

在场内填埋气体易于聚集的建（构）筑物内顶部监测采用在线监测仪器直接采样

测定，在填埋工作面上2m以下高度范围内和填埋气导气管排放口监测可采用符合GB/T 13486要求或具有相同效果的便携式分析仪器直接采样测定。

5.3.2 填埋气体成分监测

监测填埋气体成分的采样方法应按照HJ/T 194—2005中第4章的要求执行。

5.4 监测项目及分析方法

填埋气体成分监测项目及分析方法应按表3的规定执行。

表3 填埋气体成分监测项目及分析方法

序号	监测项目	分析方法	方法来源
1	甲烷	气相色谱法	GB/T 8984
			HJ/T 38
2	二氧化碳	气相色谱法	GB/T 8984
			GB/T 10410
3	氧气	气相色谱法	GB/T 10410
4	硫化氢	气相色谱法	GB/T 14678
5	氨	纳氏试剂分光光度法	HJ 533
		次氯酸钠-水杨酸分光光度法	HJ 534
6	一氧化碳	非分散红外法	GB 9801

6 渗沥液监测

6.1 采样点的布设

应设在进入渗滤液处理设施入口。无渗沥液处理设施，采样点应设在渗沥液集液井（池）。

6.2 采样频次

表4中监测项目pH、化学需氧量、总氮和氨氮应每日监测1次，其他项目应每季度监测1次。

6.3 采样方法

用采样器提取水样，弃去前3次样品，用第4次样品作为分析样品。采样量和固定方法按HJ/T 91—2002中表4-4的规定执行。

6.4 监测项目及分析方法

渗滤液监测项目及分析方法应按表4的规定执行。

表4 渗滤液监测项目及分析方法

序号	监测项目	分析方法	方法来源
1	pH	玻璃电极法	GB 6920
			CJ/T 428
2	色度	稀释倍数法	GB 11903
			CJ/T 428

续表

序号	监测项目	分析方法	方法来源
3	悬浮物	重量法	GB 11901
			CJ/T 428
4	化学需氧量	重铬酸钾法	GB 11914
			CJ/T 428
		快速消解分光光度法	HJ/T 399
		真空检测管-电子比色法	HJ 659
5	五日生化需氧量	稀释与培养法	CJ/T 428
		微生物传感器快速测定法	HJ/T 86
		稀释与接种法	HJ 505
6	总氮	碱性过硫酸钾消解紫外分光光度法	CJ/T 428
			HJ 636
		连续流动-盐酸萘乙二胺分光光度法	HJ 667
		流动注射-盐酸萘乙二胺分光光度法	HJ 668
7	氨氮	纳氏试剂分光光度法	CJ/T 428
			HJ 535
		蒸馏-中和滴定法	CJ/T 428
			HJ 537
		水杨酸分光光度法	HJ 536
		真空检测管-电子比色法	HJ 659
		连续流动-水杨酸分光光度法	HJ 665
		流动注射-水杨酸分光光度法	HJ 666
		气相分子吸收光谱法	HJ/T 195
8	总磷	钼酸铵分光光度法	GB 11893
			CJ/T 428
		钒钼磷酸盐分光光度法	CJ/T 428
		流动注射-钼酸铵分光光度法	HJ 671
9	氟化物	离子选择电极法	GB 7484
		茜素磺酸锆目视比色法	HJ 487
		氟试剂分光光度法	HJ 488
		真空检测管-电子比色法	HJ 659
10	硫化物	亚甲基蓝分光光度法	GB/T 16489
		碘量法	HJ/T 60
		气相分子吸收光谱法	HJ/T 200
		真空检测管-电子比色法	HJ 659
11	氰化物	容量法和分光光度法	HJ 484
		真空检测管-电子比色法	HJ 659

续表

序号	监测项目	分析方法	方法来源
12	总有机碳	燃烧氧化-非分散红外吸收法	HJ 501
13	可吸附有机卤素	微库仑法	GB/T 15959
		离子色谱法	HJ/T 83
14	石油类和动植物油类	红外分光光度法	HJ 637
15	锌	原子吸收分光光度法	GB 7475
		电感耦合等离子体发射光谱法	HJ 776
16	总汞	高锰酸钾-过硫酸钾消解法双硫腙分光光度法	GB 7469
		原子荧光法	CJ/T 428
			HJ 694
		冷原子吸收分光光度法	CJ/T 428
			HJ 597
17	总砷	二乙基二硫代氨基甲酸银分光光度法	GB 7485
			CJ/T 428
		原子荧光法	HJ 694
			CJ/T 428
		电感耦合等离子体发射光谱法	HJ 776
18	铅	双硫腙分光光度法	GB 7470
		原子吸收分光光度法	GB 7475
			CJ/T 428
		电感耦合等离子体发射光谱法	HJ 776
			CJ/T 428
19	镉	双硫腙分光光度法	GB 7471
		原子吸收分光光度法	GB 7475
			CJ/T 428
		电感耦合等离子体发射光谱法	CJ/T 428
			HJ 776
20	总铬	总铬的测定	GB 7466
		火焰原子吸收分光光度法	CJ/T 428
		电感耦合等离子体发射光谱法	CJ/T 428
			HJ 776
21	六价铬	二苯碳酰二肼分光光度法	GB 7467
		真空检测管-电子比色法	HJ 659
22	粪大肠菌群	多管发酵法和滤膜法	CJ/T 428
			HJ/T 347
		纸片快速法	HJ 755

7 外排水监测

7.1 采样点的布设

7.1.1 采样点应设在垃圾填埋场渗沥液处理设施排放口。污水排放口应按照《排污口规范化整治技术要求》（试行）建设，设置符合GB 15562.1要求的污水排放口标志。如有多个排放口，应分别在每个排放口布设采样点。

7.1.2 新建（改扩建）生活垃圾填埋场应在污水设施排放口安装自动监控设备，应按照GB 16889—2008中10.1.2的规定执行。

7.2 采样频次

表5中监测项目pH、化学需氧量、总氮和氨氮应每日监测1次，其他项目应每季度监测1次。

7.3 采样方法

用采样器提取外排水，弃去前3次水样，用第4次水样作为分析样品。通常采集瞬时水样，采样量和固定方法按HJ/T 91—2002中表4-4的规定执行。

7.4 监测项目及分析方法

外排水监测项目及分析方法应按表5的规定执行。

表5 外排水监测项目及分析方法

序号	监测项目	分析方法	方法来源
1	pH	玻璃电极法	GB 6920
2	色度	铂钴比色法	GB 11903
3	悬浮物	重量法	GB 11901
4	化学需氧量	重铬酸钾法	GB 11914
		快速消解分光光度法	HJ/T 399
		真空检测管-电子比色法	HJ 659
5	五日生化需氧量	微生物传感器快速测定法	HJ/T 86
		稀释与接种法	HJ 505
6	总氮	碱性过硫酸钾消解紫外分光光度法	HJ 636
		连续流动-盐酸萘乙二胺分光光度法	HJ 667
		流动注射-盐酸萘乙二胺分光光度法	HJ 668
7	氨氮	纳氏试剂分光光度法	HJ 535
		水杨酸分光光度法	HJ 536
		真空检测管-电子比色法	HJ 659

续表

序号	监测项目	分析方法	方法来源
7	氨氮	连续流动-水杨酸分光光度法	HJ 665
		流动注射-水杨酸分光光度法	HJ 666
		气相分子吸收光谱法	HJ/T 195
8	总磷	钼酸铵分光光度法	GB 11893
		流动注射-钼酸铵分光光度法	HJ 671
9	氟化物	离子选择电极法	GB 7484
		茜素磺酸锆目视比色法	HJ 487
		氟试剂分光光度法	HJ 488
		真空检测管-电子比色法	HJ 659
10	硫化物	亚甲基蓝分光光度法	GB/T 16489
		碘量法	HJ/T 60
		气相分子吸收光谱法	HJ/T 200
		真空检测管-电子比色法	HJ 659
11	氰化物	容量法和分光光度法	HJ 484
		真空检测管-电子比色法	HJ 659
12	总有机碳	燃烧氧化-非分散红外吸收法	HJ 501
13	可吸附有机卤素	微库仑法	GB/T 15959
		离子色谱法	HJ/T 83
14	石油类和动植物油类	红外分光光度法	HJ 637
15	锌	原子吸收分光光度法	GB 7475
		电感耦合等离子体发射光谱法	HJ 776
16	总汞	高锰酸钾-过硫酸钾消解法双硫腙分光光度法	GB 7469
		原子荧光法	HJ 694
		冷原子吸收分光光度法	HJ 597
		冷原子荧光法	HJ/T 341
17	总砷	二乙基二硫代氨基甲酸银分光光度法	GB 7485
		原子荧光法	HJ 694
		电感耦合等离子体发射光谱法	HJ 776

续表

序号	监测项目	分析方法	方法来源
18	铅	双硫腙分光光度法	GB 7470
		原子吸收分光光度法	GB 7475
		电感耦合等离子体发射光谱法	HJ 776
19	镉	双硫腙分光光度法	GB 7471
		原子吸收分光光度法	GB 7475
		电感耦合等离子体发射光谱法	HJ 776
20	总铬	总铬的测定	GB 7466
		电感耦合等离子体发射光谱法	HJ 776
21	六价铬	二苯碳酰二肼分光光度法	GB 7467
		真空检测管-电子比色法	HJ 659
22	粪大肠菌群	多管发酵法和滤膜法	HJ/T 347
		纸片快速法	HJ 755

8 地下水监测

8.1 采样点的布设

应根据填埋场地水文地质条件，以及时反映地下水水质变化为原则，布设地下水监测系统：

a）本底井，一眼，宜设在填埋场地下水流向上游，距填埋堆体边界30～50m处。

b）排水井，一眼，宜设在填埋场地下水主管出口处。

c）污染扩散井，两眼，宜分别设在垂直填埋场地下水走向的两侧，距填埋堆体边界30～50m处。

d）污染监视井，两眼，宜分别设在填埋场地下水流向下游，距填埋堆体边界30m处一眼、50m处一眼。

e）当按照上述位置要求布设监测井时，井的位置如超出了填埋场的边界，则应将监测井点位调回填埋场边界之内。当在上述位置打不出地下水时，可将距离填埋场最近的现有地下水井作为填埋场的地下水监测井。

8.2 采样频次

应按照GB 16889—2008中10.2.2、10.2.4和10.2.5的要求执行。

8.3 采样方法

应按HJ/T 164—2004中3.2的要求执行。

8.4 监测项目及分析方法

地下水监测项目及分析方法应按表6的规定执行。

表6 地下水监测项目及分析方法

序号	监测项目	分析方法	方法来源
1	pH	玻璃电极法	GB 6920
			GB/T 5750.4
2	总硬度	EDTA滴定法	GB 7477
		原子吸收分光光度法	GB 11905
		乙二胺四乙酸二钠滴定法	GB/T 5750.4
3	溶解性总固体	称量法	GB/T 5750.4
4	高锰酸盐指数	酸性高锰酸钾滴定法	GB/T 5750.7
			GB 11892
5	氨氮	纳氏试剂分光光度法	GB/T 5750.5
			HJ 535
		水杨酸盐分光光度法	GB/T 5750.5
			HJ 536
		气相分子吸收光谱法	HJ/T 195
		真空检测管-电子比色法	HJ 659
		连续流动-水杨酸分光光度法	HJ 665
		流动注射-水杨酸分光光度法	HJ 666
6	硝酸盐氮	紫外分光光度法	GB/T 5750.5
		离子色谱法	GB/T 5750.5
			HJ/T 84
		酚二磺酸分光光度法	GB 7480
		真空检测管-电子比色法	HJ 659
		气相分子吸收光谱法	HJ/T 198
7	亚硝酸盐氮	重氮偶合分光光度法	GB/T 5750.5
		分光光度法	GB 7493
		真空检测管-电子比色法	HJ 659
		离子色谱法	HJ/T 84
		气相分子吸收光谱法	HJ/T 197

续表

序号	监测项目	分析方法	方法来源
8	硫酸盐	铬酸钡分光光度法	GB/T 5750.5
			HJ/T 342
		硫酸钡烧灼称量法	GB/T 5750.5
		重量法	GB 11899
		离子色谱法	GB/T 5750.5
			HJ/T 84
9	氯化物	硝酸银滴定法	GB/T 5750.5
			GB 11896
		离子色谱法	GB/T 5750.5
			HJ/T 84
10	挥发性酚类	4-氨基安替比林分光光度法	GB/T 5750.4
			HJ 503
		流动注射在线蒸馏法	GB/T 8538
		气相色谱-质谱法	HJ 744
11	氰化物	异烟酸-吡唑酮分光光度法	GB/T 5750.5
		异烟酸-巴比妥酸分光光度法	GB/T 5750.5
			HJ 484
		流动注射在线蒸馏法	GB/T 8538
		真空检测管-电子比色法	HJ 659
12	砷	原子荧光法	GB/T 5750.6
			HJ 694
		电感耦合等离子体质谱法	GB/T 5750.6
		二乙基二硫代氨基甲酸银分光光度法	GB 7485
		电感耦合等离子体发射光谱法	GB/T 5750.6
			HJ 776
13	汞	原子荧光法	GB/T 5750.6
			HJ 694
		冷原子吸收分光光度法	HJ 597
		冷原子荧光法	HJ/T 341
		电感耦合等离子体质谱法	GB/T 5750.6

续表

序号	监测项目	分析方法	方法来源
14	六价铬	二苯碳酰二肼分光光度法	GB/T 5750.6
			GB 7467
		真空检测管-电子比色法	HJ 659
15	铅	原子吸收分光光度法	GB/T 5750.6
			GB 7475
		电感耦合等离子体质谱法	GB/T 5750.6
		电感耦合等离子体发射光谱法	GB/T 5750.6
			HJ 776
16	氰	离子色谱法	GB/T 5750.5
			HJ/T 84
		离子选择电极法	GB 7484
		真空检测管-电子比色法	HJ 659
17	镉	原子吸收分光光度法	GB/T 5750.6
			GB 7475
		电感耦合等离子体质谱法	GB/T 5750.6
		电感耦合等离子体发射光谱法	GB/T 5750.6
			HJ 776
18	铁	原子吸收分光光度法	GB/T 5750.6
			GB 11911
		电感耦合等离子体质谱法	GB/T 5750.6
		电感耦合等离子体发射光谱法	GB/T 5750.6
			HJ 776
19	锰	原子吸收分光光度法	GB/T 5750.6
			GB 11911
		电感耦合等离子体质谱法	GB/T 5750.6
		电感耦合等离子体发射光谱法	GB/T 5750.6
			HJ 776
20	铜	原子吸收分光光度法	GB/T 5750.6
			GB 7475
		电感耦合等离子体质谱法	GB/T 5750.6
		电感耦合等离子体发射光谱法	GB/T 5750.6
			HJ 776

续表

序号	监测项目	分析方法	方法来源
21	锌	原子吸收分光光度法	GB/T 5750.6
			GB 7475
		电感耦合等离子体质谱法	GB/T 5750.6
		电感耦合等离子体发射光谱法	GB/T 5750.6
			HJ 776
22	总大肠菌群	多管发酵法	GB/T 5750.12
		滤膜法	
		酶底物法	

9 地表水监测

9.1 采样点的布设

应设在填埋场场界内地表水的排放口处。

9.2 采样频次

应每季度监测1次。雨季每次暴雨后及时采样监测。

9.3 采样方法

应按HJ/T 91—2002中4.2.3.2的要求执行。

9.4 监测项目及分析方法

地表水监测项目及分析方法应按表7的规定执行。

表7 地表水监测项目及分析方法

序号	监测项目	分析方法	方法来源
1	pH	玻璃电极法	GB 6920
2	色度	铂钴比色法	GB 11903
		稀释倍数法	
3	悬浮物	重量法	GB 11901
4	化学需氧量	重铬酸钾法	GB 11914
		快速消解分光光度法	HJ/T 399
		真空检测管-电子比色法	HJ 659
5	总氮	碱性过硫酸钾消解紫外分光光度法	HJ 636
		连续流动-盐酸萘乙二胺分光光度法	HJ 667
		流动注射-盐酸萘乙二胺分光光度法	HJ 668
		气相分子吸收光谱法	HJ/T 199

续表

序号	监测项目	分析方法	方法来源
6	挥发酚	4-氨基安替比林分光光度法	HJ 503
		气相色谱-质谱法	HJ 744
7	硝酸盐氮	离子色谱法	HJ/T 84
		酚二磺酸分光光度法	GB 7480
		真空检测管-电子比色法	HJ 659
		气相分子吸收光谱法	HJ/T 198
8	亚硝酸盐氮	分光光度法	GB 7493
		真空检测管-电子比色法	HJ 659
		离子色谱法	HJ/T 84
		气相分子吸收光谱法	HJ/T 197
9	硫化物	亚甲基蓝分光光度法	GB/T 16489
		碘量法	HJ/T 60
		气相分子吸收光谱法	HJ/T 200
		真空检测管-电子比色法	HJ 659
10	总大肠菌群	纸片快速法	HJ 755

10 垃圾堆体渗沥液水位监测

10.1 监测点的布设

依据渗沥液导流层和填埋气体导排管的分布情况确定监测点数量和位置，宜每 $2000m^2$ 布设一个监测点。填埋库区工况较复杂时，可适当增加布设点数。

10.2 监测频次

应每月监测1次。降雨季节监测频次不低于2次。

10.3 监测方法

宜采用钻孔埋设水位管（或测压管），填埋库区工况较复杂时，宜采用分多层埋设水位管（或测压管）。并安装水位计对水位进行监测，水位计宜选择浮子式水位计、电测水位计、超声波水位计、红外水位计、遥测水位计。

10.4 监测项目及分析方法

10.4.1 监测项目为垃圾堆体中的渗沥液水位值，单位：m。

10.4.2 分析方法为采用钻孔埋设水位管和安装水位计直接测量。仪器性能不应低于GB/T 11828.1、GB/T 11828.2、GB/T 11828.4和GB/T 11828.6的要求。

11 场界环境噪声监测

11.1 采样点的布设

应按照GB 12348—2008中5.3的规定执行。

11.2 采样频次

应每月监测1次。

11.3 监测项目及分析方法

11.3.1 监测项目为场界昼间和夜间噪声值，单位：dB（A）。

11.3.2 分析方法为采用噪声监测仪直接测量，仪器性能不应低于GB 3785.1的要求。

12 填埋物监测

12.1 采样点布设及采样方法

应采集当日收运到垃圾填埋场的垃圾，采样方法按照CJ/T 313—2009中4.4.3的规定执行。

12.2 采样频次

应每月1次。

12.3 监测项目及分析方法

填埋物监测项目为容重、物理组成、含水率。其中垃圾容重的分析方法按照CJ/T 313—2009中6.1的规定执行；垃圾物理组成分析方法按照CJ/T 313—2009中6.2的规定执行；垃圾含水率分析方法按照CJ/T 313—2009中6.3的规定执行。

13 苍蝇密度监测

13.1 采样点布设

依据填埋作业区面积及特征确定监测点数量和位置，应在作业面、临时覆土面、封场面设点，宜每隔30～50m设1点；每个面不应少于3点，在每个监测点上放置诱蝇笼诱取苍蝇。

13.2 采样频次

根据气候特征，在苍蝇活跃季节，一般4～10月宜每月监测2次，其他时间宜每月监测1次。

13.3 采样方法

应在晴天进行。日出时将装好诱饵的诱蝇笼离地1m放在采样点上，日落时收笼，用杀虫剂杀灭活蝇，一并计数。

13.4 苍蝇密度测定

将采集的苍蝇以每笼计数，单位：只/（笼·d）。

14 封场后监测

在填埋场封场后继续对大气污染物、填埋气体、渗沥液、地下水进行持续监测。

14.1 大气污染物监测

14.1.1 采样点的布设

采样点的布设按4.1.1、4.2.1。

14.1.2 采样频次

每年不应小于4次。

14.1.3 采样方法

采样方法按4.1.3、4.2.3。

14.1.4 监测项目及分析方法

监测项目及分析方法按4.1.4、4.2.4。

14.2 填埋气体监测

14.2.1 采样点的布设

采样点的布设按5.1。

14.2.2 采样频次

采样频次按5.2的规定，直到渗沥液中水污染物质量浓度连续两年低于GB 16889—2008中表2、表3中的限值为止。

14.2.3 采样方法

采样方法按5.3。

14.2.4 监测项目及分析方法

监测项目及分析方法按5.3、5.4。

14.3 渗沥液监测

14.3.1 采样点的布设

采样点的布设按6.1。

14.3.2 采样频次

采样频次按6.2的规定，直到渗沥液中水污染物质量浓度连续两年低于GB 16889—2008中表2、表3中的限值为止。

14.3.3 采样方法

采样方法按6.3。

14.3.4 监测项目及分析方法

监测项目及分析方法按6.4。

14.4 地下水监测

14.4.1 采样点的布设

采样点布设按8.1。

14.4.2 采样频次

每年不应小于4次，直到渗沥液中水污染物质量浓度连续两年低于GB 16889—2008中表2、表3中的限值为止。

索引

Z

其他